Vektoranalysis

Klemens Burg • Herbert Haf
Friedrich Wille • Andreas Meister

Vektoranalysis

Höhere Mathematik für Ingenieure, Naturwissenschaftler und Mathematiker

2., überarbeitete Auflage

Bearbeitet von
Prof. Dr. rer. nat. Herbert Haf, Universität Kassel
Prof. Dr. rer. nat. Andreas Meister, Universität Kassel

STUDIUM

Springer Vieweg

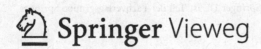

Klemens Burg,
Herbert Haf,
Friedrich Wille,
Andreas Meister,
Kassel, Deutschland

ISBN 978-3-8348-1851-5
ISBN 978-3-8348-8346-9 (eBook)
DOI 10.1007/978-3-8348-8346-9

Die Deutsche Nationalbibliothek verzeichnet diese Publikation in der Deutschen Nationalbibliografie; detaillierte bibliografische Daten sind im Internet über http://dnb.d-nb.de abrufbar.

Springer Vieweg

Planung und Lektorat: Ulrich Sandten, Kerstin Hoffmann
Einbandentwurf: KünkelLopka GmbH, Heidelberg

Gedruckt auf säurefreiem und chlorfrei gebleichtem Papier

Springer Vieweg ist eine Marke von Springer DE. Springer DE ist Teil der Fachverlagsgruppe Springer Science+Business Media.
www.springer-vieweg.de

Vorwort

Der vierte Band unseres Gesamtwerkes »Höhere Mathematik für Ingenieure« beinhaltete bisher die beiden Themenbereiche »Vektoranalysis« und »Funktionentheorie«. Da kein zwingender Grund besteht, diese Gebiete in einem Band zusammenzufassen, haben wir sie neu strukturiert durch zwei eigenständige Bände. Dies wirkt sich zum einen günstig auf die Preisgestaltung aus. Zum anderen möchten wir den Leserkreis erweitern: Neben der für uns nach wie vor wichtigen Zielgruppe der Ingenieurstudenten wenden wir uns gezielt auch an Studierende der Naturwissenschaften und der Angewandten Mathematik.

Gegenstand dieses Bandes ist die Vektoranalysis, die vielfältige Anwendungen, etwa in der Strömungsmechanik und der Elektrodynamik, ermöglicht. Insbesondere bei der Herleitung von partiellen Differentialgleichungen, wie der Kontinuitätsgleichung, der Wärmeleitungsgleichung, den Maxwellschen Gleichungen erweisen sich die Integralsätze der Vektoranalysis (s. Abschn. 3) als unentbehrliches Hilfsmittel. Dies lässt sich z.B. in Burg/Haf/Wille (Partielle Dgln.) [13], Abschnitt 4.1.3, nachlesen.

Wir beginnen diesen Band mit einem ausführlichen Kapitel über Kurven. Neben differentialgeometrischen Eigenschaften, wie Bogenlänge, Krümmung, Torsion usw. sowie dem Zusammenhang mit Potentialen, sind zwei größere Abschnitte den ebenen Kurven gewidmet. Hier werden Beispiele, die für den Ingenieur wichtig sind, detailliert beschrieben: Kegelschnitte, Rollkurven, Spiralen usw. Es folgen Flächen und Flächenintegrale, eingebettet in den dreidimensionalen Raum, und dann das Herzstück: die Integralsätze von Gauß, Stokes und Green im Dreidimensionalen. Hier wurde zur anschaulichen Beschreibung und Motivation oft auf Strömungen zurückgegriffen. Weitere Differential- und Integralformeln, sowie die Erörterung von Potentialen bei wirbel- oder quellfreien Feldern vervollständigen das Kapitel, so dass Ingenieure, Physiker und Angewandte Mathematiker dort alles finden, was sie in diesem Zusammenhang brauchen. Ein Kapitel über alternierende Differentialformen, wobei auf besonders verständliche Darstellungsweise geachtet wurde, und ein Kapitel über kartesische Tensoren beschließen diesen Band. Die Beschränkung auf kartesische Tensoren ist einerseits aus Platzgründen angebracht, andererseits aber auch deshalb, weil allgemeine Tensoren fast nur in der Relativitätstheorie angewendet werden. Die leichter fasslichen kartesischen Tensoren sind genau diejenigen, die in der Elastizitätslehre, der Strömungsmechanik und Elektrodynamik gebraucht werden.

Noch ein Wort zur Sprache und zum Aufbau!

Wir haben versucht, uns von folgendem Prinzip leiten zu lassen:

»Die Sachverhalte sollen in der Reihenfolge aufgeschrieben werden, in der sie gedacht werden!«

Dazu ein Beispiel: Bei der Behandlung des Stokesschen Integralsatzes wird sogleich mit einer umgangssprachlichen Formulierung des Satzes begonnen, die auf Strömungen von Flüssigkeiten fußt. Über die Zirkulation in Flüssigkeiten und Verwandtes werden dann nach und nach Begriffe motiviert und präzisiert, bis sich nach einer heuristischen Argumentation der genaue Wortlaut des Stokesschen Satzes ergibt. Auf diese Weise wurde die »natürliche« Gedankenfolge des »Suchens und Findens« entwickelt, wobei die exakte Formulierung am Schluss steht. Das Lernen von Hilfssätzen »auf Vorrat« wurde dadurch vermieden.

Wir hoffen, dass insgesamt ein verständlicher Text entstanden ist. Rücksichtnahme auf den Anwender von Mathematik war uns dabei ein Anliegen, ohne jedoch die mathematische Genauigkeit preiszugeben.

Die ursprüngliche Fassung der »Vektoranalysis« geht auf Friedrich Wille zurück, der am 9. August 1992 verstorben ist. Die vorliegende Neuauflage, insbesondere die Fehlerkorrektur, wurde von Herbert Haf bearbeitet.

Zum Schluss danken wir allen, die uns bei diesem Band unterstützt haben: Herrn Dr.-Ing. Jörg Barner für die Erstellung der hervorragenden LaTeX-Vorlage und sein sorgfältiges Mitdenken. Nicht zuletzt danken wir dem Verlag B.G. Teubner für die ausgezeichnete Zusammenarbeit und für das ansprechend gewählte Layout dieses Buches.

Kassel, Juni 2006 *Herbert Haf*

Vorwort zur zweiten Auflage

Die vorliegende zweite Auflage dieses Bandes enthält nur kleine Veränderungen. Neben der Beseitigung von Druckfehlern haben wir das Herzstück der Vektoranalysis, die Integralsätze von Gauß und Stokes, etwas mehr ins Blickfeld der Anwendungen gerückt, insbesondere ihren Stellenwert bei der Herleitung partieller Differentialgleichungen (s. Abschn. 3.3.4). Die Verfasser hoffen nun, dass dieser Band unseres sechsteiligen Gesamtwerkes *Mathematik für Ingenieure* auch weiterhin eine freundliche Aufnahme durch die Leser findet. Für Anregungen sind wir dankbar. Unserer Dank gilt in diesem Sinne insbesondere einem aufmerksamen Leser aus Österreich, der uns bei der Fehlersuche sehr unterstützt hat. Dem Vieweg+Teubner-Verlag danken wir herzlich für die bewährte und angenehme Zusammenarbeit.

Kassel, Oktober 2011 *Herbert Haf, Andreas Meister*

Inhaltsverzeichnis

Band I: Analysis (F. Wille†, bearbeitet von H. Haf, A. Meister)

Band II: Lineare Algebra (F. Wille†, H. Haf, K. Burg†, A. Meister)

Band III: Gewöhnliche Differentialgleichungen, Distributionen, Integraltransformationen (H. Haf, A. Meister)

Gewöhnliche Differentialgleichungen

Band Funktionentheorie: (H. Haf)

Band Partielle Differentialgleichungen und funktionalanalytische Grundlagen: (H. Haf, A. Meister)

Funktionalanalysis

1 Kurven

Unter Kurven stellen wir uns krumme oder auch gerade Linien vor. Sie kommen als Bahnen bewegter Körper vor, als Konturen ebener Figuren, Kanten räumlicher Gebilde oder auch als Idealisierungen für dünne Stangen, Drähte oder Seile.

Im Folgenden wollen wir Kurven mathematisch beschreiben, ihre Eigenschaften studieren, ihre Brauchbarkeit erkennen und ihre Schönheit bewundern.

An Vorkenntnissen [1] benötigen wir Grundlagen der Differential- und Integralrechnung sowie der Vektorrechnung im $\mathbb{R}^n$, besonders im $\mathbb{R}^2$ und $\mathbb{R}^3$. Doch fangen wir zunächst einmal an. Vergessene Vorkenntnisse lassen sich ja von Fall zu Fall einfach nachschlagen.

1.1 Wege, Kurven, Bogenlänge

In diesem Abschnitt werden Wege und Kurven allgemein definiert, ferner ihre Bogenlänge, Parametertransformationen und Orientierungen betrachtet.

1.1.1 Einführung: Ebene Kurven

Zum Einstieg beginnen wir mit Kurven in der Ebene. Die Ebene, in der wir arbeiten, versehen wir dabei mit einem rechtwinkligen Koordinatensystem, wie in der analytischen Geometrie üblich. Dadurch wird die Ebene mit der Menge $\mathbb{R}^2$ aller reellen Zahlenpaare $\begin{bmatrix} x \\ y \end{bmatrix}$ identifiziert. Dass $\mathbb{R}^2$ ein Vektorraum ist, d.h. dass man in ihm auch rechnen[2] kann, ist zweifellos eine ermutigende Zugabe.

Beispiel 1.1:
Ein *Kreis*[3] vom Radius $r > 0$ um den Koordinatenursprung $\mathbf{0}$ kann durch

$$x = r\cos t\,, \; y \;= r\sin t\,, \quad (0 \le t \le 2\pi) \tag{1.1}$$

beschrieben werden. Denn läuft hier der »Winkel« t von 0 bis 2π, so durchläuft der Punkt $\boldsymbol{x} = \begin{bmatrix} x \\ y \end{bmatrix}$, berechnet aus (1.1), den gesamten Kreis. Man nennt (1.1) eine *Parameterdarstellung* des Kreises und t den zugehörigen *Parameter*.

Das Beispiel führt uns zu folgender Definition ebener Kurven:
Sind zwei Gleichungen

---

1 Fürs erste reicht der knappe Abschnitt 6.1 in Burg/Haf/Wille (Analysis) [14]. Gelegentlich wird aus Burg/Haf/Wille (Lineare Algebra) [11] zitiert. Es genügt dann, dort punktuell nachzuschlagen.

2 Zur Erinnerung: Mit $\boldsymbol{x} = \begin{bmatrix} x \\ y \end{bmatrix}$, $\boldsymbol{u} = \begin{bmatrix} u \\ v \end{bmatrix}$ ist $\boldsymbol{x} \pm \boldsymbol{u} = \begin{bmatrix} x \pm u \\ y \pm v \end{bmatrix}$, $\lambda\boldsymbol{x} = \begin{bmatrix} \lambda x \\ \lambda y \end{bmatrix}$ $(\lambda \in \mathbb{R})$, $-\boldsymbol{x} = \begin{bmatrix} -x \\ -y \end{bmatrix}$, $\mathbf{0} = \begin{bmatrix} 0 \\ 0 \end{bmatrix}$, $\boldsymbol{x} \cdot \boldsymbol{u} = xu + yv$ und $|\boldsymbol{x}| = \sqrt{\boldsymbol{x} \cdot \boldsymbol{x}}$.

3 Gemeint ist die »Kreislinie«, nicht die »Kreisscheibe«.

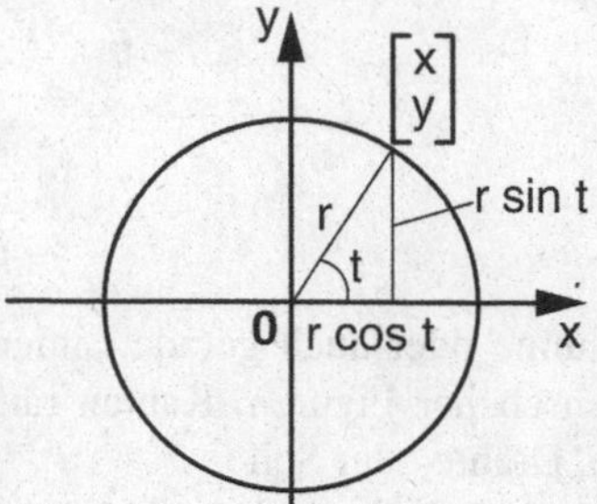

Fig. 1.1: Kreis um **0**

$$x = \gamma_1(t)\,, \quad y = \gamma_2(t)\,, \qquad \text{mit } a \le t \le b \tag{1.2}$$

gegeben, wobei $\gamma_1, \gamma_2 : [a, b] \to \mathbb{R}$ beliebige stetige Funktionen sind, so heißt die dadurch bestimmte Menge von Punkten $\begin{bmatrix} x \\ y \end{bmatrix}$ eine *ebene Kurve*.

Die Gleichungen (1.2) werden, der knappen Schreibweise wegen, zu einer Vektorgleichung verschmolzen:

$$\boldsymbol{x} = \boldsymbol{\gamma}(t) \quad \text{mit } \boldsymbol{x} = \begin{bmatrix} x \\ y \end{bmatrix}, \boldsymbol{\gamma} = \begin{bmatrix} \gamma_1 \\ \gamma_2 \end{bmatrix} (a \le t \le b). \tag{1.3}$$

(1.2) wie auch (1.3), bezeichnet man als *Parameterdarstellung* der Kurve; t heißt der zugehörige (Kurven-)*Parameter*.

Die stetige Abbildung $\boldsymbol{\gamma} : [a, b] \to \mathbb{R}^2$, die durch (1.3) beschrieben ist, nennt man einen (ebenen) *Weg*[4].

Dieser Ausdruck ist recht gut gewählt! Denn fasst man t als Zeit auf, die von a nach b läuft, so durchwandert der zugehörige Punkt $\boldsymbol{x} = \boldsymbol{\gamma}(t)$ die gesamte Kurve. Die Funktion $\boldsymbol{\gamma}$ beschreibt tatsächlich den Verlauf des »Weges«, den der Punkt in der Ebene zurücklegt. Man kann dies durch Skalierung der Kurve mit t -Werten darstellen (s. Fig. 1.2).

Weitere Beispiele sollen den Kurvenbegriff verdeutlichen.

Beispiel 1.2:
Durch

$$x = at\cos t, \quad y = at\sin t \qquad 0 \le t \le 3 \cdot 2\pi,\ (a > 0) \tag{1.4}$$

wird eine *»Archimedische Spirale«* beschrieben. (Wir haben hier t durch $3 \cdot 2\pi$ willkürlich begrenzt.) Diese »Kurve« umläuft den Punkt **0** also 3 mal, wenn t von 0 bis $3 \cdot 2\pi$ wandert. Man

4 $[a, b]$ ist das beschränkte abgeschlossene Intervall $\{x \in \mathbb{R} \mid a \le x \le b\}$. (»Intervalle« sind in Burg/Haf/Wille (Analysis) [14] allgemein definiert.)

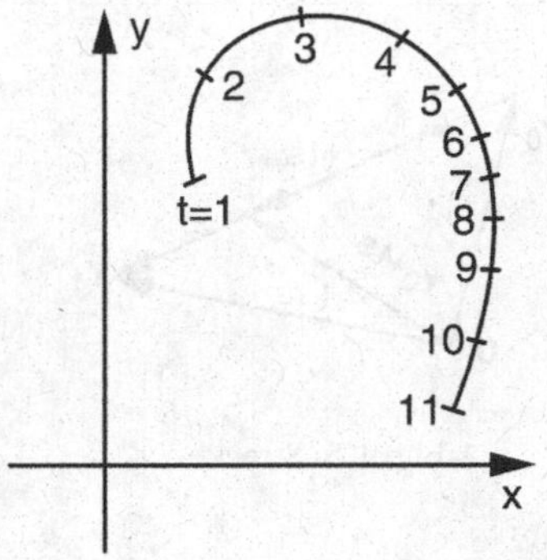

Fig. 1.2: Skalierung einer Kurve mit Parameterwerten

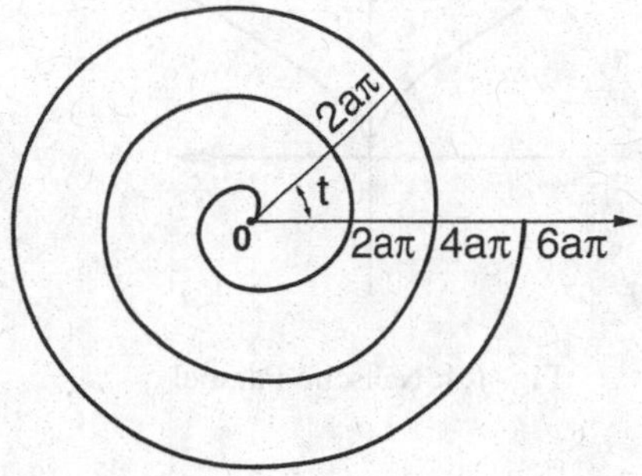

Fig. 1.3: Archimedische Spirale

sieht, dass jede Halbgerade, die von **0** ausgeht, benachbarte Spiralarme im gleichen Abstand schneidet, und zwar im Abstand $a2\pi$. Benachbarte Spiralarme haben also stets gleichen Abstand voneinander.

Bemerkung: Man erkennt übrigens, dass es völlig unmöglich ist, die Spirale als Funktionsgraphen einer Funktion $y = f(x)$ zu deuten, da y nicht eindeutig durch x bestimmt ist. Auch in der Form $x = g(y)$ ist es nicht möglich. Mit der Parameterdarstellung (1.2) jedoch lässt sich die Spirale formelmäßig erfassen!

Es gibt also ebene Kurven, die nicht als Funktionsgraphen aufgefasst werden können. Umgekehrt jedoch kann jeder *Funktionsgraph einer stetigen Funktion* $f : [a, b] \to \mathbb{R}$ leicht »parametrisiert« werden. Statt $y = f(x)$ schreibt man nämlich

$$x = t\,, \quad y = f(t) \quad \text{für } t \in [a, b]. \tag{1.5}$$

Hierdurch ist ein Weg, und damit eine Kurve im obigen Sinne beschrieben. Funktionsgraphen sind also »Kurven«, und als solche haben wir sie ja auch schon früher bezeichnet.

Beispiel 1.3:

$$\begin{aligned} x &= t^3 \\ y &= t^2 \end{aligned} \quad (-a \le t \le a) \tag{1.6}$$

beschreibt die sogenannte *Neilsche Parabel*, (s. Fig. 1.4). Man kann sie auch in der Form $y = f(x)$ beschreiben, denn löst man (1.6) nach t auf: $t = x^{\frac{1}{3}}$, $t = y^{\frac{1}{2}}$, so ergibt Gleichsetzen und anschließendes Quadrieren:

$$y = x^{\frac{2}{3}}\,. \tag{1.7}$$

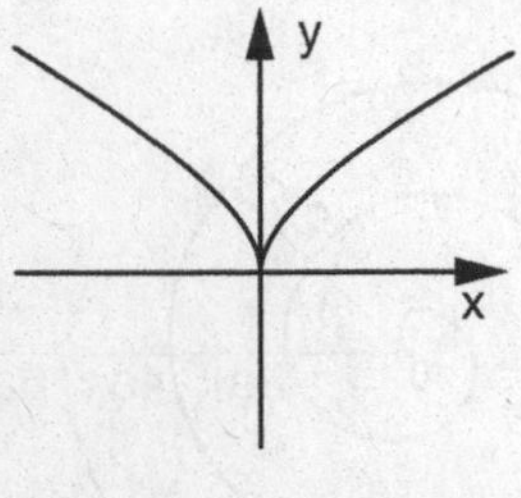

Fig. 1.4: Neilsche Parabel

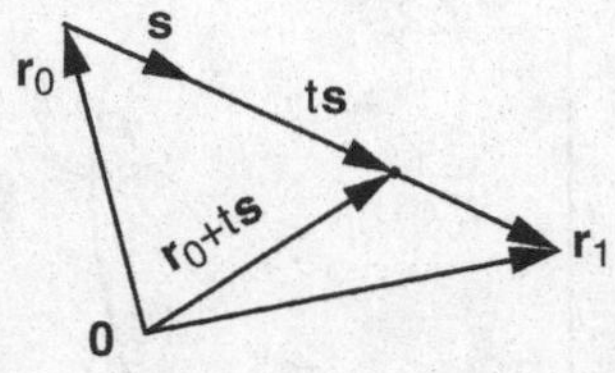

Fig. 1.5: Strecke

Die Parameterdarstellung (1.6) hat aber einen Vorteil gegenüber der Funktionsgleichung (1.7): Man kann mit $x = t^3$, $y = t^2$ die Punkte der Neilschen Parabel leichter berechnen, da keine dritte Wurzel gezogen werden muss.

Beispiel 1.4:
Mit $\boldsymbol{r} = \begin{bmatrix} x \\ y \end{bmatrix}$, $\boldsymbol{r}_0 = \begin{bmatrix} x_0 \\ y_0 \end{bmatrix}$ und $\boldsymbol{s} = \begin{bmatrix} s_1 \\ s_2 \end{bmatrix}$ aus $\mathbb{R}^2$ beschreibt die Gleichung

$$\boldsymbol{r} = \boldsymbol{r}_0 + t\boldsymbol{s} \quad \text{mit } 0 \le t \le t_0 \tag{1.8}$$

eine *Strecke*. Und zwar bildet die Menge der Punkte $\boldsymbol{r}$ in (1.8) die *Verbindungsstrecke* zwischen den Punkten $\boldsymbol{r}_0(t = 0)$ und $\boldsymbol{r}_1 = \boldsymbol{r}_0 + t_0\boldsymbol{s}$, s. Figur 1.5. Sie wird durch $[\boldsymbol{r}_0, \boldsymbol{r}_1]$ symbolisiert.

In Koordinaten aufgegliedert ergibt sich die Parameterdarstellung in der folgenden Form:

$$\begin{aligned} x &= x_0 + ts_1 \\ y &= y_0 + ts_2 \end{aligned} \tag{1.9}$$

Gegenüber der Funktionsdarstellung $y = ax + b$ für Strecken und Geraden hat die Parameterdarstellung den Vorteil, dass x und y völlig gleichwertige Rollen spielen, und dass auch die Geraden $x = \text{const.}$ (Parallelen zur y-Achse) mit erfasst werden (durch $s_1 = 0$, $s_2 \neq 0$).

Wir ergänzen noch: Die *Verbindungsstrecke* $[\boldsymbol{r}_0, \boldsymbol{r}_1]$ zwischen zwei gegebenen Punkten $\boldsymbol{r}_0, \boldsymbol{r}_1$ wird durch

$$\boldsymbol{r} = \boldsymbol{r}_0 + t(\boldsymbol{r}_1 - \boldsymbol{r}_0) = (1-t)\boldsymbol{r}_0 + t\boldsymbol{r}_1\,, \quad (0 \le t \le 1) \tag{1.10}$$

beschrieben (mit $\boldsymbol{s} = \boldsymbol{r}_1 - \boldsymbol{r}_0$ geht (1.10) aus (1.8) hervor!).

Auch in höherdimensionalen Räumen $\mathbb{R}^n$ werden Strecken durch (1.8) bzw. (1.10) dargestellt.

Übung 1.1*:

(a) Zeige, dass die Archimedische Spirale (Beisp. 1.2) in Polarkoordinaten r, φ durch $r = a\varphi$ beschrieben wird (wobei $\varphi \ge 0$).

(b) Leite daraus eine Funktionsgleichung $f(x, y) = 0$ für den Bogen der Archimedischen Spirale her, der $2\pi \le t \le 3\pi$ entspricht.

Übung 1.2:

Vom Punkt $\boldsymbol{r}_0 = \begin{bmatrix} 1 \\ 2 \end{bmatrix}$ aus wird eine Strecke der Länge 4 in Richtung steigender x-Werte mit dem Steigungswinkel $a = 25°$ gezogen. Gib eine Parameterdarstellung der Strecke an!

Übung 1.3*:

Die Menge der Punkte $\begin{bmatrix} x \\ y \end{bmatrix} \in \mathbb{R}^2$ die $x^3 + xy^2 - 2y^2 = 0$ erfüllen, heißt eine *Zissoide*. Gib eine Parameterdarstellung dafür an und zeige damit, dass es sich um eine Kurve handelt. (Hinweis: Die Fallunterscheidung in $y \geq 0$, $y < 0$ ist sehr hilfreich.) Die Parameterdarstellung soll für den Bereich $0 \leq x \leq a$ $(0 < a < 2)$ angegeben werden. Skizziere die Zissoide.

1.1.2 Kurven im $\mathbb{R}^n$

Die vorangehenden Begriffsbildungen lassen sich ohne weiteres auf den n-dimensionalen Raum $\mathbb{R}^n$ übertragen ($n \in \mathbb{N}$ beliebig). Ausgangspunkt ist dabei stets der *Weg*, d.h. eine stetige Abbildung $\boldsymbol{\gamma}$ eines Intervalls in den $\mathbb{R}^n$. Wir fassen dies, nebst einigem schmückenden Beiwerk, in der folgenden Definition zusammen, wobei wir uns sanft an die ebenen Kurven anlehnen.

Definition 1.1:

(a) Eine stetige Abbildung $\boldsymbol{\gamma} : [a, b] \to \mathbb{R}^n$ heißt ein *Weg* im $\mathbb{R}^n$.

(b) Der Wertebereich $\boldsymbol{\gamma}([a, b])$ des Weges $\boldsymbol{\gamma}$ wird eine *Kurve* genannt. Die Kurve ist also die Menge der Punkte

$$\boldsymbol{x} = \boldsymbol{\gamma}(t) \quad \text{mit } a \leq t \leq b. \tag{1.11}$$

Diese Gleichung heißt eine *Parameterdarstellung* der Kurve und t der zugehörige (Kurven-) *Parameter*

(c) Man nennt $\boldsymbol{\gamma}(a)$ den *Anfangspunkt* und $\boldsymbol{\gamma}(b)$ den *Endpunkt* der Kurve. Folgende anschauliche Sprechweisen werden dabei gerne benutzt: »*Der Weg* $\boldsymbol{\gamma}$ *verläuft von* $\boldsymbol{\gamma}(a)$ *bis* $\boldsymbol{\gamma}(b)$« oder »*Der Weg* (wie auch *die Kurve*) *verbindet die Punkte* $\boldsymbol{\gamma}(a)$ *und* $\boldsymbol{\gamma}(b)$.«

Mit der Koordinatendarstellung $\boldsymbol{\gamma} = [\gamma_1, \gamma_2, \ldots, \gamma_n]^{\mathrm{T}}$[5] bekommt die *Parameterdarstellung* $\boldsymbol{x} = \boldsymbol{\gamma}(t)$ die ausführliche Gestalt

$$\left.\begin{array}{l} x_1 = \gamma_1(t) \\ x_2 = \gamma_2(t) \\ \vdots \\ x_n = \gamma_n(t) \end{array}\right\} \quad \text{mit } t \in [a, b]. \tag{1.12}$$

Bezeichnet man die zugehörige Kurve mit dem Buchstaben K, so symbolisiert man die Kurve samt Parameterdarstellung explizit in folgender Form:

---

5 Aus schreibtechnischen Gründen wird oft die waagerechte Anordnung der Komponenten eines Vektors verwendet: $\boldsymbol{x} = [x_1, \ldots, x_n]^{\mathrm{T}}$ ($\top$ Abkürzung für »transponiert«).

$$K \ : \ x_1 = \gamma_1(t), x_2 = \gamma_2(t), \ldots, x_n = \gamma_n(t) \ ; \ a \leq t \leq b \tag{1.13}$$

Wir sagen auch: »*Der Weg* $\boldsymbol{\gamma}$ *erzeugt die Kurve K*«.

Im zweidimensionalen Fall benutzt man gerne die Symbole x, y statt x_1, x_2 (wie in den einführenden Abschnitten) und im dreidimensionalen x, y, z statt x_1, x_2, x_3. Somit:

$$\begin{aligned} &K \ : \ x = \gamma_1(t), y = \gamma_2(t) \quad a \leq t \leq b \quad \textit{ebene Kurve} \\ &K \ : \ x = \gamma_1(t), y = \gamma_2(t), z = \gamma_3(t) \quad a \leq t \leq b \quad \textit{räumliche Kurve (Kurve im } \mathbb{R}^3\textit{)} \end{aligned} \tag{1.14}$$

Beispiel 1.5:

Die *Schraubenlinie* im $\mathbb{R}^3$ wird folgendermaßen dargestellt:

$$S : x = r\cos t \ , \ y = r\sin t \ , \ z = ct \ , \ a \leq t \leq b \,. \tag{1.15}$$

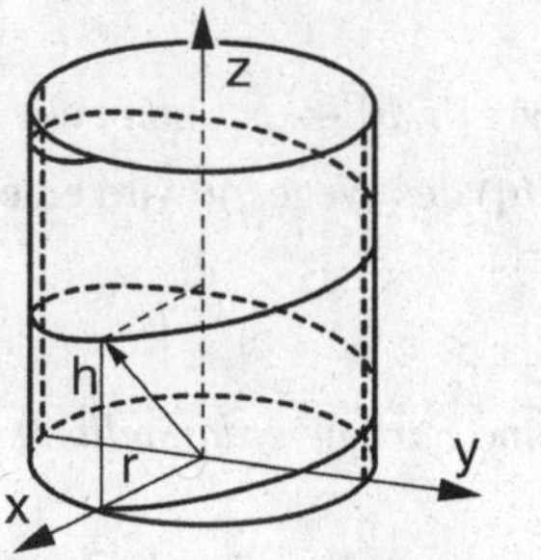

Fig. 1.6: Schraubenlinie

r ist der »Radius« und $h = 2\pi c$ die »Ganghöhe« der Schraubenlinie, siehe Fig. 1.6.
Wir vereinbaren ferner die folgenden Sprechweisen:

Definition 1.2:

Es sei $\boldsymbol{\gamma} : [a, b] \to \mathbb{R}^n$ ein Weg.

(a) Gilt $\boldsymbol{\gamma}(t_1) = \boldsymbol{\gamma}(t_2)$ für $t_1 \neq t_2$, so nennt man $\boldsymbol{x_1} = \boldsymbol{\gamma}(t_1)$ einen *Doppelpunkt*. Ein Weg ohne Doppelpunkte in $[a, b)$ heißt *doppelpunktfrei oder* einfach. ($\boldsymbol{\gamma}$ ist also *eineindeutig* auf $[a, b)$.) Die zugehörige Kurve wird eine *Jordankurve* genannt.

(b) Gilt $\boldsymbol{\gamma}(a) = \boldsymbol{\gamma}(b)$, so haben wir einen *geschlossenen* Weg vor uns.

(c) Eine *geschlossene Jordankurve* wird von einem geschlossenen doppelpunktfreien Weg erzeugt.

Die Figuren 1.7 bis 1.10 verdeutlichen die Begriffe an ebenen Kurven. Die Pfeile deuten dabei die Richtung wachsender t-Werte an.

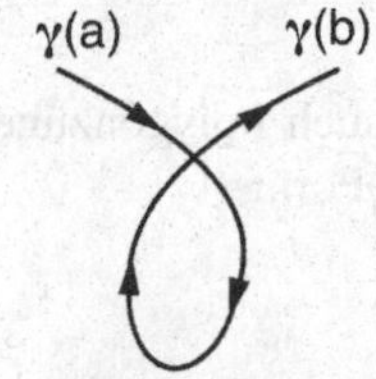

Fig. 1.7: Doppelpunkt eines Weges

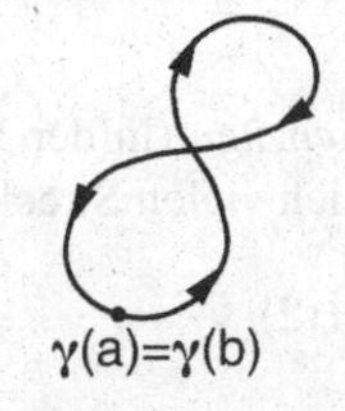

Fig. 1.8: Geschlossener Weg

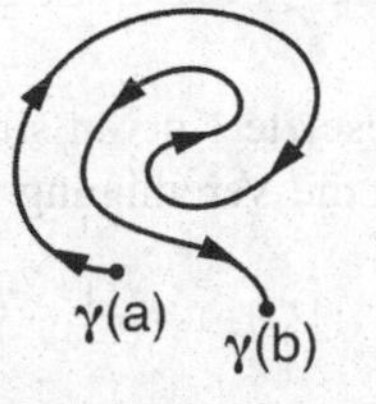

Fig. 1.9: Jordankurve

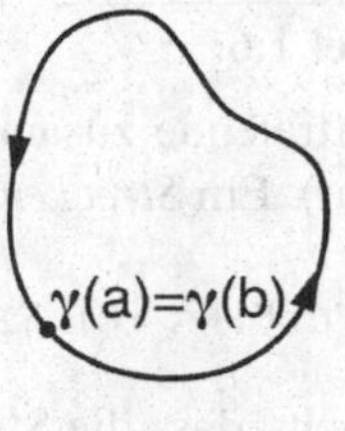

Fig. 1.10: Geschlossene Jordankurve

Zusammengesetzte Wege und Kurven

Es sei $[a, b]$ in m Teilintervalle

$$[t_0, t_1]\ ,\ [t_1, t_2]\ ,\ \ldots\ [t_{m-1}, t_m] \quad (t_0 = a,\ t_m = b) \tag{1.16}$$

zerlegt. Darauf seien m Wege $\boldsymbol{\gamma}_i = [t_{i-1}, t_i] \to \mathbb{R}^n$ $(i = 1, \ldots, m)$ erklärt, die die »Anschlussbedingungen« $\boldsymbol{\gamma}_i(t_i) = \boldsymbol{\gamma}_{i+1}(t_i)$ für alle $i = 1, \ldots, m-1$ erfüllen. D.h., die erzeugten Kurven $K_1, \ldots, K_m$ sind kettenartig aneinander gefügt. Durch

$$\boldsymbol{\gamma}(t) := \boldsymbol{\gamma}_i(t) \quad \text{für} \quad t \in [t_{i-1}, t_i],\ (i = 1, \ldots, m) \tag{1.17}$$

ist damit ein Weg $\boldsymbol{\gamma}$ auf ganz $[a, b]$ gegeben, den man die *Summe der Wege* $\boldsymbol{\gamma}_1, \ldots, \boldsymbol{\gamma}_m$ nennt und durch

$$\boldsymbol{\gamma} = \boldsymbol{\gamma}_1 \oplus \boldsymbol{\gamma}_2 \oplus \ldots \oplus \boldsymbol{\gamma}_m \tag{1.18}$$

symbolisiert. Die von dem Weg $\boldsymbol{\gamma}$ erzeugte Kurve K heißt entsprechend die *Summe der Kurven* $K_1, \ldots, K_m$, beschrieben durch

$$K := K_1 \oplus K_2 \oplus \ldots \oplus K_m\,.$$

Man spricht auch von *zusammengesetztem Weg* $\boldsymbol{\gamma}$ bzw. *zusammengesetzter Kurve* K, oder, umgekehrt betrachtet, davon, dass $\boldsymbol{\gamma}$ in die *Teilwege* $\boldsymbol{\gamma}_1, \ldots, \boldsymbol{\gamma}_m$ *zerlegt* ist, bzw. K in die *Teilkurven* $K_1, \ldots, K_m$. Sieht man sich Figur 1.11 an, so erkennt man, dass diese Sprechweisen den anschaulichen Gehalt gut wiedergeben.

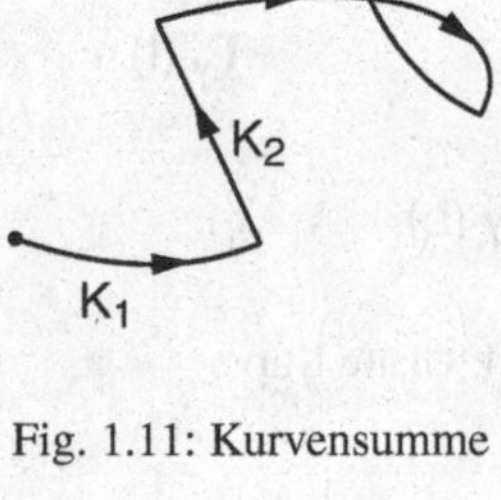

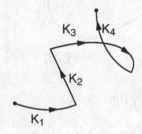

Fig. 1.11: Kurvensumme

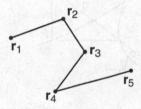

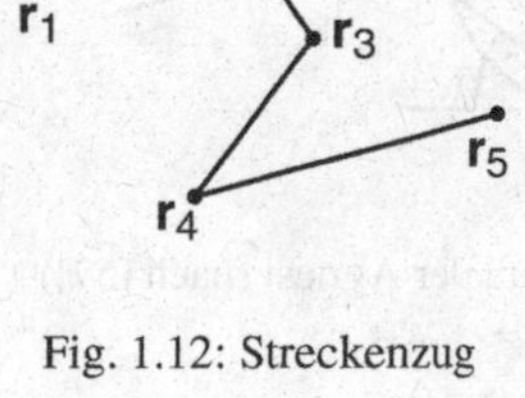

Fig. 1.12: Streckenzug

Beispiel 1.6:

Oft auftretende zusammengesetzte Kurven sind *Streckenzüge* (in der Ebene auch Polygonzüge genannt). Ein *Streckenzug* ist die Vereinigung von endlich vielen Strecken der Form

$$[\boldsymbol{r}_0, \boldsymbol{r}_1]\ ,\ [\boldsymbol{r}_1, \boldsymbol{r}_2]\ , \dots ,\ \left[\boldsymbol{r}_{m-1}, \boldsymbol{r}_m\right]\ , \quad \text{(s. Fig. 1.12).}$$

Man sieht, dass die Strecken kettenartig zusammenhängen. Eine *Parameterdarstellung* dafür ist zum Beispiel die folgende:

$$\boldsymbol{\gamma}(t) = (i-t)\boldsymbol{r}_{i-1} + (t-i+1)\boldsymbol{r}_i \quad \text{für } i-1 \le t \le i \ (i = 1, \dots, m). \tag{1.19}$$

Damit ist $\boldsymbol{\gamma} : [0, m] \to \mathbb{R}^n$ ein Weg, der den Streckenzug erzeugt, d.h. $\boldsymbol{x} = \boldsymbol{\gamma}(t)$ durchläuft den Streckenzug von $\boldsymbol{r}_0$ bis $\boldsymbol{r}_m$, wenn t von 0 bis m läuft.

Bemerkung: Ein Weg muss nicht unbedingt durch Gleichungen beschrieben werden. Er muss nur durch irgendeine Vorschrift gegeben sein, die jedem Wert t eines Intervalls $[a, b]$ eindeutig einen Punkt des $\mathbb{R}^n$ zuordnet (in stetiger Weise). Dazu:

Beispiel 1.7:

An einem Kreis (s. Fig. 1.13) ist in B die Tangente h angelegt. Durch den Gegenpunkt A von B wird im Winkel t zur Parallelen von h eine Gerade g gelegt. Sie schneidet h in Q und den Kreis in S. Die Parallele k zu h und die Senkrechte zu h durch Q schneiden sich in P. Variiert man nun t im Intervall $(-\pi, \pi)$, so beschreibt P eine Kurve. Sie wird *Versiera der Agnesi* genannt.

Übung 1.4*

Berechne tabellarisch die Punkte der Versiera der Agnesi für $t = \dfrac{i}{8}\pi$, $i = -7, \dots, -2, -1, 0, 1, 2, \dots, 7$, und skizziere die Kurve damit (Kreisradius 2 cm).

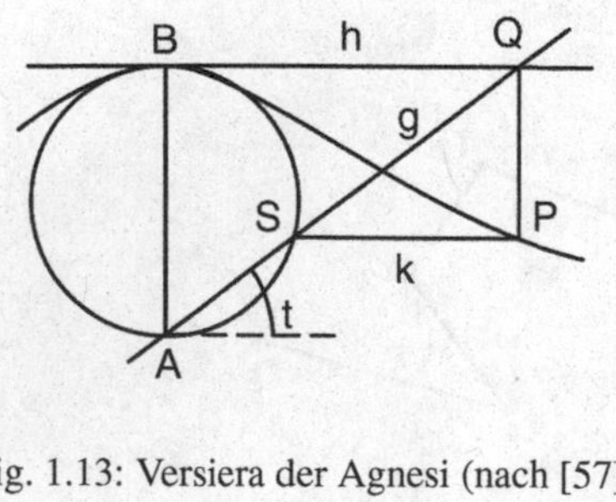

Fig. 1.13: Versiera der Agnesi (nach [57])

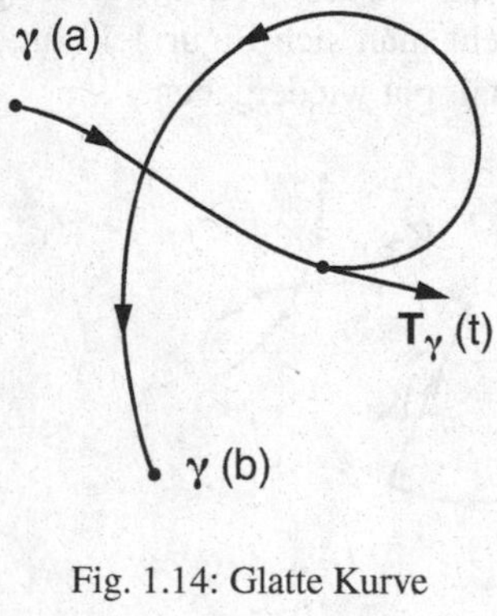

Fig. 1.14: Glatte Kurve

1.1.3 Glatte und stückweise glatte Kurven

Definition 1.3:

(a) Ein Weg $\boldsymbol{\gamma} : [a, b] \to \mathbb{R}^n$ heißt *stetig differenzierbar*, wenn die Ableitungsfunktion $\dot{\boldsymbol{\gamma}}$ auf $[a, b]$ existiert[6] und dort stetig ist. Dabei wird die Ableitung von $\boldsymbol{\gamma} = [\gamma_1, \ldots, \gamma_n]^{\mathrm{T}}$ koordinatenweise gebildet, also $\dot{\boldsymbol{\gamma}} = [\dot{\gamma}_1, \ldots, \dot{\gamma}_n]^{\mathrm{T}}$. Ist $\boldsymbol{\gamma}$ ein geschlossener Weg, so wird zusätzlich $\dot{\boldsymbol{\gamma}}(a) = \dot{\boldsymbol{\gamma}}(b)$ verlangt.

(b) Ein *Weg* $\boldsymbol{\gamma} : [a, b] \to \mathbb{R}^n$ heißt *glatt*, wenn er stetig differenzierbar ist und seine *Ableitung* $\dot{\boldsymbol{\gamma}}(t)$ *in keinem Punkt* $t \in [a, b]$ *verschwindet*. Die von $\boldsymbol{\gamma}$ erzeugte *Kurve* wird ebenfalls *glatt* genannt.

$\dot{\boldsymbol{\gamma}}(t)$ heißt der *Tangentenvektor* (bzgl. $\boldsymbol{\gamma}$) in t. Aus ihm wird der folgende *Tangenteneinheitsvektor* gebildet:

$$\boldsymbol{T}_{\boldsymbol{\gamma}}(t) := \frac{\dot{\boldsymbol{\gamma}}(t)}{|\dot{\boldsymbol{\gamma}}(t)|} \tag{1.20}$$

Veranschaulichung: Nehmen wir an, dass $\boldsymbol{\gamma}$ eine zwei- oder dreidimensionale glatte Kurve beschreibt, so verläuft diese Kurve im anschaulichen Sinne »bogenförmig«, sie weist also keine »Ecken« auf. Denn der Tangentenvektor »schmiegt sich«, anschaulich gesagt, an die Kurve an, siehe Figur 1.14. Dies geht aus der Grenzwertbildung

$$\dot{\boldsymbol{\gamma}}(t) = \lim_{\Delta t \to 0} (\boldsymbol{\gamma}(t + \Delta t) - \boldsymbol{\gamma}(t))/\Delta t \tag{1.21}$$

hervor, denn Figur 1.15 zeigt, dass der Vektor $\boldsymbol{\gamma}(t + \Delta t) - \boldsymbol{\gamma}(t)$ nahezu die Richtung des Kurvenverlaufs bei $\boldsymbol{\gamma}(t)$ widerspiegelt. »Ecken«, wie z.B. bei Streckenzügen, können also nicht auftreten.

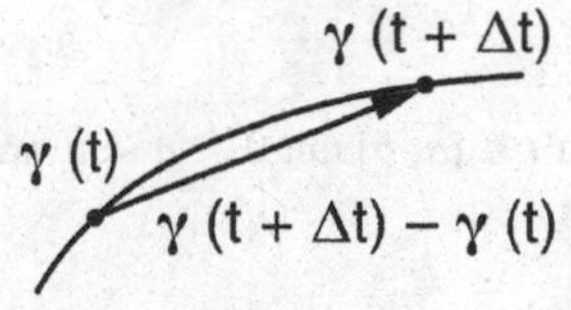

Fig. 1.15: Approximation des Tangentenvektors

Stellen wir uns zusätzlich vor, dass der glatte Weg $\boldsymbol{\gamma}$ die Bewegung eines Massenpunktes beschreibt, so ist $\boldsymbol{\gamma}(t)$ der Ort, an dem er sich zur Zeit t befindet und $\dot{\boldsymbol{\gamma}}(t)$ seine Geschwindigkeit zu diesem Zeitpunkt. Die Geschwindigkeit ändert sich stetig und ist stets ungleich Null. Die Bewegung erfährt also keine sprunghafte Änderung der Geschwindigkeit, keinen Stillstand und keinen plötzlichen Richtungswechsel. Man ist in der Tat versucht zu sagen, die Bewegung verläuft »glatt«. Der Tangentenvektor $\dot{\boldsymbol{\gamma}}(t)$ deutet dabei im Kurvenpunkt $\boldsymbol{\gamma}(t)$ die Bewegungsrichtung an.

6 Die Ableitung nach t wird bei Wegen gerne durch einen Punkt symbolisiert: $\dot{\boldsymbol{\gamma}}(t) = \frac{\mathrm{d}}{\mathrm{d}t}\boldsymbol{\gamma}(t)$. Wir folgen diesem Brauch hier.

Wie man an den Streckenzügen sieht, kommt man mit stetig differenzierbaren oder glatten Kurven allein nicht aus. Wir müssen also zulassen, dass sich Kurven aus endlich vielen solcher Kurven zusammensetzen. Daher:

Definition 1.4:

Ein Weg $\boldsymbol{\gamma} : [a, b] \to \mathbb{R}^n$ heißt *stückweise stetig differenzierbar* (bzw. *stückweise glatt*), wenn er Summe endlich vieler stetig differenzierbarer (bzw. glatter) Wege $\boldsymbol{\gamma}_i$ ist:

$$\boldsymbol{\gamma} = \boldsymbol{\gamma}_1 \oplus \boldsymbol{\gamma}_2 \oplus \ldots \oplus \boldsymbol{\gamma}_m .$$

Ausführlicher bedeutet dies: Es gibt endlich viele Teilungspunkte $a = t_0 < t_1 < t_2 < \ldots < t_m = b$ von $[a, b]$, so dass alle Einschränkungen $\boldsymbol{\gamma}_i$ von $\boldsymbol{\gamma}$ auf die Intervalle $[t_{i-1}, t_i]$ stetig differenzierbar (bzw. glatt) sind.

Eine *Kurve* wird stückweise stetig (bzw. stückweise glatt) genannt, wenn dies für einen erzeugenden Weg zutrifft.

Bemerkung: Die rechts- und linksseitigen Ableitungen $\dot{\boldsymbol{\gamma}}(t_i+)$ und $\dot{\boldsymbol{\gamma}}(t_i-)$ existieren also in allen Punkten t_i $(i = 1, \ldots, m-1)$. Damit nun $\dot{\boldsymbol{\gamma}}(t)$ überall auf $[a, b]$ eindeutig definiert ist, vereinbaren wir – wenn nichts anderes gesagt ist – für die Teilungspunkte $t_1, \ldots, t_{m-1}$, dass $\dot{\boldsymbol{\gamma}}(t_i)$ der Mittelwert aus rechts- und linksseitiger Ableitung sein soll, also

$$\dot{\boldsymbol{\gamma}}(t_i) := \frac{1}{2}(\dot{\boldsymbol{\gamma}}(t_i+) + \dot{\boldsymbol{\gamma}}(t_i-)), \quad i = 1, \ldots, m-1 . \tag{1.22}$$

Dies erweist sich später bei Kurvenintegralen als bequem.

Übung 1.5*

Ist der Weg $K : x = t^5, y = t^2 \ (-1 < t < 1)$

(a) stetig differenzierbar?

(b) glatt?

(c) Wie steht es damit, wenn wir $t \in [a, b]$ mit $0 < a < b$ wählen?

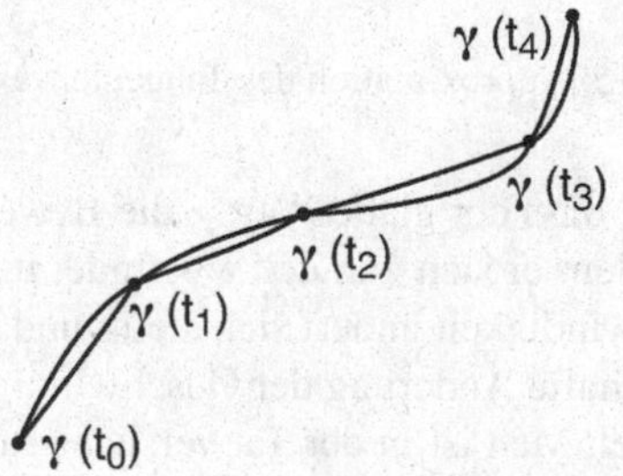

Fig. 1.16: Weg mit Streckenzug

1.1.4 Die Bogenlänge

Es sei $\boldsymbol{\gamma} : [a, b] \to \mathbb{R}^n$ ein beliebiger Weg und

$$Z = \{[t_0, t_1], [t_1, t_2], \dots, [t_{m-1}, t_m]\} \quad \begin{pmatrix} t_0 = a \\ t_m = b \end{pmatrix}$$

eine Zerlegung von $[a, b]$ in Teilintervalle. Durch die Bildpunkte

$$\boldsymbol{\gamma}(t_0), \boldsymbol{\gamma}(t_1), \dots, \boldsymbol{\gamma}(t_m)$$

denken wir uns einen Streckenzug gelegt, wie es Figur 1.16 verdeutlicht. Der Streckenzug ist dabei die Vereinigung der Strecken $[\boldsymbol{\gamma}(t_{i-1}), \boldsymbol{\gamma}(t_i)]$, $i = 1, \dots, m$. Die Summe

$$L_Z(\boldsymbol{\gamma}) := \sum_{i=1}^{m} |\boldsymbol{\gamma}(t_{i-1}) - \boldsymbol{\gamma}(t_i)| \tag{1.23}$$

nennen wir die *Länge des Streckenzuges*, in Übereinstimmung mit der Elementargeometrie in zwei oder drei Dimensionen.

»Verfeinert« man die Zerlegung Z, d.h. fügt man weitere Teilungspunkte hinzu, so werden die zugehörigen Streckenzuglängen immer größer, oder jedenfalls nicht kleiner. Je mehr Teilungspunkte gewählt werden und je kürzer die Teilstrecken sind, desto näher kommt die Streckenzuglänge unserer Vorstellung von einer Länge des Weges (bzw. der zugehörigen Kurve). Wir vereinbaren daher:

Definition 1.5:

(a) Die *Bogenlänge eines Weges* $\boldsymbol{\gamma} : [a, b] \to \mathbb{R}^n$ ist definiert durch

$$L(\boldsymbol{\gamma}) = \sup_Z L_Z(\boldsymbol{\gamma}),$$

also durch das Supremum aller zugehörigen Streckenzuglängen. Hierbei ist ∞ als Supremum zugelassen.

(b) Ein Weg $\boldsymbol{\gamma}$ heißt *streckbar*[7], wenn $L(\boldsymbol{\gamma})$ ungleich ∞ ist, also eine reelle Zahl ≥ 0. Wir schreiben dafür kurz $L(\boldsymbol{\gamma}) < \infty$.

(c) Man nennt $L(\boldsymbol{\gamma})$ auch die *(Bogen-)Länge der* (von $\boldsymbol{\gamma}$ erzeugten) *Kurve*, insbesondere, wenn $\boldsymbol{\gamma}$ höchstens endlich viele Doppelpunkte hat. (In diesem Falle ist $L(\boldsymbol{\gamma})$ unabhängig von $\boldsymbol{\gamma}$.)

Bemerkung: Es gibt durchaus nicht streckbare Wege $\boldsymbol{\gamma}$, also mit beliebig langen zugehörigen Streckenzuglängen $L_Z(\boldsymbol{\gamma})$, kurz, mit $L(\boldsymbol{\gamma}) = \sup_Z L_Z(\boldsymbol{\gamma}) = \infty$. Dies wirkt zunächst kaum glaublich. Doch wird später ein einfaches Beispiel dazu angegeben (Beispiel 1.11).

Stetig differenzierbare (und damit auch *glatte*) *Wege* $\boldsymbol{\gamma} : [a, b] \to \mathbb{R}^n$ verhalten sich aber glücklicherweise ordentlich: Sie sind streckbar!

7 Man sagt auch vornehm: *rektifizierbar*.

Bevor wir dies nachweisen, zeigen wir die folgende geradezu selbstverständliche Additionseigenschaft der Bogenlänge

Satz 1.1:

(*Additivität der Bogenlänge*) Es sei

$$\boldsymbol{\gamma} = \boldsymbol{\gamma}_1 \oplus \boldsymbol{\gamma}_2 \oplus \ldots \oplus \boldsymbol{\gamma}_n \tag{1.24}$$

eine Summe von Wegen; $\boldsymbol{\gamma}$ ist genau dann streckbar, wenn alle Teilwege $\boldsymbol{\gamma}_1, \ldots, \boldsymbol{\gamma}_n$ streckbar sind. Für die Bogenlänge gilt dann

$$L(\boldsymbol{\gamma}) = L(\boldsymbol{\gamma}_1) + L(\boldsymbol{\gamma}_2) + \ldots + L(\boldsymbol{\gamma}_n) \tag{1.25}$$

Beweis:

Es genügt, den Satz für zwei Summanden zu beweisen, also für $\boldsymbol{\gamma} = \boldsymbol{\gamma}_1 \oplus \boldsymbol{\gamma}_2$, denn der Allgemeinfall folgt daraus sofort mit vollständiger Induktion.

Es sei also $\boldsymbol{\gamma} : [a, b] \to \mathbb{R}^n$ zerlegt in $\boldsymbol{\gamma}_1 : [a, c] \to \mathbb{R}^n$ und $\boldsymbol{\gamma}_2 : [c, b] \to \mathbb{R}^n$. Eine beliebige Zerlegung Z von $[a, b]$ erzeugt durch Hinzunahme des Teilungspunktes c Zerlegungen Z_1, Z_2 von $[a, c]$ und $[c, b]$. Damit folgt

$$L_Z(\boldsymbol{\gamma}) \le L_{Z_1}(\boldsymbol{\gamma}_1) + L_{Z_2}(\boldsymbol{\gamma}_2) \le L(\boldsymbol{\gamma}_1) + L(\boldsymbol{\gamma}_2) \Rightarrow L(\boldsymbol{\gamma}) \le L(\boldsymbol{\gamma}_1) + L(\boldsymbol{\gamma}_2)\,. \tag{1.26}$$

Umgekehrt liefern beliebige Zerlegungen Z_1, Z_2 von $[a, c]$ bzw. $[c, b]$ eine Zerlegung $Z = Z_1 \cup Z_2$ von $[a, b]$. Hieraus ergibt sich

$$L_{Z_1}(\boldsymbol{\gamma}_1) + L_{Z_2}(\boldsymbol{\gamma}_2) = L_Z(\boldsymbol{\gamma}) \le L(\boldsymbol{\gamma}) \Rightarrow L(\boldsymbol{\gamma}_1) + L(\boldsymbol{\gamma}_2) \le L(\boldsymbol{\gamma})\,. \tag{1.27}$$

(1.26) und (1.27) liefern $L(\boldsymbol{\gamma}) = L(\boldsymbol{\gamma}_1) + L(\boldsymbol{\gamma}_2)$ und somit die Behauptung des Satzes. □

Damit folgt der zentrale Satz:

Satz 1.2:

Jeder *stückweise stetig differenzierbare Weg* $\boldsymbol{\gamma} : [a, b] \to \mathbb{R}^n$ ist streckbar und hat die Bogenlänge

$$L(\boldsymbol{\gamma}) = \int\limits_a^b |\dot{\boldsymbol{\gamma}}(t)|\,\mathrm{d}t \tag{1.28}$$ [8]

8 An Sprungstellen von $\dot{\boldsymbol{\gamma}}(t)$ denken wir uns den Mittelwert der rechts- und linksseitigen Ableitung eingesetzt, wie schon besprochen.

Beweis:

[9] Wir setzen $\boldsymbol{\gamma} : [a, b] \to \mathbb{R}^n$ einfach als stetig differenzierbar voraus und führen den Beweis für diesen Fall. Mit Satz 1.1 folgt daraus dann unmittelbar die Aussage für stückweise stetig differenzierbare Wege.

(a) Die *Beschränktheit* der Menge $L_Z(\boldsymbol{\gamma})$ und damit die *Streckbarkeit* von $\boldsymbol{\gamma}$ erhält man so: Sei $L_Z(\boldsymbol{\gamma})$ Streckenzuglänge zu den Teilungspunkten $a = t_0 < t_1 < \ldots < t_m = b$, und sei $\boldsymbol{\gamma} = [\gamma_1, \ldots, \gamma_n]^{\mathrm{T}}$. Mit den Abkürzungen

$$\Delta t_i = t_i - t_{i-1}\,, \qquad M_k = \max_{t \in [a,b]} |\dot{\gamma}_k(t)|$$

folgt nach dem Mittelwertsatz der Differentialrechnung:

$$\begin{aligned} L_Z(\boldsymbol{\gamma}) &= \sum_{i=1}^{m} \sqrt{\sum_{k=1}^{n} (\gamma_k(t_i) - \gamma_k(t_{i-1}))^2} = \sum_{i=1}^{m} \sqrt{\sum_{k=1}^{n} \dot{\gamma}_k \left(\xi_i^{(k)}\right)^2} \Delta t_i \\ &\le \sum_{i=1}^{m} \underbrace{\sqrt{\sum_{k=1}^{n} M_k^2}}_{C} \Delta t_i \le C \cdot (b - a) \end{aligned} \tag{1.29}$$

(b) Beim Beweis der Integraldarstellung (1.28) der Bogenlänge geht man von der Idee aus, dass sich $L_Z(\boldsymbol{\gamma})$ wegen (1.29) beliebig wenig von der folgenden Riemannschen Summe R_Z unterscheidet, und diese nur beliebig wenig von dem rechts stehenden Integral I:

$$R_Z := \sum_{i=1}^{m} \sqrt{\sum_{k=1}^{n} \dot{\gamma}_k(t_i)^2} \Delta t_i = \sum_{i=1}^{m} |\dot{\boldsymbol{\gamma}}(t_i)|\, \Delta t_i\,, \qquad I = \int_a^b |\dot{\boldsymbol{\gamma}}(t)|\, \mathrm{d}t\,.$$

Die Zerlegung Z muss dabei genügend fein gewählt sein. Mit der Bogenlänge $L(\boldsymbol{\gamma})$ (die wegen (a) existiert) schätzen wir daher folgendermaßen ab:

$$|I - L(\boldsymbol{\gamma})| \le |I - R_Z| + |R_Z - L_Z(\boldsymbol{\gamma})| + |L_Z(\boldsymbol{\gamma}) - L(\boldsymbol{\gamma})|\,. \tag{1.30}$$

Es sei nun $\varepsilon > 0$ beliebig klein. Wir versuchen, jeden Summanden auf der rechten Seite von (1.30) kleiner als $\varepsilon/3$ zu machen. Dann ist $|I - L(\boldsymbol{\gamma})| < \varepsilon$, und wegen der Beliebigkeit von $\varepsilon > 0$ auch $I = L(\boldsymbol{\gamma})$, womit alles gezeigt wäre.

Zunächst gibt es eine Zerlegung Z_0 von $[a, b]$ mit

$$\left|L_{Z_0}(\boldsymbol{\gamma}) - L_Z(\boldsymbol{\gamma})\right| < \frac{\varepsilon}{3}\,, \tag{1.31}$$

da $L(\boldsymbol{\gamma})$ das Supremum der $L_Z(\boldsymbol{\gamma})$ ist. Die Ungleichung (1.31) gilt auch für jede Verfeinerung Z von Z_0, da $L_Z(\boldsymbol{\gamma}) \ge L_{Z_0}(\boldsymbol{\gamma})$ ist. Anschließend wählen wir ein $\delta > 0$, so dass für

9 Kann beim ersten Lesen überschlagen werden.

jedes Z mit der Feinheit $|Z| < \delta$ gilt:

$$|I - R_Z| < \frac{\varepsilon}{3} \quad \text{und} \quad \left| \sqrt{\sum_{k=1}^{n} \dot{\gamma}_k(t_i)^2} - \sqrt{\sum_{k=1}^{n} \dot{\gamma}_k\left(\xi_i^{(k)}\right)^2} \right| < \frac{\varepsilon}{3(b-a)}$$

für $i = 1, \ldots, m$. Ersteres folgt wegen $\lim_{|Z|\to 0} R_Z = I$, und letzteres aus der gleichmäßigen Stetigkeit der $\dot{\gamma}_k$ auf $[a, b]$. Aus der rechten Ungleichung erhält man aber

$$|R_Z - L_Z(\boldsymbol{\gamma})| < \sum_{i=1}^{m} \frac{\varepsilon}{3(b-a)} \Delta t_i = \frac{\varepsilon}{3}, \tag{1.32}$$

womit alles bewiesen ist. □

Ist

$$K: \begin{array}{l} x = \gamma_1(t) \\ y = \gamma_2(t) \end{array}, \quad t \in [a, b]; \quad \boldsymbol{\gamma} = \begin{bmatrix} \gamma_1 \\ \gamma_2 \end{bmatrix}$$

eine *ebene*, stückweise stetig differenzierbare Kurve, so beschreibt man mit den Abkürzungen

$$\dot{x} = \dot{\gamma}_1(t), \quad \dot{y} = \dot{\gamma}_2(t)$$

das Bogenlängen-Integral auch durch

$$L(\boldsymbol{\gamma}) = \int_a^b \sqrt{\dot{x}^2 + \dot{y}^2} \mathrm{d}t \quad \textit{Länge ebener Wege} \tag{1.33}$$

Beispiel 1.8:
Für die Kreislänge L erhält man aus $x = r \cos t$, $y = r \sin t$, wie zu erwarten

$$L = \int_0^{2\pi} \sqrt{\dot{x}^2 + \dot{y}^2} \mathrm{d}t = \int_0^{2\pi} \sqrt{r^2 \cos^2 t + r^2 \sin^2 t} \mathrm{d}t = \int_0^{2\pi} r \, \mathrm{d}t = 2\pi r .$$

Beispiel 1.9:
Die *Archimedische Spirale*, gegeben durch

$$x = t \cos t, \quad y = t \sin t \quad \text{(s. Abschn. 1.1.1, Beisp. 1.2)}$$

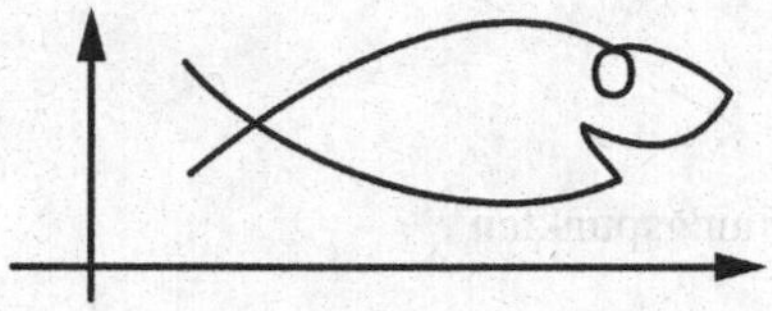

Fig. 1.17: Stückweise stetig differenzierbare Kurve

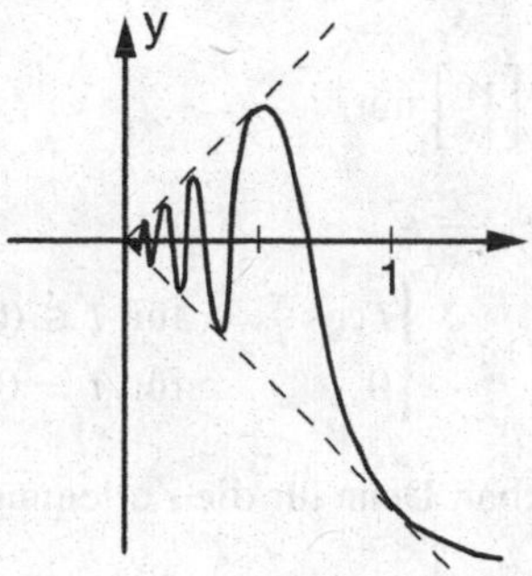

Fig. 1.18: Nicht streckbarer Weg

hat für $t \in [0, 10\pi]$ die folgende Bogenlänge L (dabei wird aus Burg/Haf/Wille (Analysis) [14] die Integrationsformel von $\int \sqrt{1+t^2}\,dt$ herangezogen):

$$L = \int_0^{10\pi} \sqrt{\dot{x}^2 + \dot{y}^2}\mathrm{d}t = \int_0^{10\pi} \sqrt{1+t^2}\mathrm{d}t = \frac{1}{2}\left[t\sqrt{1+t^2} + \operatorname{arsinh} t\right]_0^{10\pi} \doteq 495{,}8\,.$$

Für *räumliche Kurven*

$$K: x = \gamma_1(t)\,,\ y = \gamma_2(t)\,,\quad z = \gamma_3(t)\,,\quad t \in [a,b]$$

beschreibt man die Bogenlänge L analog zu (1.33) ($\gamma_1, \gamma_2, \gamma_3$ stückweise stetig differenzierbar vorausgesetzt):

$$L = \int_a^b \sqrt{\dot{x}^2 + \dot{y}^2 + \dot{z}^2}\,\mathrm{d}t \quad \textit{Länge räumlicher Wege} \tag{1.34}$$

Beispiel 1.10:
Die *Schraubenlinie*, dargestellt durch

$$x = r\sin t\,,\quad y = r\cos t\,,\quad z = ct \quad \text{(s. Abschn. 1.1.2, Beisp. 1.5)}$$

hat für $t \in [0, s]$ die Länge

$$L = \int_0^s \sqrt{r^2\cos^2 t + r^2\sin^2 t + c^2}\mathrm{d}t = \int_0^s \sqrt{r^2+c^2}\mathrm{d}t = s\sqrt{r^2+c^2}\,.$$

Zum Schluss ein Beispiel eines *nicht streckbaren Weges.*

Beispiel 1.11:
Der Weg $\boldsymbol{\gamma} = \begin{bmatrix} \gamma_1 \\ \gamma_2 \end{bmatrix}$ mit

$$x = \gamma_1(t) := t$$

$$y = \gamma_2(t) := \begin{cases} t \cos \frac{\pi}{t}, & \text{für } t \in (0,1] \\ 0, & \text{für } t = 0 \end{cases}$$

ist nicht streckbar. Denn für die Zerlegung Z mit den Teilungspunkten

$$t_k = \frac{1}{k}, \quad (k = 1,2,3,\dots,m-1), \quad t_m = 0$$ [10]

ist $\gamma_2(t_k) = (-1)^k/k$. Da also $\gamma_2(t_1), \gamma_2(t_2), \dots$ abwechselnde Vorzeichen haben, ist die zu t_k, t_{k-1} gehörende Teilstreckenlänge sicher größer als $|\gamma_2(t_k)| = 1/k$. Also folgt $L_Z(\boldsymbol{\gamma}) \geq \sum_{k=1}^{m-1} \frac{1}{k} \to \infty$ für $m \to \infty$, d.h. die Menge der $L_Z(\boldsymbol{\gamma})$ ist unbeschränkt, folglich ist $\boldsymbol{\gamma}$ nicht streckbar. Man weist dem Weg $\boldsymbol{\gamma}$ symbolisch die Streckenzuglänge ∞ zu.

Übungen Berechne die Bogenlänge folgender Kurven:

Übung 1.6*

Parabel $P: x = t,\, y = at^2 \quad (a > 0), 0 \leq t \leq 2$

Übung 1.7:

$K: x = \sinh t,\, y = 2t, \quad 0 \leq t \leq 4$

Übung 1.8*

Zykloide $Z: x = R(t - \sin t),\, y = R(1 - \cos t), \quad (R > 0), 0 \leq t \leq 2\pi$

1.1.5 Parametertransformation, Orientierung

Es sei durch

$$\boldsymbol{x} = \boldsymbol{\gamma}(t), \quad \boldsymbol{\gamma} : [a,b] \to \mathbb{R}^n$$

ein Weg beschrieben und durch

$$t = \varphi(\tau), \quad \varphi : [c,d] \to [a,b]$$

eine stetige, streng monoton steigende surjektive[11] Funktion. Dann liefert die Komposition

$$\boldsymbol{\delta}(\tau) := \boldsymbol{\gamma}(\varphi(\tau)), \quad \text{kurz} \quad \boldsymbol{\delta} = \boldsymbol{\gamma} \circ \varphi \tag{1.35}$$

10 Die Teilungspunkte sind umgekehrt angeordnet, anders als gewohnt: $t_m < t_{m-1} < \dots < t_1$. Das ist jedoch für das Ergebnis gleichgültig.

11 D.h. $\varphi([c,d]) = [a,b]$.

einen neuen Weg $\boldsymbol{\delta} : [c, d] \to \mathbb{R}^n$.

Man nennt φ eine *Parametertransformation*, t und τ heißen Parameter; (s. Fig. 1.19). Man sagt »*$\boldsymbol{\delta}$ ist aus $\boldsymbol{\gamma}$ durch eine Parametertransformation hervorgegangen*«.

Da wir es in der Vektoranalysis hauptsächlich mit stückweise glatten Kurven zu tun haben, wollen wir hinfort auch Parametertransformationen als *stückweise glatt* voraussetzen.

Dabei heißt eine *Parametertransformation* $\varphi : [c, d] \to [a, b]$ *glatt*, wenn sie surjektiv und stetig differenzierbar ist und überall

$$\dot{\varphi}(t) > 0$$

erfüllt.

Die Transformation $\varphi : [c, d] \to [a, b]$ (surjektiv, stetig) heißt *stückweise glatt*, wenn es eine Zerlegung von $[c, d]$ in Teilintervalle $[\tau_{i-1}, \tau_i]$ $(i = 0, \dots, m)$ gibt, wobei die Einschränkungen von φ auf die Teilintervalle jeweils glatt sind. (φ ist unter diesen Voraussetzungen streng monoton steigend, wie schon oben gefordert.)

Definition 1.6:

Es sei $\boldsymbol{\gamma} : [a, b] \to \mathbb{R}^n$ ein stückweise glatter Weg, und $\varphi : [c, d] \to [a, b]$ eine stückweise glatte Parametertransformation. Dann ist auch

$$\boldsymbol{\delta} = \boldsymbol{\gamma} \circ \varphi\,, \quad \text{also} \quad \boldsymbol{\delta}(\tau) = \boldsymbol{\gamma}(\varphi(\tau))\,,$$

ein stückweise glatter Weg. Wir nennen in diesem Falle die Wege $\boldsymbol{\delta}$ und $\boldsymbol{\gamma}$ *äquivalent*, in Zeichen

$$\boldsymbol{\delta} \sim \boldsymbol{\gamma}\,.$$

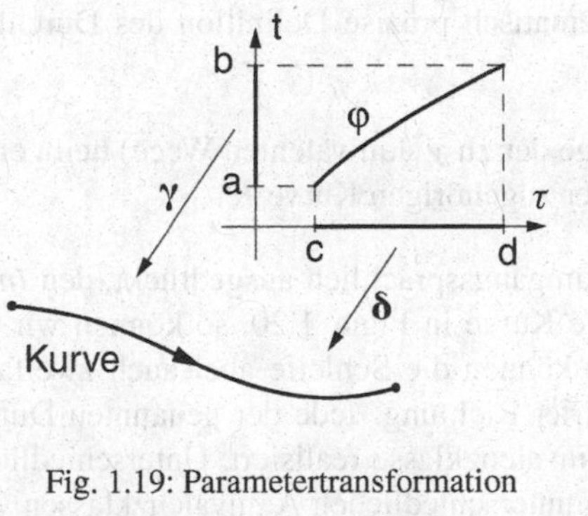

Fig. 1.19: Parametertransformation

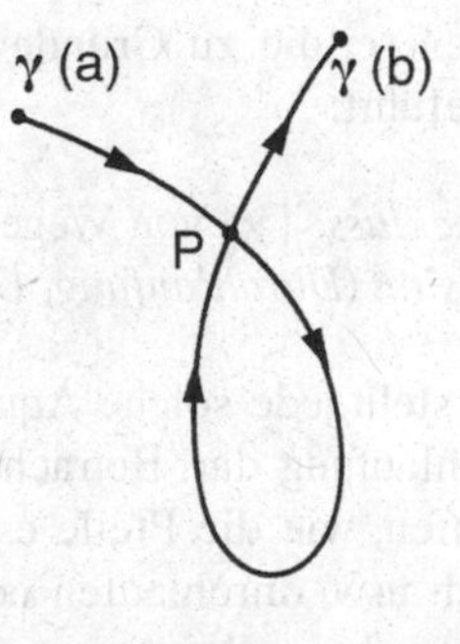

Fig. 1.20: Durchlaufung einer Kurve

Die üblichen Bedingungen einer Äquivalenzrelation sind dabei erfüllt:

$$\text{(a) } \boldsymbol{\gamma} \sim \boldsymbol{\gamma}\,, \quad \text{(b) } \boldsymbol{\gamma} \sim \boldsymbol{\delta} \Rightarrow \boldsymbol{\delta} \sim \boldsymbol{\gamma}\,, \quad \text{(c) } \boldsymbol{\gamma} \sim \boldsymbol{\delta} \quad \text{und} \quad \boldsymbol{\delta} \sim \boldsymbol{\eta} \Rightarrow \boldsymbol{\gamma} \sim \boldsymbol{\eta}\,.$$

Die wesentlichen Eigenschaften von Wegen bleiben bei Parametertransformationen erhalten, d.h.

Satz 1.3:

Zwei äquivalente Wege $\boldsymbol{\gamma}$ und $\boldsymbol{\delta}$ erzeugen die gleiche Kurve, haben dieselben Anfangs- und Endpunkte und dieselbe Bogenlänge. Ist $\boldsymbol{\gamma}$ *geschlossen* oder *doppelpunktfrei*, so gilt dies auch jeweils für $\boldsymbol{\delta}$. Auch die Tangenteneinheitsvektoren stimmen in entsprechenden Punkten überein, d.h. es gilt mit $\boldsymbol{\delta} = \boldsymbol{\gamma} \circ \varphi$:

$$\boldsymbol{T}_{\delta(\tau)} = \boldsymbol{T}_{\gamma}(t)\,, \quad \text{wobei } t = \varphi(\tau) \text{ ist.}^{12} \tag{1.36}$$

Beweis:

Die Bogenlängen $L(\boldsymbol{\gamma})$ und $L(\boldsymbol{\delta})$ stimmen überein, da die Menge der zugehörigen Streckenzüge bei $\boldsymbol{\gamma}$ und $\boldsymbol{\delta}$ gleich ist. (1.36) gewinnt man aus

$$\boldsymbol{T}_{\delta}(\tau) = \frac{\dot{\boldsymbol{\delta}}(\tau)}{|\dot{\boldsymbol{\delta}}(\tau)|} = \frac{\frac{\mathrm{d}}{\mathrm{d}\tau}\boldsymbol{\gamma}(\varphi(\tau))}{|\frac{\mathrm{d}}{\mathrm{d}\tau}\boldsymbol{\gamma}(\varphi(\tau))|} = \frac{\dot{\boldsymbol{\gamma}}(t)\dot{\varphi}(\tau)}{|\dot{\boldsymbol{\gamma}}(t)|\dot{\varphi}(\tau)} = \boldsymbol{T}_{\gamma}(t)\,.$$

□

Auch die Art, wie die zugehörige Kurve mit steigendem Parameterwert durchlaufen wird, ist bei $\boldsymbol{\gamma}$ und $\boldsymbol{\delta}$ — anschaulich gesehen — dieselbe. Denn fasst man die Parameter als Zeit auf, so durchläuft $\boldsymbol{\gamma}(t)$ die Kurve evtl. mit anderer Geschwindigkeit als $\boldsymbol{\delta}(\tau)$, doch im Prinzip auf die gleiche Weise im Hinblick auf die Laufrichtung, Umrundung von Schleifen usw. Wir sagen daher:

Zwei Wege haben genau dann denselben *Durchlaufungssinn*, wenn sie äquivalent sind.

Statt *Durchlaufungssinn* sagt man auch kurz *Durchlaufung* oder *Orientierung* (s. auch Fig. 1.20).
Bemerkung: Für die Weiterarbeit reicht die obige Formulierung völlig aus. Lediglich der Vollständigkeit wegen sei die zu Grunde liegende mathematisch präzise Definition des Durchlaufungssinnes angeführt:

Eine *Äquivalenzklasse* $[\boldsymbol{\gamma}]$ von Wegen (d.i. die Menge der zu $\boldsymbol{\gamma}$ äquivalenten Wege) heißt ein *Durchlaufungssinn* (*Durchlaufung, Orientierung*) der zugehörigen Kurve K.

Denn in der Tat stellt jede solche Äquivalenzklasse, umgangssprachlich ausgedrückt, den *Inbegriff* einer Durchlaufung dar. Betrachten wir etwa die Kurve in Figur 1.20, so können wir sie z.B. so durchlaufen, wie die Pfeile es andeuten. Wir können die Schleife aber auch zweifach, dreifach, vierfach usw. durchlaufen oder in umgekehrter Richtung. Jede der genannten Durchlaufungen wird durch die Wege einer bestimmten Äquivalenzklasse realisiert. Unterschiedliche Durchlaufungen ein und derselben Kurve entsprechen unterschiedlichen Äquivalenzklassen von Wegen.

Zu jedem Weg $\boldsymbol{\gamma} : [a, b] \to \mathbb{R}^n$ kann man den Weg

$$\boldsymbol{\gamma}^{-}(t) := \boldsymbol{\gamma}(-t)\,, \; t \in [-b, -a] \tag{1.37}$$

12 In Sprungstellen t_i von $\dot{\boldsymbol{\gamma}}$ (wie üblich): $\dot{\boldsymbol{\gamma}}(t_i) = \frac{1}{2}(\dot{\boldsymbol{\gamma}}(t_i+) + \dot{\boldsymbol{\gamma}}(t_i-))$.

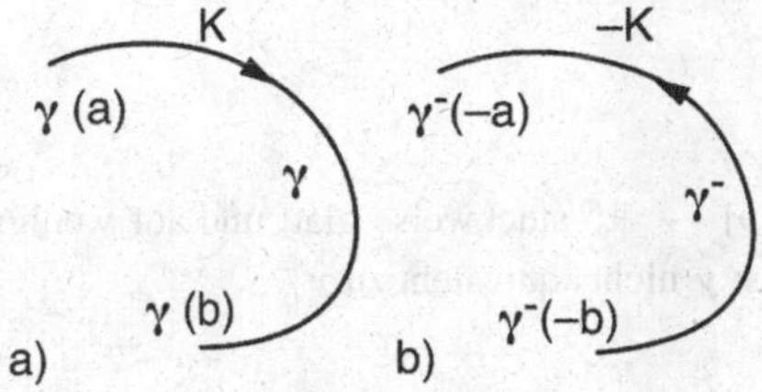

Fig. 1.21: Durchlaufungen zu $\boldsymbol{\gamma}$ und $\boldsymbol{\gamma}^-$

bilden. Man sagt, $\boldsymbol{\gamma}^-$ hat den *entgegengesetzten Durchlaufungssinn* wie $\boldsymbol{\gamma}$, (s. Fig. 1.21). Für die Bogenlänge folgt

$$L(\boldsymbol{\gamma}) = L(\boldsymbol{\gamma}^-) .$$

Eine Kurve K, der ein Durchlaufungssinn zugeordnet ist, heißt *orientierte Kurve*. Ordnet man ihr den entgegengesetzten Durchlaufungssinn zu, so schreibt man häufig $-K$ dafür.

Man macht sich leicht klar, dass jede stückweise glatte Jordan-Kurve auf genau zwei Weisen orientiert werden kann (wenn wir nur eindeutige Parameterdarstellungen betrachten).

Die natürliche Parameterdarstellung

Durch die Bogenlänge, abschnittsweise berechnet, kann man eine Parameterdarstellung einer Kurve gewinnen, die insbesondere bei theoretischen Überlegungen nützlich ist:

Ist $\boldsymbol{\gamma} : [a, b] \to \mathbb{R}^n$ ein stückweise glatter Weg, so ist

$$s = \int_a^t |\dot{\boldsymbol{\gamma}}(\tau)| \, \mathrm{d}\tau =: \psi(t) \quad (a \le t \le b) \tag{1.38}$$

die *Bogenlänge des Wegstückes*, das zum *Teilintervall* $[a, t]$ gehört. $s = \psi(t)$ beschreibt eine stückweise glatte Parametertransformation von $[a, b]$ auf $[0, L]$ (mit $L = L(\boldsymbol{\gamma})$), denn es ist $\dot{s} = \dot{\psi}(t) = |\dot{\boldsymbol{\gamma}}(t)| > 0$. Wir erhalten damit den äquivalenten Weg $\boldsymbol{g} = \boldsymbol{\gamma} \circ \psi^{-1}$, und damit die Parameterdarstellung

$$\boldsymbol{x} = \boldsymbol{g}(s) , \quad s \in [0, L] \tag{1.39}$$

der durch $\boldsymbol{\gamma}$ erzeugten Kurve K. Diese Parameterdarstellung wird als *natürliche Parameterdarstellung* bezeichnet. s heißt *natürlicher Parameter* oder *Bogenlängenparameter*. Der *Tangenteneinheitsvektor* $\boldsymbol{T} := \boldsymbol{T}_g$ errechnet sich dabei einfach aus

$$\boldsymbol{T}(s) := \boldsymbol{g}'(s) , \tag{1.40}$$

denn es ist

$$|\boldsymbol{g}'(s)| = \left| \dot{\boldsymbol{\gamma}}(t) \frac{\mathrm{d}t}{\mathrm{d}s} \right| = \frac{|\dot{\boldsymbol{\gamma}}(t)|}{|\dot{\boldsymbol{\gamma}}(t)|} = 1 .$$

Übungen

Übung 1.9*

Zeige: Ist der Weg $\boldsymbol{\gamma} : [a, b] \to \mathbb{R}^n$ stückweise glatt und auf wenigstens einem Teilintervall von $[a, b]$ eineindeutig, so ist $\boldsymbol{\gamma}$ nicht äquivalent zu $\boldsymbol{\gamma}^-$.

Übung 1.10:

Berechne die natürliche Parameterdarstellung des Kreises K und der Strecke S:

$$K : x = r\cos(\omega t)\,,\quad y = r\sin(\omega t)\,,\quad t \in \left[0, \frac{2\pi}{\omega}\right],\quad (r > 0, \omega > 0)$$
$$S : x = 3t - 1\,,\quad y = -5t + 2\,,\quad t \in [0,1]\,.$$

1.2 Theorie ebener Kurven

1.2.1 Bogenlänge und umschlossene Fläche

Bogenlänge: Es sei durch $x = \gamma_1(t)$, $y = \gamma_2(t)$ $(a \le t \le b)$ ein stückweise glatter Weg $\boldsymbol{\gamma} = [\gamma_1, \gamma_2]^{\mathrm{T}}$ in der Ebene gegeben. In Abschnitt 1.1.4. wurde die Formel für seine Länge L hergeleitet:

$$L = \int_a^b |\dot{\boldsymbol{\gamma}}(t)|\mathrm{d}t\,,\quad \text{also } \textit{Bogenlänge}\quad L = \int_a^b \sqrt{\dot{x}^2 + \dot{y}^2}\mathrm{d}t \tag{1.41}$$

mit

$$\dot{x} = \frac{\mathrm{d}\gamma_1}{\mathrm{d}t}\,,\quad \dot{y} = \frac{\mathrm{d}\gamma_2}{\mathrm{d}t}\,.$$

Oft ist auch die Darstellung von L in Polarkoordinaten r, φ nützlich. Die Umrechnung der Formel in Polarkoordinaten ist nicht schwierig: Mit

$$r = \sqrt{x^2 + y^2} = |\boldsymbol{\gamma}(t)|\,,\quad \varphi = \operatorname{arc}(x, y) + 2k\pi\,,$$ [13]

(k ganz) hängen r und φ (stückweise) glatt von t ab. Wir setzen dabei $r \neq 0$ voraus und sorgen dafür, dass φ durch richtige Wahl der k stets stetig von t abhängt. Aus der Transformation

$$\left.\begin{aligned} x &= r\cos\varphi \\ y &= r\sin\varphi \end{aligned}\right\}\quad \text{folgt damit}\quad \left\{\begin{aligned} \dot{x} &= \dot{r}\cos\varphi - r\dot{\varphi}\sin\varphi \\ \dot{y} &= \dot{r}\sin\varphi + r\dot{\varphi}\cos\varphi\,, \end{aligned}\right. \tag{1.42}$$

also $\dot{x}^2 + \dot{y}^2 = \dot{r}^2 + r^2\dot{\varphi}^2$ und damit:

---

13 $\operatorname{arc}(x, y) = \begin{cases} \arccos\frac{x}{r} & \text{falls}\quad y \ge 0 \\ -\arccos\frac{x}{r} & \text{falls}\quad y < 0\,. \end{cases}$

$$L = \int_a^b \sqrt{\dot{r}^2 + r^2\dot{\varphi}^2}\,\mathrm{d}t \quad \textit{(Bogenlänge in Polarkoordinaten)} \tag{1.43}$$

Funktionsgraphen: Ist durch $y = f(x)$ eine stetig differenzierbare reelle Funktion auf $[a, b]$ gegeben, so erhält man die Länge ihres Graphen – der ja auch als *Kurve* bezeichnet wird – über die Parameterdarstellung $x = t,\ y = f(t)$:

$$L = \int_a^b \sqrt{1 + \dot{y}^2}\,\mathrm{d}t\,.$$

Schreibt man hier wieder x statt t, und $y' = f'(x)$, so folgt für die Länge eines Funktionsgraphen:

$$L = \int_a^b \sqrt{1 + (y')^2}\,\mathrm{d}x \tag{1.44}$$

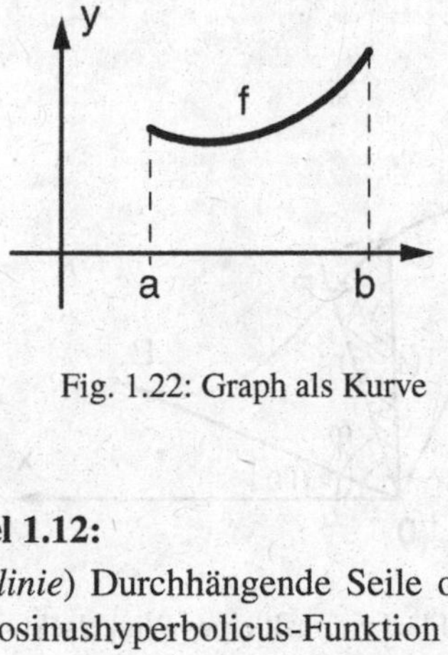

Fig. 1.22: Graph als Kurve

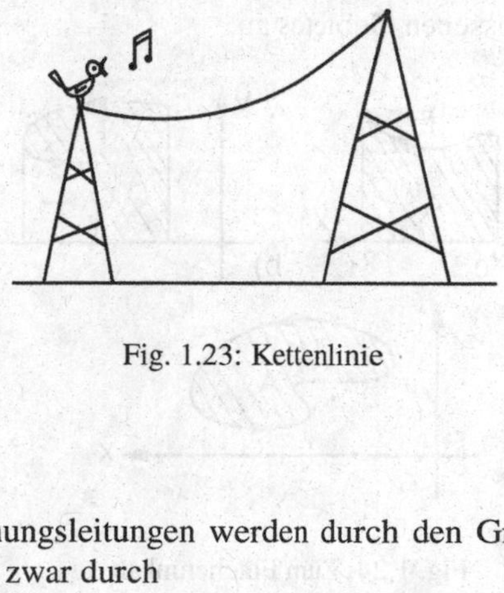

Fig. 1.23: Kettenlinie

Beispiel 1.12:

(*Kettenlinie*) Durchhängende Seile oder Hochspannungsleitungen werden durch den Graphen einer Cosinushyperbolicus-Funktion dargestellt, und zwar durch

$$y = h_0 + c\left(\cosh\frac{x - x_0}{c} - 1\right) \quad (c > 0) \tag{1.45}$$

(s. Fig. 1.23). Ihre Länge zwischen $x = a$ und $x = b$ ist nach (1.44):

$$L = \int_a^b \sqrt{1 + \sinh^2\frac{x - x_0}{c}}\,\mathrm{d}x = \int_a^b \cosh\frac{x - x_0}{c}\,\mathrm{d}x = c\left(\sinh\frac{b - x_0}{c} - \sinh\frac{a - x_0}{c}\right).$$

Flächeninhalte von Flächen mit vorgegebenen Randkurven: Beschreibt $y = f(x)$ eine stetige positive Funktion auf $[x_0, x_1]$, so ist der zugehörige Flächeninhalt über $[x_0, x_1]$ bekanntlich

$$A = \int_{x_0}^{x_1} f(x)\mathrm{d}x\,, \quad \text{kurz } A = \int_{x_0}^{x_1} y\mathrm{d}x$$

(s. Fig. 1.24a). Wir stellen uns nun vor, dass der Graph von f durch eine (stückweise) glatte Parameterdarstellung $y = \gamma_1(t)$, $x = \gamma_2(t)$ $(a \leq t \leq b)$ gegeben ist, wobei $\boldsymbol{\gamma} = [\gamma_1, \gamma_2]^{\mathrm{T}}$ eineindeutig ist, und die Kurve von links nach rechts durchlaufen wird (steigende x-Werte). Dann folgt mit der Substitutionsregel für den Flächeninhalt in Figur 1.24a:

$$A = \int_{t_0}^{t_1} y\dot{x}\mathrm{d}t \tag{1.46}$$

Figur 1.24b zeigt die geometrische Bedeutung des Flächeninhaltes A, wenn die Kurve nicht nur von links nach rechts (steigende x-Werte), sondern auch stückweise von rechts nach links (fallende x-Werte) durchlaufen wird.

Daraus wird aber klar: Ist die Kurve eine *geschlossene Jordan-Kurve*, wie z.B. in Figur 1.24c, die ihr Inneres *im Uhrzeigersinn umläuft*, so gibt das Integral in (1.46) den Flächeninhalt des umschlossenen Gebietes an.

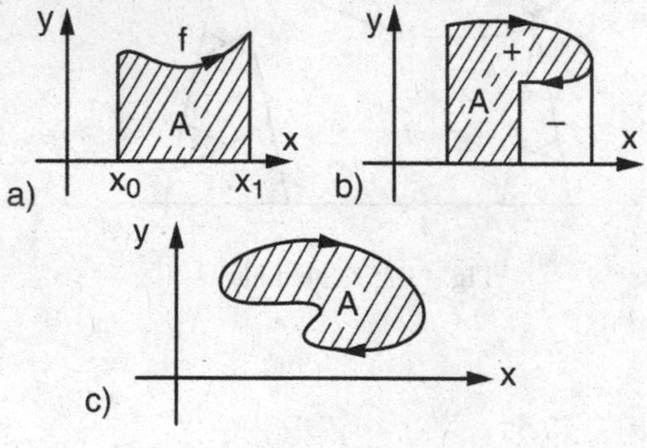

Fig. 1.24: Zum Flächeninhalt

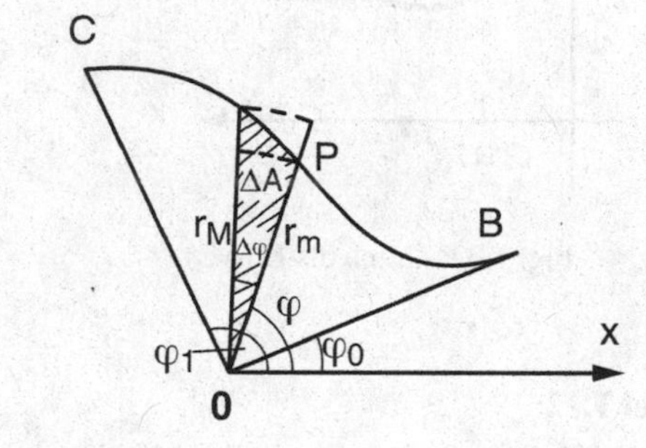

Fig. 1.25: Flächeninhalt eines Winkelsektors

Aus Symmetriegründen gilt in diesem Fall natürlich auch

$$A = \int_{t_0}^{t_1} x\dot{y}\mathrm{d}t\,.$$

Es sei nun eine Kurve in *Polarkoordinatendarstellung* $r = f(\varphi)$ gegeben, wobei f stetig auf $[\varphi_0, \varphi_1]$ ist.

Dann ist der *Flächeninhalt eines Winkelsektors* $\mathbf{0}\ \widehat{BC}$, wie in Figur 1.25 skizziert, gleich

$$A = \frac{1}{2}\int_{\varphi_0}^{\varphi_1} r^2 \mathrm{d}\varphi\,. \tag{1.47}$$

Denn der Flächeninhalt ΔA des kleinen schraffierten Sektors in Figur 1.25 liegt zwischen den Flächeninhalten der Kreissektoren zu r_m bzw. r_M, wobei r_m kleinster und r_M größter Radius im schraffierten Sektor ist. Also gilt $\frac{1}{2}r_m^2\Delta\varphi \le \Delta A \le \frac{1}{2}r_M^2\Delta\varphi$, folglich

$$\frac{1}{2}r_m^2 \le \frac{\Delta A}{\Delta\varphi} \le \frac{1}{2}r_M^2\,.$$

Mit der Flächeninhaltsfunktion $A = F(\varphi)$, die den Inhalt des Sektors $\mathbf{0}\ \widehat{BP}$ beschreibt, folgt aus den Ungleichungen mit $\Delta\varphi \to 0$:

$$\frac{\mathrm{d}A}{\mathrm{d}\varphi} = F'(\varphi) = \frac{1}{2}r^2\,.$$

Der Hauptsatz der Differential- und Integralrechnung ergibt dann (1.47).

Übungen

Übung 1.11:

Berechne die Bogenlänge des Funktionsgraphen der *Neilschen Parabel* $y = f(x) = x^{\frac{3}{2}}$ für $0 \le x \le a$ $(a > 0)$. (Gegenüber Beisp. 1.3, Abschn. 1.1.1, haben x und y hier ihre Rollen getauscht).

Übung 1.12:

Berechne mit (1.46) den Flächeninhalt der *Ellipse*, gegeben durch $x = a\cos t$, $y = b\sin t$, $0 \le t \le 2\pi$, $(a > 0,\ b > 0)$.

Übung 1.13:

Berechne aus der Polargleichung $r = a\varphi$ $(a > 0)$ der *Archimedischen Spirale* den Flächeninhalt eines Winkelsektors zwischen φ_0 und φ_1 $(0 \le \varphi_0 < \varphi_1 \le 2\pi)$.

Übung 1.14:

Berechne den Flächeninhalt eines »Blattes« der *Kleeblattkurve*, gegeben durch die Polargleichung $r = a\sin(3\varphi)$, $0 \le \varphi \le \pi/2$ (vgl. Abschn. 1.4.5).

1.2.2 Krümmung und Krümmungsradius

Wir betrachten eine ebene *glatte Kurve* mit der Parameterdarstellung

$$\begin{matrix} x = \gamma_1(t)\,, \\ y = \gamma_2(t)\,, \end{matrix} \quad a \le t \le b \quad \text{mit} \quad \boldsymbol{x} = \begin{bmatrix} x \\ y \end{bmatrix}, \boldsymbol{\gamma} = \begin{bmatrix} \gamma_1 \\ \gamma_2 \end{bmatrix}, \quad \text{kurz } \boldsymbol{x} = \boldsymbol{\gamma}(t). \tag{1.48}$$

Der *Weg* $\boldsymbol{\gamma} : [a, b] \to \mathbb{R}^2$, der die Kurve erzeugt, sei dabei ein *glatter* C^2-*Weg*[14].

Zur Erleichterung benutzen wir auch die äquivalente Darstellung mit dem *natürlichen Parameter* s:

$$\begin{matrix} x = g_1(s)\,, \\ y = g_2(s)\,, \end{matrix} \quad 0 \le s \le L \quad \text{mit } \boldsymbol{g} = \begin{bmatrix} g_1 \\ g_2 \end{bmatrix}, \text{kurz } \boldsymbol{x} = \boldsymbol{g}(s) \tag{1.49}$$

s ist dabei die *Bogenlänge* des Teilweges von a bis t (vgl. Abschn. 1.1.5), d.h.:

$$s = \psi(t) := \int_a^t |\dot{\boldsymbol{\gamma}}(\tau)|\mathrm{d}\tau \Rightarrow \dot{s} = \frac{\mathrm{d}}{\mathrm{d}t}\psi(t) = |\dot{\boldsymbol{\gamma}}(t)| = \sqrt{\dot{x}^2 + \dot{y}^2} \neq 0 \tag{1.50}$$

$\boldsymbol{g}$ und $\boldsymbol{\gamma}$ hängen also so zusammen:

$$\boldsymbol{\gamma}(t) = \boldsymbol{g}(\psi(t)) \quad \text{oder} \quad \boldsymbol{g}(s) = \boldsymbol{\gamma}(\psi^{-1}(s))\,. \tag{1.51}$$

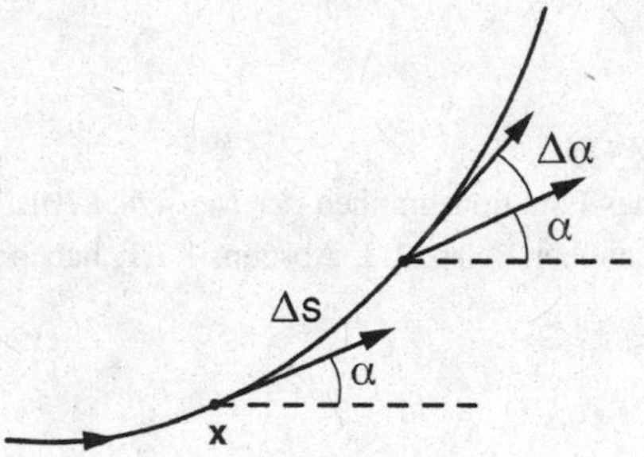

Fig. 1.26: Zur Krümmung $\kappa \approx \frac{\Delta\alpha}{\Delta s}$.

Krümmung: Zur Orientierung nehmen wir an, dass unsere Kurve wie in Figur 1.26 verläuft. Der Winkel α, den der Tangentenvektor in $\boldsymbol{x} = \boldsymbol{g}(s)$ mit der positiven x-Achse bildet, ändert sich mit steigendem s. Die Änderung $\Delta\alpha$ des Winkels pro Längeneinheit kann dabei als Maß für die »Krümmung« verwendet werden. Wir nennen daher $\Delta\alpha/\Delta s$ die »mittlere Krümmung« zwischen s und $s + \Delta s$ und — nach Grenzübergang $\Delta s \to 0$ — den Differentialquotienten

$$\frac{\mathrm{d}\alpha}{\mathrm{d}s} =: \kappa$$

14 D.h. $\boldsymbol{\gamma}$ ist glatt und zweimal stetig differenzierbar.

die *Krümmung* im Kurvenpunkt $\boldsymbol{x} = \boldsymbol{g}(s) = \boldsymbol{\gamma}(t)$, und zwar bzgl. des Weges $\boldsymbol{\gamma}$. Gegen glatte Parametertransformationen ist die Krümmung unabhängig, da sie über die natürliche Parameterdarstellung definiert ist.

Berechnung der Krümmung: Da $\dot{\boldsymbol{\gamma}}(t) = \begin{bmatrix} \dot{x} \\ \dot{y} \end{bmatrix}$ ein Tangentialvektor in $\boldsymbol{x} = \boldsymbol{\gamma}(t)$ ist, gilt für den Winkel α zwischen $\dot{\boldsymbol{\gamma}}(t)$ und der positiven x-Achse: $\tan\alpha = \frac{\dot{y}}{\dot{x}}$, falls $\dot{x} \neq 0$, und $\cot\alpha = \frac{\dot{x}}{\dot{y}}$, wenn $\dot{y} \neq 0$, also

$$\alpha = \operatorname{arc}(\dot{x}, \dot{y}) = \begin{cases} \arctan\frac{\dot{y}}{\dot{x}} + n\pi & \text{falls } \dot{x} \neq 0, \\ \operatorname{arccot}\frac{\dot{x}}{\dot{y}} + m\pi & \text{falls } \dot{y} \neq 0. \end{cases} \tag{1.52}$$

Dabei werden die ganzen Zahlen n, m in Abhängigkeit von t so gewählt, dass α stetig von t abhängt. Ersetzt man hier t durch $\psi^{-1}(s)$, so erhält man α in Abhängigkeit von s. Damit errechnet man die *Krümmung* in s aus

$$\kappa = \frac{\mathrm{d}\alpha}{\mathrm{d}s} = \frac{\mathrm{d}\alpha}{\mathrm{d}t} \cdot \frac{\mathrm{d}t}{\mathrm{d}s}.$$

Die Berechnung von $\frac{\mathrm{d}\alpha}{\mathrm{d}t}$ aus (1.52) liefert für beide Alternativen das gleiche, nämlich

$$\frac{\mathrm{d}\alpha}{\mathrm{d}t} = \frac{\dot{x}\ddot{y} - \ddot{x}\dot{y}}{\dot{x}^2 + \dot{y}^2}.$$ [15]

Mit $\frac{\mathrm{d}s}{\mathrm{d}t} = \sqrt{\dot{x}^2 + \dot{y}^2}$, siehe (1.50), gewinnt man aus (1.52)

Satz 1.4:

Die *Krümmung* eines glatten C^2-Weges $\boldsymbol{\gamma} : [a, b] \to \mathbb{R}^2$ mit $\begin{bmatrix} x \\ y \end{bmatrix} = \boldsymbol{\gamma}(t)$ hat in t den Wert

$$\kappa = \frac{\dot{x}\ddot{y} - \ddot{x}\dot{y}}{(\dot{x}^2 + \dot{y}^2)^{3/2}}. \tag{1.53}$$

Ist $\boldsymbol{\gamma}(t)$ doppelpunktfrei in einer Umgebung von t, so nennt man das zugehörige κ auch die *Krümmung der Kurve* im Punkt $\boldsymbol{\gamma}(t)$ (bzgl. der durch $\boldsymbol{\gamma}$ vermittelten Orientierung).

Für $t = s$, also für den natürlichen Parameter folgt aus (1.50) wegen $\dot{s} = \frac{\mathrm{d}s}{\mathrm{d}t} = 1$:

$$\sqrt{\left(\frac{\mathrm{d}x}{\mathrm{d}s}\right)^2 + \left(\frac{\mathrm{d}y}{\mathrm{d}s}\right)^2} = 1. \tag{1.54}$$

Der Nenner in (1.53) wird also 1, und man erhält

$$\kappa = \frac{\mathrm{d}x}{\mathrm{d}s} \cdot \frac{\mathrm{d}^2 y}{\mathrm{d}s^2} - \frac{\mathrm{d}^2 x}{\mathrm{d}s^2} \cdot \frac{\mathrm{d}y}{\mathrm{d}s} \quad \textit{Krümmung} \text{ bzgl. des natürlichen Parameters} \tag{1.55}$$

15 Zur Erinnerung: $\arctan' x = -\operatorname{arccot}' x = 1/(1 + x^2)$.

Auf Grund der geometrischen Bedeutung der Krümmung vereinbaren wir folgende anschauliche Sprechweise für Wegabschnitte mit $\kappa > 0$ bzw. $\kappa < 0$:

$$\begin{aligned} \kappa > 0 &: \textit{Linkskurve} \\ \kappa < 0 &: \textit{Rechtskurve} \end{aligned} \tag{1.56}$$

Hat κ — als Funktion von t — bei t_0 einen *Nulldurchgang*, so liegt bei t_0 ein Wechsel zwischen Rechts- und Linkskurve vor. Wir sagen, bei t_0 hat der Weg einen *Wendepunkt*.

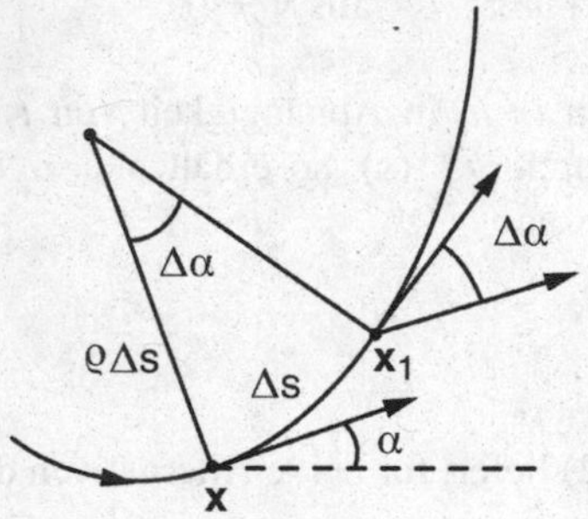

Fig. 1.27: Zum Krümmungsradius $\rho \approx \left|\frac{\Delta s}{\Delta \alpha}\right|$

Krümmungsradius: Gilt $\kappa \neq 0$ für die Krümmung in $\boldsymbol{\gamma}(t)$, so nennen wir

$$\rho := \frac{1}{|\kappa|}$$

den *Krümmungsradius* des Weges (bzw. der Kurve) in $\boldsymbol{\gamma}(t)$.

Figur 1.27 zeigt, dass dies anschaulich sinnvoll ist: Nimmt man an, dass der Bogen von $\boldsymbol{x}$ bis $\boldsymbol{x}_1$ (näherungsweise) ein Kreisbogen ist, so gilt für den zugehörigen Radius $\rho_{\Delta s}$ (näherungsweise) $\Delta s = \rho_{\Delta s}|\Delta\alpha|$, also $\rho_{\Delta s} = \frac{\Delta s}{|\Delta\alpha|} \to \frac{1}{|\kappa|} = \rho$ für $\Delta s \to 0$. ρ kann also als Radius eines Kreises aufgefasst werden, der sich in $\boldsymbol{x} = \boldsymbol{\gamma}(t)$ an die Kurve »anschmiegt«.

Für den Kreis $x = r\cos t$, $y = r\sin t$ errechnet man übrigens ohne Schwierigkeit $\rho = r$ in allen Kreispunkten. Der Ausdruck »Krümmungsradius« für $\rho = 1/|\kappa|$ ist daher auch aus diesem Grund vernünftig.

Für Funktionen $y = f(x)$ erhält man mit der Parameterdarstellung $x = t$, $y = f(t)$ aus (1.53):

Folgerung 1.1:

Ist $y = f(x)$ $(x \in I \subset \mathbb{R})$ eine zweimal stetig differenzierbare reelle Funktion, so ist die Krümmung des Graphen von f im Punkte $\begin{bmatrix} x \\ y \end{bmatrix}$ gleich

$$\kappa = \frac{y''}{(1+(y')^2)^{3/2}} \quad \begin{pmatrix} y' = f'(x) \\ y'' = f''(x) \end{pmatrix}. \tag{1.57}$$

Im Falle $y'' \neq 0$ ist $\rho = 1/|\kappa|$ der zugehörige Krümmungsradius.

Übungen

Übung 1.15:

Berechne den Krümmungsradius von $f(x) = \mathrm{e}^x$ ($x \in \mathbb{R}$) für $x = 0$ und $x = 1$.

Übung 1.16:

Für $y = \cos x$ berechne die Krümmung $\kappa(x)$ des Graphen in Abhängigkeit von x. Skizziere den Graphen von κ für $0 \leq x \leq \frac{\pi}{2}$.

Übung 1.17:

Ein Fahrzeug der Masse m durchfahre eine Parabelbahn, gegeben durch $y = cx^2$ ($c > 0$). Die Bahngeschwindigkeit von $v > 0$ sei dabei konstant. Berechne die Fliehkraft $Z = mv^2\rho$ in $x = 0, x = 1$ und $x = 2$.

1.2.3 Tangenteneinheitsvektor, Normalenvektor, natürliche Gleichung

Der *Tangenteneinheitsvektor* zum glatten Weg $\boldsymbol{\gamma} : [a, b] \to \mathbb{R}^2$ ($\boldsymbol{x} = \begin{bmatrix} x \\ y \end{bmatrix} = \boldsymbol{\gamma}(t)$) ist definiert durch

$$\boldsymbol{T}_{\boldsymbol{\gamma}}(t) = \frac{\dot{\boldsymbol{\gamma}}(t)}{|\dot{\boldsymbol{\gamma}}(t)|} = \frac{1}{\sqrt{\dot{x}^2 + \dot{y}^2}} \begin{bmatrix} \dot{x} \\ \dot{y} \end{bmatrix}. \tag{1.58}$$

Bezüglich der natürlichen Parameterdarstellung

$$\begin{bmatrix} x \\ y \end{bmatrix} = \begin{bmatrix} g_1(s) \\ g_2(s) \end{bmatrix} = \boldsymbol{g}(s)$$

schreiben wir den *Tangenteneinheitsvektor* kurz als

$$\boldsymbol{T}(s) := \boldsymbol{g}'(s) = \begin{bmatrix} x' \\ y' \end{bmatrix} \quad \left(\begin{aligned} x' &= \frac{\mathrm{d}g_1}{\mathrm{d}s}(s) \\ y' &= \frac{\mathrm{d}g_2}{\mathrm{d}s}(s) \end{aligned} \right). \tag{1.59}$$

(Dass tatsächlich $|\boldsymbol{T}(s)| = 1$ gilt, folgt unmittelbar aus (1.54)).

Der *Normalenvektor* $\boldsymbol{N}_{\boldsymbol{\gamma}}(t) = \boldsymbol{N}(s)$ ist definiert als das *rechtwinklige Komplement*[16] des Tangenteneinheitsvektors, also

16 Das *rechtwinklige Komplement* von $\boldsymbol{r} = \begin{bmatrix} x \\ y \end{bmatrix} \in \mathbb{R}^2$ ist der Vektor $\boldsymbol{r}^R := \begin{bmatrix} -y \\ x \end{bmatrix}$ (s. Burg/Haf/Wille (Lineare Algebra) [11]). Man rechnet leicht folgende Formel nach: $\boldsymbol{r}^R \cdot \boldsymbol{r} = 0$, $|\boldsymbol{r}^R| = |\boldsymbol{r}|$, $\boldsymbol{r}^R \cdot \boldsymbol{v} = \det(\boldsymbol{r}, \boldsymbol{v})$ (=Determinante mit den Spalten $\boldsymbol{r}$ und $\boldsymbol{v}$), $\boldsymbol{r}^{RR} = -\boldsymbol{r}$.

$$N_\gamma(t) := T_\gamma(t)^R = \frac{1}{\sqrt{\dot{x}^2+\dot{y}^2}}\begin{bmatrix}-\dot{y}\\ \dot{x}\end{bmatrix}, \text{ bzw. } N(s) := T(s)^R = \begin{bmatrix}-y'\\ x'\end{bmatrix} \quad (1.60)$$

Der *Normalenvektor* eines Weges steht also rechtwinklig auf dem Tangenteneinheitsvektor; genauer: Er geht durch Drehung um 90° gegen den Uhrzeigersinn aus $T(s)$ hervor. Er *weist* damit stets *nach links*, wenn man die zugehörige Kurve in Richtung steigender Parameterwerte durchläuft, (s. Fig. 1.28).

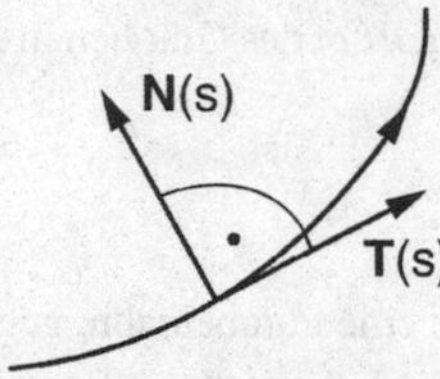

Fig. 1.28: Tangenteneinheitsvektor $T(s)$ und Normalenvektor $N(s)$.

Es folgt für die Determinante aus $T(s)$ und $N(s)$ sofort

$$\det(T, N) = T^R \cdot N = N \cdot N = 1\,. \quad (1.61)$$

(Die Variable s wurde hier der Übersicht halber weggelassen.) Wir setzen nun weiter voraus, dass der Weg ein glatter C^2-Weg ist. Dann folgt

$$\det(T(s), T'(s)) = x'y'' - y'x'' = \kappa(s)\,,\ ^{17} \quad (1.62)$$

nach (1.55). Andererseits folgt aus $T \cdot T = 1$ durch Differenzieren nach der Produktregel: $T \cdot T' = 0$, d.h. T' steht rechtwinklig auf T. Aus diesem Grunde gilt $T'(s) = \lambda N(s)$ für geeignetes $\lambda \in \mathbb{R}$ (s fest). Damit liefert (1.62), zusammen mit (1.61):

$$\kappa(s) = \det(T(s), T'(s)) = \lambda \det(T(s), N(s)) = \lambda$$

also:

$$T' = \kappa N \quad (1.63)$$

Wir differenzieren nun fröhlich weiter und erhalten:

$$N' = (T^R)' = (T')^R = \kappa N^R = \kappa T^{RR} = -\kappa T \Rightarrow N' = -\kappa T \quad (1.64)$$

Die beiden Gleichungen (1.63), (1.64) heißen die *Frenetschen*[18] *Formeln* der ebenen Kurventheorie. In Koordinaten geschrieben lauten die *Frenetschen Formeln* folgendermaßen, wobei die Striche die Ableitungen nach s symbolisieren (wie bisher)

17 Wir fassen hier die Krümmung $\kappa(s)$ als Funktion von s auf.
18 Jean Frédéric Frenet (1816 – 1900), französischer Mathematiker, Astronom und Meteorologe.

$$x'' = -\kappa y', \quad y'' = \kappa x' \tag{1.65}$$

Bemerkung: Diese Formeln enthalten im Kern die gesamte Differentialgeometrie ebener Kurven (vgl. [71]).

Die natürliche Gleichung eines ebenen Weges: Für einen glatten C^2-Weg $\boldsymbol{x} = \boldsymbol{g}(s)$ mit dem natürlichen Parameter sei durch

$$\kappa = k(s) \tag{1.66}$$

die Krümmung in Abhängigkeit von s beschrieben. Man nennt dies die *natürliche Gleichung des Weges* (oder auch der zugehörigen Kurve, wenn $\boldsymbol{\gamma}$ doppelpunktfrei ist).

Der Begriff wird dadurch gerechtfertigt, dass durch die Funktion $\kappa = k(s)$ der Weg bis auf starre Bewegungen eindeutig bestimmt ist. Dies geht aus folgendem Satz hervor:

Satz 1.5:

Es sei folgendes gegeben: Eine reellwertige stetige Funktion $\kappa = k(s)$ $(s_0 \le s \le s_1)$, ein beliebiger Punkt $\boldsymbol{x}_0 = \begin{bmatrix} x_0 \\ y_0 \end{bmatrix} \in \mathbb{R}^2$ und eine Zahl $\alpha_0 \in [0, 2\pi)$. Dann gibt es *genau einen glatten* C^2*-Weg* $\boldsymbol{g} = \begin{bmatrix} g_1 \\ g_2 \end{bmatrix}$ im $\mathbb{R}^2$, der $\kappa = k(s)$ als natürliche Gleichung hat und $\boldsymbol{g}(s_0) = \boldsymbol{x}_0$ sowie $\boldsymbol{g}'(s_0) = \begin{bmatrix} \cos\alpha_0 \\ \sin\alpha_0 \end{bmatrix}$ erfüllt (d.h. der Winkel α_0 beschreibt die Tangentialrichtung in $\boldsymbol{x}_0$). Die natürliche Parameterdarstellung lautet explizit:

$$\begin{aligned} x = g_1(s) &:= x_0 + \int_{s_0}^{s} \cos\alpha(\sigma)\,\mathrm{d}\sigma, \quad y = g_2(s) := y_0 + \int_{s_0}^{s} \sin\alpha(\sigma)\,\mathrm{d}\sigma \\ \text{mit } \alpha(\sigma) &:= \alpha_0 + \int_{s_0}^{\sigma} k(\bar{s})\,\mathrm{d}\bar{s}, \quad s_0 \le \sigma \le s_1 . \end{aligned} \tag{1.67}$$

Beweis:

(I) *Existenz.* Für den Weg $\boldsymbol{g}$, der durch obige Gleichung gegeben ist, errechnet man mühelos $x'y'' - x''y' = k(s)$. Links steht die Krümmung κ, d.h. $\boldsymbol{g}$ hat die natürliche Gleichung $\kappa = k(s)$.

(II) *Eindeutigkeit.* Ist umgekehrt $\boldsymbol{g} : [s_0, s_1] \to \mathbb{R}^2$ irgendein Weg mit der natürlichen Gleichung $\kappa = k(s)$, sowie $\boldsymbol{g}(s_0) = \boldsymbol{x}_0$ und $\boldsymbol{g}'(s_0) = \begin{bmatrix} \cos\alpha_0 \\ \sin\alpha_0 \end{bmatrix}$, so folgt aus der Definitionsgleichung für die Krümmung: $\frac{\mathrm{d}\alpha}{\mathrm{d}s} = \kappa = k(s)$. Durch Integration erhält man $\alpha(\sigma)$ wie in (1.67) und aus $\boldsymbol{g}'(s) = \begin{bmatrix} x' \\ y' \end{bmatrix} = \begin{bmatrix} \cos\alpha(s) \\ \sin\alpha(s) \end{bmatrix}$ durch Integration die Parameterdarstellung in (1.67). □

Bemerkung: Mit dem Satz kann man zu vorgegebenem Krümmungsverlauf die Form der zugehörigen Kurve bestimmen. Wir werden das später am Beispiel der Klothoide durchführen, einer Kurve, die beim Straßen- und Gleisbau eine wichtige Rolle spielt.

Übung 1.18*

Berechne die ebene Kurve zu $\kappa = k(s) = 1/s$ und $\alpha_0 = 0$, $x_0 = y_0 = 0$ $(1 \leq s \leq 10)$.

1.2.4 Evolute und Evolvente

Die Evolute — *Kurve der Krümmungsmittelpunkte*: Der glatte C^2-Weg $\boldsymbol{\gamma} : [a, b] \to \mathbb{R}^2$ habe nirgends eine verschwindende Krümmung $\kappa(t)$. Dann ist der Krümmungsradius $\rho(t) = 1/|\kappa(t)|$ für alle $t \in [a, b]$ eine positive Zahl.

Bei einer Linkskurve ($\kappa > 0$) liegt der *Krümmungsmittelpunkt* $\boldsymbol{\xi}(t)$ bzgl. $\boldsymbol{x} = \boldsymbol{\gamma}(t)$ in Richtung der Normalen $\boldsymbol{N}_{\boldsymbol{\gamma}}(t)$ von $\boldsymbol{x}$ aus, und zwar in der Entfernung $\rho(t) = 1/\kappa(t)$ vom Kurvenpunkt $\boldsymbol{x}$, d.h. es ist

$$\boldsymbol{\xi} = \boldsymbol{x} + \frac{1}{\kappa}\boldsymbol{N}_{\boldsymbol{\gamma}} \tag{1.68}$$

(wobei t der Übersicht wegen weggelassen wurde).

Bei einer Rechtskurve gilt aber dieselbe Gleichung, da dann $\kappa < 0$ ist, also der Krümmungsmittelpunkt auch »rechts« von der Kurve anzutreffen ist. Setzt man hier die Ausdrücke für κ und $\boldsymbol{N}_{\boldsymbol{\gamma}}$ ein, so erhält man für die *Koordinaten des Krümmungsmittelpunktes*:

$$\begin{aligned} \xi(t) &= x - \dot{y}\frac{\dot{x}^2 + \dot{y}^2}{\dot{x}\ddot{y} - \ddot{x}\dot{y}} \\ \eta(t) &= y + \dot{x}\frac{\dot{x}^2 + \dot{y}^2}{\dot{x}\ddot{y} - \ddot{x}\dot{y}} \end{aligned} \quad \text{mit } x = \gamma_1(t),\ y = \gamma_2(t). \tag{1.69}$$

Dies ist die Parameterdarstellung der *»Evolute«* des Weges $\boldsymbol{\gamma}$, d.h. der Krümmungsmittelpunktskurve von $\boldsymbol{\gamma}$. Ein Kreis um $\boldsymbol{\xi}(t) = \begin{bmatrix} \xi(t) \\ \eta(t) \end{bmatrix}$ mit Radius $\rho(t)$ heißt ein *Schmiegkreis* an die Kurve.

Beispiel 1.13:

Die Parabel mit der Gleichung $y^2 = 2px \ (p > 0)$ (vgl. Abschn. 1.3.4) erhält durch $y = t$, also $x = t^2/(2p)$, eine einfache Parameterdarstellung. Man setzt dies nebst Ausdrücken für $\dot{y}, \ddot{y}, \dot{x}, \ddot{x}$ in (1.69) ein, und erhält die *Evolute* in der Parameterdarstellung

$$\xi = \frac{3}{2p}t^2 + p\,, \quad \eta = -\frac{t^3}{p^2}\,.$$

Löst man rechts nach t auf: $t = -\sqrt[3]{p^2\eta}$ und setzt links ein, so ergibt sich die Funktionsgleichung

$$\xi = f(\eta) := \frac{3}{2}\sqrt[3]{p\eta^2} + p\,.$$

Die *Evolute* (Krümmungsmittelpunktskurve) der Parabel ist also eine *Neilsche Parabel* (vgl. Abschn. 1.1.1, Beisp. 1.3), (s. Fig. 1.29).

Evolvente: Es sei K eine Kurve, erzeugt durch einen glatten C^2-Weg $\boldsymbol{g} : [s_0, s_1] \to \mathbb{R}^2$, wobei der Einfachheit wegen der natürliche Parameter s verwendet wird, also die Parameterdarstellung $\boldsymbol{x} = \boldsymbol{g}(s)$, $s_0 \le s \le s_1$. Für die *Evolute* (im Falle $\kappa(s) \neq 0$)

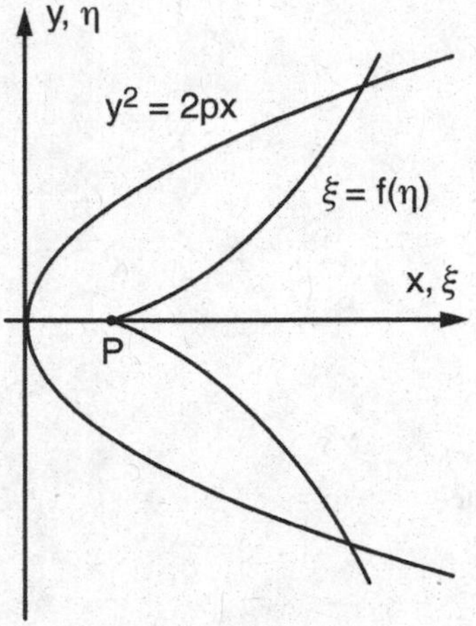

Fig. 1.29: Evolute (Kurve der Krümmungsmittelpunkte) bei der Parabel

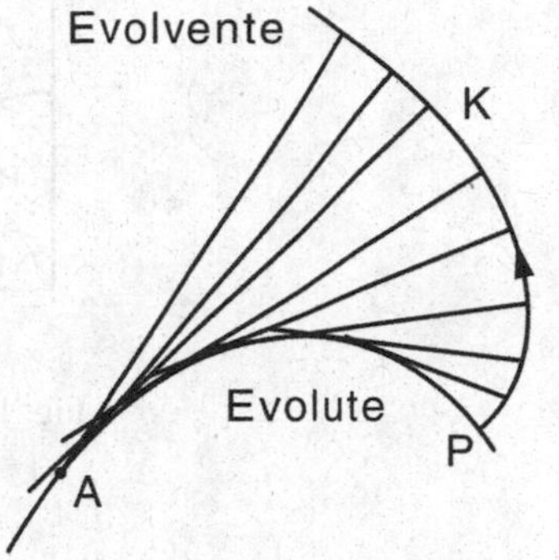

Fig. 1.30: Evolute, Evolvente

$$\boldsymbol{\xi}(s) = \boldsymbol{g}(s) + \frac{\boldsymbol{N}(s)}{\kappa(s)}, \quad \text{kurz } \boldsymbol{\xi} = \boldsymbol{x} + \frac{\boldsymbol{N}}{\kappa} \tag{1.70}$$

errechnet man dann mit der Frenetschen Formel $\boldsymbol{N}' = -\kappa \boldsymbol{T}$ folgende Ableitung nach s:

$$\boldsymbol{\xi}' = \boldsymbol{x}' + \frac{\boldsymbol{N}'}{\kappa} - \left(\frac{1}{\kappa}\right)' \boldsymbol{N} = \boldsymbol{T} - \boldsymbol{T} - \left(\frac{1}{\kappa}\right)' \boldsymbol{N} = -\left(\frac{1}{\kappa}\right)' \boldsymbol{N} \,. \tag{1.71}$$

Die Tangentenrichtung der Evolute in einem ihrer Punkte ist also gleich der Normalenrichtung im entsprechenden Punkt von K, d.h.:

Die Normale der Kurve K berührt die Evolute im Krümmungsmittelpunkt.

Man sagt auch: Die *Evolute ist die von den Normalen von K »eingehüllte« Kurve* (s. Fig. 1.30).

Die Evolute ist durch s parametrisiert, siehe (1.70). Wir nehmen im Folgenden an, dass die Evolute glatt ist, also stets $\boldsymbol{\xi}'(s) \neq 0$ erfüllt. Der Bogenlängenparameter σ der Evolute kann dann als Funktion von s aufgefasst werden:

$$\sigma(s) = \sigma(s_0) + \int_{s_0}^{s} |\boldsymbol{\xi}'(\bar{s})| \mathrm{d}\bar{s} \,.$$

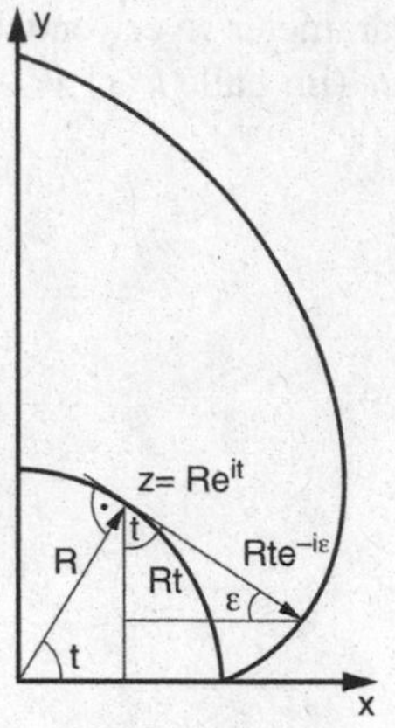

Fig. 1.31: Kreisevolvente

Nach (1.71) ist $|\boldsymbol{\xi}'| = \left|\left(\frac{1}{\kappa}\right)'\right| = \rho'$ mit dem Krümmungsradius $\rho(s)$ von K, also

$$\sigma(s) - \sigma(s_0) = \int_{s_0}^{s} \rho'(\bar{s})\mathrm{d}\bar{s} = \rho(s) - \rho(s_0)\,. \tag{1.72}$$

Das heißt:

Die Bogenlänge der Evolute zwischen zwei Punkten ist gleich der Differenz der zugehörigen Krümmungsradien von K (vorausgesetzt: $\rho' = |\boldsymbol{\xi}'| \neq 0$).

Diesen Sachverhalt kann man anschaulich durch *Abwickeln* deuten: Man denke sich einen nicht dehnbaren Faden um eine Kurve E (Evolute) gespannt, der mit einem Ende an einem Evolutenpunkt A festgemacht ist. Die Kurve habe nicht verschwindende Krümmung. Löst man das andere Fadenende P dann von der Kurve ab, so dass der Faden gespannt bleibt (s. Fig. 1.30), so beschreibt dieser Punkt eine Kurve, die man die *Evolvente* der Kurve nennt (evolvere=abwickeln). Ist die Kurve E dabei die Evolute einer Kurve K, und liegt der Anfangspunkt P der Abwickelei auf K, so ist K die dabei erzeugte Evolvente. Wir vereinbaren daher:

Definition 1.7:

Eine Kurve E sei die Evolute einer Kurve K. Dann heißt umgekehrt K eine *Evolvente* der Kurve E.

Zu jeder Kurve nichtverschwindender Krümmung gibt es natürlich unendlich viele Evolventen, je nach Wahl eines »Anfangspunktes«.

Von technischer Bedeutung sind insbesondere Evolventen an Kreisen. Wir identifizieren dabei $\mathbb{R}^2$ mit der komplexen Ebene und gehen von der Parameterdarstellung $z = R\,\mathrm{e}^{\mathrm{i}t}$ $(0 \leq t \leq 2\pi)$

eines Kreises aus. Figur 1.31 zeigt, dass ein Punkt $p = x + \mathrm{i}\, y$ der Evolvente durch die Summe

$$p = R\,\mathrm{e}^{\mathrm{i}\,t} + Rt\,\mathrm{e}^{-\mathrm{i}\,\varepsilon}$$

gegeben ist. Mit $\varepsilon = \frac{\pi}{2} - t$ folgt durch Übergang zu Real- und Imaginärteil[19]

$$\begin{aligned} x &= R \cdot (\cos t + t \sin t) \\ y &= R \cdot (\sin t - t \cos t) \end{aligned} \quad (t \geq 0) \quad \begin{array}{l} \textit{Parameterdarstellung} \\ \textit{der Kreisevolvente} \text{ mit} \\ \text{Anfangspunkt } \begin{bmatrix} R \\ 0 \end{bmatrix} \end{array} \tag{1.73}$$

Übungen

Übung 1.19*

Bestimme die Evolute der Ellipse $x = a\cos t$, $y = b\sin t$, $0 \leq t \leq 2\pi$, $(a > 0,\ b > 0)$. Gib die Evolute in Parameterdarstellung bzgl. t an, wie auch durch eine Gleichung der Form $F(\xi, \eta) = 0$. Skizziere die Kurven. (Hinweis: Die Evolute ist eine »Astroide« =Sternkurve).

Übung 1.20*

Berechne die Evolute der »Zykloide« $x = t - \sin t$, $y = 1 - \cos t$ $(t \in \mathbb{R})$. Zeige, dass die Evolute durch Parallelverschiebung aus der Zykloide hervorgeht, zu ihr also kongruent ist. Skizziere beide Kurven.

1.3 Beispiele ebener Kurven I: Kegelschnitte

1.3.1 Kreis

Ein Kreis[20] mit Radius $r > 0$ um den Mittelpunkt $\boldsymbol{m} = \begin{bmatrix} x_M \\ y_M \end{bmatrix} \in \mathbb{R}^2$ (s. Fig. 1.32) ist die Menge aller Punkte $\boldsymbol{x} = \begin{bmatrix} x \\ y \end{bmatrix} \in \mathbb{R}^2$ mit $|\boldsymbol{x} - \boldsymbol{m}| = r$, d.h.

$$(x - x_M)^2 + (y - y_M)^2 = r^2 . \tag{1.74}$$

Ausmultiplizieren und Durchmultiplizieren mit einem beliebigen Faktor $A \neq 0$ liefert eine Gleichung der Form

$$Ax^2 + Ay^2 + Bx + Cy + D = 0 . \tag{1.75}$$

Umgekehrt gilt:

19 Verwende $\mathrm{e}^{\mathrm{i}\,\varphi} = \cos\varphi + \mathrm{i}\sin\varphi$.

20 Gemeint ist die Kreislinie, nicht die Kreisscheibe.

Satz 1.6:

Gleichung (1.75) beschreibt genau dann einen Kreis, wenn $A \neq 0$ und $B^2 + C^2 - 4AD > 0$ ist. In diesem Fall sind Mittelpunkt $\boldsymbol{m} = \begin{bmatrix} x_M \\ y_M \end{bmatrix}$ und Radius r folgendermaßen gegeben:

$$x_M = -\frac{B}{2A}, \quad y_M = -\frac{C}{2A}, \quad r = \sqrt{\frac{B^2 + C^2 - 4AD}{4A^2}}. \tag{1.76}$$

Im Falle $B^2 + C^2 - 4AD = 0$ stellt (1.75) einen Punkt dar, nämlich $\boldsymbol{m} = \begin{bmatrix} x_M \\ y_M \end{bmatrix}$. Ist $B^2 + C^2 - 4AD < 0$, so gibt es keinen Punkt, der (1.75) erfüllt.

Beweis:

Durch »quadratische Ergänzung« wird (1.75) zu

$$x^2 + \frac{B}{A}x + \frac{B^2}{4A^2} + y^2 + \frac{C}{A}y + \frac{C^2}{4A^2} = \frac{B^2}{4A^2} + \frac{C^2}{4A^2} - \frac{D}{A},$$

d.h.

$$\left(x + \frac{B}{2A}\right)^2 + \left(y + \frac{C}{2A}\right)^2 = \frac{B^2 + C^2 - 4AD}{4A^2}. \tag{1.77}$$

Der Vergleich mit (1.74) liefert die Behauptung des Satzes. □

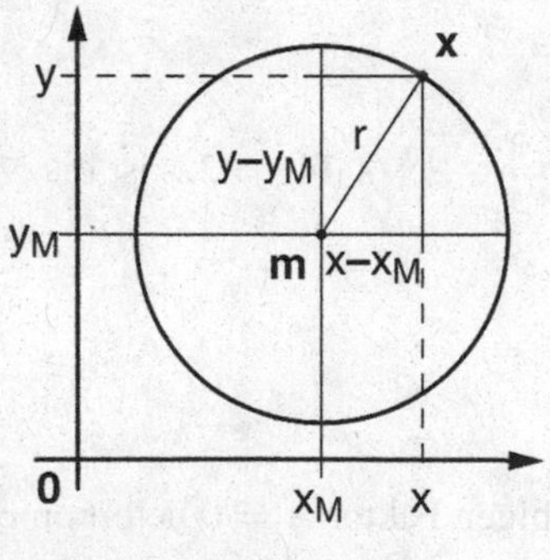

Fig. 1.32: Kreis

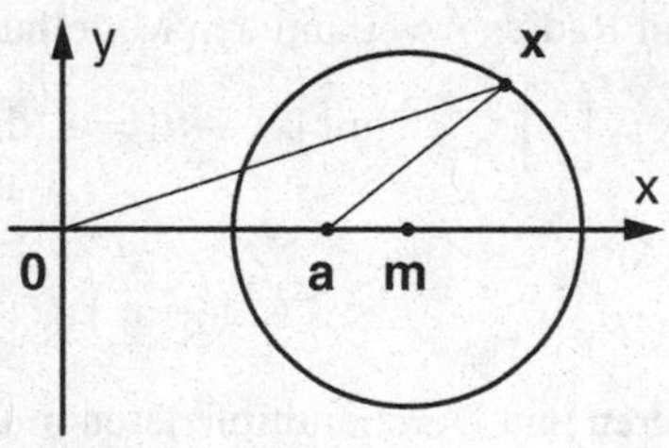

Fig. 1.33: Zu Beispiel 1.15

Beispiel 1.14:

$3x^2 + 3y^2 - 6x - 30y + 51 = 0 \Leftrightarrow (x-1)^2 + (y-5)^2 = 9 \Leftrightarrow$ Kreis mit $r = 3$ und $\boldsymbol{m} = \begin{bmatrix} 1 \\ 5 \end{bmatrix}$.

Beispiel 1.15:
Bestimme die Menge aller Punkte $\boldsymbol{x} \in \mathbb{R}^2$, für die das Verhältnis der Längen $|\boldsymbol{x}|$ zu $|\boldsymbol{x} - \boldsymbol{a}|$ stets gleich 2 ist, wobei $\boldsymbol{a} = [6,0]^{\mathrm{T}}$ ist, siehe Figur 1.33.

Lösung: $|\boldsymbol{x}| = 2|\boldsymbol{x} - \boldsymbol{a}|$

$\Leftrightarrow |\boldsymbol{x}|^2 = 4|\boldsymbol{x} - \boldsymbol{a}|^2$

$\Leftrightarrow x^2 + y^2 = 4((x-6)^2 + y^2)$

$\Leftrightarrow 3x^2 + 3y^2 - 48x + 144 = 0$

$\Leftrightarrow (x-8)^2 + y^2 = 16$

$\Leftrightarrow$ Kreis um $[8,0]^{\mathrm{T}}$ mit $r = 4$.

Schnittpunkte von Kreis (1.74) *und Gerade* $ax + by = c$ $(a^2 + b^2 > 0)$: Man berechnet sie durch Auflösen von $ax + by = c$ nach x oder y, Einsetzen des gefundenen Ausdrucks in (1.74) und Lösen der entstandenen quadratischen Gleichung. Es folgt: Ist

$$d := c - ax_M - by_M \quad \text{und} \quad D := r^2(b^2 + a^2) - d^2 \geq 0,$$

so lauten die Koordinaten der Schnittpunkte

$$x_{1,2} = x_M + \frac{ad \pm b\sqrt{D}}{a^2 + b^2}, \quad y_{1,2} = y_M + \frac{bd \mp a\sqrt{D}}{a^2 + b^2}. \tag{1.78}$$

Im Falle $D < 0$ existiert kein Schnittpunkt.

Die gängigste *Parameterdarstellung* des Kreises lautet (vgl. Abschn. 1.1.1, Beisp. 1.1):

$$x = x_M + r\cos t, \quad y = y_M + r\sin t, \quad t \in [0, 2\pi]. \tag{1.79}$$

Die *Tangentengleichung* an den Kreis (1.74) im Kreispunkt $\begin{bmatrix} x_0 \\ y_0 \end{bmatrix}$ hat die Form

$$(x - x_M)(x_0 - x_M) + (y - y_M)(y_0 - y_M) = r^2, \tag{1.80}$$

oder in vektorieller Schreibweise mit $\boldsymbol{x} = \begin{bmatrix} x \\ y \end{bmatrix}$, $\boldsymbol{x}_0 = \begin{bmatrix} x_0 \\ y_0 \end{bmatrix}$, $\boldsymbol{m} = \begin{bmatrix} x_M \\ y_M \end{bmatrix}$:

$$(\boldsymbol{x} - \boldsymbol{m}) \cdot (\boldsymbol{x}_0 - \boldsymbol{m}) = r^2 \tag{1.81}$$

Denn (1.80) — bzw. (1.81) — stellt sicherlich eine Gerade dar, die durch $\boldsymbol{x}_0$ geht. (1.81) ist aber — nach Division durch r — die Hessesche Normalform[21] der Geraden. Aus ihr geht hervor, dass die Gerade auf dem Radiusvektor $\boldsymbol{x}_0 - \boldsymbol{m}$ senkrecht steht.

21 s. Burg/Haf/Wille (Lineare Algebra) [11]

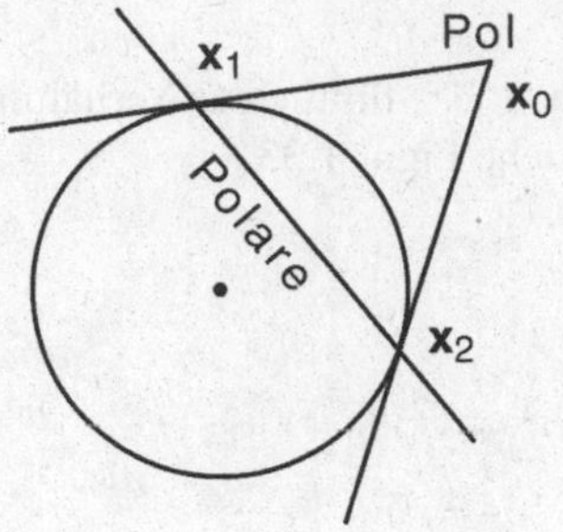

Fig. 1.34: Pol und Polare

Polare: Ist schließlich $\boldsymbol{x}_0 = \begin{bmatrix} x_0 \\ y_0 \end{bmatrix}$ ein beliebiger Punkt, der nicht auf der Kreislinie liegt, so heißt die durch

$$(\boldsymbol{x} - \boldsymbol{m}) \cdot (\boldsymbol{x}_0 - \boldsymbol{m}) = r^2 \tag{1.82}$$

beschriebene Gerade die *Polare* zum *Pol* $\boldsymbol{x}_0$. Liegt $\boldsymbol{x}_0$ dabei außerhalb des Kreises (s. Fig. 1.34), so schneidet die Polare den Kreis in den Berührungspunkten $\boldsymbol{x}_1, \boldsymbol{x}_2$ der Kreistangenten durch $\boldsymbol{x}_0$. Denn sind $\boldsymbol{x}_1, \boldsymbol{x}_2$ diese Berührungspunkte, so werden die beiden Tangenten durch $\boldsymbol{x}_0$ nach (1.81) durch

$$(\boldsymbol{x} - \boldsymbol{m}) \cdot (\boldsymbol{x}_1 - \boldsymbol{m}) = r^2 \quad \text{und} \quad (\boldsymbol{x} - \boldsymbol{m}) \cdot (\boldsymbol{x}_2 - \boldsymbol{m}) = r^2$$

beschrieben. Da $\boldsymbol{x}_0$ auf diesen Tangenten liegt, gilt folglich

$$(\boldsymbol{x}_0 - \boldsymbol{m}) \cdot (\boldsymbol{x}_1 - \boldsymbol{m}) = r^2 \quad \text{und} \quad (\boldsymbol{x}_0 - \boldsymbol{m}) \cdot (\boldsymbol{x}_2 - \boldsymbol{m}) = r^2 ,$$

d.h. $\boldsymbol{x}_1, \boldsymbol{x}_2$ erfüllen die Polarengleichung (1.82). *Kreistangenten durch einen vorgegebenen Punkt* $\boldsymbol{x}_0$: Die Tangenten an einen Kreis, die durch einen gegebenen Punkt $\boldsymbol{x}_0$ außerhalb des Kreises gehen, findet man leicht mit der *Polaren* zum *Pol* $\boldsymbol{x}_0$: Man berechnet die Schnittpunkte $\boldsymbol{x}_1, \boldsymbol{x}_2$ der Polaren mit dem Kreis (s. (1.78)) und stellt die Gleichung der Tangenten durch $\boldsymbol{x}_1$ bzw. $\boldsymbol{x}_2$ auf (nach Formel (1.80)).

Übungen

Übung 1.21:

Stellt $x(6 - 3x) + 3y(12 - y) = 72$ einen Kreis dar? Welchen Mittelpunkt und Radius hat er gegebenenfalls?

Übung 1.22*

(a) Zeige: *Durch drei Punkte* in der Ebene, die nicht auf einer Geraden liegen, *verläuft genau ein Kreis*.

(b) Gib die Kreisgleichung des Kreises durch $\boldsymbol{x}_1 = \begin{bmatrix} -1 \\ 5 \end{bmatrix}$, $\boldsymbol{x}_2 = \begin{bmatrix} 6 \\ -2 \end{bmatrix}$, $\boldsymbol{x}_3 = \begin{bmatrix} 2 \\ -4 \end{bmatrix}$ an, berechne ferner Radius und Mittelpunkt des Kreises. (Anleitung: Mache den Ansatz $x^2 + y^2 + Bx + Cy + D = 0$ und setze die drei Punkte nacheinander ein).

1.3.2 Ellipse

Die Menge aller Punkte $\boldsymbol{x} = \begin{bmatrix} x \\ y \end{bmatrix} \in \mathbb{R}^2$, für die die Summe ihrer Abstände von zwei festen Punkten $\boldsymbol{F}_1, \boldsymbol{F}_2$ eine konstante Zahl ist, heißt eine *Ellipse*. Die Punkte $\boldsymbol{F}_1, \boldsymbol{F}_2$ heißen die *Brennpunkte* der Ellipse.

Bezeichnet man die konstante Zahl mit $2a$ und wählt die Brennpunkte

$$\boldsymbol{F}_1 = \begin{bmatrix} -e \\ 0 \end{bmatrix}, \quad \boldsymbol{F}_2 = \begin{bmatrix} e \\ 0 \end{bmatrix}$$

mit $e > 0$ [22], so lautet die Bedingung für Ellipsenpunkte (s. Fig. 1.35):

$$\sqrt{(e+x)^2 + y^2} + \sqrt{(e-x)^2 + y^2} = 2a\,. \tag{1.83}$$

Bringt man die rechts stehende Wurzel auf die rechte Seite und quadriert, so erhält man

$$a^2 - ex = a\sqrt{(e-x)^2 + y^2}\,.$$

Abermaliges Quadrieren und Zusammenfassen liefert $(a^2 - e^2)x^2 + a^2y^2 = a^2(a^2 - e^2)$ und mit der Abkürzung

$$b^2 = a^2 - e^2 \quad (b > 0) \tag{1.84}$$

nach Division durch a^2b^2 schließlich die *Mittelpunktgleichung der Ellipse*:

$$\frac{x^2}{a^2} + \frac{y^2}{b^2} = 1\,. \tag{1.85}$$

Die Gleichungen (1.83) und (1.85) sind äquivalent (d.h. beide beschreiben die gleiche Punktmenge), da man die obige Rechnung auch rückwärts von (1.85) nach (1.83) durchlaufen kann.
Bezeichnungen: Der Halbierungspunkt der Strecke $[\boldsymbol{F}_1, \boldsymbol{F}_2]$ ist der *Mittelpunkt* der Ellipse, hier $\boldsymbol{0}$. Die Gerade durch $\boldsymbol{F}_1, \boldsymbol{F}_2$ trifft die Ellipse in den *Hauptscheiteln* $\pm\begin{bmatrix} a \\ 0 \end{bmatrix}$. Die Senkrechte dazu durch den Mittelpunkt schneidet die Ellipse in den *Nebenscheiteln* $\pm\begin{bmatrix} 0 \\ b \end{bmatrix}$. Die Verbindungsstrecke der Hauptscheitel (bzw. Nebenscheitel) heißt *Hauptachse* (bzw. *Nebenachse*). $\boldsymbol{a}$ nennt man die *große Halbachse* und $\boldsymbol{b}$ die *kleine Halbachse*. Schließlich heißt e die *lineare Exzentrizität* der Ellipse und

$$\varepsilon := \frac{e}{a} < 1 \tag{1.86}$$

22 e ist hier irgendeine positive Zahl. Mit der Eulerschen Zahl e $= 2{,}71828183\ldots$ hat sie nichts zu tun.

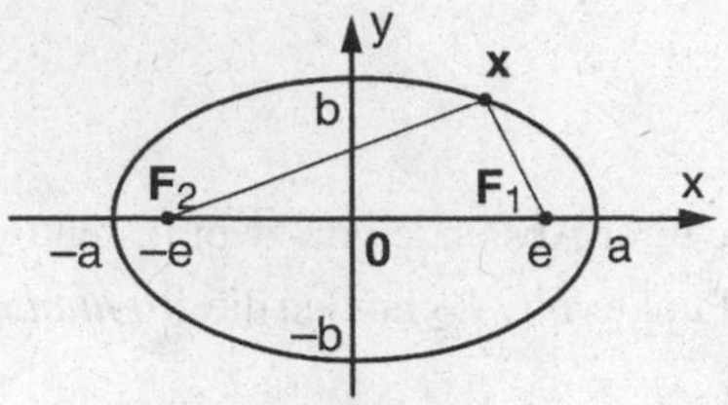

Fig. 1.35: Ellipse

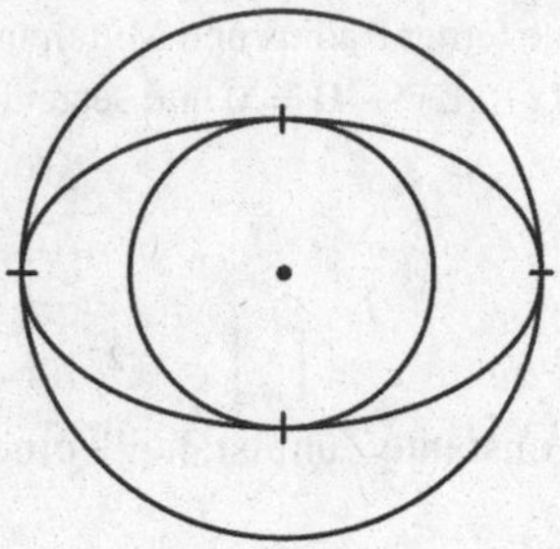

Fig. 1.36: Haupt- und Nebenscheitelkreis

die *numerische Exzentrizität*.

Als *Hauptscheitelkreis* bezeichnet man den Kreis durch die *Hauptscheitel* um den Mittelpunkt der Ellipse, als *Nebenscheitelkreis* den Kreis durch die Nebenscheitel um den Mittelpunkt. Die Ellipse entsteht durch »Stauchung« des Hauptscheitelkreises in y-Richtung um den Faktor b/a (was man durch Umformung der Kreisgleichung $x^2+y^2 = a^2$ in $x^2/a^2+\left(y\frac{b}{a}\right)^2/b^2 = 1$ erkennt). Damit entsteht aus der Parameterdarstellung $x = a\cos t$, $y = a\sin t$ des Hauptscheitelkreises durch Multiplikation von y mit b/a die

Parameterdarstellung der Ellipse $$\begin{aligned} x &= a\cdot\cos t \\ y &= b\cdot\sin t \end{aligned} \quad (0 \le t \le 2\pi)\,. \tag{1.87}$$

Parallelverschiebung. Verschiebt man die Ellipse parallel, wobei $\mathbf{0}$ in den neuen Mittelpunkt $\boldsymbol{m} = [x_M, y_M]^{\mathrm{T}}$ übergeht, so lautet die zugehörige Ellipsengleichung nun

$$\frac{(x-x_M)^2}{a^2} + \frac{(y-y_M)^2}{b^2} = 1\,. \tag{1.88}$$

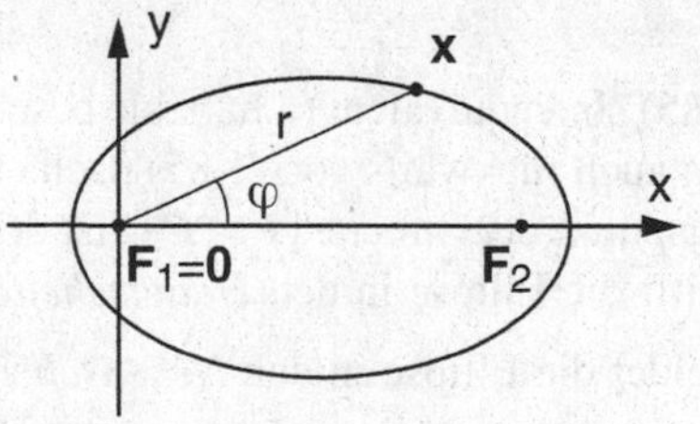

Fig. 1.37: Zur Polarkoordinatendarstellung der Ellipse

Polarkoordinatendarstellung der Ellipse: Liegt der Brennpunkt $\boldsymbol{F}_1$ der Ellipse in $\mathbf{0}$ und der Mittelpunkt bei $x = e$ auf der x-Achse, so erhält man die zugehörige Ellipsengleichung

$$\frac{(x-e)^2}{a^2} + \frac{y^2}{b^2} = 1\,.$$

Mit $x = r\cos\varphi$, $y = r\sin\varphi$ erhält man durch Auflösen nach r (durch längere, aber elementare, Rechnung) die

Polargleichung der Ellipse $$r = \frac{p}{1 - \varepsilon\cos\varphi} \quad \text{mit} \quad p = \frac{b^2}{a}, \quad \varepsilon = \frac{e}{a}. \tag{1.89}$$

Die *Tangentengleichung* der Tangente durch den Punkt $\boldsymbol{x}_0 = \begin{bmatrix} x_0 \\ y_0 \end{bmatrix}$ auf der Ellipse (1.88) hat die Form

$$\frac{(x - x_M)(x_0 - x_M)}{a^2} + \frac{(y - y_M)(y_0 - y_M)}{b^2} = 1 \tag{1.90}$$

wie man mit der Differentialrechnung leicht beweist.

Liegt $\boldsymbol{x}_0 = \begin{bmatrix} x_0 \\ y_0 \end{bmatrix}$ nicht auf der Ellipse, so stellt (1.90) die *Polare* zum *Pol* $\boldsymbol{x}_0$ dar. Falls $\boldsymbol{x}_0$ außerhalb der Ellipse liegt, schneidet sie die Ellipse in den Berührungspunkten $\boldsymbol{x}_1$, $\boldsymbol{x}_2$ der Ellipsentangenten durch $\boldsymbol{x}_0$ (der Beweis wird wie beim Kreis geführt). Auf diese Weise lassen sich leicht Gleichungen der Tangenten durch $\boldsymbol{x}_0$ an die Ellipse gewinnen.

Der Flächeninhalt der Ellipsenfläche ist

$$A = ab\pi\,.$$

Er geht aus dem Flächeninhalt $a^2\pi$ des Hauptscheitelkreises durch »Stauchung« in y-Richtung um den Faktor b/a hervor: $a^2\pi \cdot b/a = ab\pi$.

Die Länge L (den *Umfang*) *der Ellipse* erhält man aus der Parameterdarstellung $x = a \cdot \cos t$, $y = b \cdot \sin t$ $(0 < b < a)$. Dabei ist L die vierfache Länge des Viertelbogens, der im positiven Quadranten $(x \geq 0,\ y \geq 0)$ liegt:

$$\begin{aligned} L &= 4\int_0^{\pi/2} \sqrt{\dot{x}^2 + \dot{y}^2}\,\mathrm{d}t = 4\int_0^{\pi/2} \sqrt{a^2\sin^2 t + b^2\cos^2 t}\,\mathrm{d}t \\ &= 4a\int_0^{\pi/2} \sqrt{1 - k^2\cos^2 t}\,\mathrm{d}t \quad \text{mit} \quad k := \frac{e}{a} \quad \left(e = \sqrt{a^2 - b^2}\right). \end{aligned} \tag{1.91}$$

Durch die Substitution $\tau = \frac{\pi}{2} - t$ und damit $\sin^2\tau = \cos^2 t$ erhält man die *Länge der Ellipse* in der Form (τ wieder durch t ersetzt)

$$L = 4aE(k) \quad \text{mit} \quad E(k) := \int_0^{\pi/2} \sqrt{1 - k^2\sin^2 t}\,\mathrm{d}t\,. \tag{1.92}$$

$E(k)$ ist ein »elliptisches Integral zweiter Gattung« , welches nicht elementar integrierbar ist. Wir gewinnen aber eine Reihenentwicklung über die Taylorreihe der Funktion $\sqrt{1-x}$ (s. Burg/Haf/-Wille (Analysis) [14]):

$$\sqrt{1-x} = \sum_{k=0}^{\infty} \binom{1/2}{k} (-x)^k = 1 - \frac{x}{2} - \frac{x^2}{2\cdot 4} - \frac{1\cdot 3\cdot x^3}{2\cdot 4\cdot 6} - \frac{1\cdot 3\cdot 5\cdot x^4}{2\cdot 4\cdot 6\cdot 8} - \ldots$$

für $|x| < 1$: Um $E(k)$ zu erhalten setzt man $x = k^2 \sin^2 t$ ein und integriert die Reihe gliedweise. Die dabei auftretenden Integrale $\int_0^{\pi/2} \sin^{2n} t\mathrm{d}t$ haben nach Burg/Haf/Wille (Analysis) [14] die Werte

$$\int_0^{\pi/2} \sin^{2n} t\mathrm{d}t = \frac{\pi}{2} \cdot \frac{1\cdot 3\cdot 5\cdot \ldots \cdot (2n-1)}{2\cdot 4\cdot 6\cdot \ldots \cdot 2n}, \quad n = 1,2,3,\ldots. \tag{1.93}$$

Daraus folgt zusammengenommen: *Reihenentwicklung* des *»vollständigen elliptischen Normalintegrals* 2. *Gattung«* $0 \le k < 1$:

$$E(k) = \frac{\pi}{2}\left[1 - \left(\frac{1}{2}\right)^2 k^2 - \left(\frac{1\cdot 3}{2\cdot 4}\right)^2 \frac{k^4}{3} - \left(\frac{1\cdot 3\cdot 5}{2\cdot 4\cdot 6}\right)^2 \frac{k^6}{5} \cdots\right] \tag{1.94}$$

Über $L = 4aE(k)$ kann man daraus die Ellipsenlänge (per Computer) berechnen. Die Konvergenz der Reihe ist umso besser, je kleiner k ist, d.h. je »kreisähnlicher« die Ellipse ist ($k = 0$: Kreis). Im Falle $k = 1$ entartet die Ellipse zu einer Strecke, deren doppelte Länge $L = 4a$ ist.

Übung 1.23*

Die Endpunkte A und B einer Strecke konstanter Länge gleiten auf zwei zueinander rechtwinkligen Geraden (x-und y-Achse). Der Punkt P auf der Strecke habe von A den Abstand $a > 0$ und von B den Abstand $b > 0$. Zeige, dass P auf einer Ellipse mit den Halbachsen a und b verläuft (»Papierstreifenkonstruktion« der Ellipse, Wirkungsweise des »Ellipsenzirkels«) (s. auch Fig. 1.38).

1.3.3 Hyperbel

Die Menge aller Punkte $\boldsymbol{x} = \begin{bmatrix} x \\ y \end{bmatrix} \in \mathbb{R}^2$, für die die Differenz ihrer Abstände von zwei festen Punkten $\boldsymbol{F}_1$, $\boldsymbol{F}_2$ eine konstante Zahl ist, heißt eine *Hyperbel*. $\boldsymbol{F}_1$, $\boldsymbol{F}_2$ sind die *Brennpunkte* der Hyperbel.

Benennt man die konstante Zahl mit $2a$ und sind die Brennpunkte durch

$$\boldsymbol{F}_1 = \begin{bmatrix} -e \\ 0 \end{bmatrix}, \quad \boldsymbol{F}_2 = \begin{bmatrix} e \\ 0 \end{bmatrix} \quad (e > 0)$$

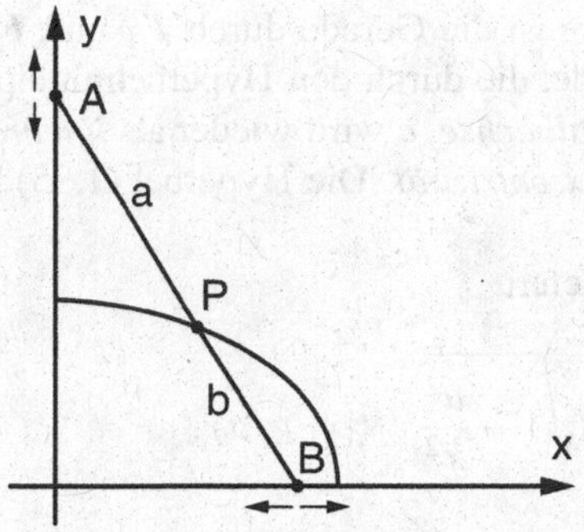

Fig. 1.38: Papierstreifenkonstruktion der Ellipse

gegeben ist, so wird die Bedingung für die Hyperbelpunkte so beschrieben:

$$\left|\sqrt{(x+e)^2+y^2}-\sqrt{(x-e)^2+y^2}\right| = 2a\,.$$

Durch ähnliche Umformungen wie bei der Ellipse erhält man mit

$$b^2 = e^2 - a^2 \quad (b > 0)$$

die

Mittelpunktgleichung der Hyperbel $$\frac{x^2}{a^2} - \frac{y^2}{b^2} = 1\,. \qquad (1.95)$$

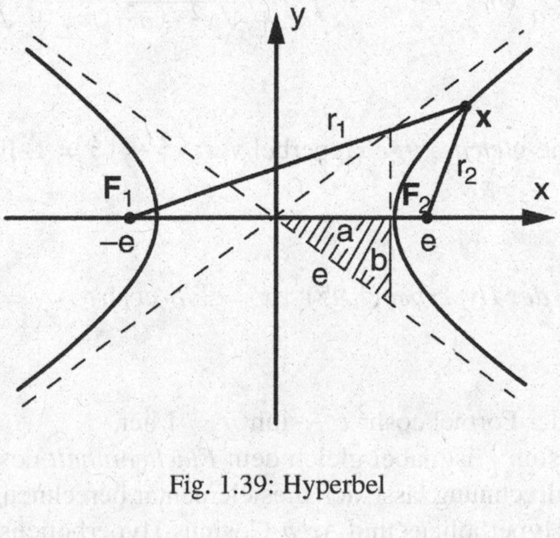

Fig. 1.39: Hyperbel

Bezeichnungen: Der *Mittelpunkt* der Hyperbel liegt, wie könnte es anders sein, in der Mitte zwischen den Brennpunkten, also in $\mathbf{0}$. Die Gerade durch $\boldsymbol{F}_1$, $\boldsymbol{F}_2$ trifft die Hyperbel in ihren

*Scheitel*n $\pm\left[\begin{smallmatrix} a \\ 0 \end{smallmatrix}\right]$. Die *Hauptachse* ist die Gerade durch $\boldsymbol{F}_1$ und $\boldsymbol{F}_2$, die *Nebenachse* ist die zur Hauptachse rechtwinklige Gerade, die durch den Hyperbelmittelpunkt verläuft. a heißt *(reelle) Halbachse* und b *(imaginäre) Halbachse*. e wird wieder als *lineare Exzentrizität* bezeichnet und $\varepsilon = e/a > 1$ als *numerische Exzentrizität*. Die Hyperbel (1.95) besteht aus zwei »Ästen«, getrennt durch die y-Achse.

Auflösen von (1.95) nach y liefert

$$y = \pm\frac{b}{a}\sqrt{x^2 - a^2} = \pm\frac{b}{a}x\sqrt{1 - \frac{a^2}{x^2}} \quad (|x| \geq a)\,. \tag{1.96}$$

Da hierbei $\sqrt{1 - \frac{a^2}{x^2}} \to 1$ für $|x| \to \infty$ gilt, vermutet man:

Folgerung 1.2:

Für genügend große $|x|$ unterscheiden sich die y-Werte der Hyperbel (1.95) beliebig wenig von der Geraden

$$y = \frac{b}{a}x \quad \text{bzw.} \quad y = -\frac{b}{a}x\,. \tag{1.97}$$

Diese Geraden heißen die *Asymptoten* der Hyperbel. (Man sagt auch gefühlvoll: »Die Hyperbel schmiegt sich an ihre Asymptoten an«.)

Beweis:

Es genügt die Differenz zwischen dem positiven Funktionszweig $y = \frac{b}{a}\sqrt{x^2 - a^2}$ der Hyperbel und der Geraden $y = \frac{b}{a}x$ abzuschätzen. Man erhält für $|x| \geq a$:

$$\frac{b}{a}x - \frac{b}{a}\sqrt{x^2 - a^2} = \frac{b}{a}\left(x - \sqrt{x^2 - a^2}\right)\frac{x + \sqrt{x^2 - a^2}}{x + \sqrt{x^2 - a^2}} = \frac{ba}{x + \sqrt{x^2 - a^2}} \to 0$$

für $|x| \to \infty$. □

Im Falle $a = b$ liegt eine *gleichseitige* Hyperbel vor: $x^2 - y^2 = 1$. Ihre Asymptoten sind die 45°-Geraden $y = x$ und $y = -x$.

$$\textit{Parameterdarstellung der Hyperbel}\ (1.95) \quad x = \pm a \cdot \cosh t\,, \quad y = b \cdot \sinh t \ ^{23} \quad (t \in \mathbb{R}) \tag{1.98}$$

Man leitet dies leicht mit der Formel $\cosh^2 t - \sinh^2 t = 1$ her.

Der Parameter $|t| = \operatorname{arsinh}\frac{y}{b}$ ist dabei gleich dem *Flächeninhalt* des schraffierten Sektors in Figur 1.40. Mit der Integralrechnung lässt sich dies elementar berechnen. Hieraus erklärt sich die Bezeichnung *Area*-Sinus-Hyperbolicus und *Area*-Cosinus-Hyperbolicus.

23 Es handelt sich in Wahrheit um zwei Parameterdarstellungen »+« für den rechten Ast und »−« für den linken Ast.

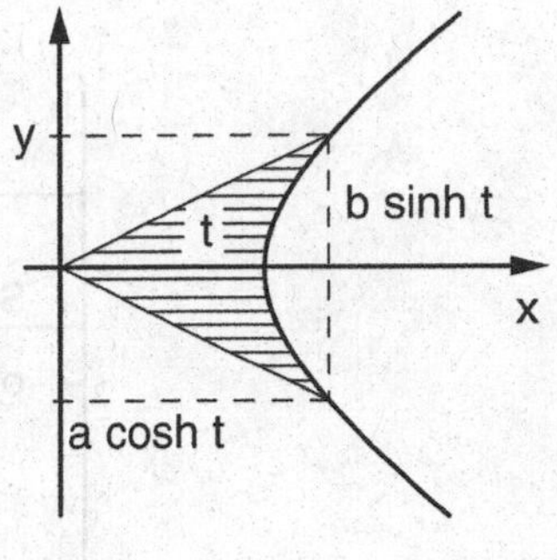

Fig. 1.40: Zur Parameterdarstellung der Hyperbel

Bei einer Nullpunktverschiebung $\boldsymbol{x} \mapsto (\boldsymbol{x} - \boldsymbol{m})$ verschiebt sich alles parallel.

Mit $\boldsymbol{m} = [x_M, y_M]^{\mathrm{T}}$ hat die parallel verschobene Hyperbel die kartesische Gleichung

$$\frac{(x - x_M)^2}{a^2} - \frac{(y - y_M)^2}{b^2} = 1 \tag{1.99}$$

und die *Parameterdarstellung*

$$x = x_M \pm a \cosh t\,, \quad y = y_M + b \sinh t \quad (t \in \mathbb{R}) \tag{1.100}$$

Analog zur Ellipse erhält man mit $p := \frac{b^2}{a}$ die *Scheitelgleichung der Hyperbel*

$$y^2 = 2px + \frac{p}{a}x^2\,.$$

Schließlich notieren wir noch die *Gleichung der Hyperbeltangente im Hyperbelpunkt* $\boldsymbol{x}_0 = \begin{bmatrix} x_0 \\ y_0 \end{bmatrix}$, bezogen auf die Gleichung (1.99)

$$\frac{(x - x_M)(x_0 - x_M)}{a^2} - \frac{(y - y_M)(y_0 - y_M)}{b^2} = 1\,. \tag{1.101}$$

Wiederum leitet man dies leicht mit der Differentialrechnung her.

Die *Polare* zu einem *Pol* $\boldsymbol{x}_0 = \begin{bmatrix} x_0 \\ y_0 \end{bmatrix}$, der nicht auf der Hyperbel liegt, wird ebenfalls durch (1.101) beschrieben. Ihre Eigenschaften sind zu denen bei Kreis und Ellipse analog.

Die Hyperbeltangente hat die folgenden hübschen Eigenschaften (s. Fig. 1.41):

Satz 1.7:

(a) Der Flächeninhalt des Dreiecks, das von den Asymptoten der Hyperbel $\frac{x^2}{a^2} - \frac{y^2}{b^2} = 1$ und einer Hyperbeltangente gebildet wird, ist stets gleich ab.

(b) Die Dreieckseite, die auf der Hyperbeltangente liegt, wird dabei durch den Berührungspunkt P halbiert.

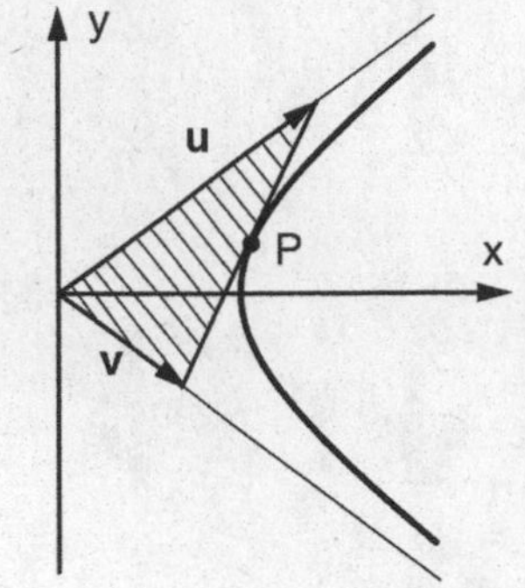

Fig. 1.41: Inhalt der Dreiecksfläche gleich $a \cdot b$

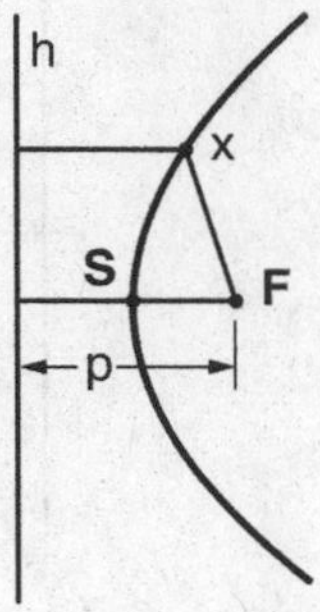

Fig. 1.42: Parabel

Der elementare Beweis wird dem Leser überlassen.
(Zu (a): Man verwendet zweckmäßig, dass der Flächeninhalt des von $\boldsymbol{u}$, $\boldsymbol{v}$ aufgespannten Dreiecks in Figur 1.41 gleich $\frac{1}{2}\det(\boldsymbol{u}, \boldsymbol{v})$ ist; s. Burg/Haf/Wille (Lineare Algebra) [11]. – Eigenschaft (b) ist bei der zeichnerischen Konstruktion von Hyperbeltangenten nützlich.

Übung 1.24*

Welche Tangenten der Hyperbel $9x^2 - 4y^2 = 25$ sind zur Geraden $20x + 12y = 24$ parallel?

1.3.4 Parabel

Eine *Parabel* besteht aus allen Punkten $\boldsymbol{x} = \begin{bmatrix} x \\ y \end{bmatrix}$ mit folgender Eigenschaft: Die beiden Abstände zwischen $\boldsymbol{x}$ und einer festen Geraden (der *Leitlinie*) und zwischen $\boldsymbol{x}$ und einem festen Punkt (dem *Brennpunkt*) sind gleich.

Den Abstand der Leitlinie h vom Brennpunkt $\boldsymbol{F}$ bezeichnen wir mit p. Der Wert p heißt der *Halbparameter* der Parabel (s. Fig. 1.43).

Als *Parabelachse* bezeichnet man die Gerade durch $\boldsymbol{F}$, die auf der Leitlinie rechtwinklig steht, und als *Scheitel (-Punkt)* der Parabel den Punkt $\boldsymbol{S}$ auf der Parabelachse, der in der Mitte zwischen Brennpunkt und Leitlinie liegt.

Zur Herleitung der Parabelgleichung wählen wir als *Brennpunkt* $\boldsymbol{F} = \left[\frac{p}{2}, 0\right]^{\mathrm{T}}$ und als Leitlinie die Parallele h zur y-Achse durch $x = -p/2$ (s. Fig. 1.43).

Damit ist die x-Achse die Parabelachse und $\boldsymbol{0}$ der Scheitelpunkt der Parabel. Figur 1.43 zeigt, dass die Parabelpunkte $\boldsymbol{x} = \begin{bmatrix} x \\ y \end{bmatrix}$ durch

$$|\boldsymbol{x} - \boldsymbol{F}| = x + \frac{p}{2},$$

d.h.

$$\sqrt{\left(x - \frac{p}{2}\right)^2 + y^2} = x + \frac{p}{2}$$

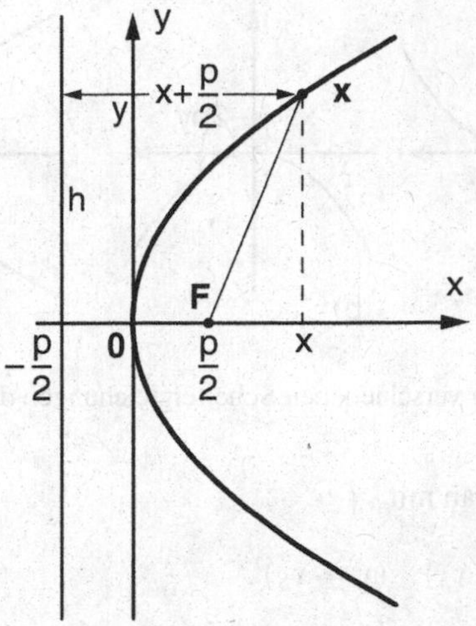

Fig. 1.43: Zur Parabelgleichung

gekennzeichnet sind. Quadrieren führt zu der äquivalenten Gleichung $\left(x-\frac{p}{2}\right)^2+y^2=\left(x+\frac{p}{2}\right)^2$. (Wegen $x+\frac{p}{2}>0$). Ausmultiplizieren und Vereinfachen liefert die

Scheitelgleichung der Parabel $\quad y^2 = 2px \qquad (1.102)$

Die Parabeltangente im Scheitel ist hierbei die y-Achse. Sie wird — äußerst überraschend — als *Scheiteltangente* bezeichnet.

Bemerkung: Mit Hilfe der fünf Parabelpunkte

$$\mathbf{0}, \quad \begin{bmatrix} p/2 \\ p \end{bmatrix}, \quad \begin{bmatrix} p/2 \\ -p \end{bmatrix}, \quad \begin{bmatrix} 2p \\ 2p \end{bmatrix}, \quad \begin{bmatrix} 2p \\ -2p \end{bmatrix}$$

lässt sich eine Parabel recht gut »frei Hand« skizzieren!

Tauschen in (1.102) x und y ihre Rollen, und/oder wechselt man zusätzlich die Vorzeichen von x bzw. y, so erhält man die Parabelgleichungen

$$x^2 = 2py\,, \quad x^2 = -2py\,, \quad y^2 = -2px\,, \quad \text{(s. Fig. 1.44)}\,. \qquad (1.103)$$

Insbesondere kann man $x^2 = 2py$ nach y auflösen. Man erhält die bekannte Funktionsgleichung

$$y = \frac{1}{2p}x^2 \quad \text{(s. Fig. 1.44a).} \qquad (1.104)$$

Parallelverschiebung: Ersetzt man in den Parabelgleichungen (1.102) und (1.103) x durch $x - x_S$

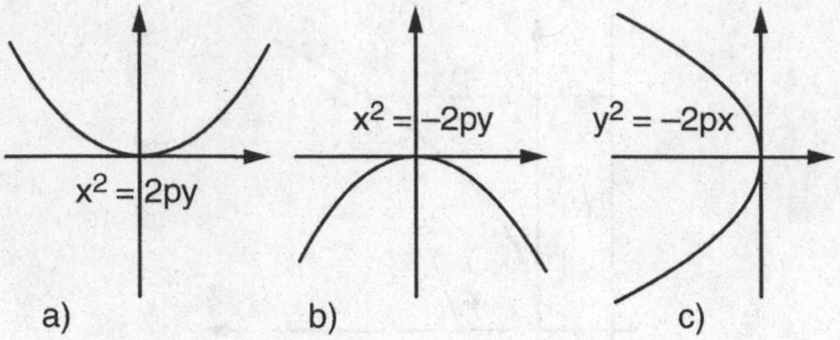

Fig. 1.44: Zu verschiedenen Scheitelgleichungen der Parabel

und y durch $y - y_S$, so erhält man mit

$$\begin{aligned} &\text{a)}\ (y-y_S)^2 = \ \ 2p(x-x_S) \quad (x \geq x_S)\,,\\ &\text{b)}\ (y-y_S)^2 = -2p(x-x_S) \quad (x \leq x_S)\,,\\ &\text{c)}\ (x-x_S)^2 = \ \ 2p(y-y_S) \quad (y \geq y_S)\,,\\ &\text{d)}\ (x-x_S)^2 = -2p(y-y_S) \quad (y \leq y_S) \end{aligned} \tag{1.105}$$

parallelverschobene Parabeln. Ausmultiplizieren dieser Gleichungen und Multiplizieren mit beliebigem $A \neq 0$ liefert Gleichungen der Form

$$Ay^2 + Bx + Cy + D = 0 \quad \text{bzw.} \quad Ax^2 + By + Cx + D = 0\,.$$

Umgekehrt folgt: *Gleichungen der Form* (1.105) (mit $A \neq 0$) *beschreiben stets Parabeln.*

Parameterdarstellungen für die Parabeln: Im Falle der *Scheitelgleichung* $y^2 = 2px$ setzt man einfach $y = t$, folglich $t^2 = 2px$, also

$$x = \frac{t^2}{2p}\,, \quad y = t\,, \quad (t \in \mathbb{R})\,. \tag{1.106}$$

Für die allgemeineren Lagen von Parabeln (s. (1.105)) geht man analog vor.

Parabelgleichungen in Polarkoordinaten: Setzt man in die Parabelgleichungen $y^2 = 2px$ (Scheitellage, Fig. 1.45) bzw. $y^2 = 2p(x + p/2)$ (Brennpunktlage, Fig. 1.46) die Ausdrücke $x = r\cos\varphi$, $y = r\sin\varphi$ ein und löst die entstandenen (quadratischen) Gleichungen nach $r \geq 0$ auf, so entstehen folgende Parabelgleichungen in Polarkoordinaten:

$$\textit{Scheitellage} \quad r = 2p \cdot \cos\varphi(1 + \cot^2\varphi)\,, \quad 0 < |\varphi| < \frac{\pi}{2}\,. \tag{1.107}$$

$$\textit{Brennpunktlage} \quad r = \frac{p}{1 - \cos\varphi}\,, \quad 0 < \varphi < 2\pi\,. \tag{1.108}$$

Tangente und Normale: Die Tangente an der Parabel $y^2 = 2px$ im Parabelpunkt $\boldsymbol{x}_0 = [x_0, y_0]^{\mathrm{T}}$ erhält man über die Differentialrechnung:

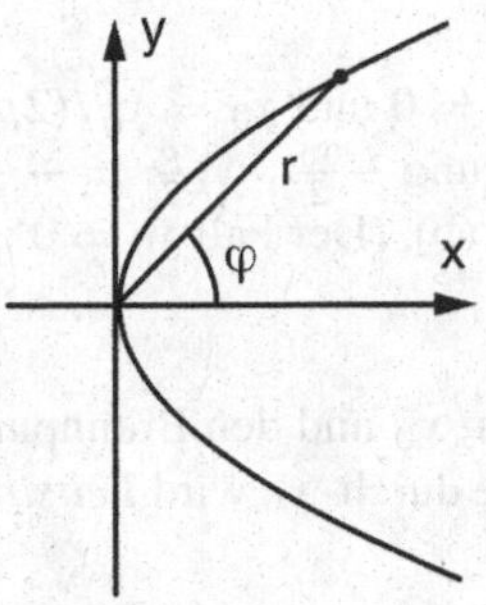

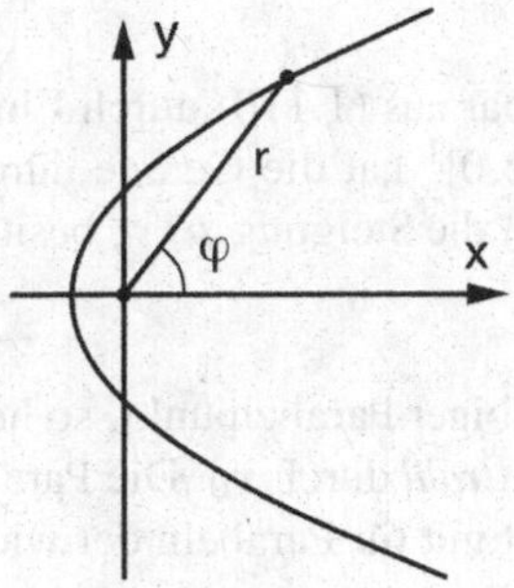

Fig. 1.45: Polarkoordinaten bei Scheitellage der Parabel

Fig. 1.46: Polarkoordinaten bei Brennpunktlage der Parabel

Tangentengleichung bei Scheitellage $yy_0 = p(x + x_0)$. (1.109)

Entsprechend gewinnt man bei der parallelverschobenen Parabel $(y - y_S)^2 = 2p(x - x_S)$ die Tangente im Parabelpunkt $\boldsymbol{x}_0 = [x_0, y_0]^{\mathrm{T}}$:

Tangentengleichung bei allgemeiner Lage $(y - y_S)(y_0 - y_S) = p(x + x_0 - 2x_S)$ (1.110)

Als *Normale* im Parabelpunkt $\boldsymbol{x}_0 = [x_0, y_0]^{\mathrm{T}}$ bezeichnet man die Gerade durch $\boldsymbol{x}_0$, die auf der Tangente durch $\boldsymbol{x}_0$ rechtwinklig steht. Da die Tangente in (1.110) die Steigung $p/(y_0 - y_S)$ hat (falls $y_0 \neq y_S$), besitzt die Normale durch $\boldsymbol{x}_0$ die Steigung $-(y - y_S)/p$.[24] Letzteres ist auch für $y_0 = y_S$ richtig. Somit

Normalengleichung bei allgemeiner Lage $y = -\dfrac{y_0 - y_S}{p}(x - x_0) + y_0$ (1.111)

Die *Polare* zur Parabel bzgl. eines beliebigen Punktes $\boldsymbol{x}_0 = \begin{bmatrix} x_0 \\ y_0 \end{bmatrix} \in \mathbb{R}^2$ wird ebenfalls durch (1.110) beschrieben (Eigenschaften analog zur Ellipse).

Satz 1.8:

Gegeben sei eine Parabel in Scheitellage: $y^2 = 2px$. Es folgt:

(a) Die Parabeltangente durch den Parabelpunkt $\boldsymbol{x}_0 = [x_0, y_0]^{\mathrm{T}}$ schneidet die y-Achse im Punkt $\boldsymbol{s} = [0, y_0/2]^{\mathrm{T}}$. Sein *$y$-Wert* ist also *halb so groß* wie derjenige von $\boldsymbol{x}_0$.

(b) Die Gerade durch $\boldsymbol{s}$ und den Brennpunkt $\boldsymbol{F}$ steht auf der Parabeltangente durch $\boldsymbol{x}_0$ senkrecht.

---

24 Bekanntlich stehen zwei Geraden genau dann aufeinander senkrecht, wenn ihre Steigungen m_1, m_2 die Gleichung $m_1 m_2 = -1$ erfüllen ($m_1 \neq 0$, $m_2 \neq 0$ vorausgesetzt).

Beweis:
(a) folgt unmittelbar aus (1.110) durch Einsetzen von $x_S = y_S = 0$ und $x_0 = y_0^2/(2p)$. Zu (b): Wegen $\boldsymbol{F} = [p/2, 0]^{\mathrm{T}}$ hat die Gerade durch $\boldsymbol{s}$ und $\boldsymbol{F}$ die Steigung $-\frac{y_0}{2} : \frac{p}{2} = -\frac{y_0}{p}$. Da die Tangente durch $\boldsymbol{x}_0$ die Steigung p/y_0 besitzt (für $y_0 \neq 0$), folgt (b). (Der Fall $y_0 = 0$ ist trivial.) □

Ist $\boldsymbol{x}_0$ ein beliebiger Parabelpunkt, so heißt die Gerade durch $\boldsymbol{x}_0$ und den Brennpunkt $\boldsymbol{F}$ der Parabel der *Brennstrahl* durch $\boldsymbol{x}_0$. Die Parallele zur Parabelachse durch $\boldsymbol{x}_0$ wird *Leitstrahl* durch $\boldsymbol{x}_0$ genannt. Damit gilt für Parabeln der wichtige

Satz 1.9:
Die *Winkel* zwischen Leitstrahl und Brennstrahl durch $\boldsymbol{x}_0$ werden von der Tangente und der Normalen durch $\boldsymbol{x}_0$ *halbiert*.

Beweis:
Wegen Satz 1.8 (a) sind die Strecken $[\boldsymbol{P}, \boldsymbol{s}]$ und $[\boldsymbol{s}, \boldsymbol{F}]$ in Figur 1.47 gleich lang und wegen der rechten Winkel bei $\boldsymbol{s}$ (s. Satz 1.8 (b)) die Dreiecke $[\boldsymbol{P}, \boldsymbol{s}, \boldsymbol{x}_0]$ und $[\boldsymbol{F}, \boldsymbol{s}, \boldsymbol{x}_0]$ kongruent. □

Bemerkung: Satz 1.9 ist für die Konstruktion von Parabolspiegeln entscheidend. Ein Parabolspiegel entsteht durch Rotation eines Parabelstückes ($y^2 = 2px$ mit $0 \leq x \leq c$) um die Parabelachse, wobei die Lichtstrahlen, die parallel zur Parabelachse (auf die konkave Seite) einfallen, in den Brennpunkt reflektiert werden. (Der Name *Brennpunkt* rührt von diesem Effekt her.)

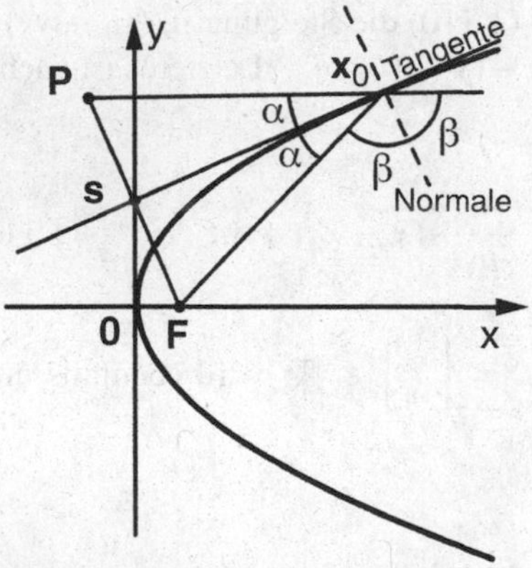

Fig. 1.47: Zu Satz 1.8

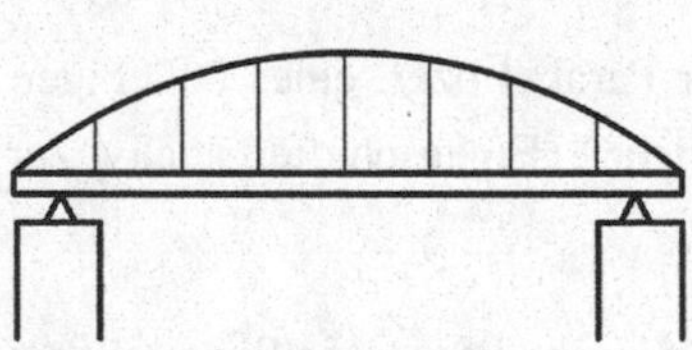
Fig. 1.48: Brücke

Übungen

Übung 1.25:

Ein Brückenbogen in Parabelform habe die Spannweite $s = 48\,\mathrm{m}$ und die Höhe $h = 9\,\mathrm{m}$. Jeweils in Abständen von $6\,\mathrm{m}$ sind senkrechte Streben angebracht. Berechne ihre Längen. (s. Fig. 1.48)

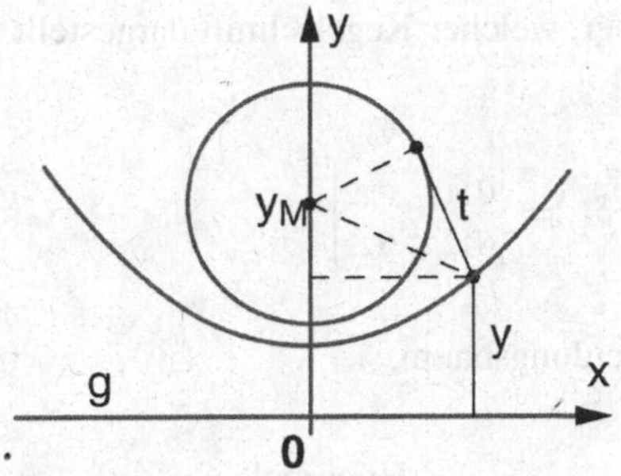

Fig. 1.49: Parabel zwischen Kreis und Gerade

Übung 1.26*

Zeige: Die Menge der Punkte in der Ebene, deren Entfernung y zu einer festen Geraden g gleich der Tangentenabschnittslänge t bzgl. eines festen Kreises ist, ist eine Parabel (s. Fig. 1.49). *Hinweis*: Wähle g als x-Achse und die Senkrechte darauf durch den Kreismittelpunkt als y-Achse.

Übung 1.27:

Bestimme den Scheitelpunkt der durch $4x^2+6y-8x+2=0$ gegebenen Parabel. Nach welcher Richtung öffnet sich die Parabel?

Übung 1.28:

Die Normale durch einen beliebigen Punkt $\begin{bmatrix} x_0 \\ y_0 \end{bmatrix} \neq \mathbf{0}$ der Parabel $y^2 = 2px$ schneide die x-Achse in x_1. Beweise $x_1 - x_0 = p$!

Übung 1.29*

Ein parabolischer Hohlspiegel habe den Durchmesser $d = 32{,}6\,\text{cm}$ und die Tiefe $h = 14{,}3\,\text{cm}$. In welcher Entfernung vom Scheitelpunkt ist auf der Achse des Spiegels eine punktförmige Lichtquelle anzubringen, damit ihre Lichtstrahlen parallel zur Spiegelachse reflektiert werden?

1.3.5 Allgemeine Kegelschnittgleichung, Hauptachsentransformation

Kegelschnitte werden allgemein durch folgende Gleichung beschrieben:[25]

$$a_{11}x^2 + 2a_{12}xy + a_{22}y^2 + 2a_{13}x + 2a_{23}y + a_{33} = 0\,.^{26} \tag{1.112}$$

25 Dass alle Kegelschnitte durch Gleichungen dieser Art dargestellt werden, erkennt man, wenn man einen Kreiskegel, beschrieben durch $\xi_1^2 + \xi_2^2 - \xi_3^2 = 0$, im $\mathbb{R}^3$ bewegt, und zwar durch die Transformation $\boldsymbol{\xi} = Q\boldsymbol{x} + \boldsymbol{p}$ ($\boldsymbol{\xi} = [\xi_1, \xi_2, \xi_3]^\mathrm{T}$, Q orthogonale 3×3-Matrix, $\boldsymbol{x} = [x, y, z]^\mathrm{T}$), und ihn dann mit der x-y-Ebene schneidet, also $z = 0$ setzt. Es entsteht eine Gleichung der Form (1.112).

26 Die Faktoren »2« dienen lediglich dazu, dass spätere Formeln einfacher werden.

1. Schritt: Entscheidung darüber, welcher Kegelschnitt dargestellt wird. Wir berechnen die Determinanten:

$$\delta := \begin{vmatrix} a_{11} & a_{12} & a_{13} \\ a_{12} & a_{22} & a_{23} \\ a_{13} & a_{23} & a_{33} \end{vmatrix}, \quad \delta_1 := \begin{vmatrix} a_{11} & a_{12} \\ a_{12} & a_{22} \end{vmatrix}. \tag{1.113}$$

Damit gilt folgender Entscheidungsbaum:

$$\delta \neq 0 \rightarrow \begin{cases} \delta_1 < 0 \; \ldots\ldots\ldots\ldots & \text{Hyperbel} \\ \delta_1 = 0 \; \ldots\ldots\ldots\ldots & \text{Parabel} \\ \delta_1 > 0 \quad \begin{matrix} a_{11}\delta < 0 \ldots \\ a_{11}\delta > 0 \ldots \end{matrix} & \begin{matrix} \text{Ellipse} \\ \text{leere Menge}^{27} \end{matrix} \end{cases}$$

$$\delta = 0 \rightarrow \begin{cases} \text{zwei Geraden, oder eine} \\ \text{Gerade, oder ein Punkt} \\ \text{oder leere Menge} \\ \text{(ausgeartete Kegelschnitte)} \end{cases}$$

(Zur Begründung s. Burg/Haf/Wille (Lineare Algebra) [11].)

2. Schritt: Hauptachsentransformation. Wir nehmen an, dass für (1.112) $\delta \neq 0$ gilt, d.h., dass die beschriebene Punktmenge, falls nicht leer, eine *Ellipse*, *Hyperbel* oder *Parabel* ist. Daraus folgt, dass die drei Faktoren a_{11}, a_{12}, a_{22} bei den »quadratischen« Gliedern nicht alle Null sein können.

Ist $a_{12} \neq 0$, so wollen wir eine Substitution

$$\begin{aligned} x &= c\xi - s\eta \\ y &= s\xi + c\eta \end{aligned} \quad \text{mit } c = \cos\varphi \text{ und } s = \sin\varphi \tag{1.114}$$

in der Kegelschnittgleichung (1.112) vornehmen. c und s sollen dann so gewählt werden, dass in der entstehenden Gleichung kein »gemischtes« Glied mit $\xi\eta$ auftritt. (1.114) beschreibt eine Drehung um den Winkel φ um $\mathbf{0}$. – Setzt man (1.114) in die Kegelschnittgleichung (1.112) ein und ordnet nach ξ^2, $\eta\xi$, η^2, ξ, η so erhält man

$$\begin{aligned} &\left(a_{11}c^2 + 2a_{12}cs + a_{22}s^2\right)\xi^2 + 2\left(a_{12}(c^2 - s^2) - (a_{11} - a_{22})cs\right)\xi\eta \\ &\quad + \left(a_{11}s^2 - 2a_{12}sc + a_{22}c^2\right)\eta^2 + 2\left(a_{13}c + a_{23}s\right)\xi \\ &\quad + 2\left(a_{23}c - a_{13}s\right)\eta + a_{33} = 0 . \end{aligned} \tag{1.115}$$

Das »gemischte« Glied mit Faktor $\xi\eta$ verschwindet, wenn

$$a_{12}(c^2 - s^2) - (a_{11} - a_{22})cs = 0$$

27 Der Fall $\delta a_{11} = 0$ kann nicht eintreten, da $\delta \neq 0$ ist, und da aus $\delta_1 > 0$ folgt: $a_{11} \neq 0$.

gilt. Mit

$$c^2 - s^2 = \cos^2\varphi - \sin^2\varphi = \cos(2\varphi)\,, \quad cs = \cos\varphi\sin\varphi = \frac{1}{2}\sin(2\varphi)$$

bedeutet dies

$$2a_{12}\cos(2\varphi) = (a_{11} - a_{22})\sin 2\varphi \;\Leftrightarrow\; \cot(2\varphi) = \frac{a_{11} - a_{22}}{2a_{12}}\,.$$

Dies wird erfüllt durch

$$\varphi = \begin{cases} \frac{1}{2}\operatorname{arccot}\frac{a_{11} - a_{22}}{2a_{12}} & \text{falls } a_{12} \neq 0 \\ 0 & \text{falls } a_{12} = 0 \end{cases} \tag{1.116}$$

Wir haben hier von den vier in Frage kommenden Winkeln denjenigen aus $[0, \frac{\pi}{2})$ gewählt. Mit diesem Winkel φ liefert die Transformation (1.114), eingesetzt in die Kegelschnittgleichung, die Gleichung (1.115), wobei das Glied mit $\xi\eta$ verschwindet. Die neue ξ-η-Gleichung hat also die Form

$$A\xi^2 + B\eta^2 + 2C\xi + 2D\eta + E = 0 \tag{1.117}$$

mit

$$\left.\begin{array}{l} A = a_{11}c^2 + 2a_{12}cs + a_{22}s^2\,, \quad B = a_{11}s^2 - 2a_{12}sc + a_{22}c^2 \\ C = a_{13}c + a_{23}s\,, \quad D = a_{23}c - a_{13}s\,, \quad E = a_{33}\,. \end{array}\right\} \tag{1.118}$$

Wir fassen zusammen:

Satz 1.10:

(*Hauptachsentransformation*) [28]Durch

$$x = \xi\cos\varphi - \eta\sin\varphi\,, \quad y = \xi\sin\varphi + \eta\cos\varphi$$

mit dem Winkel φ aus (1.116) wird die Kegelschnittgleichung (1.112) (mit $\delta \neq 0$) in folgende Form überführt

$$A\xi^2 + B\eta^2 + 2C\xi + 2D\eta + E = 0; \quad \text{dabei folgt } \delta = \begin{vmatrix} A & 0 & C \\ 0 & B & D \\ C & D & E \end{vmatrix} \neq 0\,. \tag{1.119}$$

28 Die Hauptachsentransformation wurde hier ganz elementar durchgeführt. In Burg/Haf/Wille (Lineare Algebra) [11] wird sie über die Eigenwerttheorie hergeleitet.

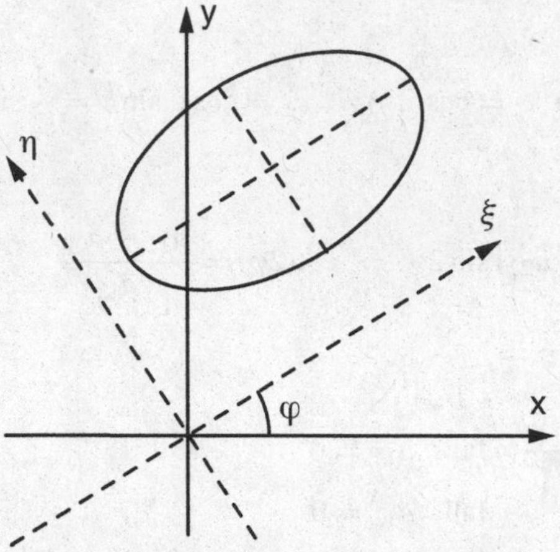

Fig. 1.50: Zur Hauptachsentransformation

Bemerkung: Die Determinantengleichung $\delta = \ldots$ in (1.119) folgt aus der Tatsache, dass die Determinante δ bei Transformationen der Form (1.114) invariant bleibt (vgl. Burg/Haf/Wille (Lineare Algebra) [11]).

3. Schritt Parallelverschiebung. Wir gehen von (1.119) aus! Im Falle $A \neq 0$ und $B \neq 0$ erhält die Gleichung durch quadratische Ergänzung die Gestalt

$$A\left(\xi + \frac{C}{A}\right)^2 + B\left(\eta + \frac{D}{B}\right)^2 = -\frac{ABE - BC^2 - AD^2}{AB} = -\frac{\delta}{AB} \tag{1.120}$$

oder

$$\frac{(\xi + C/A)^2}{-\delta/(A^2B)} + \frac{(\eta + D/B)^2}{-\delta/(B^2A)} = 1\,. \tag{1.121}$$

Dies beschreibt offenbar eine Hyperbel oder eine Ellipse oder eine leere Menge.

Ist dagegen A oder B gleich Null, z.B. $A = 0$, $B \neq 0$, so muss wegen $\delta \neq 0$ auch $C \neq 0$ sein. Aus (1.119) folgt damit nach Division durch B, anschließender quadratischer Ergänzung D^2/B^2 und Zusammenfassung:

$$\left(\eta + \frac{D}{B}\right)^2 = -\frac{2C}{B}\left(\xi + \frac{EB - D^2}{2C}\right) \tag{1.122}$$

Hier liegt eine Parabel vor. Aus (1.120), gefolgt von (1.121) bzw. (1.122), gewinnen wir damit eine lückenlose Klassifikation:

Satz 1.11:

Die Gleichung

$$A\xi^2 + B\eta^2 + 2C\xi + 2D\eta + E = 0 \quad \text{mit } \delta = \begin{vmatrix} A & 0 & C \\ 0 & B & D \\ C & D & E \end{vmatrix} \neq 0$$

beschreibt folgende Punktmengen in der Ebene:

falls $AB < 0$	, so: *Hyperbel*
falls $AB > 0$ und $A\delta < 0$	, so: *Ellipse*
falls $AB > 0$ und $A\delta > 0$	, so: *leere Menge*
falls $AB = 0$ ($A \neq 0$ oder $B \neq 0$)	, so: *Parabel*

Die Achsen dieser Kegelschnitte liegen parallel zu den Koordinatenachsen. Die Halbachsen a, b der Hyperbel oder Ellipse sowie ihr Mittelpunkt lassen sich gegebenenfalls aus (1.121) ablesen, ebenso wie der Halbparameter der Parabel nebst Scheitelpunkt aus (1.122), oder der entsprechenden Gleichung im Fall $B = 0$, $A \neq 0$.

Beispiel 1.16:

Welche Punktmenge beschreibt die Gleichung

$$3{,}7x^2 - 31{,}2xy + 12{,}8y^2 - 71{,}6x + 68{,}8y - 302 = 0\,?$$

Der Vergleich mit (1.112) liefert: $a_{11} = 3{,}7$, $a_{12} = -15{,}6$, $a_{22} = 12{,}8$, $a_{13} = -35{,}8$, $a_{23} = 34{,}4$, $a_{33} = -302$. Aus (1.113) erhalten wir $\delta = 76832$ und $\delta_1 = -196$, folglich liegt eine *Hyperbel* vor.

Hauptachsentransformation: Formel (1.116) liefert uns den Drehwinkel $\varphi \doteq 36{,}86989765°$, folglich $c = \cos\varphi = 0{,}8$ und $s = \sin\varphi = 0{,}6$. Mit (1.118) errechnet man $A = -8$, $B = 24{,}5$, $C = -8$, $D = 49$, $E = 302$, also nach (1.119)

$$-8\xi^2 + 24{,}5\eta^2 - 16\xi - 98\eta - 302 = 0\,.$$

Aus (1.121) folgt die äquivalente Gleichung

$$-\frac{(\xi+1)^2}{7^2} + \frac{(\eta-2)^2}{4^2} = 1\,.$$

Die Hyperbel hat also die reelle Halbachse $a = 4$ und die imaginäre Halbachse $b = 7$. Der *Mittelpunkt* $[\xi_0, \eta_0]^{\mathrm{T}} = [-1{,}2]^{\mathrm{T}}$ wird durch Rückdrehung um $-\varphi$ in den *Hyperbel-Mittelpunkt* $[x_0, y_0]$ im x-y-System überführt:

$$x_0 = c\xi_0 + s\eta_0 = 0{,}4\,, \qquad y_0 = -s\xi_0 + c\eta_0 = 2{,}2\,.$$

Einheitliche Scheitel- und Polargleichungen: Die Scheitelgleichungen für die

$$\begin{aligned} &\textit{Ellipse:} \quad y^2 = 2px - \frac{p}{a}x^2 \quad \left(p = \frac{b^2}{a}\right), \\ &\textit{Parabel:} \quad y^2 = 2px, \\ &\textit{Hyperbel:} \quad y^2 = 2px + \frac{p}{a}x^2, \end{aligned} \tag{1.123}$$

lassen sich mit Hilfe der numerischen Exzentrizität $\varepsilon = e/a$ (bei Ellipse und Hyperbel) bzw. $\varepsilon = 1$ (bei Parabel) umformen in eine einzige Gleichung

$$\textit{Scheitelgleichung:} \quad y^2 = 2px + \left(\varepsilon^2 - 1\right)x^2 \quad \begin{cases} 0 < \varepsilon < 1 & \textit{Ellipse} \\ \varepsilon = 1 & \textit{Parabel} \\ \varepsilon > 1 & \textit{Hyperbel} \end{cases} . \tag{1.124}$$

Figur 1.51 zeigt sehr schön, wie sich die Formen der Kegelschnitte bei wachsendem ε ändern. Die Parabel nimmt dabei die Grenzlage zwischen Ellipsen und Hyperbeln ein.

Entsprechend erhält man eine einheitliche Polargleichung, wobei der Ursprung **0** stets im linken Brennpunkt liegt:

$$r = \frac{p}{1 - \varepsilon\cos\varphi} \quad \begin{cases} 0 < \varepsilon < 1 & \textit{Ellipse} \\ \varepsilon = 1 & \textit{Parabel} \\ \varepsilon > 1 & \textit{Hyperbel} \end{cases} . \tag{1.125}$$

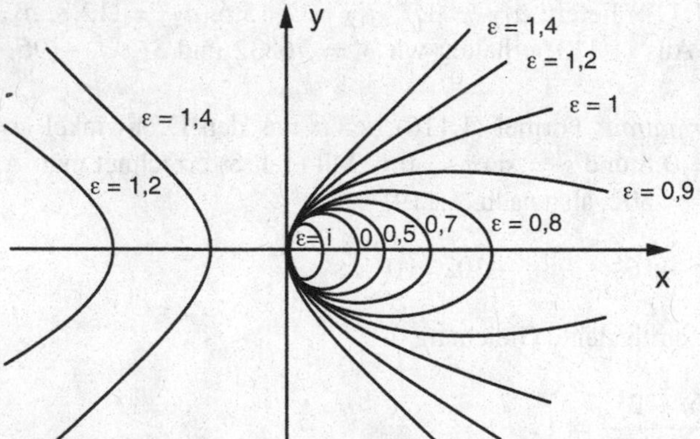

Fig. 1.51: Zur Scheitelgleichung: Kegelschnitte verwandeln sich bei Veränderung von ε (nach [57])

Übungen

Welche Kegelschnitt-Typen beschreiben die folgenden Gleichungen? Führe analog zu Beispiel 1.16 dafür die jeweiligen Hauptachsentransformationen durch!

Übung 1.30*

$x^2 - 8xy + 10y^2 - x + 5y + 2 = 0.$

Übung 1.31*

$4x^2 - 4xy + y^2 + 7x - 5y + 8 = 0.$

Übung 1.32*

$7x^2 - 8xy + 3y^2 - 20x + 2y - 90 = 0.$

1.4 Beispiele ebener Kurven II: Rollkurven, Blätter, Spiralen

1.4.1 Zykloiden

Definition 1.8:

Rollt eine Kreisscheibe auf einer Geraden ab, so beschreibt ein fest mit der Kreisscheibe verbundener Punkt P eine Kurve, die den hoffnungsvollen Namen *Zykloide* trägt.

Ist r der Radius des Kreises, c der Abstand des Punktes vom Kreismittelpunkt, und die Gerade die x-Achse, so lautet die

Parameterdarstellung der Zykloide
$$\begin{aligned} x &= rt - c \cdot \sin t\,, \\ y &= r - c \cdot \cos t\,, \end{aligned} \qquad t \in \mathbb{R}. \tag{1.126}$$

Hierbei ist durch $[rt, r]^{\mathrm{T}}$ der Weg des Kreismittelpunktes M gegeben. Der Zusatzterm $-[c \cdot \sin t, c \cdot \cos t]^{\mathrm{T}}$ beschreibt die Drehung des Punktes P um M, wobei zur Zeit $t = 0$ der Kreismittelpunkt auf der y-Achse liegt und der Punkt P vertikal darunter (s. Fig. 1.52). Der Parameter t heißt *Wälzwinkel.* — Man unterscheidet

$0 < c < r$: *gestreckte Zykloide,*

$c = r$: *gewöhnliche Zykloide,*

$c > r$: *verschlungene Zykloide.*

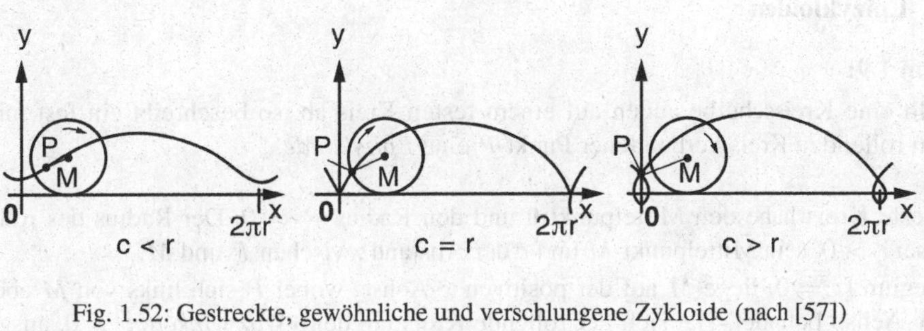

Fig. 1.52: Gestreckte, gewöhnliche und verschlungene Zykloide (nach [57])

Die Fläche zwischen der x-Achse und einem Zykloidenbogen ($0 \le t \le 2\pi$) hat den *Flächeninhalt*

$$\begin{aligned} A &= \int_0^{2\pi} y\dot{x}\mathrm{d}t = \int_0^{2\pi} (r^2 - 2rc \cdot \cos t + c^2 \cdot \cos^2 t)\mathrm{d}t \\ &= \left[r^2 t - 2rc \cdot \sin t + c^2 \left(\frac{t}{2} + \frac{\sin(2t)}{4} \right) \right]_0^{2\pi} = \pi(2r^2 + c^2)\,. \end{aligned} \tag{1.127}$$

Für die *gewöhnliche Zykloide* ($r = c$) folgt $A = 3r^2\pi$.

Die *Länge L eines Zykloidenbogens* ($0 \le t \le 2\pi$) ist

$$L = \int_0^{2\pi} \sqrt{\dot{x}^2 + \dot{y}^2}\mathrm{d}t = \int_0^{2\pi} \sqrt{r^2 + c^2 - 2rc\cos t}\mathrm{d}t\,, \quad \cos t = 1 - 2\sin^2\left(\frac{t}{2}\right) \Rightarrow$$

$$L = \int_0^{2\pi} \sqrt{(r-c)^2 + rc\sin^2\frac{t}{2}}\mathrm{d}t = 2\int_0^{\pi} \sqrt{(r-c)^2 + rc\sin^2\tau}\mathrm{d}\tau\,.$$

Für $r \ne c$ ist dies ein *elliptisches Integral*, welches durch elementare Funktionen nicht ausgedrückt werden kann. Man kann es aber leicht numerisch berechnen (vgl. Burg/Haf/Wille (Analysis) [14]).

Im Fall $r = c$ erhält man die *Länge L eines Bogens der gewöhnlichen Zykloide* elementar:

$$L = 4r\int_0^{\pi} \sin\tau\mathrm{d}\tau = 4r[-\cos\tau]_0^{\pi} = 8r\,. \tag{1.128}$$

Übung 1.33*

Leite eine Funktion der Form $x = g(y)$ her, deren Graph die Zykloide für $0 \le t \le \pi$ darstellt!

1.4.2 Epizykloiden

Definition 1.9:

Rollt eine Kreisscheibe außen auf einem festen Kreis ab, so beschreibt ein fest mit dem rollenden Kreis verbundener Punkt P eine *Epizykloide*.

Der feste Kreis habe den Mittelpunkt $\mathbf{0}$ und den Radius $R > 0$. Der Radius des rollenden Kreises sei $r > 0$, sein Mittelpunkt M und c der Abstand zwischen P und M.

Zu Beginn ($t = 0$) liege M auf der positiven x-Achse, wobei P sich links von M ebenfalls auf der x-Achse befindet. Hat sich der rollende Kreis um den »*Wälzwinkel*« $t > 0$, ausgehend

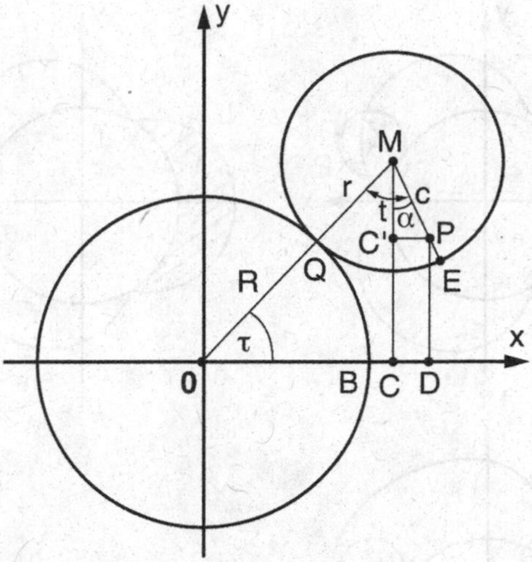

Fig. 1.53: Zur Epizykloide

von $t = 0$, gedreht, so hat P nach Figur 1.53 offenbar die Koordinaten

$$\begin{aligned} x &= \overline{0C} + \overline{CD} = (R+r)\cos\tau + c\sin\alpha \\ y &= \overline{CM} - \overline{MC'} = (R+r)\sin\tau - c\cos\alpha\,. \end{aligned} \tag{1.129}$$

Wegen des Abrollens, ohne Gleiten, gilt für die Kreisbögen von Q nach B bzw. Q nach E : $\overset{\frown}{QB}=\overset{\frown}{QE}$, d.h. $R\tau = rt$, also $\tau = \frac{r}{R}t$, und aus $t - \alpha = \frac{\pi}{2} - \tau$ folgt

$$\alpha = t + \tau - \frac{\pi}{2} = t + \frac{r}{R}t - \frac{\pi}{2} = \frac{R+r}{R}t - \frac{\pi}{2}\,.$$

Eingesetzt in (1.129) ergibt sich die *Parameterdarstellung der Epizykloide bzgl. des Wälzwinkels*:

$$\begin{aligned} x &= (R+r)\cdot\cos\frac{r}{R}t - c\cdot\cos\frac{R+r}{R}t\,, \\ y &= (R+r)\cdot\sin\frac{r}{R}t - c\cdot\sin\frac{R+r}{R}t\,, \end{aligned} \quad \text{mit } t \in \mathbb{R}. \tag{1.130}$$

Wählt man als Parameter den Winkel τ, der die Lage des Mittelpunktes M des Rollkreises beschreibt, so folgt wegen $R\tau = rt$ die *Parameterdarstellung der Epizykloide bzgl. des Mittelpunktwinkels*:

$$\begin{aligned} x &= (R+r)\cos\tau - c\cos\frac{R+r}{r}\tau\,, \\ y &= (R+r)\sin\tau - c\sin\frac{R+r}{r}\tau\,, \end{aligned} \tag{1.131}$$

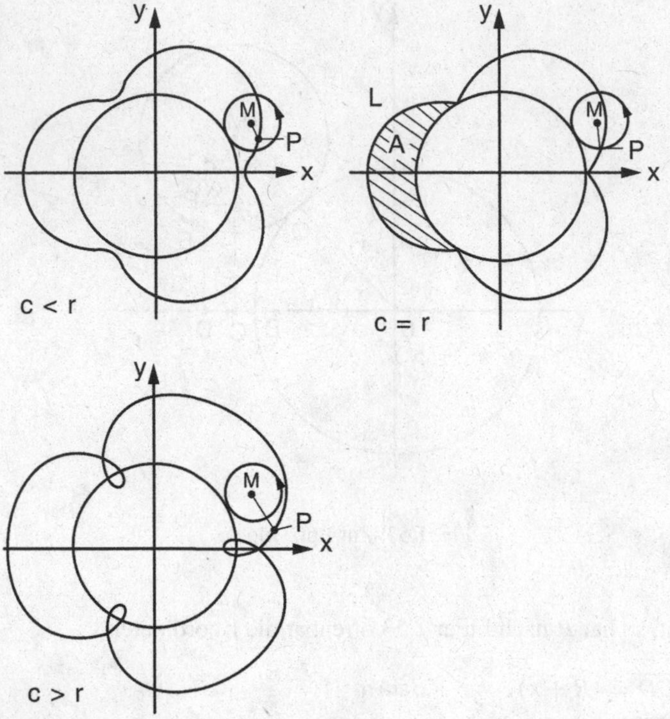

Fig. 1.54: Epizykloide: $\frac{R}{r} = 3$ (nach [57])

Wir unterscheiden

$$\left.\begin{array}{l} c < r\text{: } \textit{gestreckte} \\ c = r\text{: } \textit{gewöhnliche} \\ c > r\text{: } \textit{verschlungene} \end{array}\right\} \quad \textit{Epizykloide.}$$

Die Epizykloide ist genau dann eine *geschlossene Kurve*, wenn das Verhältnis $m := R/r$ der beiden Kreisradien *rational* ist. (Denn dies ist genau dann der Fall, wenn τ und $\frac{R+r}{r}\tau = (m+1)\tau$ beide ganzzahlige Vielfache von 2π sind, d.h. $\tau = k2\pi$ und $(m+1)\tau = n2\pi$ (k, n ganz) also nach Einsetzen von $\tau = k2\pi$:

$$(m+1)k2\pi = n2\pi \Leftrightarrow m = \frac{k}{n} - 1 \Leftrightarrow m \text{ rational.}$$

Ist $m = \frac{R}{r}$ ganzzahlig, so schließt sich die Epizykloide nach einem Umlauf des Rollkreises um den Festkreis, und die Epizykloide besteht aus m »Bögen«.

Die Länge L eines »Bogens« der gewöhnlichen Epizykloide (Teilstück von einer Spitze zur nächsten) und der Flächeninhalt A der Fläche zwischen Bogen und Kreis (s. Fig. 1.54b) seien ohne Beweis angegeben:

$$L = \frac{8r(R+r)}{R}, \quad A = \frac{\pi r^2(3R+2r)}{R}.$$

Kardioide: Den Sonderfall $R = r = c$ einer gewöhnlichen Epizykloide nennt man wegen ihrer Form (s. Fig. 1.55) eine *Herzkurve* oder *Kardioide*.

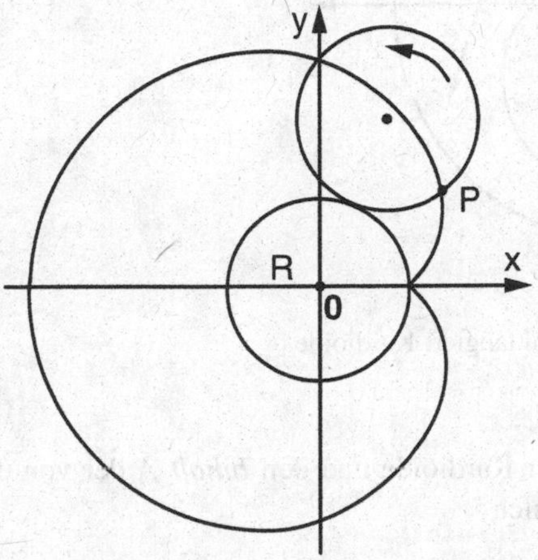

Fig. 1.55: Kardioide

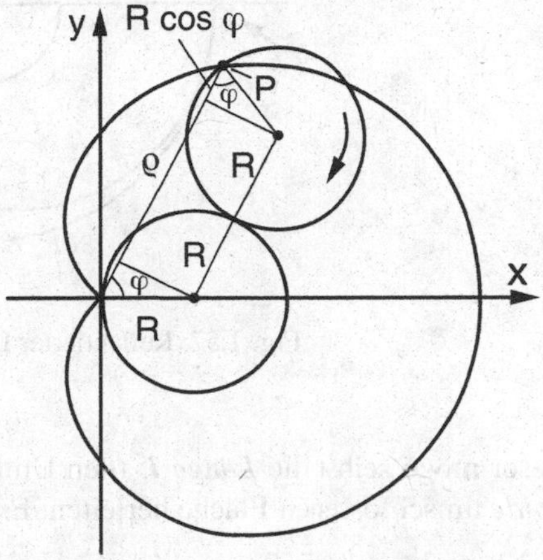

Fig. 1.56: Zur Polargleichung der Kardioide

Parameterdarstellung dazu:

$$\begin{aligned} x &= R(2\cos t - \cos(2t)) \\ y &= R(2\sin t - \sin(2t)) \end{aligned} \tag{1.132}$$

Legt man die Kardioide so wie in Figur 1.56, so gewinnt man aus dieser Figur eine einfache *Polargleichung der Kardioide*

$$\rho = 2R(1+\cos\varphi) \quad 0 \le \varphi \le 2\pi\,. \tag{1.133}$$

Um zu einer Gleichung in kartesischen Koordinaten zu kommen, setzen wir $\cos\varphi = \frac{x}{\rho}$ und multiplizieren die Gleichung mit $\rho = \sqrt{x^2+y^2}$ durch. Es folgt

$$x^2 + y^2 - 2R\sqrt{x^2+y^2} = 2Rx\,.$$

Quadratische Ergänzung liefert damit die *Kardioidengleichung in kartesischen Koordinaten* (bzgl. Fig. 1.56):

$$\left(\sqrt{x^2+y^2} - R\right)^2 = R(2x+R) \tag{1.134}$$

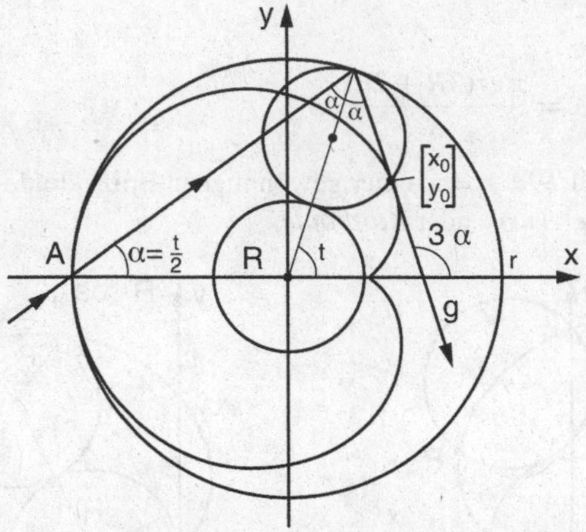

Fig. 1.57: Reflektierter Lichtstrahl tangiert Kardioide

Der Leser möge selbst die *Länge* L (den Umfang) der Kardioide und den *Inhalt* A der von der *Kardioide* umschlossenen Fläche herleiten. Es ergibt sich

$$L = 16R \quad \text{und} \quad A = 6\pi R^2$$

Übung 1.34*

Figur 1.57 zeigt den Querschnitt eines innen verspiegelten Kreiszylinders. Durch die punktförmige Öffnung bei A fallen Lichtstrahlen ein, die ganz im Querschnitt verlaufen. Zeige, dass die reflektierten Strahlen die Tangenten der skizzierten Kardioide sind.

1.4.3 Anwendung: Wankelmotor

Epizykloiden entstehen auch noch auf andere Weise, als im vorigen Abschnitt beschrieben.

Lässt man nämlich einen Kreisring mit seinem inneren Kreis auf einem festen kleineren Kreis abrollen (um ihn herum »eiern«, wie der Volksmund sagt), so beschreibt ein fest mit dem Ring verbundener Punkt P ebenfalls eine *Epizykloide*.

Der Nachweis ergibt sich mit Figur 1.58 folgendermaßen: Der feste kleinere Kreis habe den Radius $b > 0$ und den Mittelpunkt $\mathbf{0}$, der rollende Innenkreis des Ringes habe den Radius $a > b$ und den Mittelpunkt M. d sei der Abstand des Punktes P von M.

Die Koordinaten x, y von P sind nach Figur 1.58

$$\begin{aligned} x &= \overline{MN} - \overline{D\mathbf{0}} = d\sin\alpha - (a-b)\cos\sigma \\ y &= \overline{PN} - \overline{DM} = d\cos\alpha - (a-b)\sin\sigma\,. \end{aligned} \tag{1.135}$$

Wegen der Abrollung ist $\overset{\frown}{AB} = \overset{\frown}{AC}$, d.h. $\sigma b = ta$, also $\sigma = \frac{a}{b}t$. Ferner gilt nach Figur 1.58:

$\sigma = t + \frac{\pi}{2} - \alpha$, also

$$\alpha = t - \sigma + \frac{\pi}{2} = t - \frac{a}{b}t + \frac{\pi}{2} = -\frac{a-b}{b}t + \frac{\pi}{2}.$$

Setzt man die Ausdrücke für σ und α in (1.135) ein, so erhält man die *Parameterdarstellung*

$$x = d\cos\frac{a-b}{b}t - (a-b)\cos\frac{a}{b}t\,, \qquad (1.136)$$
$$y = d\sin\frac{a-b}{b}t - (a-b)\sin\frac{a}{b}t\,.$$

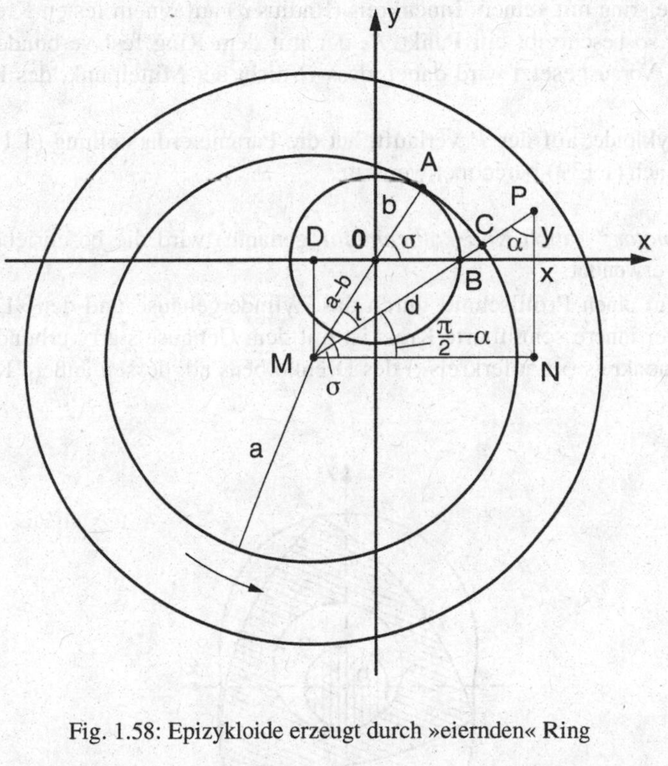

Fig. 1.58: Epizykloide erzeugt durch »eiernden« Ring

Dies wollen wir umdeuten in die Parameterdarstellung der Epizykloide, die nach (1.130) im vorigen Abschnitt folgende Form hat:

$$x = (R+r)\cdot\cos\frac{r}{R}t - c\cdot\cos\frac{R+r}{R}t\,, \qquad (1.137)$$
$$y = (R+r)\cdot\sin\frac{r}{R}t - c\cdot\sin\frac{R+r}{R}t$$

Der Vergleich mit (1.136) zeigt, dass folgende Beziehungen gelten müssen:

$$R + r = d \,, \quad \frac{r}{R} = \frac{a-b}{b} \,, \qquad c = a - b \,, \qquad \frac{R+r}{R} = \frac{a}{b} \,. \tag{1.138}$$

Aus den ersten beiden Gleichungen lassen sich die »Unbekannten« R, r leicht ermitteln:

$$R = \frac{bd}{a} \,, \qquad r = \frac{cd}{a} \quad \text{mit } c = a - b \tag{1.139}$$

Man rechnet nach, dass damit auch die letzte Gleichung in (1.138) gilt. Somit ist gezeigt:

Satz 1.12:

Rollt ein Kreisring mit seinem Innenkreis (Radius a) auf einem festen Kreis (Radius $b < a$) ab, so beschreibt ein Punkt P, der mit dem Ring fest verbunden ist, eine *Epizykloide*. Vorausgesetzt wird dabei, dass P nicht der Mittelpunkt des Kreisringes ist.

Die Epizykloide, auf der P verläuft, hat die Parameterdarstellung (1.137), wobei R, r und c nach (1.139) berechnet werden.

Beim *Wankelmotor*[29] (auch *Kreiskolbenmotor* genannt) wird die beschriebene Eigenschaft der Epizykloide verwendet.

Figur 1.59 zeigt einen Profilschnitt durch das Zylindergehäuse und den »Drehkolben« des Wankelmotors. Der innere schraffierte Kreis ist mit dem Gehäuse starr verbunden. Auf diesem Kreis rollt der Innenkreis (»Läuferkreis«) des Drehkolbens ab, dessen äußere Kontur ein Kreisbogendreieck ist.

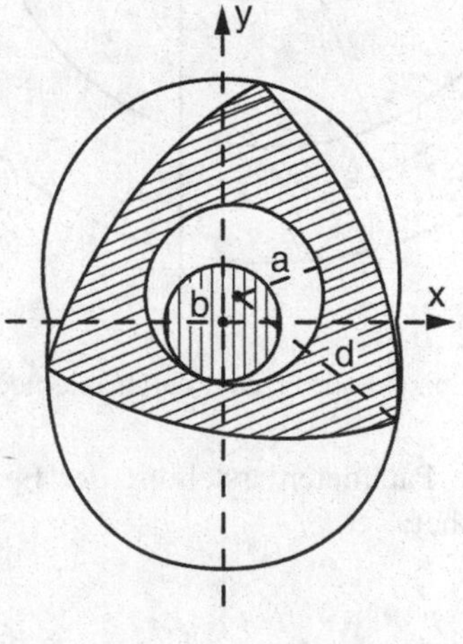

Fig. 1.59: Zum Wankelmotor

29 Erfunden von Felix Heinrich Wankel (1902 – 1988), deutscher Maschinenbauingenieur.

Die Eckpunkte des Dreiecks beschreiben beim Abrollen eine gestreckte Epizykloide (hier eine »bohnenförmige« Kurve). Dabei sind die vorher beschriebenen Größen, in einer geeigneten Längeneinheit, folgendermaßen gewählt:

$$a = 3\,, \quad b = 2\,, \quad d = 7\,.$$

Aus (1.139) ergeben sich für die Parameterdarstellung (1.137) der Epizykloide folgende Werte:

$$R = \frac{14}{3}\,, \quad r = \frac{7}{3}\,, \quad c = 1\,.$$

Die Kontur des »Zylinders« beim Wankelmotor ist also eine gestreckte Epizykloide, wie sie durch Abrollen eines kleinen Kreises auf einem größeren entsteht, wobei der größere feste Kreis den doppelten Radius des kleineren Kreises hat. Der Punkt P, der die Kontur beschreibt, liegt um $c = \frac{3}{7}r$ vom Mittelpunkt des kleinen Kreises entfernt.

Übung 1.35:

Begründe, warum beim Wankelmotor alle drei Ecken des Drehkolbens auf der Kontur laufen (d.h. auf der beschriebenen »bohnenförmigen« Epizykloide).

1.4.4 Hypozykloiden

Definition 1.10:

Rollt eine Kreisscheibe innen auf einer festen Kreislinie ab, so beschreibt ein fest mit der Kreisscheibe verbundener Punkt P eine *Hypozykloide.*

Es sei R der Radius des festen Kreises um $\mathbf{0}$, r der Radius des rollenden Kreises mit dem Mittelpunkt M $(r < R)$ und c der Abstand P von M.

Zu Beginn liegt P auf der positiven x-Achse und M links davon auf der x-Achse.

Figur 1.60 liefert für die Koordinaten x, y des Punktes P die Gleichung

$$\begin{aligned} x &= (R-r)\cos\tau - c\sin\alpha\,, \\ y &= (R-r)\sin\tau - c\cos\alpha\,. \end{aligned} \tag{1.140}$$

Aus der Gleichheit der Kreisbogenlängen $\overset{\frown}{AB}$ und $\overset{\frown}{AC}$, d.h. $\tau R = tr$, folgt $\tau = \frac{r}{R}t$. Ferner liest man ab: $t = \alpha + \frac{\pi}{2} + \tau$ d.h. $\alpha = \frac{R-r}{R}t - \frac{\pi}{2}$. Einsetzen in (1.140) ergibt die

Parameterdarstellung der Hypozykloide bzgl. des Wälzwinkels t:

$$\begin{aligned} x &= (R-r)\cdot\cos\frac{r}{R}t + c\cdot\cos\frac{R-r}{R}t\,, \\ y &= (R-r)\cdot\sin\frac{r}{R}t - c\cdot\sin\frac{R-r}{R}t\,, \end{aligned} \tag{1.141}$$

oder mit $t = \frac{R}{r}\tau$ die

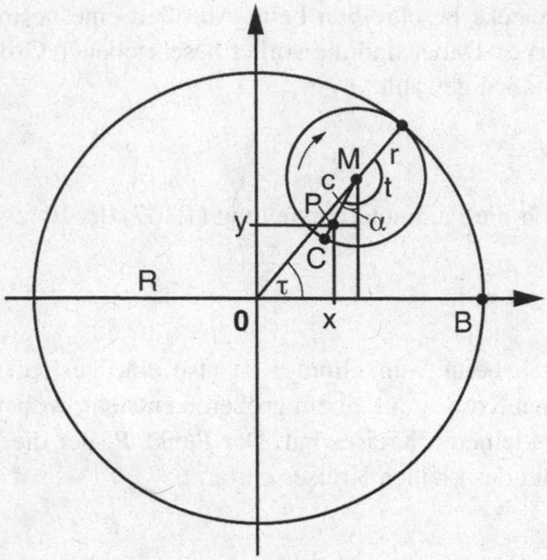

Fig. 1.60: Zur Parameterdarstellung der Hypozykloiden

Parameterdarstellung der Hypozykloide bzgl. des Mittelpunktwinkels τ	$$x = (R-r)\cos\tau + c\cos\frac{R-r}{r}\tau\,,\qquad y = (R-r)\sin\tau - c\sin\frac{R-r}{r}\tau\,. \qquad (1.142)$$

Dabei sind folgende Bezeichnungen üblich:

$c < r$: *gestreckte*, $c = r$: *gewöhnliche*, $c > r$: *verschlungene* } Hypozykloide (s. Fig. 1.61)

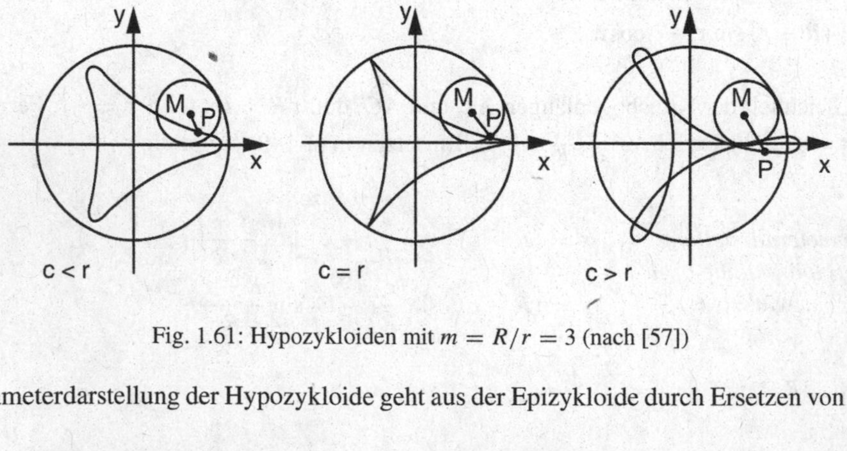

Fig. 1.61: Hypozykloiden mit $m = R/r = 3$ (nach [57])

Die Parameterdarstellung der Hypozykloide geht aus der Epizykloide durch Ersetzen von r durch

$-r$ und t durch $-t$ (τ durch $-\tau$) hervor und umgekehrt. Daraus folgt auf gleiche Weise wie bei der Epizykloide:

Die Hypozykloide ist genau dann *geschlossen*, wenn $m = R/r$ *rational* ist.

Ferner erhält man durch dieses Ersetzen ($r \mapsto -r$) die *Länge* L eines »Bogens« der gewöhnlichen Hypozykloide (Teilstück zwischen benachbarten Spitzen) und den Flächeninhalt A der zwischen Kreis und Bogen eingeschlossenen Fläche:

$$L = \frac{8r(R-r)}{R}, \quad A = \frac{\pi r^2(3R-r)}{R}. \tag{1.143}$$

Sonderfälle:

(a) *Ellipse* und *Strecke*: Im Fall $R = 2r$ ($r \neq c$) wird die Hypozykloide zu einer *Ellipse* mit den Halbachsen $a = r + c$, $b = |r - c|$, ($c \neq r$), wie man aus (1.142) sofort folgert. Gilt $c = r = R/2$, so wird die Hypozykloide sogar zur *Strecke* $[-R, R]$ auf der x-Achse. Dies wird z.B. beim »Planetengetriebe« benutzt, um kreisende Drehbewegungen in elliptische oder gradlinige zu überführen.

(b) *Astroide*: Setzt man bei der Hypozykloide $r = c = R/4$, so entsteht die *Astroide*, auch *Sternkurve* genannt (s. Fig. 1.62). Ihre Parameterdarstellung formt man mit den Additionstheoremen von sin und cos und Ersetzen von $t/4$ durch t in folgende Gleichungen um (vgl. Üb. 1.36):

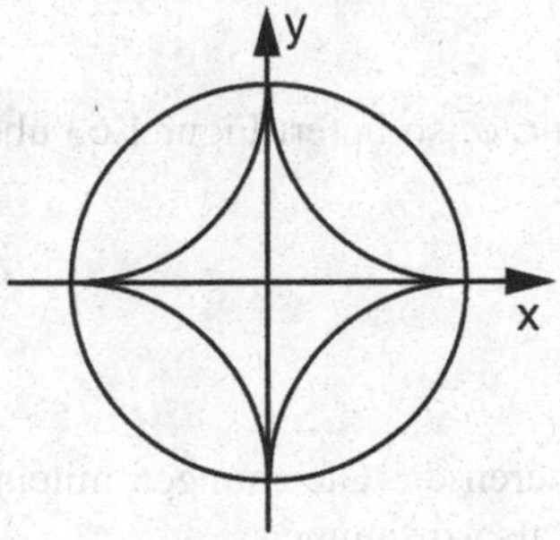

Fig. 1.62: Astroide

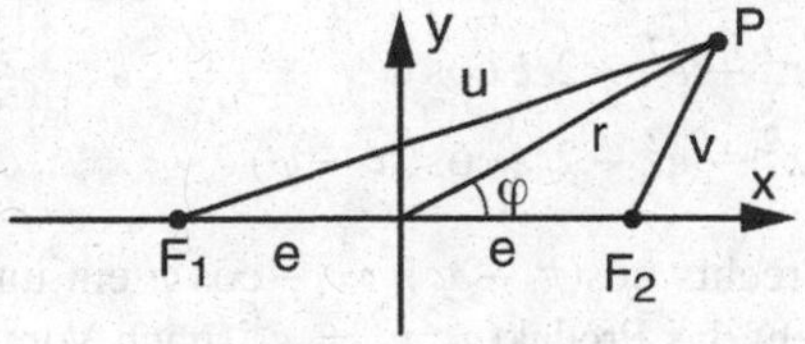

Fig. 1.63: Zur Lemniskatengleichung

$$\textit{Astroide} \quad \begin{aligned} x &= R\cos^3 t\,, \\ y &= R\sin^3 t\,, \end{aligned} \quad 0 \leq t \leq 2\pi\,. \tag{1.144}$$

Daraus erhält man durch Potenzieren der Gleichungen mit $2/3$ und Addieren die *kartesische Gleichung der Astroide*:

$$x^{\frac{2}{3}} + y^{\frac{2}{3}} = R^{\frac{2}{3}} \tag{1.145}$$

Der Leser weise für die Astroide nach:

Umfang: $L = 6R$ Inhalt der eingeschlossenen Fläche: $A = \frac{3}{8}\pi R^2$

Bemerkung: Hypozykloiden werden in der Theorie der Zahnräder verwendet.

Übung 1.36:

Leite die Parameterdarstellung der Astroide her.
Benutze dabei die Formeln $\cos(3\alpha) = 4\cos^3\alpha - 3\cos\alpha$ und $\sin 3\alpha = 3\sin\alpha - 4\sin^3\alpha$.

1.4.5 Blattartige Kurven

Lemniskate: Eine *Lemniskate* besteht aus allen Punkten der Ebene, für die das Produkt der Abstände von zwei festen Punkten F_1, F_2 einen konstanten Wert e^2 hat und $\overline{F_1F_2} = 2e > 0$ gilt.[30]

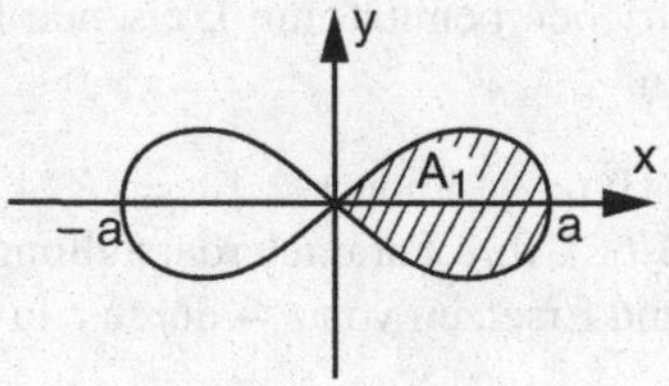

Fig. 1.64: Lemniskate

Ist P ein Punkt der Lemniskate mit den Polarkoordinaten r, φ, so liefert Figur 1.63 über den Cosinussatz die Beziehungen

$$v^2 = r^2 + e^2 - 2re\cos\varphi\,,$$
$$u^2 = r^2 + e^2 - 2re\cos(\pi - \varphi)\,.$$

Wir setzen rechts $\cos(\pi - \varphi) = -\cos\varphi$ ein und multiplizieren die Gleichungen miteinander. Links entsteht das Produkt $u^2v^2 = e^4$ (nach Voraussetzung), also zusammen

$$e^4 = \left(r^2 + e^2\right)^2 - 4r^2e^2\cos^2\varphi \Leftrightarrow$$
$$e^4 = r^4 + 2r^2e^2 + e^4 - 4r^2e^2\cos^2\varphi\,.$$

Subtraktion von e^4 auf beiden Seiten und Division durch $r^2 \neq 0$ liefert nach Umstellung

$$r^2 = 2e^2(2\cos^2\varphi - 1) = 2e^2\cos(2\varphi)\,.$$

30 e ist hier eine beliebige positive Zahl (nicht unbedingt die Eulersche Zahl $e = 2{,}718\ldots$).

Mit

$$a := \sqrt{2}e\,,$$

also $a^2 = 2e^2$, folgt daraus die

Polargleichung der Lemniskate $$r = a\sqrt{\cos(2\varphi)} \quad \text{für} \quad \begin{cases} -\frac{\pi}{4} \le \varphi \le \frac{\pi}{4} \quad \text{und} \\ \frac{3}{4}\pi \le \varphi \le \frac{5}{4}\pi\,. \end{cases} \tag{1.146}$$

Mit $r = \sqrt{x^2 + y^2}$ und $\cos(2\varphi) = \cos^2\varphi - \sin^2\varphi = \frac{x^2-y^2}{x^2+y^2}$ erhält man nach Quadrieren die

Lemniskatengleichung in kartesischen Koordinaten $$\left(x^2 + y^2\right)^2 = a^2\left(x^2 - y^2\right)\,. \tag{1.147}$$

Wir berechnen ferner folgende Größen: *Flächeninhalt einer Schleifenfläche*:

$$A_1 = \frac{1}{2}\int\limits_{-\pi/4}^{\pi/4} r^2 \mathrm{d}\varphi = \frac{a^2}{2}\int\limits_{-\pi/4}^{\pi/4} \cos(2\varphi)\mathrm{d}\varphi = \frac{a^2}{4}\left[\sin(2\varphi)\right]_{-\pi/4}^{\pi/4} = \frac{a^2}{2}\,.$$

Gesamter Flächeninhalt:

$$A = a^2 \tag{1.148}$$

Länge des Schleifenbogens:

$$L_1 = \int\limits_{-\pi/4}^{\pi/4} \sqrt{r^2 + \left(\frac{\mathrm{d}r}{\mathrm{d}\varphi}\right)^2}\,\mathrm{d}\varphi = a\int\limits_{-\pi/4}^{\pi/4} \frac{\mathrm{d}\varphi}{\sqrt{\cos(2\varphi)}} = a\int\limits_{-\pi/4}^{\pi/4} \frac{\mathrm{d}\varphi}{\sqrt{1 - 2\sin^2\varphi}}\,.$$

Dieses »elliptische Integral« lässt sich mit der Substitution

$$\sin^2\varphi = u^2/(1+u^2)\,, \quad \mathrm{d}\varphi/\mathrm{d}u = 1/(1+u^2)$$

umformen in

$$L_1 = a\int\limits_{-1}^{1} \frac{\mathrm{d}u}{\sqrt{1-u}} = \frac{a}{2\sqrt{2\pi}}\Gamma^2\left(\frac{1}{4}\right)\,.$$ [31]

Mit $\Gamma\left(\frac{1}{4}\right) = 3{,}625609908$ folgt die

31 Rechte Seite nach [63].

Gesamtlänge der Lemniskate: $L = 2L_1 \doteq a \cdot 5{,}244115108\,.$

Bemerkung:

(a) In der Messtechnik werden »Lemniskatenlenker« bei der Führung von Schreibstiften verwendet.

(b) Wird allgemeiner $uv = k^2$ gefordert (aber wie bisher $\overline{F_1F_2} = 2e$), so erhält man als Verallgemeinerung der Lemniskate die *»Cassinischen Kurven«*, mit der Gleichung

$$\left(x^2+y^2\right)^2 = 2e^2\left(x^2-y^2\right)+k^4-e^4\,.$$

Für $e > k$ zerfällt die Punktmenge in zwei geschlossene Kurven (s. Fig. 1.65a), für $e < k$ ergibt sich eine geschlossene Kurve (s. Fig. 1.65b).

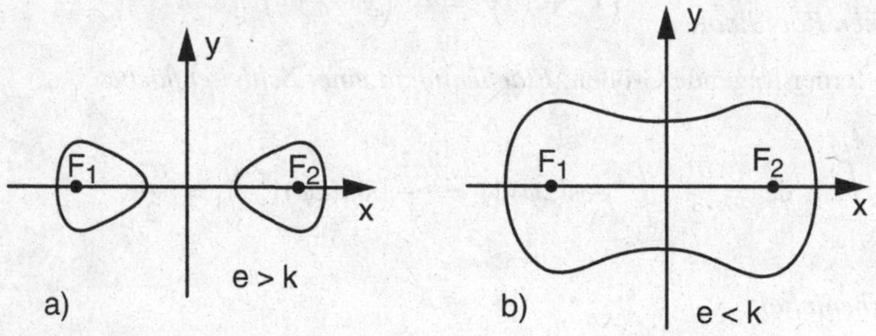

Fig. 1.65: Cassinische Kurven (nach [57])

Kleeblattkurven: Die *dreiblättrige Kleeblattkurve* wird folgendermaßen beschrieben:

$$\left(x^2+y^2\right)^2 = ay\left(3x^2-y^2\right), \quad (a>0) \tag{1.149}$$

oder in Polarkoordinaten:

$$r = a\sin(3\varphi) \quad \text{für} \quad \begin{cases} 0 \le \varphi \le \dfrac{\pi}{3} \\ \dfrac{2}{3}\pi \le \varphi \le \pi \\ \dfrac{4}{3}\pi \le \varphi \le \dfrac{5}{3}\pi \end{cases}. \tag{1.150}$$

Allgemeiner wird durch

$$r = a\sin(n\varphi) \tag{1.151}$$

eine *n-blättrige Kleeblattkurve* beschrieben, wobei nur die Winkel $\varphi \in [0{,}2\pi]$ zugelassen sind, für die $\sin(n\varphi) \ge 0$ ist.

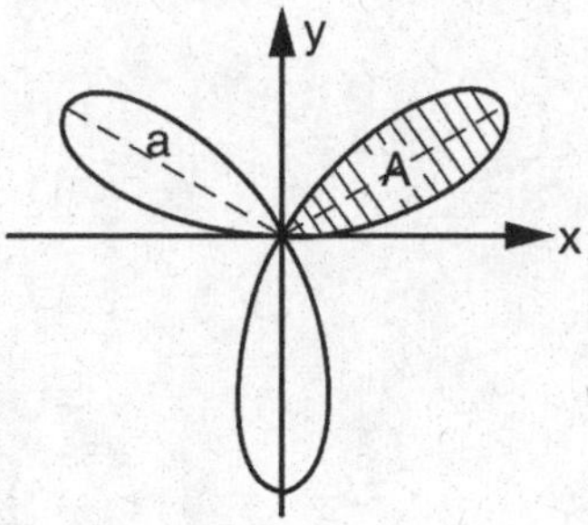

Fig. 1.66: Dreiblättrige Kleeblattkurve

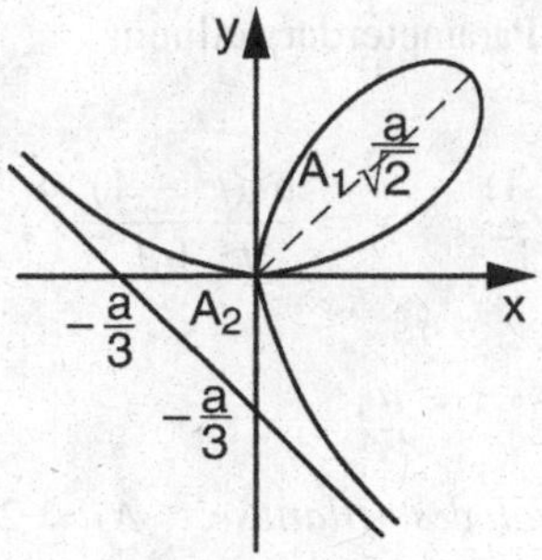

Fig. 1.67: Cartesisches Blatt

Flächeninhalt eines »Blattes«: $A = \frac{\pi a^2}{4n}$.

Cartesisches Blatt:[32]

$$x^3 + y^3 = axy \quad (a > 0)\,. \tag{1.152}$$

Einsetzen von $x = r\cos\varphi$, $y = r\sin\varphi$ liefert die Polargleichung

$$r = \frac{a}{2} \cdot \frac{\sin(2\varphi)}{\cos^3\varphi + \sin^3\varphi} \quad \text{für} \quad \begin{cases} 0 \le \varphi \le \frac{\pi}{2} \\ \frac{3}{4}\pi \le \varphi \le \pi \\ \frac{6}{4}\pi \le \varphi \le \frac{7}{4}\pi \end{cases} \tag{1.153}$$

In die Transformation $x = r\cos\varphi$, $y = r\sin\varphi$ setze man den obigen Ausdruck für r ein. Mit $\sin(2\varphi) = 2\sin\varphi\cos\varphi$ und der Abkürzung $t = \sin\varphi/\cos\varphi$ erhält man daraus die *Parameterdarstellung des cartesischen Blattes* (vgl. Fig. 1.67):

$$x = \frac{at}{1+t^3}\,, \quad y = \frac{at^2}{1+t^3}\,, \quad (t \ne -1) \tag{1.154}$$

Für das cartesische Blatt notieren wir ferner:

Scheitelpunkt: $s = \frac{a}{2}\begin{bmatrix}1\\1\end{bmatrix}$, *Asymptote*: $x + y = -\frac{a}{3}$,

Flächeninhalt des »Blattes«: $A_1 = \frac{a^2}{6}$, (1.155)

Inhalt der Fläche zwischen Kurve und Asymptote (ohne »Blatt«): $A_2 = \frac{a^2}{6}$. (1.156)

Strophoide. Diese Kurve wird beschrieben durch

$$(a - x)y^2 = (a + x)x^2 \quad (a > 0)\,. \tag{1.157}$$

32 Auch »Descartessches Blatt« genannt, nach René Descartes (1596–1650).

(Vgl. Fig. 1.68). Parameterdarstellung:

$$x = \frac{a(t^2-1)}{t^2+1}, \quad y = \frac{at(t^2-1)}{t^2+1} \quad (t \in \mathbb{R}). \qquad (1.158)$$

Asymptote: $x = a$,

Flächeninhalt des »Blattes«: $A_1 = 2a^2 - \dfrac{\pi a^2}{2}$,

Inhalt der *Fläche zwischen Kurve und Asymptote* (ohne »Blatt«): $A_2 = 2a^2 + \dfrac{\pi a^2}{2}$.

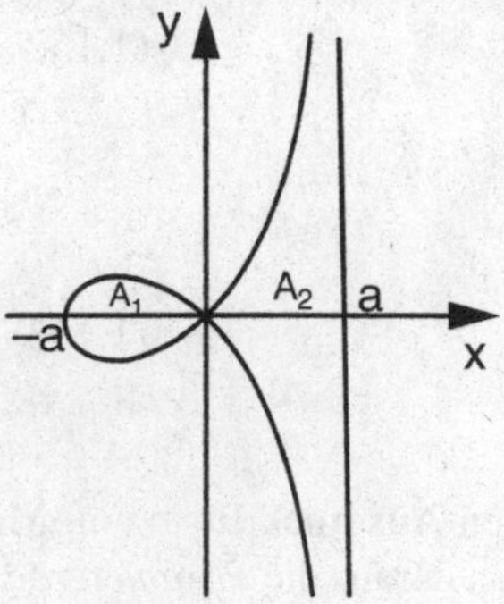

Fig. 1.68: Strophoide

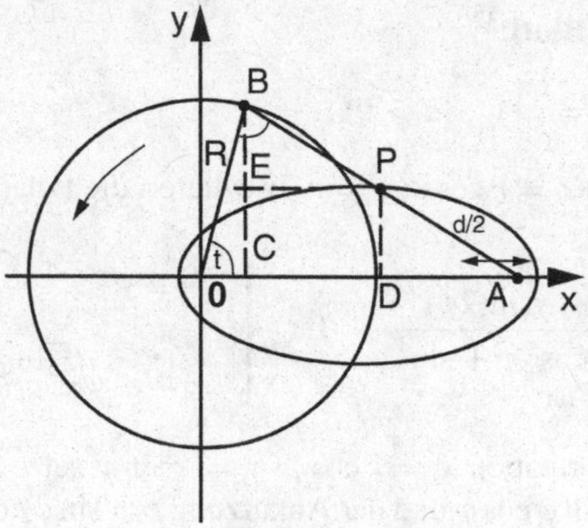

Fig. 1.69: Kurbelgetriebe (nach [57])

1.4.6 Kurbelgetriebe

Der Kreis in Figur 1.69 rotiere gegen den Uhrzeigersinn und bewege die Pleuelstange AB, wobei A auf der x-Achse entlang läuft. Welche Kurve beschreibt der Punkt P in der Mitte der Pleuelstange dabei?

Ist der Kreisradius gleich $R > 0$ und die Pleuelstangenlänge gleich $d \geq R$, so liefert Figur 1.69 die Koordinaten x, y von P in der Form

$$x = \overline{0C} + \overline{CD} = \overline{0C} + \sqrt{\overline{BP}^2 - \overline{BE}^2} = R\cos t + \sqrt{\left(\frac{d}{2}\right)^2 - \left(\frac{R}{2}\sin t\right)^2},$$

$$y = \overline{PD} = \overline{EC} = \frac{1}{2}R\sin t.$$

Also folgt die *Parameterdarstellung der Kurve von P*:

$$\begin{aligned} x &= R\cos t + \frac{1}{2}\sqrt{d^2 - R^2\sin^2 t}\,, \\ y &= \frac{R}{2}\sin t\,, \end{aligned} \qquad 0 \le t \le 2\pi\,. \tag{1.159}$$

Eliminiert man t, d.h. setzt man $\sin t = 2y/R$ in die Gleichung für x ein (wobei $\cos t = \pm\sqrt{1-\sin^2 t}$ gesetzt wird), so folgt die *Kurvengleichung in kartesischen Koordinaten*:

$$x = \pm\sqrt{R^2 - 4y^2} + \frac{1}{2}\sqrt{d^2 - 4y^2}\,. \tag{1.160}$$

Man sieht, dass die Bewegungskurve im allgemeinen ($d > R$) *keine* Ellipse ist, obwohl es zunächst so scheint! Nur im Falle $d = R$ erhält man eine Ellipse. Sie hat die Gleichung $4x^2 + 36y^2 = 9R^2$.

Übung 1.37:

Der Punkt P teile die Strecke $\overline{AB}$ im Verhältnis $\lambda \in (0,1)$, d.h. $\overline{AP} = \lambda\overline{AB}$. Leite entsprechend wie beim Kurbelgetriebe in Figur 1.69 die Bahnkurve von P her!

1.4.7 Spiralen

Archimedische Spirale: Diese Spirale wurde schon in den Abschnitten 1.1.1 und 1.1.4 behandelt. Wir fassen zusammen:

Polargleichung: $r = a\varphi\,,\quad \varphi \ge 0\,,\ (a > 0 \text{ fest})$ (1.161)

Parameterdarstellung: $\begin{aligned} x &= at\cos t \\ y &= at\sin t \end{aligned} \quad t \ge 0\,,\ (t = \varphi)\,,$ (1.162)

Flächeninhalt des Sektors $\mathbf{0}\,\widehat{PQ}$ (s. Fig. 1.70): $A = \dfrac{a^2}{6}\left(\varphi_2^3 - \varphi_1^3\right)$,

Länge des Kurvenstückes $\widehat{PQ}$: $L = \dfrac{a}{2}\left[\varphi\sqrt{\varphi^2+1} + \operatorname{arsinh}\varphi\right]_{\varphi_1}^{\varphi_2}$.

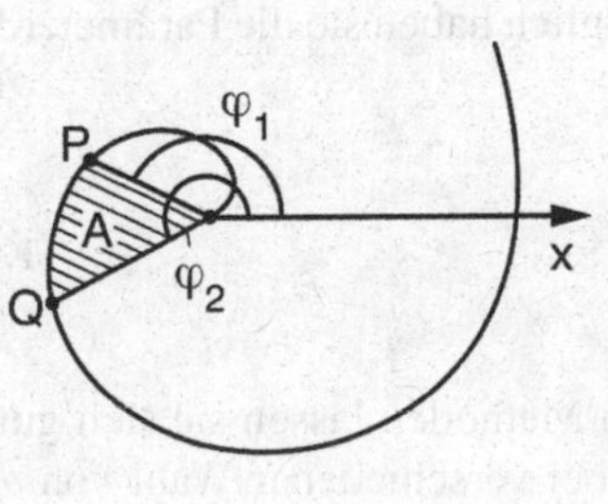

Fig. 1.70: Archimedische Spirale

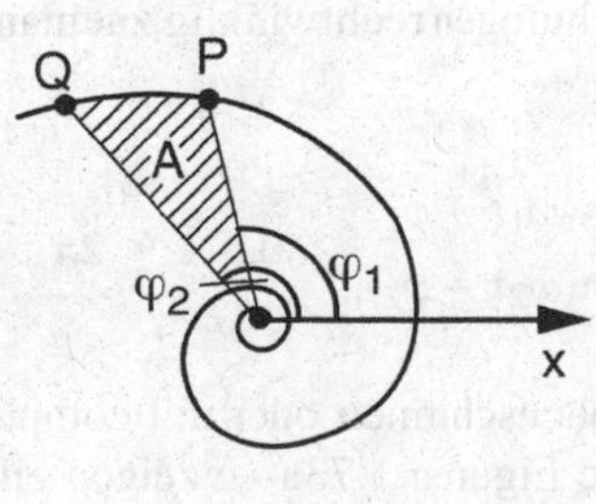

Fig. 1.71: Logarithmische Spirale

Logarithmische Spirale

$$r = a \cdot e^{b\varphi}, \quad \varphi \in \mathbb{R}, \quad (a, b > 0 \text{ fest}).$$

Flächeninhalt des Sektors $0\overline{PQ}$:

$$A = \frac{a^2}{4b}\left(e^{2b\varphi_2} - e^{2b\varphi_1}\right).$$

Länge des Teilstückes $\widehat{PQ}$:

$$L = \frac{a\sqrt{1+b^2}}{b}\left(e^{b\varphi_2} - e^{b\varphi_1}\right).$$

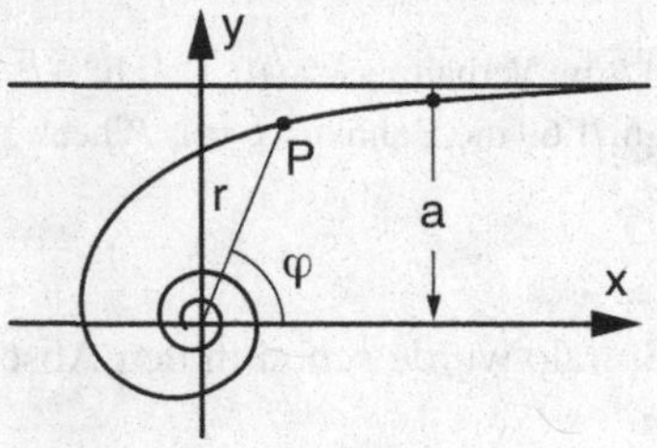

Fig. 1.72: Hyperbolische Spirale

Hyperbolische Spirale

$$r = \frac{a}{\varphi}, \quad \varphi > 0, \quad (a > 0 \text{ fest})$$

Mit $\varphi \to \infty$ strebt r gegen 0. Ferner folgt wegen $y = r \sin\varphi$, dass die y-Koordinate des Kurvenpunktes P für $\varphi \to 0$ gegen a strebt. Die hyperbolische Spirale hat also die Asymptote $y = a$.

Lissajous-Figuren[33] entstehen durch Überlagerung zweier harmonischer Schwingungen, deren Schwingungsrichtungen rechtwinklig zueinander stehen. Folglich haben sie die Parameterdarstellung

$$\begin{aligned} x &= A_1 \sin(\omega_1 t - \varphi_1), \\ y &= A_2 \sin(\omega_2 t - \varphi_2), \end{aligned} \quad 0 \le t \le 2\pi. \tag{1.163}$$

Auf Oszillographenschirmen oder mit computergraphischen Methoden lassen sie sich gut sichtbar machen. Die Figuren 1.73a – c zeigen einige Beispiele bei verschiedener Wahl von ω_1, ω_2, φ_1 und φ_2.

33 Jules Antoine Lissajous (1822 – 1880), französischer Physiker

a) $x = \sin t$
   $y = \sin(t - \pi/3)$
   $\omega_1 : \omega_2 = 1$

b) $x = \sin t$
   $y = \sin(3t - \pi/3)$
   $\omega_1 : \omega_2 = 1/3$

c) $\omega_1 : \omega_2 = 8/9$

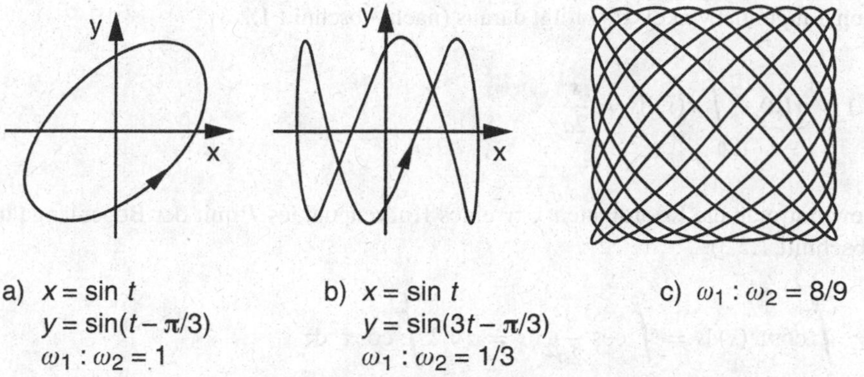

Fig. 1.73: Lissajous-Figuren (nach [57])

Klothoide: Bei Straßen- und Gleisführungen benötigt man Übergangsbögen zwischen geraden und kreisförmigen Teilstücken, oder auch zwischen zwei kreisförmigen Teilen. Diese Übergangsbögen werden meistens als *Klothoiden* gestaltet.

Definition 1.11:

Eine *Klothoide* (oder *Cornusche Spirale*[34]) ist eine glatte ebene Kurve, deren Krümmung $\kappa(s)$ proportional mit dem Bogenlängen-Parameter s zunimmt:

$$\kappa(s) = \frac{s}{a^2}, \quad s \geq 0 \ (a > 0 \text{ fest}).$$ (1.164)

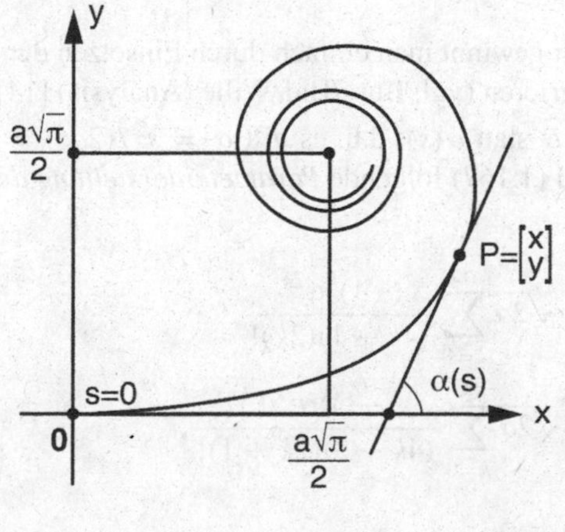

Fig. 1.74: Klothoide (v. griech. *klôthô* »spinnen«, auch Cornusche Spirale genannt)

---

34 Marie Alfred Cornu (1841–1902), französischer Physiker, untersuchte diese Kurve um 1874 im Zusammenhang mit Beugungserscheinungen des Lichtes.

Für den Tangentialwinkel $\alpha(s)$ folgt daraus (nach Abschnitt 1.2.3):

$$\alpha(s) = \underbrace{\alpha(0)}_{=0} + \int_0^s \kappa(\bar{s})\mathrm{d}\bar{s} = \frac{s^2}{2a^2}\,. \tag{1.165}$$

Damit gewinnt man die Koordinaten x, y eines Kurvenpunktes P mit der Bogenlänge $\overset{\frown}{0P} = s_0$ (nach Abschnitt 1.2.3):

$$\begin{aligned} x &= \int_0^{s_0} \cos\alpha(s)\mathrm{d}s = \int_0^{s_0} \cos\frac{s^2}{2a^2}\mathrm{d}s = a\sqrt{2}\int_0^t \cos\tau^2\mathrm{d}\tau \\ y &= \int_0^{s_0} \sin\alpha(s)\mathrm{d}s = \int_0^{s_0} \sin\frac{s^2}{2a^2}\mathrm{d}s = a\sqrt{2}\int_0^t \sin\tau^2\mathrm{d}\tau\,. \end{aligned} \tag{1.166}$$

wobei $t = \frac{s}{\sqrt{2}a}$ gesetzt wurde. Rechts in (1.166) stehen, bis auf einen Faktor, die *Fresnelschen*[35] *Integrale*

$$\begin{aligned} C(t) &:= \sqrt{\frac{2}{\pi}}\int_0^t \cos(\tau^2)\mathrm{d}\tau = \sqrt{\frac{2}{\pi}}\sum_{k=0}^{\infty}\frac{(-1)^k t^{4k+1}}{(4k+1)(2k)!}\,, \\ S(t) &:= \sqrt{\frac{2}{\pi}}\int_0^t \sin(\tau^2)\mathrm{d}\tau = \sqrt{\frac{2}{\pi}}\sum_{k=0}^{\infty}\frac{(-1)^k t^{4k+3}}{(4k+3)(2k+1)!}\,. \end{aligned} \tag{1.167}$$

Die rechts stehenden Reihen gewinnt man einfach durch Einsetzen der Taylorreihen von cos und sin, sowie gliedweises Integrieren (vgl. Burg/Haf/Wille (Analysis) [14]).

Wir schreiben nun kurz α statt $\alpha(s)$, d.h. es gilt $\alpha = s^2/(2a^2) = t^2$, also $t = \sqrt{\alpha}$. Damit erhalten wir aus (1.166) und (1.167) folgende *Parameterdarstellung der Klothoide*:

$$\begin{aligned} x &= a\sqrt{\pi}\,C(\sqrt{\alpha}) = a\sqrt{2\alpha}\sum_{k=0}^{\infty}\frac{(-1)^k\alpha^{2k}}{(4k+1)(2k)!}\,, \\ y &= a\sqrt{\pi}\,S(\sqrt{\alpha}) = a\sqrt{2\alpha}\sum_{k=0}^{\infty}\frac{(-1)^k\alpha^{2k+1}}{(4k+3)(2k+1)!}\,, \end{aligned} \tag{1.168}$$

für $\alpha \geq 0$. Ausführlicher hingeschrieben:

35 Augustin Jean Fresnel (1788 – 1827), französischer Physiker

$$x = a\sqrt{2\alpha}\left(1 - \frac{\alpha^2}{5\cdot 2!} + \frac{\alpha^4}{9\cdot 4!} - \frac{\alpha^6}{13\cdot 6!} \pm \cdots\right),$$
$$y = a\sqrt{2\alpha}\left(\frac{\alpha}{3} - \frac{\alpha^3}{7\cdot 3!} + \frac{\alpha^5}{11\cdot 5!} - \frac{\alpha^7}{15\cdot 7!} \pm \cdots\right). \tag{1.169}$$

Hiermit kann man per Computer mühelos die Punkte der Klothoide für den technisch wichtigen Fall kleiner α-Werte berechnen. Schon mit den wenigen in (1.169) notierten Gliedern erhält man im Bereich $0 \le \alpha \le \frac{\pi}{4}$ sehr gute Näherungswerte.

Wir merken noch an: Ist $\alpha > 0$ gegeben, so erhält man dazu nicht nur den zugehörigen Punkt $P = \begin{bmatrix} x \\ y \end{bmatrix}$ der Klothoide aus (1.169), sondern auch den Krümmungsradius r in diesem Punkt. Denn wegen $r = 1/\kappa(s)$, $\kappa(s) = s/a^2$, $s^2/(2a^2) = \alpha$ (s. Abschn. 1.2.3, (1.67)) folgt

$$\textit{Krümmungsradius:} \quad r = \frac{a}{\sqrt{2\alpha}}\,. \tag{1.170}$$

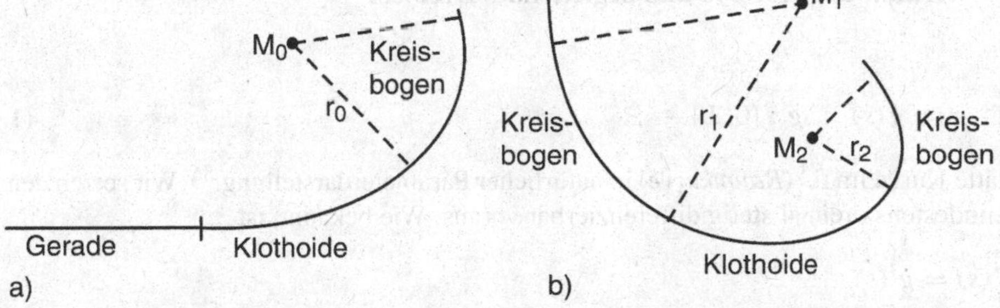

Fig. 1.75: Klothoiden als Übergangsbögen bei Straßen- und Gleisbögen

Anwendung: Wie schon erwähnt, passt man Teilstücke der Klothoide als Übergangsbögen bei Straßen- oder Gleisführungen ein. Figur 1.75 a) zeigt den Übergang von einer Geraden zu einem Kreisbogen, Figur 1.75 b) den Übergang zwischen zwei Kreisbögen. Auf diese Weise hängt die Krümmung überall stetig von der Bogenlänge s ab. Die Zentrifugalkraft, die auf ein Fahrzeug wirkt, ist aber proportional zur Krümmung (und zum Quadrat der Bahngeschwindigkeit). Folglich garantieren die beschriebenen Übergangsbögen stetige Änderungen der Zentrifugalkräfte, d.h. es »ruckt« nicht.

Bemerkung: Es sei erwähnt, dass auch andere Übergangsbögen als Klothoiden verwendet werden, z.B. Parabeln dritten oder vierten Grades (bei kleineren Bögen). Für sehr schnelle Eisenbahnen oder Einschienenbahnen nimmt man gerne sogenannte »Sinusoide«, das sind Kurven mit sinusartigem Krümmungsverlauf: $\kappa(s) = a(\sin(cs) + 1)$. Sie werden zunehmend im modernen Gleisbau angewandt.

Übung 1.38:

Eine Gleislinie soll zunächst geradlinig geführt werden, dann in einen Übergangsbogen übergehen und schließlich in einen Kreisbogen vom Radius $r = 600\,\text{m}$. Die Gleislinie wird als Kurve aufgefasst (Mittellinie zwischen den Schienen) und der Übergangsbogen soll Klothoidenform haben. Nimm an, dass das geradlinige Gleisstück die negative x-Achse in der Ebene ist. Das glatt anschließende Klothoidenstück habe die Länge $s_0 = 150\,\mathrm{m}$ und liege im Koordinatensystem so wie in Figur 1.74. An das Klothoidenstück schließe sich der Kreisbogen glatt an. Berechne den Punkt $[x_0, y_0]^\mathrm{T}$, in dem Klothoidenstück und Kreisbogen aneinandergefügt sind. *Hinweis*: Berechne zuerst a, (s. 1.164), dann α_0 (den Tangentenwinkel in $[x_0, y_0]^\mathrm{T}$), und schließlich x_0 und y_0.

1.5 Theorie räumlicher Kurven

Kurven im dreidimensionalen Raum, kurz *Raumkurven* genannt, spielen in Technik und Naturwissenschaft eine wichtige Rolle, da der uns umgebende physikalische Raum ja dreidimensional ist. Wir behandeln hier ihre wichtigsten Eigenschaften: Krümmung, Torsion, Tangente, Normale, natürliche Gleichung usw.

1.5.1 Krümmung, Torsion und begleitendes Dreibein

Es sei

$$K : \boldsymbol{x} = \boldsymbol{g}(s)\,, \quad \boldsymbol{g} : [0, L] \to \mathbb{R}^3\,, \tag{1.171}$$

eine glatte Kurve im $\mathbb{R}^3$ (*Raumkurve*) in natürlicher Parameterdarstellung.[36] Wir setzen den Weg $\boldsymbol{g}$ als mindestens dreimal stetig differenzierbar voraus. Wie bekannt, ist

$$\boldsymbol{T}(s) = \boldsymbol{g}'(s)$$

der *Tangenteneinheitsvektor (= Tangentialvektor)* in $\boldsymbol{g}(s)$. (Die Ableitung nach s wird durch einen Strich gekennzeichnet.)

Definition 1.12:
Die Zahl

$$\kappa(s) := |\boldsymbol{T}'(s)| \tag{1.172}$$

heißt die *Krümmung* des Weges $\boldsymbol{g}$ in s und $\rho(s) := 1/\kappa(s)$ der *Krümmungsradius* (falls $\kappa(s) \neq 0$). Ist $\boldsymbol{g}$ in einer Umgebung von s doppelpunktfrei, so nennt man $\kappa(s)$ auch die *Krümmung der Kurve K* im Punkt $\boldsymbol{g}(s)$ (für den *Krümmungsradius* entsprechend).

Die Definition entspricht i.W. der Definition der Krümmung im zweidimensionalen Fall und wird auch genauso geometrisch motiviert. Bei Raumkurven ist lediglich stets $\kappa(s) \geq 0$, da es hier keine Unterscheidung in Rechts- und Linkskurven, wie im zweidimensionalen Fall, gibt.

36 D.h. s ist die laufende Bogenlänge.

Definition 1.13:

Im Falle $\kappa(s) > 0$ definiert man

$$N(s) := \frac{T'(s)}{|T'(s)|}, \quad \text{d.h. } T'(s) = \kappa(s)N(s). \tag{1.173}$$

$N(s)$ heißt der *Normalenvektor*[37] zum Weg g in s (bzw. im doppelpunktfreien Fall »zur Kurve K in $g(s)$«). $N(s)$ steht rechtwinklig auf $T(s)$ (denn aus $T(s) \cdot T(s) = 1$ ergibt sich nach Differentiation $2(T(s) \cdot T'(s)) = 0$). Ferner definieren wir den *Binormalenvektor* (kurz die *Binormale*) zu g in s durch

$$B(s) = T(s) \times N(s) \tag{1.174}$$

Im doppelpunktfreien Fall sagt man auch »Binormale zur Kurve K im Punkt $g(s)$ «. Das Tripel

$$(T(s)\,,\; N(s)\,,\; B(s)) \tag{1.175}$$

bildet eine Orthonormalenbasis des $\mathbb{R}^3$. Man nennt das Tripel ein *begleitendes Dreibein* der Kurve (in s). In der hingeschriebenen Reihenfolge bilden die drei Vektoren ein Rechtssystem (d.h. $\det(T(s)\,,\; N(s)\,,\; B(s)) > 0$).[38]

Durch den Kurvenpunkt $s = g(s)$ gehen drei Ebenen, die auf $T(s)$, $N(s)$ oder $B(s)$ rechtwinklig stehen. Sie werden so bezeichnet:

Normalebene (NE)	senkrecht zu $T(s)$,
rektifizierende Ebene (RE)	senkrecht zu $N(s)$,
Schmiegebene (SE)	senkrecht zu $B(s)$.

Bemerkung: Figur 1.76 veranschaulicht die Ebenen: Die Kurve durchstößt die *Normalebene* rechtwinklig in $x = g(s)$. – Die *Schmiegebene* ist die Grenzebene von Ebenen durch jeweils 3 Kurvenpunkte $x_1 = g(s_1)$, $x = g(s)$, $x_2 = g(s_2)$, wobei s_1 und s_2 gegen s streben. (Beweis s. [71], II. 3, S. 137 – 139). – Die *rektifizierende Ebene* (*Streckebene*) hat ihren Namen von folgendem Sachverhalt: Die rektifizierenden Ebenen an die Kurve umhüllen eine (krumme) Fläche, in der die Kurve liegt. Diese Fläche kann in eine Ebene abgewickelt werden, wobei die Raumkurve gerade gestreckt (rektifiziert) wird. (Beweis s. [71], II. 6, S. 151, und II. 21, S. 214 – 218).

Satz 1.13:

Eine Raumkurve K mit nichtverschwindender Krümmung liegt genau dann in einer *Ebene*, wenn ihr Binormalenvektor $B(s)$ *konstant* ist. $B(s) \equiv B_0$ steht dabei rechtwinklig auf der Ebene.

37 Auch *Hauptnormale* oder kurz *Normale* genannt.

38 Auch »Korkenzieherregel« oder »Rechte-Hand-Regel« sind erfüllt, vgl. Burg/Haf/Wille (Lineare Algebra) [11].

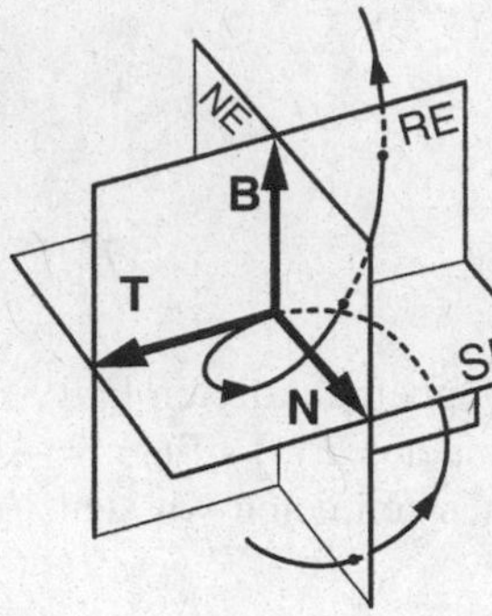

Fig. 1.76: Begleitendes Dreibein einer Raumkurve, mit zugehörigen Ebenen NE, SE, RE

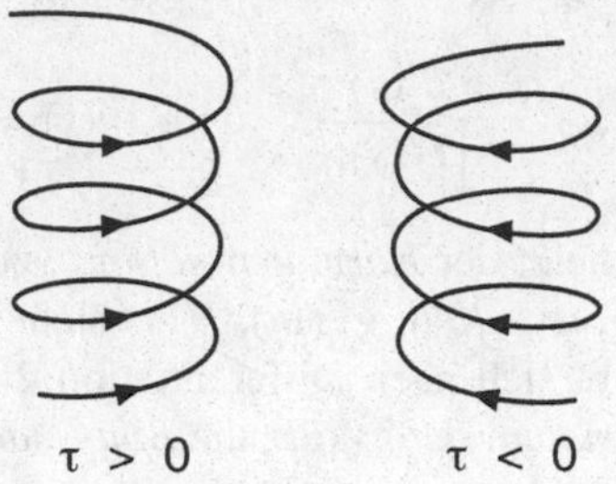

Fig. 1.77: Zur Torsion $\tau(s)$

Beweis:

(i) Liegt die Kurve in einer Ebene, so sind offenbar auch $\boldsymbol{T}(s)$ und $\boldsymbol{N}(s)$ parallel zu der Ebene. $\boldsymbol{B}(s) = \boldsymbol{N}(s) \times \boldsymbol{T}(s)$ steht also rechtwinklig auf der Ebene. Aus Stetigkeitsgründen kann $\boldsymbol{B}(s)$ aber seine Richtung nirgends umkehren, d.h. $\boldsymbol{B}(s)$ ist konstant.

(ii) Ist $\boldsymbol{B}(s) \equiv \boldsymbol{B}_0$ konstant, so folgt aus $\boldsymbol{B}_0 \cdot \boldsymbol{T}(s) = 0$, d.h. $\boldsymbol{B}_0 \cdot \boldsymbol{g}'(s) = 0$, durch Integration sofort $\boldsymbol{B}_0 \cdot \boldsymbol{g}(s) = k$ (= konstant). $\boldsymbol{g}(s)$ liegt also in der durch $\boldsymbol{B}_0 \cdot \boldsymbol{x} = k$ beschriebenen Ebene. □

Wir betrachten nun den interessanteren Fall einer »echten« Raumkurve, d.h. mit nicht konstanter Binormalen $\boldsymbol{B}(s)$. Es gibt also s-Werte mit $\boldsymbol{B}'(s) \neq \boldsymbol{0}$. In diesem Fall steht $\boldsymbol{B}'(s)$ rechtwinklig zu $\boldsymbol{B}(s)$ (denn $\boldsymbol{B}(s) \cdot \boldsymbol{B}(s) = 1$ liefert nach Differenzieren $2(\boldsymbol{B}(s) \cdot \boldsymbol{B}'(s)) = 0$). Ferner gilt

$$\boldsymbol{B}'(s) = \frac{\mathrm{d}}{\mathrm{d}s}(\boldsymbol{T}(s) \times \boldsymbol{N}(s)) = \boldsymbol{T}'(s) \times \boldsymbol{N}(s) + \boldsymbol{T}(s) \times \boldsymbol{N}'(s),$$ [39]

wobei wegen $\boldsymbol{T}' = \kappa \boldsymbol{N}$ der erste Summand verschwindet. Also gilt $\boldsymbol{B}'(s) = \boldsymbol{T}(s) \times \boldsymbol{N}'(s)$, folglich steht $\boldsymbol{B}'(s)$ senkrecht auf $\boldsymbol{T}(s)$. Andererseits ist $\boldsymbol{B}'(s)$ aber auch rechtwinklig zu $\boldsymbol{B}(s)$, folglich muss

$$\boldsymbol{B}'(s) = \lambda \boldsymbol{N}(s) \quad (\lambda \in \mathbb{R}) \tag{1.176}$$

gelten. Diese Gleichung ist offenbar auch im Falle $\boldsymbol{B}'(s) = \boldsymbol{0}$ richtig, nämlich für $\lambda = 0$. Den Faktor $-\lambda$ nennt man die »Torsion« des Weges (bzw. der Kurve) in s. Wir fassen zusammen:

39 Die Produktregel der Differentiation gilt auch für das äußere Produkt von Vektoren, wie der Leser leicht nachprüft.

Definition 1.14:
Ist bei einer Raumkurve die Krümmung $\kappa(s) \neq 0$, so ist die *Torsion* $\tau(s)$ (= Windung) definiert durch

$$\boldsymbol{B}'(s) = -\tau(s)\boldsymbol{N}(s) . \tag{1.177}$$

Zur Anschauung: Der Ausdruck »Torsion« oder »Windung«, einschließlich des Vorzeichens »−« in (1.177) wird folgendermaßen motiviert: Ist die Torsion $\tau(s)$ *ungleich Null*, so »verwindet« sich die Kurve schraubenartig.

Und zwar liegt im Falle $\tau(s) > 0$ eine Rechtsschraube vor, im Falle $\tau(s) < 0$ eine Linksschraube, (s. Fig. 1.77). Man sieht das an Hand von Figur 1.76 am besten ein:

Verschiebt man das Dreibein dort ein wenig in Richtung steigender s-Werte (Pfeilrichtung), so »kippt« $\boldsymbol{B}(s)$ etwas »nach hinten«, es folgt also $(\boldsymbol{B}(s+\Delta s) - \boldsymbol{B}(s))/\Delta s \approx -\tau(s)\boldsymbol{N}(s)$ mit $\tau(s) > 0$. Hier liegt tatsächlich eine Rechtsschraube vor, wie das Bild zeigt. ($\tau(s) < 0$ analog: Linksschraube).

1.5.2 Berechnung von Krümmung, Torsion und Dreibein in beliebiger Parameterdarstellung

Wir denken uns durch

$$\boldsymbol{r} = \boldsymbol{\gamma}(t)\,,\text{[40]} \quad a \leq t \leq b$$

eine glatte Kurve K gegeben, wobei $\boldsymbol{\gamma}$ überdies dreimal stetig differenzierbar sei. Ableitungen nach t werden, wie bisher, durch Punkte bezeichnet; somit gelangen wir zu folgender einfacher Schreibweise:

$$\dot{\boldsymbol{r}} = \dot{\boldsymbol{\gamma}}(t)\,, \quad \ddot{\boldsymbol{r}} = \ddot{\boldsymbol{\gamma}}(t)\,, \;\ldots\,; \quad \boldsymbol{T} = \frac{\dot{\boldsymbol{\gamma}}(t)}{|\dot{\boldsymbol{\gamma}}(t)|}\,, \quad \dot{\boldsymbol{T}} = \frac{\mathrm{d}}{\mathrm{d}t}\left(\frac{\dot{\boldsymbol{\gamma}}(t)}{|\dot{\boldsymbol{\gamma}}(t)|}\right), \ldots .$$

Bezüglich der äquivalenten natürlichen Parameterdarstellung $\boldsymbol{r} = \boldsymbol{g}(s)$ $(0 \leq s \leq L)$ unserer Kurve werden die Ableitungen, wie gewohnt durch Striche markiert, also

$$\boldsymbol{r}' = \boldsymbol{g}'(s)\,, \quad \boldsymbol{r}'' = \boldsymbol{g}''(s)\,, \ldots\,; \quad \boldsymbol{T} = \frac{\boldsymbol{g}'(s)}{|\boldsymbol{g}'(s)|}\,, \quad \boldsymbol{T}' = \frac{\mathrm{d}}{\mathrm{d}s}\left(\frac{\boldsymbol{g}'(s)}{|\boldsymbol{g}'(s)|}\right), \ldots .$$

Dabei werden bei $\boldsymbol{T}$, wie bei $\boldsymbol{N}$, $\boldsymbol{B}$, κ und τ, der Übersicht wegen alle Variablenbezeichnungen weggelassen. Wir berechnen nun diese Größen in Abhängigkeit von t.

(a) *Tangentialvektor*:

$$\boldsymbol{T} = \frac{\dot{\boldsymbol{r}}}{|\dot{\boldsymbol{r}}|} \tag{1.178}$$

40 Wir schreiben hier $\boldsymbol{r}$ statt des üblichen $\boldsymbol{x}$, um $\boldsymbol{x}$ für andere Zwecke frei zu haben.

Für die Transformation $s = \sigma(t)$ zwischen den Parametern gilt bekanntlich $\dot{s} = |\dot{\boldsymbol{\gamma}}(t)| = |\dot{\boldsymbol{r}}|$ (vgl. Abschn. 1.1.5, (1.38)). Aus

$$\ddot{s} = \frac{\mathrm{d}}{\mathrm{d}t}|\dot{\boldsymbol{r}}| = \frac{\mathrm{d}}{\mathrm{d}t}\sqrt{\dot{\boldsymbol{r}} \cdot \dot{\boldsymbol{r}}} = \frac{2\dot{\boldsymbol{r}} \cdot \ddot{\boldsymbol{r}}}{2\sqrt{\dot{\boldsymbol{r}} \cdot \dot{\boldsymbol{r}}}} = \frac{\dot{\boldsymbol{r}} \cdot \ddot{\boldsymbol{r}}}{|\dot{\boldsymbol{r}}|}$$

folgt daher

$$\boldsymbol{T}' = \frac{\mathrm{d}\boldsymbol{T}}{\mathrm{d}s} = \frac{\mathrm{d}\boldsymbol{T}}{\mathrm{d}t} \cdot \frac{\mathrm{d}t}{\mathrm{d}s} = \dot{\boldsymbol{T}} \cdot \frac{1}{|\dot{\boldsymbol{r}}|} = \frac{\ddot{\boldsymbol{r}}|\dot{\boldsymbol{r}}| - \frac{\dot{\boldsymbol{r}} \cdot \ddot{\boldsymbol{r}}}{|\dot{\boldsymbol{r}}|}\dot{\boldsymbol{r}}}{|\dot{\boldsymbol{r}}|^2} \frac{1}{|\dot{\boldsymbol{r}}|},$$

also

$$\boldsymbol{T}' = \frac{|\dot{\boldsymbol{r}}|^2\ddot{\boldsymbol{r}} - (\dot{\boldsymbol{r}} \cdot \ddot{\boldsymbol{r}})\dot{\boldsymbol{r}}}{|\dot{\boldsymbol{r}}|^4}. \tag{1.179}$$

(b) *Krümmung*: Zwar kann man die Krümmung $\kappa = |\boldsymbol{T}'|$ aus obiger Gleichung (1.179) berechnen, doch erhält man auf folgendem Wege eine bequemere Formel: Da $\boldsymbol{T}'$ senkrecht auf $\boldsymbol{T}$ steht, gilt $|\boldsymbol{T} \times \boldsymbol{T}'| = |\boldsymbol{T}|\,|\boldsymbol{T}'| = |\boldsymbol{T}'| = \kappa$, also

$$\kappa = |\boldsymbol{T} \times \boldsymbol{T}'| = \left| \frac{\dot{\boldsymbol{r}}}{|\dot{\boldsymbol{r}}|} \times \frac{|\dot{\boldsymbol{r}}|^2\ddot{\boldsymbol{r}} - (\dot{\boldsymbol{r}} \cdot \ddot{\boldsymbol{r}})\dot{\boldsymbol{r}}}{|\dot{\boldsymbol{r}}|^4} \right|$$

und damit

$$\kappa = \frac{|\dot{\boldsymbol{r}} \times \ddot{\boldsymbol{r}}|}{|\dot{\boldsymbol{r}}|^3} \tag{1.180}$$

(c) *Normalenvektor*: Im Falle $\kappa \neq 0$ gilt $\boldsymbol{N} = \boldsymbol{T}'/\kappa$, also mit (1.179) und (1.180):

$$\boldsymbol{N} = \frac{|\dot{\boldsymbol{r}}|^2\ddot{\boldsymbol{r}} - (\dot{\boldsymbol{r}} \cdot \ddot{\boldsymbol{r}})\dot{\boldsymbol{r}}}{|\dot{\boldsymbol{r}}|\,|\dot{\boldsymbol{r}} \times \ddot{\boldsymbol{r}}|} \tag{1.181}$$

(d) *Binormalenvektor*: In $\boldsymbol{B} = \boldsymbol{T} \times \boldsymbol{N}$ setzen wir (1.178) und (1.181) ein und erhalten wegen $\dot{\boldsymbol{r}} \times \dot{\boldsymbol{r}} = \boldsymbol{0}$ unmittelbar

$$\boldsymbol{B} = \frac{\dot{\boldsymbol{r}} \times \ddot{\boldsymbol{r}}}{|\dot{\boldsymbol{r}} \times \ddot{\boldsymbol{r}}|} \tag{1.182}$$

(e) *Torsion*: Es gilt

$$\tau\boldsymbol{N} = -\boldsymbol{B}' = -(\boldsymbol{T} \times \boldsymbol{N})' = -\left(\frac{1}{\kappa}(\boldsymbol{T} \times \boldsymbol{T}')\right)' = \frac{\kappa'}{\kappa^2}\boldsymbol{T} \times \boldsymbol{T}' - \frac{1}{\kappa}\boldsymbol{T} \times \boldsymbol{T}''.$$

Also folgt nach skalarer Multiplikation mit $\boldsymbol{N} = \boldsymbol{T}'/\kappa$ wegen $(\boldsymbol{T} \times \boldsymbol{T}') \cdot \boldsymbol{T}' = 0$

$$\tau = -\frac{(\boldsymbol{T} \times \boldsymbol{T}'') \cdot \boldsymbol{T}'}{\kappa^2} = \frac{-\det(\boldsymbol{T}, \boldsymbol{T}'', \boldsymbol{T}')}{\kappa^2} = \frac{\det(\boldsymbol{T}, \boldsymbol{T}', \boldsymbol{T}'')}{\kappa^2}. \tag{1.183}$$

Aus (1.179) ermitteln wir

$$T'' = \frac{\mathrm{d}T'}{\mathrm{d}s} = \frac{\mathrm{d}T'}{\mathrm{d}t} \cdot \frac{\mathrm{d}t}{\mathrm{d}s} = \frac{|\dot{r}|^6 \dddot{r} + \alpha \ddot{r} + \beta \dot{r}}{|\dot{r}|^8} \cdot \frac{1}{|\dot{r}|}$$

mit gewissen Skalaren α, β. Setzt man dies nebst (1.178) und (1.179) in (1.183) ein, so folgt über die üblichen Regeln für Determinanten

$$\tau = \frac{\det(\dot{r}, \ddot{r}, \dddot{r})}{\kappa^2 |\dot{r}|^6} \quad \Rightarrow \quad \tau = \frac{\det(\dot{r}, \ddot{r}, \dddot{r})}{|\dot{r} \times \ddot{r}|^2}. \tag{1.184}$$

Aus den Formeln für $\boldsymbol{T}$, $\boldsymbol{N}$, $\boldsymbol{B}$ erhalten wir die Gleichungen für die drei begleitenden Ebenen durch einen Kurvenpunkt $\boldsymbol{r} = \boldsymbol{\gamma}(t)$:

Normalebene	(NE): $\dot{\boldsymbol{r}} \cdot (\boldsymbol{x} - \boldsymbol{r}) = 0,$	(1.185)
rektifizierende Ebene	(RE) : $\det(\dot{\boldsymbol{r}}, \dot{\boldsymbol{r}} \times \ddot{\boldsymbol{r}}, \boldsymbol{x} - \boldsymbol{r}) = 0,$	(1.186)
Schmiegebene	(SE) : $(\dot{\boldsymbol{r}} \times \ddot{\boldsymbol{r}}) \cdot (\boldsymbol{x} - \boldsymbol{r}) = 0$	(1.187)

Zum *Beweis*: $\dot{\boldsymbol{r}}$ steht senkrecht auf der NE, d.h. für $\boldsymbol{x} \in$ NE gilt (1.185), und umgekehrt. – Auf der RE steht $\boldsymbol{N} = \boldsymbol{B} \times \boldsymbol{T} = -\boldsymbol{T} \times \boldsymbol{B}$ senkrecht, also nach den Formeln (1.178), (1.182) für $\boldsymbol{T}$ und $\boldsymbol{B}$ auch $\dot{\boldsymbol{r}} \times (\dot{\boldsymbol{r}} \times \ddot{\boldsymbol{r}})$. Somit beschreibt $(\dot{\boldsymbol{r}} \times (\dot{\boldsymbol{r}} \times \ddot{\boldsymbol{r}})) \cdot (\boldsymbol{x} - \boldsymbol{r}) = 0$ die RE. Die linke Seite ist dabei aber ein Spatprodukt aus $\boldsymbol{r}$, $\dot{\boldsymbol{r}} \times \ddot{\boldsymbol{r}}$, $(\boldsymbol{x} - \boldsymbol{r})$, folglich gleich der Determinante in (1.186). Formel (1.187) folgt unmittelbar aus (1.182). □

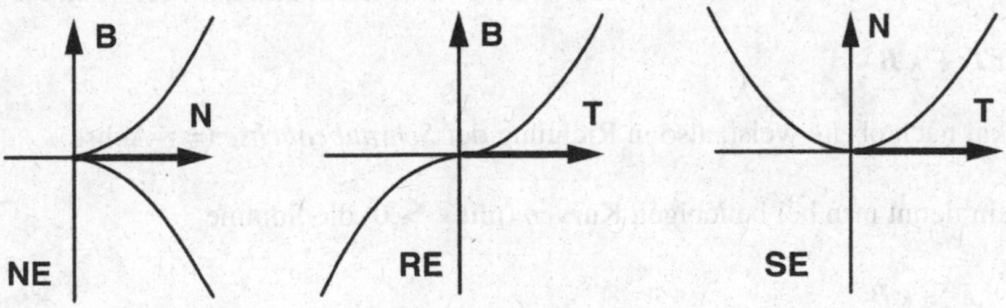

Fig. 1.78: Projektionen der Kurve auf die Normalebene, die rektifizierende Ebene und die Schmiegebene im Falle $\kappa > 0, \tau > 0$

Bemerkung: Der lokale Kurvenverlauf – d.h. in der Nähe eines Kurvenpunktes $\boldsymbol{r} = \boldsymbol{\gamma}(t)$ – wird durch die Projektionen auf die drei Ebenen NE, RE und SE besonders deutlich (s. Fig. 1.78).

Beispiel 1.17:

Für die *Schraubenlinie*

$$\boldsymbol{r} = \begin{pmatrix} a\cos(\omega t) \\ a\sin(\omega t) \\ ht \end{pmatrix}$$

mit $a > 0$, $\omega > 0$, $h > 0$ errechnet man aus den Formeln (1.178) bis (1.184) mit der Abkürzung

$$c := a^2\omega^2 + h^2 : \quad \textit{Krümmung: } \kappa = \frac{a\omega^2}{c}, \quad \textit{Torsion: } \tau = \frac{h\omega}{c} \tag{1.188}$$

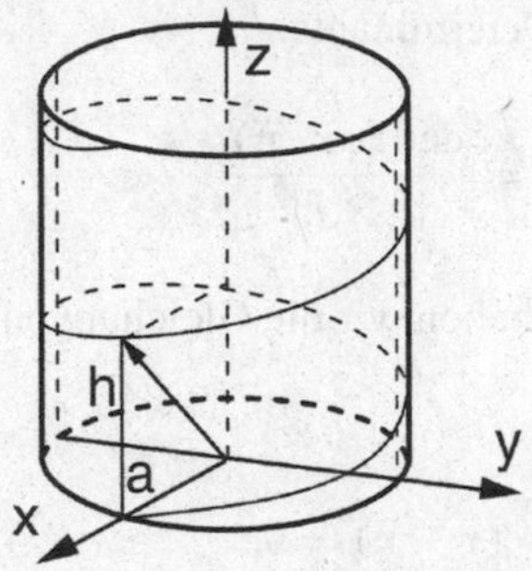

Fig. 1.79: Schraubenlinie

$$\boldsymbol{T} = \frac{1}{c}\begin{pmatrix} -a\omega\sin(\omega t) \\ a\omega\cos(\omega t) \\ h \end{pmatrix}, \quad \boldsymbol{B} = \frac{1}{c}\begin{pmatrix} h\sin(\omega t) \\ -h\cos(\omega t) \\ a\omega \end{pmatrix}, \quad \boldsymbol{N} = -\begin{pmatrix} \cos(\omega t) \\ \sin(\omega t) \\ 0 \end{pmatrix}. \tag{1.189}$$

Der Normalenvektor liegt also stets »waagerecht« (parallel zur x-y-Ebene) und weist, im Kurvenpunkt $\boldsymbol{r}$ angeheftet, »nach innen«. Ferner rechnet man leicht aus, dass der Vektor

$$\boldsymbol{D} = \tau\boldsymbol{T} + \kappa\boldsymbol{B}$$

stets »vertikal nach oben« weist, also in Richtung der *Schraubenachse* (= z-Achse).

Allgemein nennt man bei beliebigen Kurven (mit $\kappa > 0$) die Summe

$$\boldsymbol{D} := \tau\boldsymbol{T} + \kappa\boldsymbol{B} \tag{1.190}$$

den *Darbouxschen*[41] *Drehvektor*. Er hängt natürlich vom jeweiligen Parameterwert t ab. Das obige Beispiel lehrt, dass der Darbouxsche Drehvektor als »lokale Schraubenachsen-Richtung« aufgefasst werden kann. Das heißt, fasst man die Kurve in einer Umgebung eines Kurvenpunktes $\boldsymbol{r} = \boldsymbol{\gamma}(t)$ näherungsweise als Schraubenlinie auf, so stellt der zugehörige Vektor $\boldsymbol{D}$ die Achsenrichtung dieser Schraube dar.

Beispiel 1.18:

(*Komponenten der Beschleunigung*) Durch $\boldsymbol{r} = \boldsymbol{\gamma}(t)$ (t Zeit) werde die Bahn eines Massenpunktes beschrieben ($\boldsymbol{\gamma} : [a, b] \to \mathbb{R}^3$ glatter C^2-Weg). Durch die Parametertransformation $s = \sigma(t)$

41 Jean Gaston Darboux (1842 – 1917), französischer Mathematiker

($\dot{s} = |\dot{\boldsymbol{r}}|$) erhält man eine äquivalente Darstellung des Weges mit dem natürlichen Parameter s. Damit ist die Geschwindigkeit des Punktes zur Zeit t gleich

$$\boldsymbol{v} = \dot{\boldsymbol{r}} = \frac{\mathrm{d}\boldsymbol{r}}{\mathrm{d}s}\frac{\mathrm{d}s}{\mathrm{d}t} = \boldsymbol{T}\dot{s}\,. \tag{1.191}$$

Daraus erhält man durch abermaliges Differenzieren nach t die Beschleunigung zur Zeit t:

$$\boldsymbol{a} = \frac{\mathrm{d}}{\mathrm{d}t}(\dot{s}\boldsymbol{T}) = \ddot{s}\boldsymbol{T} + \dot{s}^2\boldsymbol{T}' = \ddot{s}\boldsymbol{T} + \kappa\dot{s}^2\boldsymbol{N}\,. \tag{1.192}$$

Die Beschleunigung ist damit additiv zerlegt in die »Bahnbeschleunigung« $\ddot{s}\boldsymbol{T}$ in Richtung des Tangentialvektors und die »Zentripetalbeschleunigung« $\kappa\dot{s}^2\boldsymbol{N}$, wobei $\dot{s} = |\boldsymbol{v}|$ der Betrag der Geschwindigkeit ist. (Es ist $\ddot{s} = \dot{\boldsymbol{r}} \cdot \ddot{\boldsymbol{r}}/|\dot{\boldsymbol{r}}|$).

Übungen

Übung 1.39*

Beweise für den Normalenvektor die (einfachere) Formel

$$\boldsymbol{N} = \frac{(\dot{\boldsymbol{r}} \times \ddot{\boldsymbol{r}}) \times \dot{\boldsymbol{r}}}{|(\dot{\boldsymbol{r}} \times \ddot{\boldsymbol{r}}) \times \dot{\boldsymbol{r}}|}\,. \tag{1.193}$$

Übung 1.40:

Verifiziere die Formeln (1.188), (1.189) für die Schraubenlinie.

Übung 1.41:

Berechne $\boldsymbol{T}, \boldsymbol{N}, \boldsymbol{B}, \kappa, \tau$ für $\boldsymbol{r} = [t,\ t^2,\ t^3]^{\mathrm{T}}$.

1.5.3 Natürliche Gleichungen und Frenetsche Formeln

Wir wollen zeigen, dass Krümmung und Torsion die Form einer Kurve eindeutig bestimmen. Ja, zu *beliebig* vorgegebenen Funktionen $k(s) > 0$, $w(s)$ (zweimal stetig differenzierbar) existiert sogar eine Kurve, die $\kappa = k(s)$ und $\tau = w(s)$ als Krümmung und Torsion besitzt und bis auf starre Bewegungen eindeutig bestimmt ist. Man nennt daher $\kappa = k(s)$ und $\tau = w(s)$ die *natürlichen Gleichungen* der Kurve. (s ist dabei der *natürliche Parameter*).

Zum Beweis werden die drei *Frenetschen Formeln* verwendet. Zwei davon kennen wir bereits: $\boldsymbol{T}' = \kappa\boldsymbol{N}$ und $\boldsymbol{B}' = -\tau\boldsymbol{N}$. Wir leiten nun die dritte her. Dazu wird die Ableitung $\boldsymbol{N}'$ von $\boldsymbol{N}$ betrachtet (im Folgenden hängen alle Größen vom natürlichen Parameter s ab, so dass wir ihn der Übersichtlichkeit wegen weglassen).

Aus $\boldsymbol{N}^2 = 1$ folgt durch Differenzieren $2\boldsymbol{N}' \cdot \boldsymbol{N} = 0$, also steht $\boldsymbol{N}'$ senkrecht auf $\boldsymbol{N}$, und daher folgt

$$\boldsymbol{N}' = \alpha\boldsymbol{T} + \beta\boldsymbol{B} \tag{1.194}$$

mit gewissen reellen α, β. Zur Berechnung von α multiplizieren wir (1.194) mit $\boldsymbol{T}$ und erhalten $\boldsymbol{N}' \cdot \boldsymbol{T} = \alpha$. Differenziert man andererseits $\boldsymbol{N} \cdot \boldsymbol{T} = 0$, so folgt $\boldsymbol{N}' \cdot \boldsymbol{T} + \boldsymbol{N} \cdot \boldsymbol{T}' = 0$, also

$$\alpha = \boldsymbol{N}' \cdot \boldsymbol{T} = -\boldsymbol{N} \cdot \boldsymbol{T}' = -\boldsymbol{N} \cdot (\kappa \boldsymbol{N}) = -\kappa .$$

Entsprechend erhält man $\beta = \boldsymbol{N}'\boldsymbol{B} = -\boldsymbol{N}\,\boldsymbol{B}' = -\boldsymbol{N}(-\tau \boldsymbol{N}) = \tau$, also zusammengefasst: $\boldsymbol{N}' = -\kappa \boldsymbol{T} + \tau \boldsymbol{B}$. Es gelten somit für eine beliebige glatte, dreimal stetig differenzierbare, Kurve mit $\kappa(s) > 0$ für alle s (s natürlicher Parameter) die folgenden *Frenetschen*[42] *Formeln*:

$$\begin{aligned} \boldsymbol{T}' &= \quad\ \kappa \boldsymbol{N} \\ \boldsymbol{N}' &= -\kappa \boldsymbol{T} \qquad + \tau \boldsymbol{B} \,. \\ \boldsymbol{B}' &= \qquad -\tau \boldsymbol{N} \end{aligned} \tag{1.195}$$

Damit beweisen wir den angekündigten

Satz 1.14:

Es seien $k : [0, L] \to (0, \infty)$ und $w : [0, L] \to \mathbb{R}$ zwei beliebige zweimal stetig differenzierbare Funktionen, ferner $\boldsymbol{x}_0$ ein beliebiger Punkt aus $\mathbb{R}^3$ und $(\boldsymbol{T}_0, \boldsymbol{N}_0, \boldsymbol{B}_0)$ ein beliebiges rechtsorientiertes Orthonormalsystem im $\mathbb{R}^3$.

Dann gibt es genau einen glatten, dreimal stetig differenzierbaren Weg $\boldsymbol{g}$ in $\mathbb{R}^3$, der $\kappa = k(s)$ als Krümmung und $\tau = w(s)$ als Torsion besitzt und die »Anfangsbedingungen« $\boldsymbol{x}_0 = \boldsymbol{g}(0)$, $\boldsymbol{T}(0) = \boldsymbol{T}_0$, $\boldsymbol{N}(0) = \boldsymbol{N}_0$, $\boldsymbol{B}(0) = \boldsymbol{B}_0$ erfüllt.

Beweis:

Der gesuchte Weg $\boldsymbol{g}$ muss die Frenetschen Formeln erfüllen. Die Frenetschen Formeln bilden aber ein lineares Differentialgleichungssystem für die neun Komponenten von $\boldsymbol{T}(s)$, $\boldsymbol{N}(s)$ und $\boldsymbol{B}(s)$ mit den Anfangswerten $\boldsymbol{T}_0$, $\boldsymbol{N}_0$, $\boldsymbol{B}_0$. Dieses System hat bekanntlich genau eine Lösung (s. Burg/Haf/Wille (Band III) [12]). Der Weg $\boldsymbol{g}$ muss sich daher aus $\boldsymbol{T}(s)$ folgendermaßen ergeben:

$$\boldsymbol{g}(s) = \boldsymbol{x}_0 + \int_0^s \boldsymbol{T}(\sigma)\mathrm{d}\sigma \,. \tag{1.196}$$

Es gibt also höchstens einen Weg der gesuchten Art, womit die *Eindeutigkeit* geklärt ist.

Wir verifizieren nun, dass (1.196) der gesuchte Weg in natürlicher Parameterdarstellung ist und sichern damit gleichzeitig die *Existenz* des gesuchten Weges.

Zunächst beweisen wir, dass die Lösungsfunktionen $\boldsymbol{T}$, $\boldsymbol{N}$, $\boldsymbol{B}$ der Frenetschen Differentialgleichungen folgendes erfüllen:

$$\boldsymbol{T}^2 = \boldsymbol{N}^2 = \boldsymbol{B}^2 = 1\,, \quad \boldsymbol{T} \cdot \boldsymbol{N} = \boldsymbol{B} \cdot \boldsymbol{T} = \boldsymbol{N} \cdot \boldsymbol{B} = 0\,. \tag{1.197}$$

Dazu differenzieren wir $\boldsymbol{T}^2$, $\boldsymbol{N}^2$, $\boldsymbol{B}^2$, $\boldsymbol{T} \cdot \boldsymbol{N}$, $\boldsymbol{B} \cdot \boldsymbol{T}$, $\boldsymbol{N} \cdot \boldsymbol{B}$ und erhalten mit den Frenetschen

42 Jean Frédéric Frenet (1816 – 1900), französischer Mathematiker, Astronom und Meteorologe

Formeln

$$(T^2)' = 2\kappa T \cdot N\,, \quad (N^2)' = -\kappa(T \cdot N) + \tau(N \cdot B)\,, \quad (B^2)' = -\tau(N \cdot B)\,,$$
$$(T \cdot N)' = -\kappa T^2 + \kappa N^2 + \tau(B \cdot T)\,, \quad (B \cdot T)' = -\tau(T \cdot N) + \kappa(N \cdot B)\,,$$
$$(N \cdot B)' = -\tau N^2 + \tau B^2 - \kappa(B \cdot T)\,.$$

Dieses neue lineare Differentialgleichungssystem für die sechs inneren Produkte mit den Anfangsbedingungen $T_0^2 = N_0^2 = B_0^2 = 1$, $T_0 \cdot N_0 = B_0 \cdot T_0 = N_0 \cdot B_0 = 0$ hat die (eindeutig bestimmte) Lösung (1.197), wie man durch Einsetzen sieht. Somit gilt (1.197) für alle s.

Damit folgt aus (1.196) durch einfaches Ausrechnen, dass κ, τ, T, N, B die zur Kurve gehörenden Größen sind, nämlich Krümmung, Torsion und begleitendes Dreibein. □

Bemerkung: Satz 1.14 ist für Anwender nur von theoretischem Interesse. Man merke sich einfach, dass die geometrische Form von Kurven durch ihre Krümmungs- und Torsionsfunktionen vollständig festliegt.

Ergänzend soll die Lösung der Frenetschen Differentialgleichungen, und damit die Berechnung von Parameterdarstellungen aus den natürlichen Gleichungen, kurz umrissen werden (nach S. Lie u. G. Darboux um 1887, s. [71]).

Mit $T = [\xi_1, \xi_2, \xi_3]^{\mathrm{T}}$, $N = [\mu_1, \mu_2, \mu_3]^{\mathrm{T}}$, $B = [\zeta_1, \zeta_2, \zeta_3]^{\mathrm{T}}$ verwendet man die Transformation

$$w_k = \frac{\xi_k + i\mu_k}{1 - \zeta_k} \quad \text{für alle } k = 1,2,3. \tag{1.198}$$

Es sei $\zeta_k \neq 1$ angenommen. Umgekehrt erhält man ξ_k, μ_k, ζ_k aus w_k durch

$$\xi_k = \frac{w_k + \bar{w}_k}{|w_k|^2 + 1} \quad \mu_k = \frac{w_k - \bar{w}_k}{i(|w_k|^2 + 1)}\,, \quad \zeta_k = \frac{|w_k|^2 - 1}{|w_k|^2 + 1} \tag{1.199}$$

für alle $k = 1,2,3$. Die Frenetschen Gleichungen gehen damit für jede Komponente in die gleiche *Riccatische*[43] *Differentialgleichung* über:

$$w_k' + i\kappa w_k = \frac{i\tau}{2}(w_k^2 - 1)\,. \tag{1.200}$$

Lösungsmethoden dazu findet der Leser in Burg/Haf/Wille (Band III) [12].

Übung 1.42:

Beweise, dass für den Darbouxschen Drehvektor $D(s)$ (s. (1.190)) folgende Formeln gelten:

$$\begin{aligned} T' &= D \times T = && \kappa N \\ N' &= D \times N = -\kappa T && + \tau B\,. \\ B' &= D \times B = && -\tau N \end{aligned} \tag{1.201}$$

43 Jacopo Francesco Riccati (1676 – 1754), italienischer Mathematiker

1.6 Vektorfelder, Potentiale, Kurvenintegrale

1.6.1 Vektorfelder und Skalarfelder

Es sei D eine nichtleere Teilmenge des Raumes $\mathbb{R}^n$.

Definition 1.15:

(a) Eine stetige Abbildung

$$\boldsymbol{V} : D \to \mathbb{R}^n \quad \text{(mit der Funktionsgleichung } \boldsymbol{y} = \boldsymbol{V}(\boldsymbol{x})\text{)}$$

nennen wir ein (n-dimensionales) *Vektorfeld*.

(b) Eine reellwertige stetige Funktion

$$\varphi : D \to \mathbb{R} \quad \text{(mit der Funktionsgleichung } \eta = \varphi(\boldsymbol{x})\text{)}$$

heißt ein *Skalarfeld*.

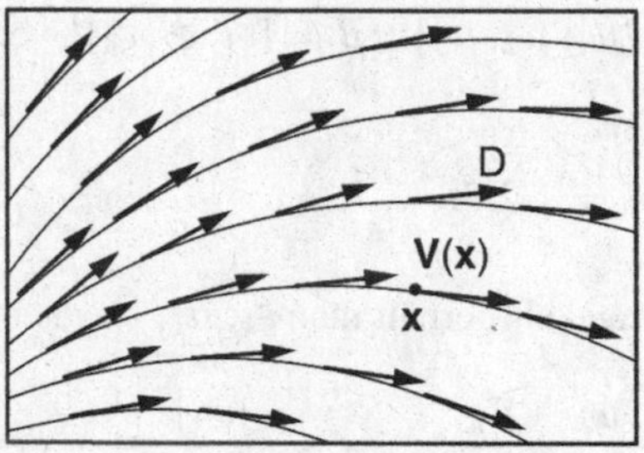

Fig. 1.80: Vektorfeld

Anschauung:

(a) Zwei- oder dreidimensionale Vektorfelder $\boldsymbol{V} : D \to \mathbb{R}^n$ lassen sich folgendermaßen veranschaulichen: Man denke sich in jedem Punkt $\boldsymbol{x} \in D$ einen Pfeil, der $\boldsymbol{V}(x)$ repräsentiert, mit seinem Anfangspunkt angeheftet. Einige solcher Pfeile zeichne man ein (s. Fig. 1.80).

Die Pfeile lassen sich entlang von Kurven aufreihen, deren Tangentialvektoren sie sind ($\boldsymbol{V}$ als stetig differenzierbar vorausgesetzt). Diese Kurven heißen auch *Stromlinien*, ein Wort aus der Strömungsmechanik. Ist nämlich $\boldsymbol{V}$ ein Geschwindigkeitsfeld, so sind die Stromlinien die Bahnen der Flüssigkeitsteilchen. Oft genügt auch das Einzeichnen der Stromlinien zur Skizzierung eines Vektorfeldes.

Neben *Geschwindigkeitsfeldern* sind *Kraftfelder, Beschleunigungsfelder, Verschiebungsfelder* und andere Felder in Technik und Naturwissenschaft wichtig (s. Fig 1.81).

(b) *Skalarfelder* $\varphi : D \to \mathbb{R}$ lassen sich durch ihre *Höhenlinien* $\varphi(\boldsymbol{x}) = \text{const.}$ gut veranschaulichen (s. Fig. 1.82).

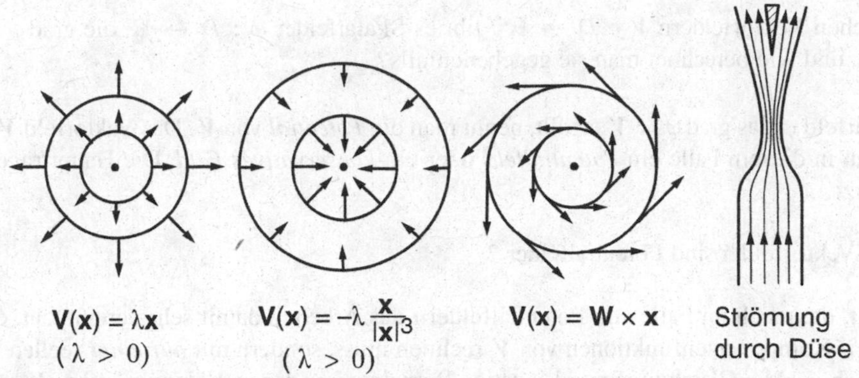

Fig. 1.81: Beispiele für Vektorfelder

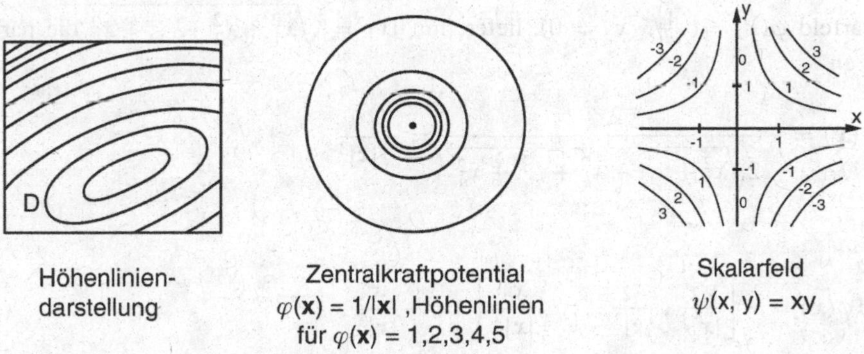

Fig. 1.82: Skalarfelder

An jedem stetig differenzierbaren Skalarfeld $\varphi : D \to \mathbb{R}$ entsteht durch Gradientenbildung ein Vektorfeld V:

$$\operatorname{grad}\varphi = \boldsymbol{V} \tag{1.202}$$

Dabei ist

$$\operatorname{grad}\varphi = \left[\frac{\partial\varphi}{\partial x_1}, \frac{\partial\varphi}{\partial x_2}, \ldots, \frac{\partial\varphi}{\partial x_n}\right]^{\mathrm{T}} \quad \text{mit} \quad \boldsymbol{x} = \begin{bmatrix} x_1 \\ \vdots \\ x_n \end{bmatrix},$$

(vgl. Burg/Haf/Wille (Analysis) [14]). $\operatorname{grad}\varphi(\boldsymbol{x})$ ist ein Vektor, der auf der Höhenlinie durch $\boldsymbol{x}$ rechtwinklig steht und in Richtung des stärksten Anstiegs des Skalarfeldes liegt. Seine Länge ist ein Maß für die Stärke des Anstiegs (es ist $(\operatorname{grad}\varphi)^{\mathrm{T}} = \varphi'$).

Das *Hauptproblem* in diesem Abschnitt besteht nun in der Umkehrung des obigen Sachverhaltes:

Zu welchen Vektorfeldern $\boldsymbol{V} : D \to \mathbb{R}^n$ gibt es Skalarfelder $\varphi : D \to \mathbb{R}$, die $\operatorname{grad} \varphi = \boldsymbol{V}$ erfüllen, und wie berechnet man sie gegebenenfalls?

Ein Skalarfeld φ das $\operatorname{grad} \varphi = \boldsymbol{V}$ erfüllt, nennt man ein *Potential* von $\boldsymbol{V}$. Das Vektorfeld $\boldsymbol{V}$ selbst nennt man in diesem Falle ein *Potentialfeld* oder ein *konservatives Feld*. Die Hauptfrage lautet damit kurz:

Welche Vektorfelder sind Potentialfelder ?

Es ist klar, dass sich im Falle von Potentialfeldern das Arbeiten damit sehr vereinfacht, da man nicht mit n Komponentenfunktionen von $\boldsymbol{V}$ rechnen muss, sondern mit *nur einer* reellen Funktion, nämlich φ. Alle Gleichungen und sonstige Beziehungen, denen $\boldsymbol{V}$ genügt, versucht man auf φ umzuschreiben, und hat damit jeweils $n-1$ Beziehungen eingespart!

Beispiel 1.19:

Das Skalarfeld $\varphi(\boldsymbol{x}) = \frac{1}{|\boldsymbol{x}|}$, ($\boldsymbol{x} \neq 0$), liefert mit $|\boldsymbol{x}| = \sqrt{x_1^2 + x_2^2 + \ldots + x_n^2}$ die partiellen Ableitungen

$$\frac{\partial \varphi}{\partial x_k}(\boldsymbol{x}) = -\frac{2x_k}{2\sqrt{x_1^2 + \ldots + x_k^2 + \ldots + x_n^2}^{\,3}} = -\frac{x_k}{|\boldsymbol{x}|^3}$$

also

$$\operatorname{grad} \varphi(\boldsymbol{x}) = -\left[\frac{x_1}{|\boldsymbol{x}|^3}, \frac{x_2}{|\boldsymbol{x}|^3}, \ldots, \frac{x_n}{|\boldsymbol{x}|^3}\right]^{\mathrm{T}} = -\frac{\boldsymbol{x}}{|\boldsymbol{x}|^3}. \tag{1.203}$$

Durch $\boldsymbol{V}(\boldsymbol{x}) = -\boldsymbol{x}/|\boldsymbol{x}|^3$ wird also das zugehörige Potentialfeld beschrieben. Man spricht hier vom *Newtonschen Potential*, da durch $\boldsymbol{V}_0(\boldsymbol{x}) = -c \cdot \boldsymbol{x}/|\boldsymbol{x}|^3$ $(c > 0)$ das *Gravitationsfeld* einer Punktmasse im Punkt $\boldsymbol{0}$ dargestellt wird.

Übungen

Übung 1.43:

Berechne die »Gradientenfelder« $\operatorname{grad} \varphi$ von folgenden Skalarfeldern:

(a) $\varphi(\boldsymbol{x}) = \boldsymbol{a} \cdot \boldsymbol{x}$;

(b) $\varphi(\boldsymbol{x}) = x_1^2 + 3x_1x_2 - x_2^2$;

(c) $\varphi(\boldsymbol{x}) = |\boldsymbol{x}|^\alpha$ ($x \neq 0$, falls $\alpha \leq 1$);

(d) $\varphi(\boldsymbol{x}) = \mathrm{e}^{|\boldsymbol{x}|}$ ($\boldsymbol{x} \neq \boldsymbol{0}$).

Übung 1.44:

Zeige, dass $\varphi(\boldsymbol{x}) = x_1^m + x_2^m + \ldots + x_n^m$ ($m \in \mathbb{N}$) die Gleichung $\boldsymbol{x} \cdot \operatorname{grad} \varphi(\boldsymbol{x}) = m\varphi(\boldsymbol{x})$ erfüllt.

1.6.2 Kurvenintegrale

Zur Lösung des Problems, zu Vektorfeldern Potentiale zu finden, benutzen wir »Kurvenintegrale«. Sie werden im Folgenden eingeführt.

Es sei

$$K : \boldsymbol{x} = \boldsymbol{\gamma}(t)\,, \quad t_0 \le t \le t_1 \tag{1.204}$$

eine (stückweise) glatte Kurve im $\mathbb{R}^n$. Die Ableitung wird, wie bisher, mit $\dot{\boldsymbol{x}} = \dot{\boldsymbol{\gamma}}(t)$ bezeichnet. Durch

$$\boldsymbol{x} = \boldsymbol{g}(s)\,, \quad s_0 \le s \le s_1 \tag{1.205}$$

wird eine äquivalente Darstellung mit dem natürlichen Parameter s beschrieben ($s=$ »Bogenlängen-Parameter«). (Ableitungen: $\boldsymbol{x}' = \boldsymbol{g}'(s) = \boldsymbol{T}(s)$ und $\mathrm{d}s/\mathrm{d}t = |\dot{\boldsymbol{\gamma}}(t)|$). $f : K \to \mathbb{R}$ sei eine beliebige stetige, reellwertige Funktion auf der Kurve.

Definition 1.16:
(*Kurvenintegral von f über K*)

$$\int_K f(\boldsymbol{x})\mathrm{d}s := \int_{s_0}^{s_1} f(\boldsymbol{g}(s))\mathrm{d}s = \int_{t_0}^{t_1} f(\boldsymbol{\gamma}(t))|\dot{\boldsymbol{\gamma}}(t)|\mathrm{d}t\,. \tag{1.206}$$

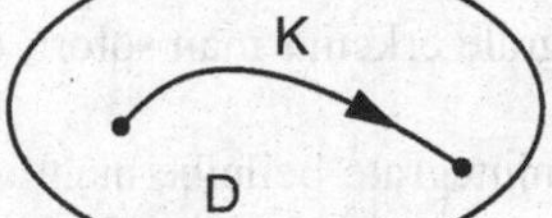

Fig. 1.83: Kurve in D

Auf dieses Integral werden alle anderen Formen von Kurvenintegralen zurückgeführt:

Ist $\varphi : D \to \mathbb{R}$ ein beliebiges Skalarfeld auf $D \subset \mathbb{R}^n$, und ist $\boldsymbol{V} : D \to \mathbb{R}^n$ ein beliebiges Vektorfeld, wobei $K \subset D$ ist (s. Fig. 1.83), so vereinbaren wir

Definition 1.17:
(*Kurvenintegrale*) *skalares Kurvenintegral über einem Skalarfeld*:

$$(1) \quad \int_K \varphi(\boldsymbol{x})\mathrm{d}s := \int_{s_0}^{s_1} \varphi(\boldsymbol{g}(s))\mathrm{d}s = \int_{t_0}^{t_1} \varphi(\boldsymbol{\gamma}(t))|\dot{\boldsymbol{\gamma}}(t)|\mathrm{d}t\,,$$

skalares Kurvenintegral über einem Vektorfeld:

$$(2) \quad \int_K \boldsymbol{V}(\boldsymbol{x}) \cdot \mathrm{d}\boldsymbol{x} := \int_{s_0}^{s_1} \boldsymbol{V}(\boldsymbol{g}(s)) \cdot \boldsymbol{T}(s)\mathrm{d}s = \int_{t_0}^{t_1} \boldsymbol{V}(\boldsymbol{\gamma}(t)) \cdot \dot{\boldsymbol{\gamma}}(t)\mathrm{d}t\,,$$

vektorielle Kurvenintegrale:

$$(3) \quad \int_K \boldsymbol{V}(\boldsymbol{x})\mathrm{d}s := \int_{s_0}^{s_1} \boldsymbol{V}(\boldsymbol{g}(s))\mathrm{d}s = \int_{t_0}^{t_1} \boldsymbol{V}(\boldsymbol{\gamma}(t))|\dot{\boldsymbol{\gamma}}(t)|\mathrm{d}t\,,$$

$$(4) \quad \int_K \varphi(\boldsymbol{x})\mathrm{d}\boldsymbol{x} := \int_{s_0}^{s_1} \varphi(\boldsymbol{g}(s))\boldsymbol{T}(s)\mathrm{d}s = \int_{t_0}^{t_1} \varphi(\boldsymbol{\gamma}(t))\dot{\boldsymbol{\gamma}}(t)\mathrm{d}t\,,$$

$$(5) \quad \int_K \boldsymbol{V}(\boldsymbol{x}) \times \mathrm{d}\boldsymbol{x} := \int_{s_0}^{s_1} \boldsymbol{V}(\boldsymbol{g}(s)) \times \boldsymbol{T}(s)\mathrm{d}s = \int_{t_0}^{t_1} \boldsymbol{V}(\boldsymbol{x}) \times \dot{\boldsymbol{\gamma}}(t)\mathrm{d}t \quad (\text{im } \mathbb{R}^3).$$

Die vektoriellen Integrale (3), (4), (5) werden komponentenweise gebildet, z.B.

$$\int_K \boldsymbol{V}(\boldsymbol{x})\mathrm{d}s = \left[\int_K V_1(\boldsymbol{x})\mathrm{d}s, \ldots, \int_K V_n(\boldsymbol{x})\mathrm{d}s\right]^{\mathrm{T}} \quad \text{mit } \boldsymbol{V} = [V_1, \ldots, V_n]^{\mathrm{T}}.$$

Über die Substitutionsregel für Integrale erkennt man sofort, dass die mittleren und die rechten Ausdrücke gleich sind.

Nun muss man sich diese Kurvenintegrale beileibe nicht alle merken. Es gibt eine einfache Faustregel, mit der die linksstehenden Ausdrücke über Kurvenintegrale in die rechtsstehenden berechenbaren Integrale übergehen:

Faustregel:Bei einem *Kurvenintegral*

$$\int_K \ldots \mathrm{d}s \quad \text{oder} \quad \int_K \ldots \mathrm{d}\boldsymbol{x}$$

erweitere man mit dt:

$$\int_{t_0}^{t_1} \ldots \frac{\mathrm{d}s}{\mathrm{d}t}\mathrm{d}t\,, \quad \int_{t_0}^{t_1} \ldots \frac{\mathrm{d}\boldsymbol{x}}{\mathrm{d}t}\mathrm{d}t$$

und setze dann die Parameterdarstellung $\boldsymbol{x} = \boldsymbol{\gamma}(t)$ der Kurve K ein. (Beachte: $\mathrm{d}s/\mathrm{d}t = |\dot{\boldsymbol{\gamma}}(t)|$.)

Der Leser überzeuge sich davon, dass in allen Fällen der obigen Definition 1.17 die rechtsstehenden Integralausdrücke entstehen, die mit den bekannten Methoden der Integralrechnung ausgewertet werden können. Im Sonderfall $s = t$ entstehen die mittleren Formelausdrücke der Kurvenintegrale.

Bemerkung:

(a) Statt ds wird auch gelegentlich $|\mathrm{d}\boldsymbol{x}|$ geschrieben, also

$$\int\limits_K \varphi(\boldsymbol{x})|\mathrm{d}\boldsymbol{x}| = \int\limits_K \varphi(\boldsymbol{x})\mathrm{d}s\,, \qquad \int\limits_K \boldsymbol{V}(\boldsymbol{x})|\mathrm{d}\boldsymbol{x}| = \int\limits_K \boldsymbol{V}(\boldsymbol{x})\mathrm{d}s\,. \tag{1.207}$$

(b) Oftmals notiert man das Integral (2) *komponentenweise*, d.h. mit $\boldsymbol{x} = [x_1, \ldots, x_n]^{\mathrm{T}}$, $\boldsymbol{V} = [V_1, \ldots, V_n]^{\mathrm{T}}$, $\boldsymbol{x} = \boldsymbol{\gamma}(t) = [\gamma_1(t), \ldots, \gamma_n(t)]^{\mathrm{T}}$:

$$\begin{aligned} \int\limits_K \boldsymbol{V}(\boldsymbol{x}) \cdot \mathrm{d}\boldsymbol{x} &= \int\limits_K (V_1(\boldsymbol{x})\mathrm{d}x_1 + \ldots + V_n(\boldsymbol{x})\mathrm{d}x_n) \\ &:= \int\limits_K V_1(\boldsymbol{x})\mathrm{d}x_1 + \ldots + \int\limits_K V_n(\boldsymbol{x})\mathrm{d}x_n\,. \end{aligned} \tag{1.208}$$

Hier wird auf $\int_K V_i(\boldsymbol{x})\mathrm{d}x_i$ wieder unsere famose Faustregel angewendet, und wir erhalten:

$$\int\limits_K V_i(\boldsymbol{x})\mathrm{d}x_i = \int\limits_K V_i(\boldsymbol{x})\frac{\mathrm{d}x_i}{\mathrm{d}t}\mathrm{d}t = \int\limits_{t_0}^{t_1} V_i(\boldsymbol{\gamma}(t))\dot{\gamma}_i(t)\mathrm{d}t\,, \tag{1.209}$$

Entsprechend behandelt man $\int_K \boldsymbol{V}(\boldsymbol{x}) \times \mathrm{d}\boldsymbol{x}$.

(c) Ist schließlich $K : z = \boldsymbol{\gamma}(t)$, $t_0 \leq t \leq t_1$, eine komplexwertige stückweise glatte Kurve in $D \subset \mathbb{C}$, und ist $f : D \to \mathbb{C}$ stetig, so gilt für das *komplexe Kurvenintegral* von f über der Kurve die *Faustregel* entsprechend:

$$\int\limits_K f(z) \cdot \mathrm{d}z := \int\limits_K f(z)\frac{\mathrm{d}z}{\mathrm{d}t}\mathrm{d}t = \int\limits_{t_0}^{t_1} f(\boldsymbol{\gamma}(t))\dot{\boldsymbol{\gamma}}(t)\mathrm{d}t\,. \tag{1.210}$$

Kurvenintegrale können als Grenzwerte von *Riemannschen Summen* aufgefasst werden, z.B.

$$\lim_{\max \Delta s_i \to 0} \sum_{i=1}^{m} \varphi(\boldsymbol{x}_i)\Delta s_i = \int\limits_K \varphi(\boldsymbol{x})\mathrm{d}s\,, \tag{1.211}$$

$$\lim_{\max |\Delta \boldsymbol{x}_i| \to 0} \sum_{i=1}^{m} \boldsymbol{V}(\boldsymbol{x}_i) \cdot \Delta \boldsymbol{x}_i = \int\limits_K \boldsymbol{V}(\boldsymbol{x}) \cdot \mathrm{d}\boldsymbol{x}\,. \tag{1.212}$$

Hier beschreibt $s_0 = s'_0 < \ldots < s'_m = s_1$ eine Teilung von $[s_0, s_1]$; ferner ist $\Delta s_i = s'_i - s'_{i-1}$, $\boldsymbol{x}_i = \boldsymbol{\gamma}(s'_i)$, $\Delta \boldsymbol{x}_i = \boldsymbol{x}_i - \boldsymbol{x}_{i-1}$.

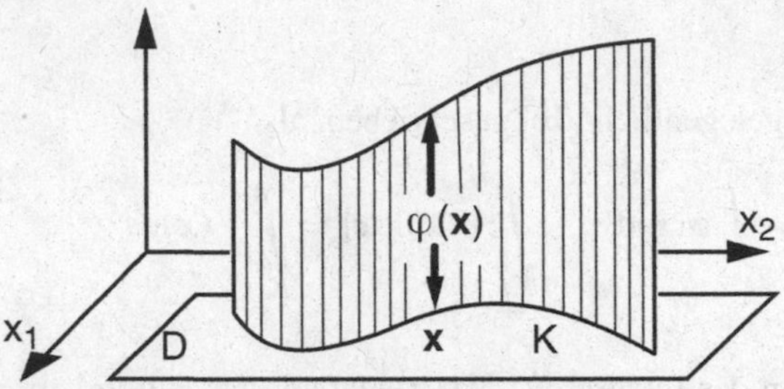

Fig. 1.84: Zum Kurvenintegral

Auf diese Weise entstehen Kurvenintegrale im Zusammenhang mit geometrischen, physikalischen oder sonstigen Anwendungsproblemen. Entsprechend kann man sie inhaltlich deuten.

Das Kurvenintegral (1.211) kann z.B. im Fall $n = 2$ als *Flächeninhalt* einer »Spanischen Wand« aufgefasst werden (falls $\varphi(\boldsymbol{x}) > 0$). Denn denkt man sich über der Kurve $K \subset D$ die Funktionswerte $\varphi(\boldsymbol{x})$ aufgetragen, etwa durch eine Strecke verwirklicht (s. Fig. 1.84), so bilden diese Strecken eine Fläche, deren Flächeninhalt als das Integral $\int_K \varphi(\boldsymbol{x})\mathrm{d}s$ angesehen werden kann.

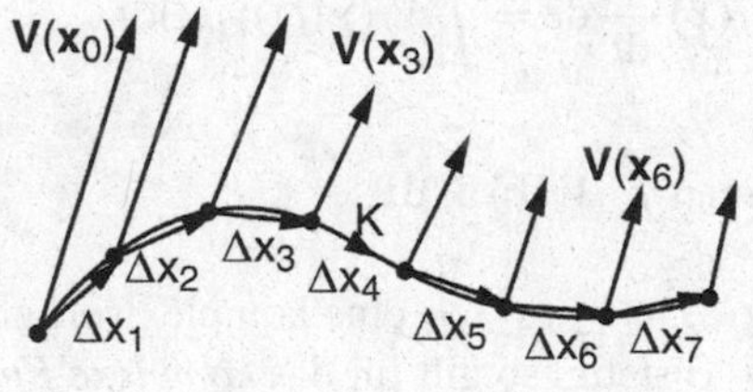

Fig. 1.85: $\int_K \boldsymbol{V} \cdot \mathrm{d}\boldsymbol{x}$ als Arbeit gedeutet

Das Integral (1.212) dagegen kann im $\mathbb{R}^3$ als *Arbeit* gedeutet werden, wenn $\boldsymbol{V}$ ein Kraftfeld ist. Denn führt man einen Massenpunkt an der Kurve K entlang, so ist die durch das Kraftfeld geleistete Arbeit approximativ gleich der Riemannschen Summe auf der linken Seite von (1.212) (s. Fig. 1.85). Der Grenzübergang liefert dann physikalisch die geleistete Arbeit und mathematisch das Kurvenintegral in (1.212).

Satz 1.15:

Beim *Orientierungswechsel* einer Kurve $K : \boldsymbol{x} = \boldsymbol{\gamma}(t)$, $(t_0 \le t \le t_1)$, d.h. beim Übergang zur Kurve $-K : \boldsymbol{x} = \boldsymbol{\gamma}(-t)$, $(-t_1 \le t \le -t_0)$, *behalten Kurvenintegrale der Form* $\int_K \ldots \mathrm{d}s$ *ihr Vorzeichen*:

$$\int_{-K} \ldots \mathrm{d}s = \int_K \ldots \mathrm{d}s\,,$$

während die *Kurvenintegrale* $\int_K \ldots \mathrm{d}\boldsymbol{x}$ *ihr Vorzeichen wechseln*:

$$\int_{-K} \ldots \mathrm{d}\boldsymbol{x} = -\int_K \ldots \mathrm{d}\boldsymbol{x}\,.$$

Insbesondere gilt also

$$\int_{-K} \varphi(\boldsymbol{x})\mathrm{d}s = \int_K \varphi(\boldsymbol{x})\mathrm{d}s\,, \quad \int_{-K} \boldsymbol{V}(\boldsymbol{x}) \cdot \mathrm{d}\boldsymbol{x} = -\int_K \boldsymbol{V}(\boldsymbol{x}) \cdot \mathrm{d}\boldsymbol{x}\,. \tag{1.213}$$

Der Leser beweist dies leicht durch Einsetzen in die Formeln der Definition 1.17.

Übungen Berechne die folgenden Kurvenintegrale:

Übung 1.45:

$\int_K \left(x_1^2 x_2 \mathrm{d}x_1 + (x_1 - x_2 x_1)\mathrm{d}x_2\right), \quad K : x_1 = 4t,\, x_2 = 3t \ (0 \le t \le 1).$

Übung 1.46:

$\int_K \left(x_1^2 + x_2^2\right)\mathrm{d}s, \quad K : x_1 = t,\, x_2 = t^2 \ (-2 \le t \le 2).$

1.6.3 Der Kurvenhauptsatz

Eine offene Menge $G \subset \mathbb{R}^n$ heißt (wegweise) *zusammenhängend*, wenn man je zwei Punkte in G durch eine Kurve in G verbinden kann. Eine offene zusammenhängende Menge wird als *Gebiet* bezeichnet.

Wir denken uns ein Vektorfeld $\boldsymbol{V} : G \to \mathbb{R}^n$ auf einem Gebiet $G \subset \mathbb{R}^n$ gegeben.

Man sagt, die (skalaren) Kurvenintegrale von $\boldsymbol{V}$ sind *wegunabhängig*, wenn für je zwei Punkte $\boldsymbol{p}_0$, $\boldsymbol{p}_1$ aus G folgendes gilt: Für alle stückweise glatten Wege mit Anfangspunkt $\boldsymbol{p}_0$ und Endpunkt $\boldsymbol{p}_1$ hat das zugehörige Kurvenintegral

$$\int_K \boldsymbol{V}(\boldsymbol{x}) \cdot \mathrm{d}\boldsymbol{x} \tag{1.214}$$

den gleichen Wert. *Kurz:* Das Integral hängt nur vom Anfangs- und Endpunkt ab, nicht von der verbindenden Kurve (s. Fig. 1.86).

Im Falle der Wegunabhängigkeit beschreibt man das Integral auch durch

$$\int_{p_0}^{p_1} V(x) \cdot \mathrm{d}x \,. \tag{1.215}$$

Damit erhalten wir folgende Lösung des Hauptproblems:

Satz 1.16:
(*Kurvenhauptsatz*)

(a) Ein Vektorfeld $V : G \to \mathbb{R}^n$ auf einem Gebiet $G \subset \mathbb{R}^n$ besitzt genau dann ein Potential $\varphi : G \to \mathbb{R}$ (d.h. $V = \operatorname{grad}(\varphi)$), wenn die Kurvenintegrale von V wegunabhängig sind.

(b) Das Potential φ ist bis auf eine additive Konstante durch V eindeutig bestimmt.

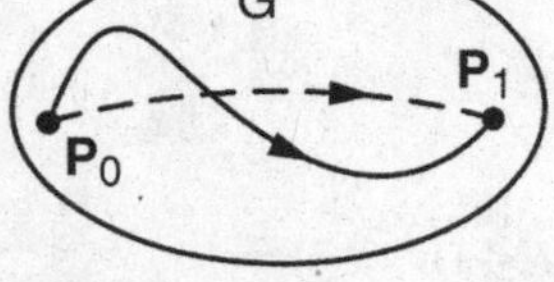

Fig. 1.86: Zur Wegunabhängigkeit

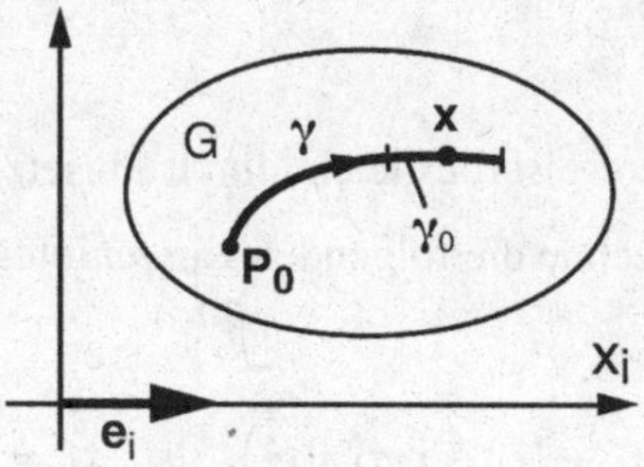

Fig. 1.87: Zum Beweis des Kurvenhauptsatzes

Beweis: [44]

(a) (I): $V : G \to \mathbb{R}^n$ besitze ein Potential $\varphi : G \to \mathbb{R}$. Wir zeigen, dass die Kurvenintegrale von V wegunabhängig sind.
Für eine beliebige stückweise glatte Kurve $K : x = \gamma(t)$ $(a \le t \le b)$ gilt (mit den Bezeichnungen $x = [x_1, \ldots, x_n]^{\mathrm{T}}$, $\mathrm{d}x/\mathrm{d}t = \dot{\gamma}(t)$, $p_0 = \gamma(a)$, $p_1 = \gamma(b)$):

$$\begin{aligned}\int_K V(x) \cdot \mathrm{d}x &= \int_a^b V(\gamma(t)) \cdot \frac{\mathrm{d}x}{\mathrm{d}t}\mathrm{d}t = \int_a^b \operatorname{grad}\varphi(\gamma(t)) \cdot \frac{\mathrm{d}x}{\mathrm{d}t}\mathrm{d}t \\ &= \int_a^b \sum_{i=1}^n \frac{\partial\varphi}{\partial x_i}(\gamma(t))\frac{\mathrm{d}x_i}{\mathrm{d}t}\mathrm{d}t = \int_a^b \frac{\mathrm{d}}{\mathrm{d}t}\varphi(\gamma(t))\mathrm{d}t = \varphi(\gamma(b)) - \varphi(\gamma(a)) \\ &= \varphi(p_1) - \varphi(p_0)\,.\end{aligned} \tag{1.216}$$

44 Der Beweis kann vom anwendungsorientierten Leser zunächst überschlagen werden.

(In der zweiten Zeile wurde die Kettenregel für mehrere Variablen benutzt: $\frac{\mathrm{d}}{\mathrm{d}t}\varphi(\boldsymbol{\gamma}(t)) = \sum_{i=1}^n \frac{\partial\varphi}{\partial x_i}\frac{\mathrm{d}x_i}{\mathrm{d}t}$). Der rechtsstehende Wert $\varphi(\boldsymbol{p}_1) - \varphi(\boldsymbol{p}_0)$ hängt nur vom Anfangs- und Endpunkt des Weges $\boldsymbol{\gamma}$ ab, d.h. die Kurvenintegrale von $\boldsymbol{V}$ sind wegunabhängig.

(a) (II): Es seien nun die Kurvenintegrale von $\boldsymbol{V}$ wegunabhängig. Wir wollen zeigen, dass die Funktion

$$\varphi(\boldsymbol{x}) = \int_{\boldsymbol{p}_0}^{\boldsymbol{x}} \boldsymbol{V}(\hat{\boldsymbol{x}}) \cdot \mathrm{d}\hat{\boldsymbol{x}} = \int_{\boldsymbol{p}_0}^{\boldsymbol{x}} \boldsymbol{V}(\boldsymbol{\gamma}(t)) \cdot \dot{\boldsymbol{\gamma}}(t)\mathrm{d}t\,, \quad \boldsymbol{x} \in G \tag{1.217}$$

ein Potential von $\boldsymbol{V}$ ist, also $\operatorname{grad}\varphi = \boldsymbol{V}$ erfüllt, d.h. $\partial\varphi/\partial x_i = V_i$ (mit $\boldsymbol{V} = [V_1, \dots, V_n]^{\mathrm{T}}$). Dabei ist $\boldsymbol{p}_0$ ein beliebiger, fest gewählter Punkt aus G, während $\boldsymbol{\gamma}(t)$ irgendein stückweise glatter Weg mit Anfangspunkt $\boldsymbol{p}_0$ und Endpunkt $\boldsymbol{x}$ ist.

Wir wählen den Weg $\boldsymbol{\gamma}$ nun so, dass er in einer Strecke $\boldsymbol{\gamma}_0$ durch $\boldsymbol{x}$ endet, die parallel zu einer beliebig ausgewählten Koordinatenachse liegt, etwa zur i-ten (s. Fig. 1.87). Die Strecke kann dabei ruhig etwas über $\boldsymbol{x}$ hinausschießen. Wir setzen daher:

$$\boldsymbol{\gamma}_0(t) = \boldsymbol{x} + t\boldsymbol{e}_i\,, \quad -h \le t \le h \;\; (h > 0)$$

mit dem i-ten Koordinaten-Einheitsvektor $\boldsymbol{e}_i$. Damit erhalten wir den Differenzenquotienten

$$\begin{aligned}\frac{\varphi(\boldsymbol{x} + h\boldsymbol{e}_i) - \varphi(\boldsymbol{x})}{h} &= \frac{1}{h}\int_0^h \boldsymbol{V}(\boldsymbol{\gamma}_0(t)) \cdot \underbrace{\dot{\boldsymbol{\gamma}}_0(t)}_{\boldsymbol{e}_i}\,\mathrm{d}t \\ &= \frac{1}{h}\int_0^h \boldsymbol{V}(\boldsymbol{x} + t\boldsymbol{e}_i) \cdot \boldsymbol{e}_i \mathrm{d}t = \frac{1}{h}\int_0^h V_i(\boldsymbol{x} + t\boldsymbol{e}_i)\mathrm{d}t = V_i(\boldsymbol{x} + \tau\boldsymbol{e}_i)\end{aligned}$$

mit einem $\tau \in (0, h)$ (Letzteres folgt aus dem Mittelwertsatz der Integralrechnung). Ersetzt man h durch $-h$, gewinnt man eine analoge Gleichung. Für $|h| \to 0$ strebt damit die rechte Seite gegen $V_i(\boldsymbol{x})$ (wegen $|\tau| < |h|$), und somit konvergiert auch die linke Seite. Ihr Grenzwert ist

$$\frac{\partial\varphi}{\partial x_i}(\boldsymbol{x}) = V_i(\boldsymbol{x}) \quad (i \in \{1, \dots, n\})\,,$$

d.h. es gilt $\operatorname{grad}\varphi = \boldsymbol{V}$, womit Teil (a) bewiesen ist.

(b) Es seien die Kurvenintegrale von $\boldsymbol{V}$ wegunabhängig. φ bezeichne das in (1.217) definierte Potential von $\boldsymbol{V}$ und $\tilde{\varphi}$ sei ein beliebiges anderes Potential von $\boldsymbol{V}$. Wie in (1.216) folgt für eine Kurve K mit Anfangspunkt $\boldsymbol{p}_0$ und Endpunkt $\boldsymbol{x}$:

$$\varphi(\boldsymbol{x}) = \int_K \boldsymbol{V}(\hat{\boldsymbol{x}}) \cdot \mathrm{d}\hat{\boldsymbol{x}} = \int_K \operatorname{grad}\tilde{\varphi}(\hat{\boldsymbol{x}}) \cdot \mathrm{d}\hat{\boldsymbol{x}} = \tilde{\varphi}(\boldsymbol{x}) - \tilde{\varphi}(\boldsymbol{p}_0)\,,$$

also mit $\tilde{\varphi}(\boldsymbol{p}_0) = c$ die Gleichung $\tilde{\varphi}(\boldsymbol{x}) = \varphi(\boldsymbol{x}) + c$ für alle $\boldsymbol{x}$, d.h. die Potentiale von $\boldsymbol{V}$ unterscheiden sich nur durch additive Konstanten, was zu beweisen war. □

Bezeichnung: Kurvenintegrale über *geschlossenen* Kurven K kennzeichnet man gern mit einem *Kreis am Integralzeichen*, also $\oint_K \ldots = \int_K \ldots$.

Hilfssatz 1.1:

Die Kurvenintegrale eines Vektorfeldes $\boldsymbol{V} : G \to \mathbb{R}^n$ (G Gebiet in $\mathbb{R}^n$) sind genau dann *wegunabhängig*, wenn sie über allen *geschlossenen Kurven K in G verschwinden*, d.h.:

$$\oint_K \boldsymbol{V}(\boldsymbol{x}) \cdot \mathrm{d}\boldsymbol{x} = 0 .$$

Beweis:
Da man zwei Wege von $\boldsymbol{p}_0$ nach $\boldsymbol{p}_1$ in G als einen geschlossenen Weg auffassen kann, wenn man die Durchlaufung des einen Weges umkehrt, ist die Behauptung unmittelbar klar. □

Übung 1.47*

In der Nähe der Erdoberfläche herrscht lokal das (nahezu) konstante Gravitationsfeld $\boldsymbol{V}(\boldsymbol{x}) = -g\boldsymbol{e}_3$. Zeige die Wegunabhängigkeit und berechne über (1.217) dazu das Potential φ. Welches sind die »Äquipotentialflächen« $\{\boldsymbol{x} \in \mathbb{R}^3 \mid \varphi(\boldsymbol{x}) \equiv \text{const.}\}$ dazu?

1.6.4 Potentialkriterium

Nach dem Kurvenhauptsatz hat ein stetig differenzierbares Vektorfeld $\boldsymbol{V} : G \to \mathbb{R}^n$ ($G \subset \mathbb{R}^n$) genau dann ein Potential $\varphi : G \to \mathbb{R}$, wenn alle Kurvenintegrale von V wegunabhängig sind. Diese Bindung ist aber in konkreten Fällen kaum nachprüfbar, da es praktisch unmöglich ist, alle Kurvenintegrale zu untersuchen. Die Aussage hat daher hauptsächlich theoretischen Wert beim Beweis weiterer Sätze über Potentiale.

Für die Praxis müssen wir somit nach einem griffigeren Kriterium suchen. Zu diesem Zweck nehmen wir zunächst an, dass das Vektorfeld $\boldsymbol{V} : G \to \mathbb{R}^n$ auf dem Gebiet $G \subset \mathbb{R}^n$ ein Potential $\varphi : G \to \mathbb{R}$ besitzt. Es gilt also $\operatorname{grad} \varphi = \boldsymbol{V}$, d.h. mit $\boldsymbol{V} = [V_1, \ldots, V_n]^{\mathrm{T}}$:

$$\varphi_{x_i}(\boldsymbol{x}) = V_i(\boldsymbol{x}) \;^{45} \quad \text{für alle } \boldsymbol{x} = \begin{bmatrix} x_1 \\ \vdots \\ x_n \end{bmatrix} \in G .$$

Ist $\boldsymbol{V}$ stetig differenzierbar, also φ zweimal stetig differenzierbar, so gilt bekanntlich

$$\varphi_{x_i x_k} = \varphi_{x_k x_i} \quad \text{für alle } i, k = 1, \ldots, n .$$

---

45 $\varphi_{x_i} = \frac{\partial \varphi}{\partial x_i}$, $\varphi_{x_i x_k} = \frac{\partial^2 \varphi}{\partial x_k \partial x_i}$, $V_{i,\, x_k} = \frac{\partial V_i}{\partial x_k}$ usw.

folglich

$$V_{i,x_k} = V_{k,x_i} \quad \text{für alle } i, k = 1, \ldots, n. \tag{1.218}$$

Diese Gleichung heißt *Integrabilitätsbedingung*. Sie ist offenbar *notwendig* für die Existenz eines Potentials. Ist sie auch hinreichend?

Dies ist tatsächlich der Fall bei *einfach zusammenhängenden Gebieten*. Es handelt sich dabei — anschaulich ausgedrückt — um Gebiete *ohne »durchgehende Löcher«*.

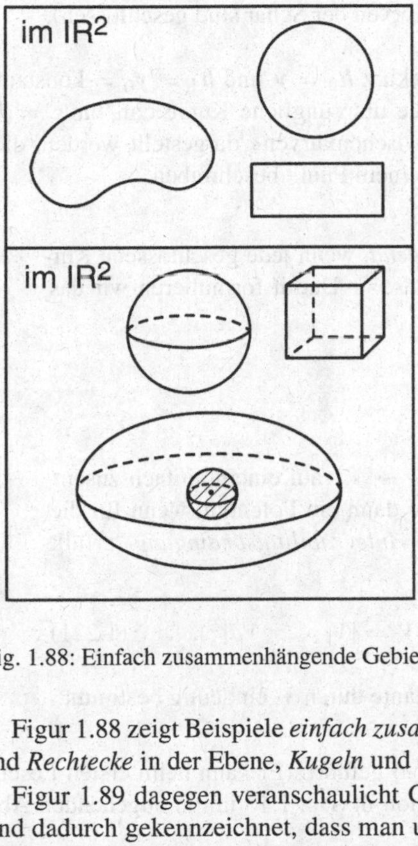

Fig. 1.88: Einfach zusammenhängende Gebiete

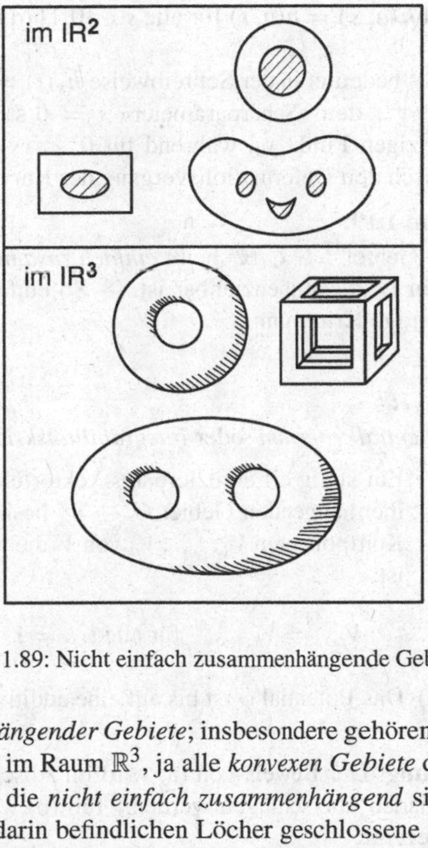

Fig. 1.89: Nicht einfach zusammenhängende Gebiete

Figur 1.88 zeigt Beispiele *einfach zusammenhängender Gebiete*; insbesondere gehören *Kreise* und *Rechtecke* in der Ebene, *Kugeln* und *Quader* im Raum $\mathbb{R}^3$, ja alle *konvexen Gebiete* dazu.

Figur 1.89 dagegen veranschaulicht Gebiete, die *nicht einfach zusammenhängend* sind. Sie sind dadurch gekennzeichnet, dass man um die darin befindlichen Löcher geschlossene Kurven legen kann, die sich innerhalb des Gebietes *nicht auf einen Punkt zusammenziehen* lassen. Die Löcher sind bei dieser Zusammenziehung im Wege!

Diese anschauliche Vorstellung präzisiert man folgendermaßen:

Eine stetige Abbildung $\boldsymbol{h} : [a, b] \times [0,1]$ [46] $\to G \subset \mathbb{R}^n$ heißt eine *Deformation* von Kurven.

Dies wird verständlich, wenn man die Funktionsgleichung $\boldsymbol{y} = \boldsymbol{h}(t, s)$ in der Form

$$\boldsymbol{y} = \boldsymbol{h}(t, s) =: \boldsymbol{h}_s(t) \tag{1.219}$$

46 $[a, b] \times [0,1]$ beschreibt das Rechteck $\left\{ \begin{bmatrix} x \\ y \end{bmatrix} \mid a \leq x \leq b\,,\ 0 \leq y \leq 1 \right\}$ in der Ebene $\mathbb{R}^2$.

schreibt. Hier bedeutet $\boldsymbol{h}_s$ für jedes s einen Weg, d.h. es ist eine *Schar von Wegen* gegeben — und damit auch eine Schar von Kurven — die sich mit s stetig ändern. Damit vereinbart man:

Definition 1.18:

Eine geschlossene Kurve $K : \boldsymbol{\gamma} : [a, b] \to G \subset \mathbb{R}^n$ heißt in G *zusammenziehbar*, wenn es eine Deformation $\boldsymbol{h} : [a, b] \times [0,1] \to G$ dazu gibt mit

$$\left.\begin{aligned} \boldsymbol{h}(t,0) &= \boldsymbol{\gamma}(t) \\ \boldsymbol{h}(t,1) &= \boldsymbol{y}_0 = \text{konstant} \end{aligned}\right\} \quad \text{für alle } t \in [a, b] \tag{1.220}$$

und $\boldsymbol{h}(a, s) = \boldsymbol{h}(b, s)$ für alle $s \in [0,1]$ (d.h. alle Kurven der Schar sind geschlossen).

(1.220) bedeutet in der Schreibweise $\boldsymbol{h}_s(t) = \boldsymbol{h}(t, s)$ kurz $\boldsymbol{h}_0 = \boldsymbol{\gamma}$ und $\boldsymbol{h}_1 = \boldsymbol{y}_0 =$ konstant. Das heißt für den »Scharparameter« $s = 0$ stellt $\boldsymbol{h}_s$ die ursprüngliche Kurve dar, für $s = 1$ einen einzigen Punkt y_0, während für $0 < s < 1$ »Zwischenkurven« dargestellt werden, die geometrisch den Deformationsvorgang der Kurve K zu einem Punkt beschreiben.

Definition 1.19:

Ein Gebiet[47] $G \subset \mathbb{R}^n$ heißt *einfach zusammenhängend*, wenn jede geschlossene Kurve in $\boldsymbol{G}$ zusammenziehbar ist. — So einfach ist das! — Damit formulieren wir das wichtige Kriterium:

Satz 1.17:

(*Potentialkriterium* (oder *Integrabilitätskriterium*))

(a) Ein stetig differenzierbares Vektorfeld $\boldsymbol{V} : G \to \mathbb{R}^n$ auf einem einfach zusammenhängenden Gebiet $G \subset \mathbb{R}^n$ besitzt genau dann ein Potential, wenn für die Komponenten $V_1, \ldots, V_n$ von $\boldsymbol{V}$ die folgende *»Integrabilitätsbedingung«* erfüllt ist:

$$V_{i,x_k} = V_{k,x_i}\,, \quad \text{für alle } i, k = 1, \ldots, n, (\boldsymbol{V} = [V_1, \ldots, V_n]^{\mathrm{T}}). \tag{1.221}$$

(b) Das Potential φ ist bis auf eine additive Konstante durch $\boldsymbol{V}$ eindeutig bestimmt.

Bemerkung: Der Beweis von (a) wird im Abschnitt 1.6.6 geführt. (Er kann beim ersten Lesen ohne Schaden überschlagen werden.) Teil (b) wurde schon in Satz 1.16 im vorangehenden Abschnitt gezeigt.

Potentialkriterium im $\mathbb{R}^2$: Es sei G ein *einfach zusammenhängendes* Gebiet in der Ebene. Das heißt anschaulich, dass das Gebiet G »keine Löcher« hat (auch keine punktförmigen). Schreiben wir $x = x_1$ und $y = x_2$ für die Koordinaten, so lautet die *Integrabilitätsbedingung* für ein stetig differenzierbares Vektorfeld $\boldsymbol{V} : G \to \mathbb{R}^2$ einfach

$$V_{1,y} = V_{2,x}\,, \quad \text{mit } \boldsymbol{V} = \begin{bmatrix} V_1 \\ V_2 \end{bmatrix}. \tag{1.222}$$

47 Wir erinnern uns: Ein Gebiet ist eine offene zusammenhängende Menge im $\mathbb{R}^n$.

Unter diesen Voraussetzungen hat $\boldsymbol{V}$ also ein Potential φ.

Potentialkriterium im $\mathbb{R}^3$: Im dreidimensionalen Raum, der ja für Technik und Naturwissenschaft besonders wichtig ist, hat man eine besonders übersichtliche Formulierung erdacht. Und zwar führt man für ein stetig differenzierbares Vektorfeld $\boldsymbol{V} = [V_1, V_2, V_3]^{\mathrm{T}}$ auf einem Gebiet $G \subset \mathbb{R}^3$ in jedem Punkt $\boldsymbol{x} = [x, y, z]^{\mathrm{T}}$ aus G den Vektor

$$\operatorname{rot} \boldsymbol{V}(\boldsymbol{x}) := \begin{bmatrix} V_{3y} - V_{2z} \\ V_{1z} - V_{3x} \\ V_{2x} - V_{1y} \end{bmatrix}_{(\boldsymbol{x})} . \quad (1.223)$$

[48]

ein. Er heißt *Rotation* von $\boldsymbol{V}$ (in $\boldsymbol{x}$). (Sein Name rührt von Flüssigkeits-Rotationen her, bei deren mathematischer Behandlung er eine wichtige Rolle spielt, s. Abschn. 3.2.2). Als Merkregeln können folgende symbolische Schreibweisen verwendet werden:

$$\operatorname{rot} \boldsymbol{V} = \begin{vmatrix} \boldsymbol{i} & \boldsymbol{j} & \boldsymbol{k} \\ \frac{\partial}{\partial x} & \frac{\partial}{\partial y} & \frac{\partial}{\partial z} \\ V_1 & V_2 & V_3 \end{vmatrix}, \quad \text{oder mit } \nabla := \begin{bmatrix} \frac{\partial}{\partial x} \\ \frac{\partial}{\partial y} \\ \frac{\partial}{\partial z} \end{bmatrix} : \ \operatorname{rot} \boldsymbol{V} = \nabla \times \boldsymbol{V} . \quad (1.224)$$

In der symbolischen Determinante links sind $\boldsymbol{i}, \boldsymbol{j}, \boldsymbol{k}$ die Koordinateneinheitsvektoren. Man hat die Determinante nur auf übliche Weise auszuwerten. Der rechtsstehende symbolische Vektor ∇ heißt *Nabla-Operator*. Das Vektorprodukt $\nabla \times \boldsymbol{V}$ ist hier formal nach den üblichen Regeln auszurechnen. Der Leser tue es zur Übung!

Man erkennt, dass die Integrabilitätsbedingung einfach $\operatorname{rot} \boldsymbol{V} = \boldsymbol{0}$ lautet.

Folgerung 1.3:

(*Potentialkriterium im $\mathbb{R}^3$*) Ein stetig differenzierbares Vektorfeld $\boldsymbol{V} : G \to \mathbb{R}^3$ auf einem einfach zusammenhängenden Gebiet $G \subset \mathbb{R}^3$ hat genau dann ein Potential, wenn

$$\operatorname{rot} \boldsymbol{V} = \boldsymbol{0} \quad (1.225)$$

auf ganz G erfüllt ist.

Übungen: Welche der folgenden Vektorfelder auf $\mathbb{R}^3$ haben ein Potential? Dabei ist $\boldsymbol{x} = [x, y, z]^{\mathrm{T}}$.

Übung 1.48:

$$\boldsymbol{V}(\boldsymbol{x}) = \begin{bmatrix} 0 \\ x \\ 0 \end{bmatrix}$$

Übung 1.49:

$$\boldsymbol{V}(\boldsymbol{x}) = \begin{bmatrix} z \\ y \\ x \end{bmatrix}$$

48 $V_{3y} = \frac{\partial}{\partial y} V_3$, usw.

Übung 1.50:

$$V(\boldsymbol{x}) = \mathrm{e}^{xyz}\begin{bmatrix} yz \\ zx \\ xy \end{bmatrix}$$

1.6.5 Berechnung von Potentialen

Der folgende Satz liefert eine explizite Berechnungsformel für Potentiale, wenn das zugrunde liegende Gebiet ein Quader oder eine Kugel ist. Dabei wollen wir als (achsenparallelen) offenen Quader im $\mathbb{R}^n$ jede Menge der Form

$$G = \left\{ \boldsymbol{x} = \begin{bmatrix} x_1 \\ \vdots \\ x_n \end{bmatrix} \;\middle|\; x_i \in I_i \text{ für alle } i = 1, \dots, n \right\}, \quad I_i \text{ offenes Intervall,}$$

bezeichnen. Da die Intervalle I_i, in denen die Komponenten von $\boldsymbol{x}$ variieren, auch unbeschränkt sein können, z.B. gleich $\mathbb{R}$, sind hier also auch »Quader mit unendlich langen Seiten« gemeint. Insbesondere ist $\mathbb{R}^n$ in dieser Sprechweise auch ein Quader.

Satz 1.18:

(*Explizite Potentialformel*) Es sei $\boldsymbol{V} = [V_1, \dots, V_n]^{\mathrm{T}} : G \to \mathbb{R}^n$ ein stetig differenzierbares Vektorfeld auf einem offenen Quader $G \subset \mathbb{R}^n$, wobei die Integrabilitätsbedingung $V_{i,x_k} = V_{k,x_i}$ für alle i, k auf G erfüllt ist. Wählt man einen beliebigen festen Punkt $\boldsymbol{a} = [a_1, \dots, a_n]^{\mathrm{T}} \in G$, so liefert die folgende Formel ein Potential von $\boldsymbol{V}$:

$$\varphi(\boldsymbol{x}) = \sum_{k=1}^{n} \int_{a_k}^{x_k} V_k(x_1, \dots, x_{k-1}, \xi_k, a_{k+1}, \dots, a_n)\mathrm{d}\xi_k \tag{1.226}$$

Beweis:

Es soll $\frac{\partial\varphi}{\partial x_i} = V_i$ gezeigt werden ($i \in \{1, \dots, n\}$ beliebig). Bei der Ableitung $\frac{\partial\varphi}{\partial x_i}$ werden aber in (1.226) alle Glieder mit $k < i$ Null, da sie nicht von x_i abhängen. Folglich gilt

$$\frac{\partial\varphi}{\partial x_i}(\boldsymbol{x}) = \frac{\partial}{\partial x_i} \int_{a_i}^{x_i} V_i(x_1, \dots, x_{i-1}, \xi_i, a_{i+1}, \dots, a_n)\mathrm{d}\xi_i$$

$$+ \sum_{k=i+1}^{n} \int_{a_i}^{x_k} \frac{\partial}{\partial x_i} V_k(x_1, \dots, x_{k-1}, \xi_k, a_{k+1}, \dots, a_n)\mathrm{d}\xi_k\,, \quad ^{49}$$

und wegen $V_{k,x_i} = V_{i,x_k}$:

$$\frac{\partial \varphi}{\partial x_i}(\boldsymbol{x}) = V_i(x_1, \ldots, x_{i-1}, x_i, a_{i+1}, \ldots, a_n)$$
$$+ \sum_{k=i+1}^{n} \int_{a_k}^{x_k} \frac{\partial}{\partial x_k} V_i(x_1, \ldots, x_{k-1}, \xi_k, a_{k+1}, \ldots, a_n) \mathrm{d}\xi_k \,.$$

Mit $\boldsymbol{p}_k = [x_1, \ldots, x_k, a_{k+1}, \ldots, a_n]^{\mathrm{T}}$ $(k = 1, \ldots, n)$, folgt

$$\frac{\partial \varphi}{\partial x_i}(\boldsymbol{x}) = V_i(\boldsymbol{p}_i) + \sum_{k=i+1}^{n} \Big[V_i(x_1, \ldots, x_{k-1}, \xi_k, a_{k+1}, \ldots, a_n) \Big]_{a_k}^{x_k}$$
$$= V_i(\boldsymbol{p}_i) + \sum_{k=i+1}^{n} \Big(V_i(\boldsymbol{p}_k) - V_i(\boldsymbol{p}_{k-1}) \Big) = V_i(\boldsymbol{p}_n) \,.$$

Also gilt wegen $\boldsymbol{p}_n = \boldsymbol{x}$ die Gleichung $\frac{\partial \varphi}{\partial x_i}(\boldsymbol{x}) = V_i(\boldsymbol{x})$, was zu beweisen war. □

Bemerkung:

(a) Die rechte Seite in Gleichung (1.226) kann als Wegintegral von $\boldsymbol{V}$ über den Streckenzug $[\boldsymbol{a}, \boldsymbol{p}_1], [\boldsymbol{p}_1, \boldsymbol{p}_2], \ldots, [\boldsymbol{p}_{n-1}, \boldsymbol{x}]$ gedeutet werden ($\boldsymbol{p}_k$ siehe Beweis).

(b) Satz 1.18 gilt auch, wenn man G als Kugel um den Mittelpunkt $\boldsymbol{a}$ auffasst, da dann der genannte Streckenzug für jedes $\boldsymbol{x}$ aus der Kugel ganz in der Kugel liegt. Die Komponenten können auch beliebig permutiert werden.

Ist G ein einfach zusammenhängendes Gebiet von komplizierter Gestalt — also nicht Quader, Kugel, Ellipsoid o.ä. — so muss man φ über Kurvenintegrale ermitteln:

$$\varphi(\boldsymbol{x}) = \int_{\boldsymbol{x}_0}^{\boldsymbol{x}} \boldsymbol{V}(\hat{x}) \cdot \mathrm{d}\hat{x} = \int_{a}^{b} \boldsymbol{V}(\boldsymbol{\gamma}(t)) \cdot \dot{\boldsymbol{\gamma}}(t) \mathrm{d}t \,. \tag{1.227}$$

Als Kurven bevorzugt man Strecken oder Streckenzüge von $\boldsymbol{x}_0$ nach $\boldsymbol{x}$ in G, da $\dot{\boldsymbol{\gamma}}(t)$ in diesem Falle (stückweise) konstant ist, was das Integral vereinfacht. Ist G konvex, so kann man stets Strecken $K : \boldsymbol{\gamma}(t) = \boldsymbol{x}_0 + t(\boldsymbol{x} - \boldsymbol{x}_0)$, $(0 \le t \le 1)$, verwenden. Man erhält damit

Folgerung 1.4:

Ist $G \subset \mathbb{R}^n$ ein konvexes Gebiet, ferner $\boldsymbol{x}_0 \in G$, und erfüllt $\boldsymbol{V} : G \to \mathbb{R}^n$ die Integrabilitätsbedingung $V_{i,x_k} = V_{k,x_i}$, so liefert die folgende Gleichung ein Potential φ von $\boldsymbol{V}$:

---

49 Im Falle $i = n$ wird die Summe $\sum_{k=i+1}^{n} \ldots$ gleich Null gesetzt.

$$\varphi(\boldsymbol{x}) = \int_0^1 \boldsymbol{V}(\boldsymbol{x}_0 + t(\boldsymbol{x} - \boldsymbol{x}_0)) \cdot (\boldsymbol{x} - \boldsymbol{x}_0)\mathrm{d}t\,, \quad (\boldsymbol{x} \in G) \tag{1.228}$$

Im Falle $\boldsymbol{x}_0 = \boldsymbol{0}$ (was durch Nullpunktverschiebung stets erreicht werden kann) ergibt sich daraus die einfache Formel

$$\varphi(\boldsymbol{x}) = \int_0^1 \boldsymbol{V}(t\boldsymbol{x}) \cdot \boldsymbol{x}\mathrm{d}t\,. \tag{1.229}$$

Potentialfelder im $\mathbb{R}^2$: Es sei $\boldsymbol{V}(x, y) = \begin{bmatrix} V_1(x, y) \\ V_2(x, y) \end{bmatrix}$ ein stetig differenzierbares Vektorfeld auf einem offenen Rechteck G, wobei die Integrabilitätsbedingung $V_{1,y} = V_{2,x}$ erfüllt sei. Ist $\boldsymbol{x}_0 = \begin{bmatrix} x_0 \\ y_0 \end{bmatrix}$ beliebig aus G, so erhält die Formel (1.226) die spezielle Gestalt

$$\varphi(x, y) = \int_{x_0}^{x} V_1(\xi, y_0)\mathrm{d}\xi + \int_{y_0}^{y} V_2(x, \eta)\mathrm{d}\eta\,. \tag{1.230}$$

Für eine offene Kreisscheibe G um x_0 gilt diese Formel ebenfalls.

Beispiel 1.20:
Es soll ein Potential φ von

$$\boldsymbol{V}(\boldsymbol{x}) = \begin{bmatrix} V_1(x, y) \\ V_2(x, y) \end{bmatrix} = \begin{bmatrix} 10xy^2 + 12x^2 \\ 10x^2y - 4y^3 \end{bmatrix}, \quad \boldsymbol{V} : \mathbb{R}^2 \to \mathbb{R}^2$$

berechnet werden. Die Integrabilitätsbedingung $V_{1,y} = V_{2,x} = 20xy$ ist erfüllt, womit die Existenz von φ gesichert ist. Nach (1.230) ist (mit $x_0 = y_0 = 0$):

$$\begin{aligned} \varphi(x, y) &= \int_0^x (10\xi \underbrace{y_0^2}_{0} + 12\xi^2)\mathrm{d}\xi + \int_0^y (10x^2\eta - 4\eta^3)\mathrm{d}\eta \\ &= \left[4\xi^3\right]_0^x + \left[5x^2\eta^2 - \eta^4\right]_0^y = 4x^3 + 5x^2y^2 - y^4\,. \end{aligned}$$

Potentialfelder im $\mathbb{R}^3$. Es sei $G \subset \mathbb{R}^3$ eine offene Kugel um $\boldsymbol{x}_0 = [x_0, y_0, z_0]^{\mathrm{T}}$ oder ein offener Quader, wobei $\boldsymbol{x}_0$ ein beliebiger Punkt des Quaders ist. Für ein stetig differenzierbares Vektorfeld $\boldsymbol{V} = [V_1, V_2, V_3]^{\mathrm{T}}$ auf G mit $\operatorname{rot} \boldsymbol{V} = \boldsymbol{0}$ erhält man nach Satz 1.18 ein Potential φ von $\boldsymbol{V}$ durch die Formel

$$\varphi(x,y,z) = \int_{x_0}^{x} V_1(\xi, y_0, z_0)\mathrm{d}\xi + \int_{y_0}^{y} V_2(x,\eta,z_0)\mathrm{d}\eta + \int_{z_0}^{z} V_3(x,y,\zeta)\mathrm{d}\zeta\,. \qquad (1.231)$$

Beispiel 1.21:

$\boldsymbol{V}(x,y,z) = 2e^{-r^2}\begin{bmatrix} x \\ y \\ z \end{bmatrix}$ mit $r = \sqrt{x^2+y^2+z^2}$, definiert auf $\mathbb{R}^3$, erfüllt rot $\boldsymbol{V} = \boldsymbol{0}$. Formel (1.231) ergibt:

$$\begin{aligned}\varphi(x,y,z) &= 2\int_0^x \xi e^{-\xi^2}\mathrm{d}\xi + 2\int_0^y \eta e^{-x^2-\eta^2}\mathrm{d}\eta + 2\int_0^z \zeta\, \mathrm{e}^{-x^2-y^2-\zeta^2}\,\mathrm{d}\zeta \\ &= \big[-\mathrm{e}^{-\xi^2}\big]_0^x + \big[-\mathrm{e}^{-x^2-\eta^2}\big]_0^y + \big[-\mathrm{e}^{-x^2-y^2-\zeta^2}\big]_0^z = 1 - \mathrm{e}^{-r^2}\,.\end{aligned}$$

Zur Übung wollen wir φ ein zweites Mal berechnen, und zwar aus (1.229):

$$\varphi(x,y,z) = \int_0^1 \boldsymbol{V}(tx,ty,tz)\cdot\begin{bmatrix} x \\ y \\ z \end{bmatrix}\mathrm{d}t = 2\int_0^1 e^{-t^2r^2}tr^2\mathrm{d}t = \big[-\mathrm{e}^{-t^2r^2}\big]_0^1 = 1 - \mathrm{e}^{-r^2}\,.$$

Bemerkung: Das wichtigste Potential im dreidimensionalen Raum $\mathbb{R}^3$ ist das »Newtonsche Potential«, welches in seiner einfachsten Form durch $\varphi(\boldsymbol{x}) = 1/r$ mit $r = |\boldsymbol{x}-\boldsymbol{x}_0|$ gegeben ist. Sein Gradient beschreibt (bis auf einen konstanten Faktor) das Gravitationsfeld eines Massenpunktes in $\boldsymbol{x}_0$ oder das elektrostatische Feld einer Punktladung in $\boldsymbol{x}_0$ (s. Beisp. 1.19, Abschn. 1.6.1). Sind mehrere Massenpunkte der Massen m_i in den Punkten $\boldsymbol{y}_i$ $(i = 1,\ldots,n)$ gegeben, so lautet das Potential des Gravitationsfeldes

$$\varphi(\boldsymbol{x}) = c\sum_{i=1}^{n}\frac{m_i}{r_i}$$

mit $r_i = |\boldsymbol{x}-\boldsymbol{y}_i|$, $c =$ konstant. Für einen Körper, der das Gebiet $G \subset \mathbb{R}^3$ ausfüllt und die (stetige) Massendichte $\rho(\boldsymbol{y})$ $(\boldsymbol{y}\in G)$ besitzt, erhält man durch Grenzübergang daraus das Potential des zugehörigen Potentialfeldes:

$$\varphi(\boldsymbol{x}) = c\iiint_G \frac{\rho(\boldsymbol{y})}{|\boldsymbol{x}-\boldsymbol{y}|}\mathrm{d}\boldsymbol{y}\,. \qquad (1.232)$$

φ genügt zusätzlich der Differentialgleichung $\varphi_{xx}+\varphi_{yy}+\varphi_{zz} = 0$, (abgekürzt: $\Delta\varphi = 0$), und ist damit der Ausgangspunkt der eigentlichen »Potentialtheorie«,(s. Burg/Haf/Wille (Partielle Dgln.) [13]).

Übungen: Überprüfe, ob die folgenden Vektorfelder Potentiale haben (auf $\mathbb{R}^2$ oder $\mathbb{R}^3$). Berechne sie gegebenenfalls:

Übung 1.51:

$$\text{(a)}\quad \boldsymbol{V}(x,y) = \mathrm{e}^x \begin{bmatrix} \sin y \\ \cos y \end{bmatrix}, \quad \text{(b)}\quad \boldsymbol{V}(x,y) = \begin{bmatrix} xy^4 + 2x^5 \\ 2x^2y^3 - y^6 \end{bmatrix}.$$

Übung 1.52:

$$\text{(a)}\quad \boldsymbol{V}(x,y) = \begin{bmatrix} -y \\ x \end{bmatrix}, \quad \text{(b)}\quad \boldsymbol{V}(x,y,z) = \begin{bmatrix} 6x^2 \\ 2x^3 - z \\ y \end{bmatrix}.$$

Übung 1.53:

$$\boldsymbol{V}(x,y,z) = \begin{bmatrix} x \\ 0 \\ 0 \end{bmatrix}.$$

Übung 1.54:

$$\boldsymbol{V}(x,y,z) = \begin{bmatrix} y \\ 0 \\ 0 \end{bmatrix}.$$

Übung 1.55:

Zeige, dass jedes »Zentralfeld« $\boldsymbol{V}(\boldsymbol{x}) = f(\boldsymbol{x})(\boldsymbol{x} - \boldsymbol{x}_0)$ mit $\boldsymbol{x}, \boldsymbol{x}_0 \in \mathbb{R}^n$, $r = |\boldsymbol{x} - \boldsymbol{x}_0| > 0$ und stetigem $f : (0, \infty) \to \mathbb{R}$ ein Potential φ hat. Mache dabei den Ansatz $\boldsymbol{\varphi}(\boldsymbol{x}) = g(r)$. Berechne mit dieser Methode nochmals das Potential aus Beispiel 1.21.

1.6.6 Beweis des Potentialkriteriums

Der Beweis des Satzes 1.17(a) aus Abschnitt 1.6.4 wird hier nachgeholt, d.h. es wird folgende Aussage bewiesen:[50]

»Ein stetig differenzierbares Vektorfeld $\boldsymbol{V} : G \to \mathbb{R}^n$ auf einem einfach zusammenhängenden Gebiet $G \subset \mathbb{R}^n$ besitzt genau dann ein Potential, wenn für $\boldsymbol{V} = [V_1, \ldots, V_n]^{\mathrm{T}}$ die Integrabilitätsbedingung $V_{i,x_k} = V_{k,x_i}$ $(i, k = 1, \ldots, n)$ in G erfüllt ist.«

Für den Sonderfall, dass G ein Quader oder eine Kugel ist, wurde die Aussage schon in Satz 1.18, Abschnitt 1.6.5, nachgewiesen. Darauf aufbauend wird der folgende allgemeine Beweis geführt:

50 Dieser Abschnitt kann vom anwendungsorientierten Leser übergangen werden.

Beweis des Satzes 1.17

(i) Hat $\boldsymbol{V}$ ein Potential φ, so gilt $V_{i,x_k} = V_{k,x_i}$, wie in Abschnitt 1.6.4 gezeigt.

(ii) Es sei jetzt vorausgesetzt, dass $\boldsymbol{V}$ die Integrabilitätsbedingung $V_{i,x_k} = V_{k,x_i}$ $(i, k = 1, \ldots, n)$ erfüllt. Für eine beliebige geschlossene, stückweise glatte Kurve $K : \boldsymbol{\gamma} : [a, b] \to G$ weisen wir im Folgenden nach, dass das *Kurvenintegral von* $\boldsymbol{V}$ *verschwindet*:

$$\oint_K \boldsymbol{V}(\boldsymbol{x}) \cdot \mathrm{d}\boldsymbol{x} = 0 . \tag{1.233}$$

Dies bedeutet die Wegunabhängigkeit der Kurvenintegrale von $\boldsymbol{V}$ (nach Hilfssatz 1.1, Abschn. 1.6.3) und damit die Existenz eines Potentials φ von $\boldsymbol{V}$ (nach dem Kurvenhauptsatz: Satz 1.16, Abschn. 1.6.3).

Unser Plan ist damit klar: Wir müssen nur (1.233) beweisen.

Da G einfach zusammenhängt, ist jede geschlossene Kurve $K : \boldsymbol{x} = \boldsymbol{\gamma}(t)$ $(a \le t \le b)$ zusammenziehbar. D.h. es existiert eine stetige Abbildung $\boldsymbol{h} : [a, b] \times [0,1] \to \mathbb{R}^n$ — beschrieben durch $\boldsymbol{y} = \boldsymbol{h}(t, s)$ — mit $\boldsymbol{h}(t,0) = \boldsymbol{\gamma}(t)$, $\boldsymbol{h}(t,1) = \boldsymbol{c} =$ konstant (für alle $t \in [a, b]$) und $\boldsymbol{h}(a, s) = \boldsymbol{h}(b, s)$ für alle $s \in [0,1]$ (s. Abschn. 1.6.4).

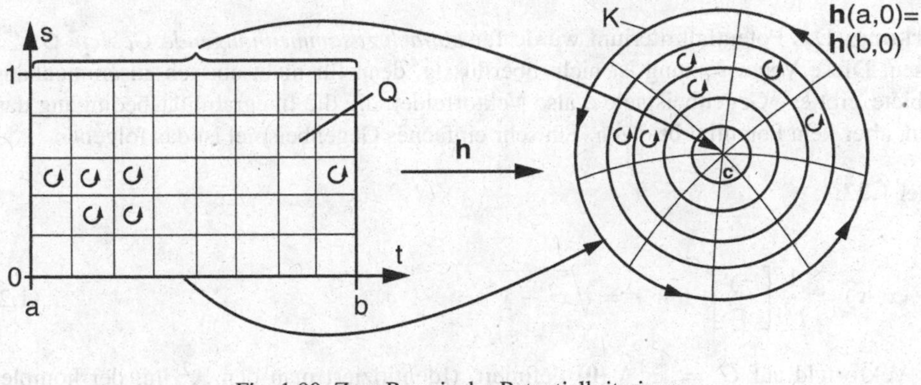

Fig. 1.90: Zum Beweis des Potentialkriteriums

Für das Rechteck $Q = [a, b] \times [0,1]$, auf dem $\boldsymbol{h}$ definiert ist, wählen wir eine so feine Rechteckzerlegung (s. Fig. 1.90), dass das Bild eines jeden Teilrechteckes bzgl. $\boldsymbol{h}$ ganz in einer Kugel in G liegt.

Die Abbildung $\begin{bmatrix} t \\ s \end{bmatrix} \to \boldsymbol{h}(t, s)$ auf dem Rand eines jeden Teilrechteckes Q_i kann als geschlossener Weg $\boldsymbol{\gamma}_i$ aufgefasst werden. Er kann als stückweise glatt angenommen werden.[51]

51 Dies gilt, da man $\boldsymbol{h}$ andernfalls durch »stückweise affine« Abbildungen $\boldsymbol{h}_m$ gleichmäßig approximieren kann, für die das zutrifft. Man kann ersatzweise mit $\boldsymbol{h}_m$ arbeiten und dann den Grenzübergang $\boldsymbol{h}_m \to \boldsymbol{h}$ durchführen. — (Eine stetige Abbildung $\boldsymbol{h}_m : Q \to \mathbb{R}^2$ heißt dabei *»stückweise affin«*, wenn eine Dreieckszerlegung von Q vorliegt und $\boldsymbol{h}_m(t, s)$ auf jedem Teildreieck die Form $t\boldsymbol{a} + s\boldsymbol{b} + \boldsymbol{d}$ ($\boldsymbol{a}, \boldsymbol{b}$ linear unabhängig) hat.)

Der Rand von Q_i werde dabei gegen den Uhrzeigersinn umlaufen. Das zugehörige Kurvenintegral ist Null: $\oint_{K_i} \boldsymbol{V}(\boldsymbol{x}) \cdot \mathrm{d}\boldsymbol{x} = 0$, da K_i ganz in einer Kugel in G liegt (nach Satz 1.18, Abschn. 1.6.5). Damit ist die Summe aller dieser Kurvenintegrale auch Null:

$$\sum_i \oint_{K_i} \boldsymbol{V}(\boldsymbol{x}) \cdot \mathrm{d}\boldsymbol{x} = 0\,. \tag{1.234}$$

In der linken Summe heben sich aber alle Integralanteile weg, die zu Kurvenstücken im Inneren des Rechtecks Q gehören, da diese Kurvenstücke doppelt durchlaufen werden, und zwar in zwei verschiedenen Richtungen. Ferner heben sich die Integralanteile des linken Randes von Q gegen die des rechten Randes weg (wegen $\boldsymbol{h}(a, s) = \boldsymbol{h}(b, s)$), und die Integralanteile des oberen Randes von Q sind Null, da $\boldsymbol{h}$ dort konstant gleich $\boldsymbol{c}$ ist.

Somit bleiben in der Summe in (1.234) nur noch die Integralanteile übrig, die dem unteren Rand von Q entsprechen. Sie summieren sich aber zum Kurvenintegral bzgl. der Kurve $K : \boldsymbol{x} = \boldsymbol{\gamma}(t)$, d.h. es gilt

$$\oint_K \boldsymbol{V}(\boldsymbol{x}) \cdot \mathrm{d}\boldsymbol{x} = \sum_i \oint_{K_i} \boldsymbol{V}(\boldsymbol{x}) \cdot \mathrm{d}\boldsymbol{x} = 0\,.$$

was zu beweisen war. □

Bemerkung: Das Potentialkriterium wurde für *einfach zusammenhängende Gebiete* $G \subset \mathbb{R}^n$ bewiesen. Diese Voraussetzung ist nicht überflüssig, denn für nicht einfach zusammenhängende Gebiete gibt es »Gegenbeispiele«, also Vektorfelder, die die Integrabilitätsbedingung darauf erfüllen, aber kein Potential besitzen. Ein sehr einfaches Gegenbeispiel ist das folgende

Beispiel 1.22:
Durch

$$\boldsymbol{V}(x, y) = \frac{1}{r^2}\begin{bmatrix} -y \\ x \end{bmatrix} \quad \text{mit } r = \sqrt{x^2 + y^2}\,, \tag{1.235}$$

ist ein Vektorfeld auf $G = \mathbb{R}^2 \setminus \{\boldsymbol{0}\}$ definiert. (Identifiziert man den $\mathbb{R}^2$ mit der komplexen Ebene $\mathbb{C}$, so hat $\boldsymbol{V}$ die einfache Form $\boldsymbol{V}(z) = i/\bar{z}$ für $z = x + \mathrm{i}\,y \neq 0$). Der Leser weist leicht nach, dass die Integrabilitätsbedingung $V_{1,y} = V_{2,x}$ erfüllt ist, dass aber das Kurvenintegral $\oint_K \boldsymbol{V}(\boldsymbol{x}) \cdot \mathrm{d}\boldsymbol{x}$ über dem Einheitskreis $K : x = \cos t,\ y = \sin t\ (0 \leq t \leq 2\pi)$ den Wert 2π hat, also nicht Null ist. Damit ist die Wegunabhängigkeit der Kurvenintegrale von $\boldsymbol{V}$ verletzt (nach Hilfssatz 1.1, Abschn. 1.6.3), und es existiert kein Potential von $\boldsymbol{V}$ auf $G : \mathbb{R}^2 \setminus \{\boldsymbol{0}\}$ (nach dem Kurvenhauptsatz, Abschn. 1.6.3).

Es sei angemerkt, dass $\boldsymbol{V}$ selbstverständlich ein Potential φ besitzt, wenn man ein einfach zusammenhängendes Gebiet G_0 zugrunde legt, z.B. die in der negativen x-Achse »geschlitzte« Ebene $G_0 = \mathbb{R}^2 \setminus \{[x,0]^{\mathrm{T}} \mid x \leq 0\}$. Ein Potential von $\boldsymbol{V}$ auf G_0 ist gegeben durch

$$\varphi(x, y) = \operatorname{arc}(x, y) = \begin{cases} \arccos \frac{x}{r} & \text{für } y \geq 0\,, \\ -\arccos \frac{x}{r} & \text{für } y < 0\,. \end{cases} \tag{1.236}$$

Übungen

Übung 1.56:

Zu Beispiel 1.22: Zeige, dass φ in (1.236) ein Potential von $\boldsymbol{V}$ auf G_0 ist.

Übung 1.57:

Berechne das Potential von $\boldsymbol{V}(\boldsymbol{x}) = \boldsymbol{x}/|\boldsymbol{x}|^2$, $\boldsymbol{x} = \begin{bmatrix} x \\ y \end{bmatrix} \in \mathbb{R}^2 \setminus \{\boldsymbol{0}\}$, falls es existiert.

2 Flächen und Flächenintegrale

In diesem und den folgenden Abschnitten legen wir den dreidimensionalen Raum $\mathbb{R}^3$ zugrunde, da er für physikalische und technische Anwendungen von vorrangiger Wichtigkeit ist. Überdies haben sich im $\mathbb{R}^3$ praktische Schreib- und Rechenmethoden eingebürgert, die das Arbeiten damit übersichtlicher und für Anwendungen griffiger machen. Man denke z.B. an das Vektorprodukt $\boldsymbol{a} \times \boldsymbol{b}$, den Rotationsoperator rot $\boldsymbol{V}$, an Drehungen um (eindimensionale) Achsen, ja, an den Begriff der Fläche selbst, der man eindeutig die Dimension 2 zuschreibt, also genau zwischen Kurvendimension (=1) und Raumdimension des $\mathbb{R}^3$ (=3) liegend. (Im $\mathbb{R}^n$ mit $n \geq 4$ ist dies alles umständlicher, unanschaulicher und weniger praktikabel.)

2.1 Flächenstücke und Flächen

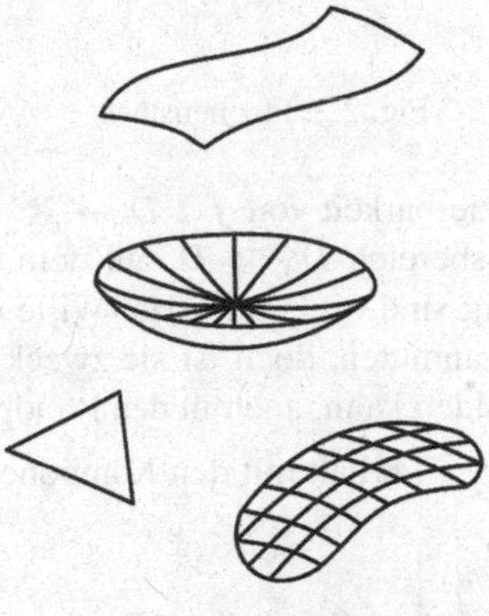

Fig. 2.1: Flächenstücke

2.1.1 Flächenstücke

Flächenstücke im Raum $\mathbb{R}^3$ stellen wir uns als dünne Platten vor, gekrümmt oder gerade. Um sie mathematisch zu beschreiben, fasst man sie am besten als Bilder ebener Bereiche auf, bezüglich geeigneter Funktionen. Wir präzisieren dies:

Definition 2.1:

Unter einem *Flächenstück* versteht man den Wertebereich einer stetig differenzierbaren Abbildung $\boldsymbol{f} : \bar{D} \to \mathbb{R}^3$ $(D \subset \mathbb{R}^2)$. [1]

1 $\bar{D}$ ist eine »abgeschlossene Hülle« von D, also die Vereinigung von D mit seinem Rand ∂D.

Dabei wird folgendes vorausgesetzt: D ist offen und messbar [2], und es gilt

$$\text{Rang } f'(u, v) = 2 \quad \text{für alle } \begin{bmatrix} u \\ v \end{bmatrix} \in D. \tag{2.1}$$

Die Abbildung $\boldsymbol{f}$ selbst, wie auch ihre Funktionsgleichung $\boldsymbol{x} = \boldsymbol{f}(u, v)$, nennt man eine *Parameterdarstellung* des Flächenstückes, oder kurz eine *Flächendarstellung*, u, v heißen die Parameter des Flächenstückes und $\bar{D}$ der zugehörige *Parameterbereich* (vgl. Fig. 2.2).

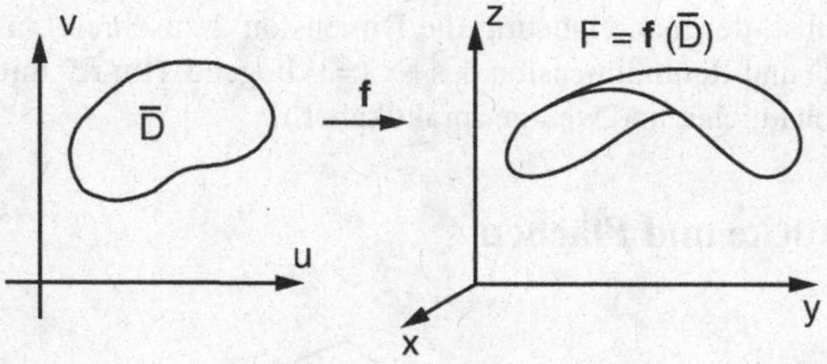

Fig. 2.2: Flächenstück

Bemerkung: Die stetige Differenzierbarkeit von $\boldsymbol{f} : \bar{D} \to \mathbb{R}^3$ bedeutet, dass man $\boldsymbol{f}$ erweitern kann auf einen offenen Definitionsbereich $D_0 \supset \bar{D}$, auf dem dann die partiellen Ableitungen der Abbildung existieren und stetig sind (vgl. Burg/Haf/Wille (Analysis) [14]). Diese Erweiterung auf D_0 mag etwas künstlich anmuten, doch ist sie zweckmäßig, da man so die partiellen Ableitungen $\boldsymbol{f}_u$, $\boldsymbol{f}_v$ auf ganz $\bar{D}$ bilden kann, auch in den Randpunkten von $\bar{D}$!

Die *Parameterdarstellung* $\boldsymbol{x} = \boldsymbol{f}(u, v)$ erhält mit den Komponentendarstellungen

$$\boldsymbol{x} = \begin{bmatrix} x \\ y \\ z \end{bmatrix}, \ \boldsymbol{f}(u, v) = \begin{bmatrix} X(u, v) \\ Y(u, v) \\ Z(u, v) \end{bmatrix} \quad \text{die } \textit{explizite Form} \quad \begin{array}{l} x = X(u, v) \\ y = Y(u, v) \\ z = Z(u, v) \end{array} \tag{2.2}$$

sowie

$$\boldsymbol{f}'(u, v) = \begin{bmatrix} X_u & X_v \\ Y_u & Y_v \\ Z_u & Z_v \end{bmatrix}_{(u,v)} {}^{3}; \quad \boldsymbol{f}_u = \begin{bmatrix} X_u \\ Y_u \\ Z_u \end{bmatrix}, \quad \boldsymbol{f}_v = \begin{bmatrix} X_v \\ Y_v \\ Z_v \end{bmatrix}. \tag{2.3}$$

Die Matrix $\boldsymbol{f}'(u, v)$ hat nach Definition überall in D den Rang 2, d.h. $\boldsymbol{f}_u$ und $\boldsymbol{f}_v$ sind für alle $\begin{bmatrix} u \\ v \end{bmatrix} \in D$ *linear unabhängig*; dies bedeutet, kurz ausgedrückt : Es gilt

2 Eine Menge D heißt *messbar* (= Jordan-messbar), wenn sie einen wohldefinierten *Flächeninhalt* hat (im Riemannschen Sinn!)(s. Burg/Haf/Wille (Analysis) [14]).

3 $X_u = \partial X / \partial u$ usw.

$$f_u \times f_v \neq \mathbf{0} \quad \text{in } D. \tag{2.4}$$

Beispiel 2.1:

(a) $f(u, v) = \begin{bmatrix} u \\ v \\ uv \end{bmatrix} \quad (u^2 + v^2 \leq 1).$

(b) $f(u, v) = u\boldsymbol{a} + v\boldsymbol{b} + \boldsymbol{x}_0 \quad (\boldsymbol{a} \times \boldsymbol{b} \neq \mathbf{0}, |u| \leq 1, |v| \leq 1).$

(c) $f(\varphi, \delta) = \begin{bmatrix} r\cos\varphi\cos\delta \\ r\sin\varphi\cos\delta \\ r\sin\delta \end{bmatrix} \quad (0 \leq \varphi \leq 2\pi, \; -\frac{\pi}{2} \leq \delta \leq \frac{\pi}{2})$ mit konstantem $r > 0$.

(a) beschreibt ein *hyperbolisches Paraboloid* (Sattelfläche), denn wegen $x = u$, $y = v$, $z = uv$ kann man kurz $z = xy$ schreiben, wodurch die Sattelfläche bekanntermaßen beschrieben wird.

(b) stellt ein *Ebenenstück* dar, aufgespannt von $\boldsymbol{a}$ und $\boldsymbol{b}$.

(c) ergibt eine *Kugeloberfläche* mit Radius r. An den »Polen« ($\delta = \pm\frac{\pi}{2}$) ist Rang $f'(\varphi, \delta) = 1$, doch gilt Rang $f'(\varphi, \delta) = 2$ für alle Punkte $D = \left\{ \begin{bmatrix} \varphi \\ \delta \end{bmatrix} \mid 0 \leq \varphi \leq 2\pi\,, \; -\frac{\pi}{2} < \delta < \frac{\pi}{2} \right\}$, wie gefordert. Die Bedingung Rang $f'(\varphi, \delta) = 2$ ist also nur in einigen Randpunkten von $\bar{D}$ verletzt, was ja erlaubt ist.

(d) Jeder *Funktionsgraph* einer stetig differenzierbaren Funktion $g : \bar{D} \to \mathbb{R}$ ($D \subset \mathbb{R}^2$ offen und messbar) lässt sich als *Flächenstück* im obigen Sinne deuten. Man hat in der Funktionsgleichung $z = g(x, y)$ nur $x = u$ und $y = v$ zu setzen. Man erhält dann die *Parameterdarstellung* $f(u, v) = [u, v, g(u, v)]^T$. Der Leser zeige : $f_u \times f_v \neq \mathbf{0}$ in D.

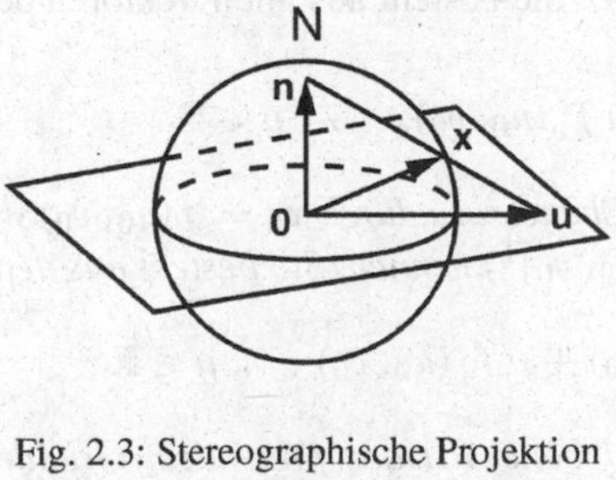

Fig. 2.3: Stereographische Projektion

Übung 2.1*:

Stereographische Projektion. $\mathbb{R}^2$ sei in den $\mathbb{R}^3$ eingebettet, in dem man $[u, v]^T \in \mathbb{R}^2$ mit $[u, v, 0]^T \in \mathbb{R}^3$ identifiziert. Einen beliebigen Punkt $\boldsymbol{u} = [u, v]^T \in \mathbb{R}^2$ verbinden wir geradlinig mit dem »Nordpol« $\boldsymbol{n} = [0,0,1]^T$ der Einheitssphäre $S^2 = \{\boldsymbol{x} \in \mathbb{R}^3 \mid |\boldsymbol{x}| = 1\}$ und ordnen ihm so den Durchstoßpunkt $\boldsymbol{x} = f(\boldsymbol{u})$ mit S^2 zu (s. Fig. 2.3).

(a) Beweise :

$$\boldsymbol{x} = \boldsymbol{f}(\boldsymbol{u}) = \frac{1}{|\boldsymbol{u}|^2 + 1} \begin{bmatrix} 2u \\ 2v \\ |\boldsymbol{u}|^2 - 1 \end{bmatrix}, \quad \boldsymbol{u} = \begin{bmatrix} u \\ v \end{bmatrix} \in \mathbb{R}^2 . \tag{2.5}$$

Zeige, dass $\boldsymbol{f}'(\boldsymbol{u})$ stets den Rang 2 hat. (Damit ist $\boldsymbol{f}$ auf jedem Kompaktum $\bar{D} \subset \mathbb{R}^2$ (D offen und messbar) eine Flächendarstellung. Insbesondere erhalten wir für $\boldsymbol{u} \in \bar{D} = \{\boldsymbol{u} \in \mathbb{R}^2 \mid |\boldsymbol{u}| \leq 1\}$ eine *Parameterdarstellung einer Hemisphäre*, nämlich der »südlichen« $(-1 \leq z \leq 0)$).

(b) Beweise, dass die Umkehrabbildung von $\boldsymbol{f}$ durch folgende Gleichungen beschrieben wird:

$$u = \frac{x}{1-z}, \quad v = \frac{y}{1-z}, \quad \text{für } \boldsymbol{x} = \begin{bmatrix} x \\ y \\ z \end{bmatrix} \in S^2 \setminus \{\boldsymbol{n}\} . \tag{2.6}$$

2.1.2 Tangentialebenen, Normalenvektoren

Definition 2.2:
Es sei

$$F : \boldsymbol{x} = \boldsymbol{f}(u, v), \quad \begin{bmatrix} u \\ v \end{bmatrix} \in \bar{D}$$ [4]

ein Flächenstück und $\boldsymbol{x}_0 = \boldsymbol{f}(u_0, v_0)$ mit $\begin{bmatrix} u_0 \\ v_0 \end{bmatrix} \in D$ ein Punkt darauf. Die von $\boldsymbol{f}_u(u_0, v_0)$ und $\boldsymbol{f}_v(u_0, v_0)$ aufgespannte Ebene heißt die *Tangentialebene* von F in $\boldsymbol{x}_0$ (bzgl. $\begin{bmatrix} u_0 \\ v_0 \end{bmatrix}$) (s. Fig. 2.4). Sie besteht aus allen Vektoren der Form

$$\boldsymbol{x} = \lambda \boldsymbol{f}_u(u_0, v_0) + \mu \boldsymbol{f}_v(u_0, v_0) , \quad \lambda , \mu \in \mathbb{R} . \tag{2.7}$$

Die parallel verschobene Ebene dazu durch $\boldsymbol{x}_0 = \boldsymbol{f}(u_0, v_0)$ wollen wir die Tangentenebene *an F in $\boldsymbol{x}_0$ (bzgl. $[u_0, v_0]^{\mathrm{T}}$) nennen. Sie besteht aus den Punkten*

$$\boldsymbol{x} = \boldsymbol{x}_0 + \lambda \boldsymbol{f}_u(u_0, v_0) + \mu \boldsymbol{f}_v(u_0, v_0) , \ \lambda, \mu \in \mathbb{R} . \tag{2.8}$$

Der Ausdruck »Tangentialebene« ist aus folgendem Grunde sinnvoll: Ist $K : \boldsymbol{\gamma} : [a, b] \to D$ eine glatte Kurve im Parameterbereich $\bar{D}$, so wird über $\boldsymbol{f}$ eine Kurve

$$\hat{K} : \boldsymbol{x} = \boldsymbol{k}(t) := \boldsymbol{f}(\boldsymbol{\gamma}(t)), \quad a \leq t \leq b , \tag{2.9}$$

erzeugt. Sie heißt eine *Kurve auf F*. Wir wollen annehmen, dass sie durch den Punkt $\boldsymbol{x}_0 \in F$ verläuft, dass also $\boldsymbol{x}_0 = \boldsymbol{k}(t_0) = \boldsymbol{f}(\boldsymbol{\gamma}(t_0))$ für ein t_0 erfüllt ist. Dann ergibt

4 Durch diese Symbolik werden Flächenstücke explizit beschrieben.

sich der *Tangentenvektor* der Kurve in t_0 mit Hilfe der Kettenregel folgendermaßen:

$$\dot{\boldsymbol{k}}(t_0) = \boldsymbol{f}'(\boldsymbol{\gamma}(t_0))\dot{\boldsymbol{\gamma}}(t_0) = \boldsymbol{f}_u\dot{\gamma}_1 + \boldsymbol{f}_v\dot{\gamma}_2 \,. \tag{2.10}$$

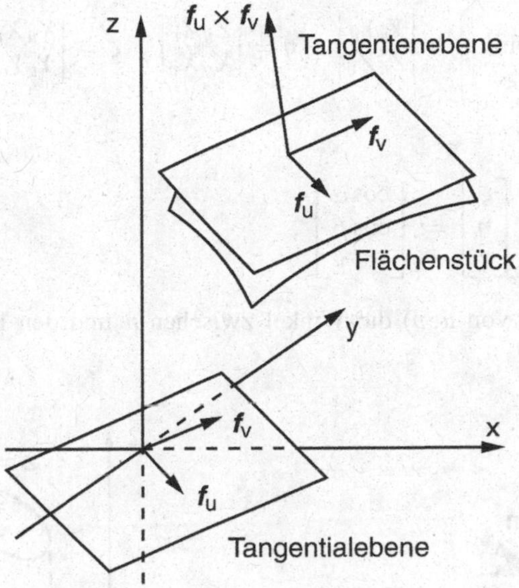

Fig. 2.4: Tangentialebene

Dabei ist $\boldsymbol{\gamma} = \begin{bmatrix}\gamma_1\\ \gamma_2\end{bmatrix}$. (Rechts in (2.10) wurden die Variablen aus Übersichtsgründen weggelassen). Wegen Rang $\boldsymbol{f}' = 2$ und $\dot{\boldsymbol{\gamma}}(t_0) \neq \boldsymbol{0}$ ist $\dot{\boldsymbol{k}}(t_0) \neq \boldsymbol{0}$. Ferner zeigt die rechte Seite in (2.10), dass $\boldsymbol{k}(t_0)$ in der Tangentialebene bzgl. $\boldsymbol{\gamma}(t_0)$ liegt. Also:

Folgerung 2.1:

Es sei $F : \boldsymbol{x} = \boldsymbol{f}(\boldsymbol{u})$ ein Flächenstück und $\hat{K} : \boldsymbol{x} = \boldsymbol{k}(t) = \boldsymbol{f} \circ \boldsymbol{\gamma}(t)$ eine beliebige glatte Kurve auf F. Dann liegt für jeden Punkt $\boldsymbol{x}_0 = \boldsymbol{k}(t_0) = \boldsymbol{f}(\boldsymbol{\gamma}(t_0))$ der Tangentialvektor $\dot{\boldsymbol{k}}(t_0)$ der Kurve in der Tangentialebene von F in $\boldsymbol{x}_0$ (bzgl. $\boldsymbol{\gamma}(t_0)$). Mehr noch: Die Tangentialebene besteht — von $\boldsymbol{0}$ abgesehen — gerade aus diesen Tangentialvektoren.

Definition 2.3:

Ist $F : \boldsymbol{f} : \bar{D} \to \mathbb{R}^3$ ein Flächenstück und $\boldsymbol{x}_0 = \boldsymbol{f}(\boldsymbol{u}_0)$ (mit $\boldsymbol{u}_0 \in D$) ein Punkt darauf, so nennt man

$$\boldsymbol{n}(\boldsymbol{u}_0) := \frac{\boldsymbol{f}_u(\boldsymbol{u}_0) \times \boldsymbol{f}_v(\boldsymbol{u}_0)}{|\boldsymbol{f}_u(\boldsymbol{u}_0) \times \boldsymbol{f}_v(\boldsymbol{u}_0)|} \tag{2.11}$$

den *Normalenvektor* [5] von F in $\boldsymbol{x}_0$ (bzgl. $\boldsymbol{u}_0$). Er steht *senkrecht* auf der Tangentialebene von F in $\boldsymbol{x}_0$ (bzgl. $\boldsymbol{u}_0$).

Explizite Darstellung des Normalenvektors: Mit der Flächendarstellung $\boldsymbol{f} = [X, Y, Z]^{\mathrm{T}}$ von F folgt

$$\boldsymbol{f}_u \times \boldsymbol{f}_v = \begin{bmatrix} \xi \\ \eta \\ \zeta \end{bmatrix} \quad \text{mit } \xi = \begin{vmatrix} Y_u Y_v \\ Z_u Z_v \end{vmatrix}, \quad \eta = \begin{vmatrix} Z_u Z_v \\ X_u X_v \end{vmatrix}, \quad \zeta = \begin{vmatrix} X_u X_v \\ Y_u Y_v \end{vmatrix}. \tag{2.12}$$

und damit

$$\boldsymbol{n} = \frac{1}{\sqrt{\xi^2 + \eta^2 + \zeta^2}} \begin{bmatrix} \xi \\ \eta \\ \zeta \end{bmatrix} =: \begin{bmatrix} \cos\alpha \\ \cos\beta \\ \cos\gamma \end{bmatrix}, \tag{2.13}$$

wobei α, β, γ (abhängig von u, v) die Winkel zwischen $\boldsymbol{n}$ und den Koordinatenachsen sind (s. Fig. 2.5).

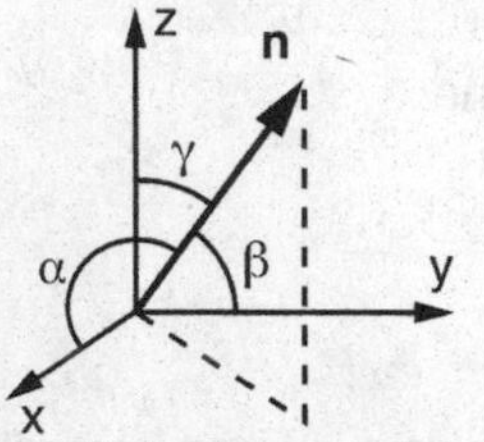

Fig. 2.5: Normalenvektor $\boldsymbol{n}$ mit Achsenwinkel α, β, γ

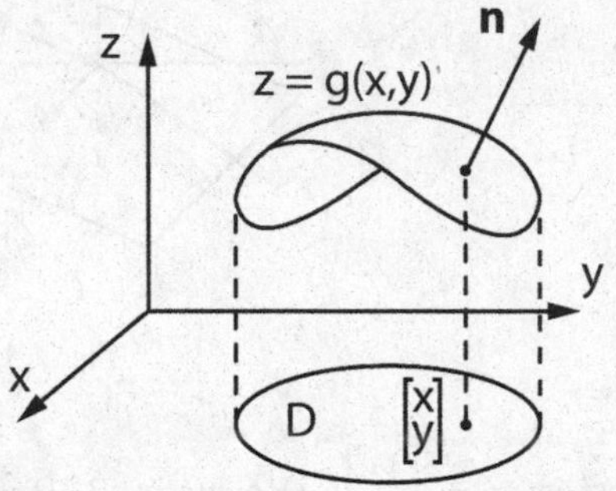

Fig. 2.6: Normalenvektor auf Funktionsgraphen

Sonderfall: *Normale eines Funktionsgraphen*: Ist durch $z = g(x, y)$ eine stetig differenzierbare Funktion auf $\bar{D} \subset \mathbb{R}^2$ gegeben (D offen, messbar), so formt man sie mit $x = u$, $y = v$, $z = g(u, v)$ in ein Flächenstück um

$$F : \boldsymbol{f}(u, v) = \begin{bmatrix} u \\ v \\ g(u, v) \end{bmatrix}.$$

Aus (2.12), (2.13) ergibt sich der zugehörige Normalenvektor

$$\boldsymbol{n} = \frac{1}{\sqrt{g_x^2 + g_y^2 + 1}} \begin{bmatrix} -g_x \\ -g_y \\ 1 \end{bmatrix}. \tag{2.14}$$

5 Auch *Flächennormale* genannt.

Die dritte Komponente ist positiv. Der Normalenvektor $\boldsymbol{n}$ weist also »nach oben« (s. Fig. 2.6). Sein Winkel mit der positiven z-Achse ist

$$\gamma = \arccos\left(\frac{1}{\sqrt{g_x^2 + g_y^2 + 1}}\right). \tag{2.15}$$

Übung 2.2:

Berechne den Normalenvektor $\boldsymbol{n}(u_0, v_0)$ für das Flächenstück

$$F : x = uv + u,\ y = v^2, \quad z = \mathrm{e}^{u-v} \quad (|u| \le 2\,,\ |v| \le 2)$$

im Punkt $[u_0, v_0]^{\mathrm{T}} = [1,1]^{\mathrm{T}}$.

2.1.3 Parametertransformation, Orientierung

Im Folgenden werden verschiedene Parameterdarstellungen ein und desselben Flächenstückes betrachtet und ihre Beziehungen zueinander untersucht. Beim ersten Lesen kann man dies übergehen, um evtl. später hier nachzuschlagen.

Eine umkehrbar eindeutige Abbildung $\boldsymbol{\varphi} : \bar{D} \to \bar{G}$ (D, G offen im $\mathbb{R}^n$) heißt ein *Diffeomorphismus*, wenn $\boldsymbol{\varphi}$ und $\boldsymbol{\varphi}^{-1}$ stetig differenzierbar sind. Damit vereinbaren wir

Definition 2.4:

Eine Parameterdarstellung $\boldsymbol{g} : \bar{G} \to \mathbb{R}^3$ einer Fläche F heißt zu einer anderen Parameterdarstellung $\boldsymbol{f} : \bar{D} \to \mathbb{R}^3$ von F *äquivalent* (kurz $\boldsymbol{g} \sim \boldsymbol{f}$), wenn $\boldsymbol{g}$ aus $\boldsymbol{f}$ durch Komposition mit einem Diffeomorphismus $\boldsymbol{\varphi} : \bar{D} \to \bar{G}$ hervorgeht:

$$\boldsymbol{g} = \boldsymbol{f} \circ \boldsymbol{\varphi}\,, \quad \text{wobei} \quad \det \boldsymbol{\varphi}' > 0 \text{ [6] gilt.} \tag{2.16}$$

Die Abbildung $\boldsymbol{\varphi}$ - wie auch die Funktionsgleichung $\boldsymbol{u} = \boldsymbol{\varphi}(\boldsymbol{s})$ - heißt eine *Parametertransformation* (von $\boldsymbol{f}$ auf $\boldsymbol{g}$).

Bemerkung: Die üblichen Bedingungen einer Äquivalenzrelation sind für ~ erfüllt, nämlich

$$\boldsymbol{f} \sim \boldsymbol{f}\,; \quad \boldsymbol{f} \sim \boldsymbol{g} \Leftrightarrow \boldsymbol{g} \sim \boldsymbol{f}\,; \quad \boldsymbol{f} \sim \boldsymbol{g} \text{ und } \boldsymbol{g} \sim \boldsymbol{h} \Rightarrow \boldsymbol{f} \sim \boldsymbol{h}\,.$$

Der Leser prüft dies leicht nach.

Eine *Parametertransformation* $\boldsymbol{u} = \boldsymbol{\varphi}(\boldsymbol{s})$ sieht, *komponentenweise* geschrieben, so aus

$$\begin{aligned} u &= \varphi_1(s,t) \\ v &= \varphi_2(s,t) \end{aligned} \quad \text{mit } \boldsymbol{u} = \begin{bmatrix} u \\ v \end{bmatrix}, \quad \boldsymbol{\varphi} = \begin{bmatrix} \varphi_1 \\ \varphi_2 \end{bmatrix}, \quad \boldsymbol{s} = \begin{bmatrix} s \\ t \end{bmatrix}. \tag{2.17}$$

---

6 $\det \boldsymbol{\varphi}'$ = Determinante von $\boldsymbol{\varphi}'$.

Beispiel 2.2:
Die Parameterdarstellung $\boldsymbol{f}(u, v) = [u, v, uv]^{\mathrm{T}}$ der »Sattelfläche« geht durch die Parametertransformation

$$\begin{aligned} u &= s - t \\ v &= s + t \end{aligned} \quad \text{über in} \quad \boldsymbol{g}(s, t) = \begin{bmatrix} s - t \\ s + t \\ s^2 - t^2 \end{bmatrix}.$$

Als Definitionsbereich für $\boldsymbol{f}$ bzw. $\boldsymbol{g}$ wurde zunächst die ganze Ebene angenommen. Dies lässt sich aber natürlich auf geeignete messbare Bereiche einschränken, z.B. auf $\bar{D} = \{\boldsymbol{u} \mid |u| \leq 1\,,\ |v| \leq 1\}$ in der u-v-Ebene und auf $\bar{G} = \{\boldsymbol{s} \mid |s| + |t| \leq 1\}$ in der s-t-Ebene.

Bei Parametertransformationen bleiben die wesentlichen Flächengrößen und -eigenschaften unverändert: Das Flächenstück selbst bleibt unverändert, ebenso alle Tangentenebenen und Normalenvektoren (s. Üb. 2.3). Später werden wir sehen, dass Flächeninhalt und Flächenintegrale gegen Parametertransformation invariant bleiben. Das heißt man kann sich besonders günstige Parameterdarstellungen aussuchen, ohne Wesentliches zu verlieren. Darin liegt die Bedeutung der Parametertransformation.

Zum Beispiel kann man »lokal« die Koordinaten x, y, z selbst als Parameter benutzen. Es gilt nämlich der

Satz 2.1:
(*Kanonische Darstellungen*) Jedes Flächenstück $F : \boldsymbol{f} : \bar{D} \to \mathbb{R}^3$ lässt sich lokal[7] in den Parametern x, y oder y, z oder z, x beschreiben.

Genauer: Zu jedem Punkt $\boldsymbol{u}_0 \in D$ gibt es eine Umgebung $\bar{U}$, auf der $\boldsymbol{f}$ in eine der folgenden sechs Parameterdarstellungen transformiert werden kann:

$$\begin{aligned} \boldsymbol{g}(s, t) &= \begin{bmatrix} s \\ t \\ \zeta(s, t) \end{bmatrix}, = \begin{bmatrix} t \\ s \\ \zeta(t, s) \end{bmatrix}, = \begin{bmatrix} s \\ \eta(s, t) \\ t \end{bmatrix}, \\ &= \begin{bmatrix} t \\ \eta(t, s) \\ s \end{bmatrix}, = \begin{bmatrix} \xi(s, t) \\ s \\ t \end{bmatrix}, = \begin{bmatrix} \xi(t, s) \\ t \\ s \end{bmatrix}. \end{aligned} \tag{2.18}$$

Im ersten Fall kann man s durch x ersetzen und t durch y, im zweiten Fall t durch x, s durch y, usw.

Beweis:
Es sei

$$\boldsymbol{f}(u, v) = \begin{bmatrix} X(u, v) \\ Y(u, v) \\ Z(u, v) \end{bmatrix} \quad \text{und o.B.d.A.}^{8} \quad J := \begin{vmatrix} X_u & X_v \\ Y_u & Y_v \end{vmatrix} \neq 0 \ \text{ in } \ \boldsymbol{u}_0 = \begin{bmatrix} u_0 \\ v_0 \end{bmatrix}.$$

7 »lokal« heißt: in einer Umgebung eines beliebigen Punktes aus D.

Dann ist die durch $x = X(u, v)$, $y = Y(u, v)$ beschriebene Abbildung auf einer Umgebung von $\boldsymbol{u}_0$ umkehrbar, mehr noch: Ein Diffeomorphismus (s. Burg/Haf/Wille (Analysis) [14]). Die Umkehrabbildung werde durch $u = \varphi_1(x, y)$, $v = \varphi_2(x, y)$ beschrieben und damit $z = \zeta(x, y) := Z(\varphi_1(x, y), \varphi_2(x, y))$ definiert. Im Falle $J > 0$ setze man $x = s$, $y = t$ und damit auch $z = \zeta(s, t)$, im Falle $J < 0$ dagegen $x = t$, $y = s$ und $z = \zeta(t, s)$. Die Determinante $\frac{\partial(u,v)}{\partial(s,t)}$ ist in beiden Fällen positiv. Damit sind die ersten beiden Möglichkeiten in (2.18) hergeleitet. Die übrigen ergeben sich analog. □

Orientierung: Wir betrachten ein Flächenstück F mit einer Parameterdarstellung $\boldsymbol{f} : \bar{D} \to \mathbb{R}^3$, die eineindeutig auf D ist. Ein Flächenstück mit einer solchen Parameterdarstellung nennen wir *doppelpunktfrei*.

D sei im Folgenden überdies zusammenhängend. Alle Parameterdarstellungen von F, die zu $\boldsymbol{f}$ äquivalent sind, bilden eine »Äquivalenzklasse«. Eine solche Äquivalenzklasse heißt eine *Orientierung von F*. Jede Parameterdarstellung der Äquivalenzklasse *repräsentiert* die Orientierung. Man *veranschaulicht* eine *Orientierung* von F durch eine kleine geschlossene Kurve um einen beliebigen Punkt $\boldsymbol{x}_0 \in F$, die *mit dem Uhrzeigersinn* umlaufen wird, wenn man in *Richtung der Normalen* $\boldsymbol{n}$ in $\boldsymbol{x}_0$ sieht (vgl. Fig. 2.7a). Da $\boldsymbol{n}$ unverändert bleibt bei Übergang zu einer äquivalenten Parameterdarstellung, ist dies sinnvoll. Durch die Substitution

$$\begin{bmatrix} u \\ v \end{bmatrix} = \boldsymbol{\psi}(s, t) := \begin{bmatrix} s \\ -t \end{bmatrix}$$

mit der Funktionaldeterminante

$$\det \boldsymbol{\psi}' = \begin{vmatrix} \partial u/\partial s & \partial u/\partial t \\ \partial v/\partial s & \partial v/\partial t \end{vmatrix} = \begin{vmatrix} 1 & 0 \\ 0 & -1 \end{vmatrix} = -1$$

geht $\boldsymbol{f} : \bar{D} \to \mathbb{R}^3$ in eine *Parameterdarstellung*

$$\boldsymbol{g}(s, t) := \boldsymbol{f} \circ \boldsymbol{\psi}(s, t) = \boldsymbol{f}(s, -t)$$

von F über, die *nicht äquivalent zu* $\boldsymbol{f}$ ist (wegen $\det \boldsymbol{\psi}' < 0$). $\boldsymbol{g}$ repräsentiert also eine andere Orientierung. Man nennt sie die *entgegengesetzte Orientierung* zu der von $\boldsymbol{f}$ repräsentierten. In Figur 2.7 sind beide Orientierungen veranschaulicht.

Bemerkung: Weitere Orientierungen gibt es nicht, d.h.: Zu F gibt es *genau zwei Orientierungen*! Mit anderen Worten: Im doppelpunktfreien Fall ist jede eindeutige Parameterdarstellung von F entweder zu $\boldsymbol{f}$ oder zu $\boldsymbol{g}$ äquivalent. Den Beweis, den man über die kanonischen Darstellungen in Satz 2.1 führen kann, wollen wir hier weglassen.

Übung 2.3*

Zeige, dass Normalenvektoren und Tangentenebenen bei Parametertransformationen unverändert bleiben. Das heißt: Beweise folgendes: Sind $\boldsymbol{x} = \boldsymbol{g}(s, t)$ und $\boldsymbol{x} = \boldsymbol{f}(u, v)$ zwei äquivalente

8 o.B.d.A. = ohne Beschränkung der Allgemeinheit.

Parameterdarstellungen eines Flächenstückes, so gilt

$$\boldsymbol{n} = \frac{\boldsymbol{g}_s(s,t) \times \boldsymbol{g}_t(s,t)}{|\boldsymbol{g}_s(s,t) \times \boldsymbol{g}_t(s,t)|} = \frac{\boldsymbol{f}_u(u,v) \times \boldsymbol{f}_v(u,v)}{|\boldsymbol{f}_u(u,v) \times \boldsymbol{f}_v(u,v)|}, \tag{2.19}$$

wobei $\begin{bmatrix} u \\ v \end{bmatrix} = \boldsymbol{\varphi}(s,t)$ ist mit der Parametertransformation

$$\boldsymbol{\varphi} : \bar{G} \to \bar{D}, \quad (\det \boldsymbol{\varphi}' > 0, \ \boldsymbol{g} = \boldsymbol{f} \circ \boldsymbol{\varphi}).$$

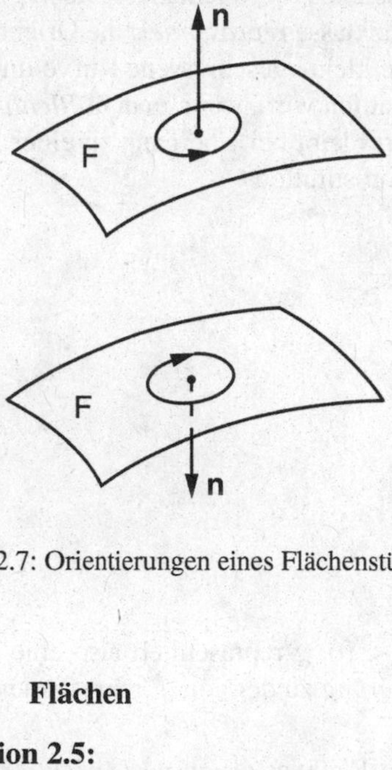

Fig. 2.7: Orientierungen eines Flächenstückes

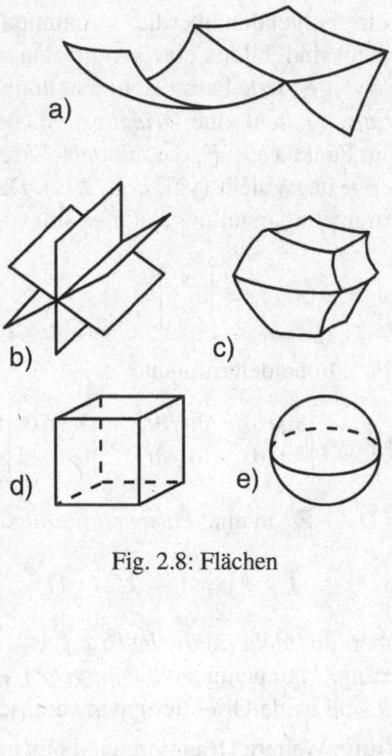

Fig. 2.8: Flächen

2.1.4 Flächen

Definition 2.5:

Unter einer *Fläche* verstehen wir die Vereinigung endlich vieler doppelpunktfreier Flächenstücke, wobei zwei solcher Flächenstücke höchstens Randpunkte gemeinsam haben. (Randpunkte eines doppelpunktfreien Flächenstückes $F : \boldsymbol{f} : \bar{D} \to \mathbb{R}^3$ sind die Punkte $\boldsymbol{x} \in F$, deren Urbildmenge $\boldsymbol{f}^{-1}(\boldsymbol{x})$ in ∂D liegt.)

Die Flächen, mit denen man es bei Anwendungen zu tun hat, setzen sich aus Flächenstücken ungefähr so zusammen, wie in Figur 2.8a skizziert. Doch ist die obige Definition so allgemein, dass auch »pathologische« Fälle wie in Figur 2.8b darunter fallen.

Meistens jedoch haben wir es bei Flächen, die sich aus mehreren Flächenstücken zusammensetzen, mit Oberflächen physikalischer Körper zu tun, mathematisch gesagt, mit Rändern kompakter Mengen $\bar{M} \subset \mathbb{R}^3$ (M offen) (s. Fig. 2.8c). Sie fallen unter die obige Definition. Aus diesem Grunde begnügen wir uns mit der angegebenen recht allgemeinen Flächendefinition. Sie reicht für unsere Zwecke aus. Zum Beispiel sind die Oberflächen von Quadern (aus 6 Flächenstücken), Kugeln (aus 2 Flächenstücken) und anderen gängigen Bereichen darunter (s. Fig. 2.8c, d, e).

Bemerkung: Eine schärfere und kompliziertere Flächendefinition, die »pathologische« Fälle sicher ausschließt, findet man in [35].

2.2 Flächenintegrale

Wie schon erwähnt heißt ein Flächenstück F *doppelpunktfrei*, wenn es mit einer Parameterdarstellung $\boldsymbol{f} : \bar{D} \to \mathbb{R}^3$ beschrieben werden kann, die eineindeutig auf D ist. In den Schreibweisen $F : \boldsymbol{f} : \bar{D} \to \mathbb{R}^3$ oder $F : \boldsymbol{x} = \boldsymbol{f}(\boldsymbol{u}), \boldsymbol{u} \in \bar{D}$ ist dabei stets eine solche Abbildung $\boldsymbol{f}$ gemeint.

2.2.1 Flächeninhalt

Zur Motivation: Es sei $F : \boldsymbol{f} : \bar{D} \to \mathbb{R}^3$ ein doppelpunktfreies Flächenstück, wobei wir der Einfachheit halber annehmen, dass $\bar{D}$ ein achsenparalleles Rechteck in der u-v-Ebene ist.

$\bar{D}$ sei in Teilrechtecke $Q_1, \ldots, Q_m$ zerlegt. Ihre Bilder $\boldsymbol{f}(Q_1), \ldots, \boldsymbol{f}(Q_m)$ wollen wir »Maschen« nennen. Aus ihnen setzt sich das Flächenstück F zusammen (s. Fig. 2.9).

Die Maschen haben nahezu Parallelogrammgestalt, wenn die Rechteckzerlegung fein genug ist. Ist Q_i ein Teilrechteck in $\bar{D}$ mit den Seitenlängen Δu_i und Δv_i in u- bzw. v-Richtung und ist $\boldsymbol{u}_i = \begin{bmatrix} u_i \\ v_i \end{bmatrix}$ der linke untere Eckpunkt von Q_i, so hat die Masche $\boldsymbol{f}(Q_i)$ beinahe die Gestalt des Parallelogramms, welches von den Vektoren

$$\boldsymbol{f}(u_i + \Delta u_i, v_i) - \boldsymbol{f}(u_i, v_i), \quad \boldsymbol{f}(u_i, v_i + \Delta v_i) - \boldsymbol{f}(u_i, v_i)$$

aufgespannt wird. Diese Vektoren sind aber (nach Definition der partiellen Ableitungen) ungefähr gleich

$$\boldsymbol{f}_u(u_i, v_i)\Delta u_i \ , \ \boldsymbol{f}_v(u_i, v_i)\Delta v_i \, . \tag{2.20}$$

Diese beiden Vektoren spannen ein Parallelogramm auf, dessen Flächeninhalt bekanntlich gleich der Länge ihres Vektorproduktes ist, also mit $\boldsymbol{u}_i = [u_i, v_i]^{\mathrm{T}}$ gleich der Länge von

$$\Delta\boldsymbol{\sigma}_i := \big(\boldsymbol{f}_u(\boldsymbol{u}_i) \times \boldsymbol{f}_v(\boldsymbol{u}_i)\big)\, \Delta u_i \Delta v_i \, . \tag{2.21}$$

Man kann daher $|\Delta\boldsymbol{\sigma}_i|$ als »angenäherten Flächeninhalt« der Masche $\boldsymbol{f}(Q_i)$ ansehen und

$$\sum_{i=1}^{m} |\Delta\boldsymbol{\sigma}_i| = \sum_{i=1}^{m} \big|\boldsymbol{f}_u(u_i) \times \boldsymbol{f}_v(u_i)\big| \, \Delta u_i \Delta v_i \tag{2.22}$$

als Näherung für den »*Flächeninhalt*« des Flächenstückes F. (Wäre D kein Rechteck, sondern

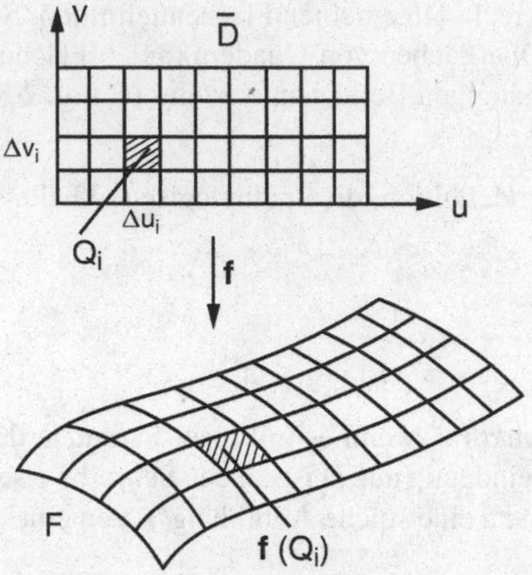

Fig. 2.9: »Maschen« auf einem Flächenstück

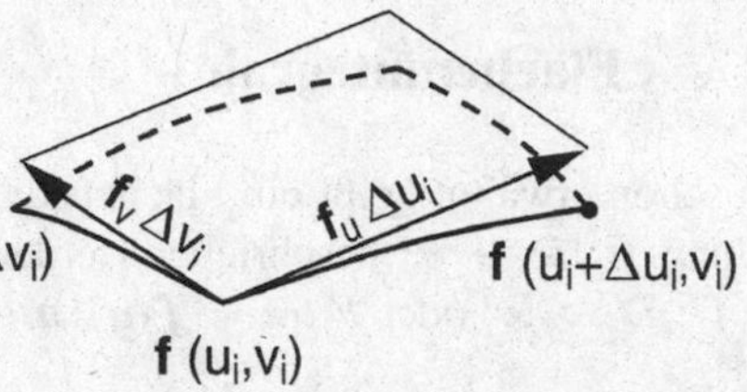

Fig. 2.10: Zum Flächeninhalt einer »Masche«

eine beliebige offene messbare Menge, so kämen wir zu der gleichen Formel, wenn wir $\bar{D}$ von innen durch rechteckzerlegte Bereiche ausschöpften.)

Wir sind daher motiviert, in (2.22) $\max\{\Delta u_i, \Delta v_i\}$ gegen Null streben zu lassen und so zum Integral überzugehen, also zu folgender

Definition 2.6:

Als *Flächeninhalt* eines doppelpunktfreien *Flächenstückes* $F : \boldsymbol{f} : \bar{D} \to \mathbb{R}^3$ definieren wir die Zahl

$$A(F) := \iint_F \mathrm{d}\sigma := \iint_{\bar{D}} |\boldsymbol{f}_u(u, v) \times \boldsymbol{f}_v(u, v)| \mathrm{d}(u, v) . \tag{2.23}$$

Hierbei wurde die symbolische Bezeichnung

$$\mathrm{d}\sigma = |\boldsymbol{f}_u(u, v) \times \boldsymbol{f}_v(u, v)| \mathrm{d}(u, v) \tag{2.24}$$

verwendet. Dieser Ausdruck wird gelegentlich als *Flächenelement* bezeichnet.

Wird $\bar{D}$ von zwei stetigen Funktionen g, h eingegrenzt, d.h.

$$\bar{D} = \left\{ \begin{bmatrix} u \\ v \end{bmatrix} \mid a \le u \le b \quad \text{und} \quad g(u) \le v \le h(u) \right\} ,$$

so erhalten wir den Flächeninhalt in der berechenbaren Form:

$$A(F) = \int_a^b \int_{g(u)}^{h(u)} |\boldsymbol{f}_u(u, v) \times \boldsymbol{f}_v(u, v)| \mathrm{d}v \, \mathrm{d}u . \tag{2.25}$$

Dabei lässt sich der Integrand auch in folgender Weise schreiben (s. Burg/Haf/Wille (Lineare Algebra) [11]):

$$|\boldsymbol{f}_u \times \boldsymbol{f}_v| = \sqrt{|\boldsymbol{f}_u|^2 \cdot |\boldsymbol{f}_v|^2 - (\boldsymbol{f}_u \cdot \boldsymbol{f}_v)^2} = \begin{vmatrix} \boldsymbol{f}_u^2 & \boldsymbol{f}_u \cdot \boldsymbol{f}_v \\ \boldsymbol{f}_v \cdot \boldsymbol{f}_u & \boldsymbol{f}_v^2 \end{vmatrix}^{\frac{1}{2}}. \tag{2.26}$$

Der Flächeninhalt $A(F)$ ist gegen Parametertransformationen und Orientierungswechsel invariant, wie man leicht nachprüft.

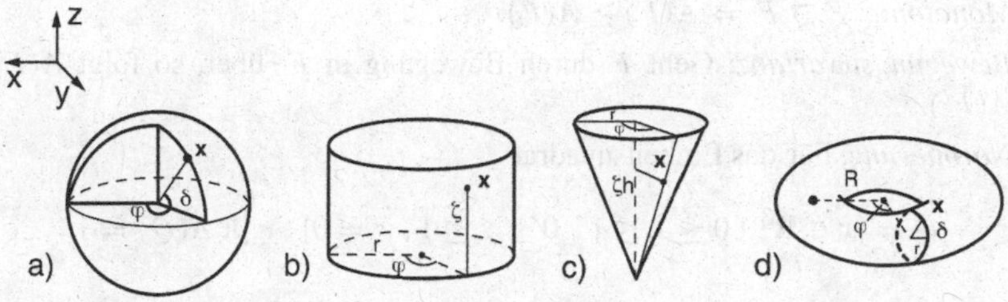

Fig. 2.11: Zu den Parameterdarstellungen der Oberflächen von (a) Kugel, (b) Zylinder, (c) Kegel, (d) Torus

Beispiel 2.3:
Der Leser berechne mit (2.25) folgende Flächeninhalte (s. Üb. 2.4):

(a) Kugeloberfläche K
$$\begin{cases} \begin{bmatrix} x \\ y \\ z \end{bmatrix} = \begin{bmatrix} r\cos\varphi\cos\delta \\ r\sin\varphi\cos\delta \\ r\sin\delta \end{bmatrix}, & \varphi \in [0,2\pi], \quad \delta \in \left[-\dfrac{\pi}{2}, \dfrac{\pi}{2}\right], \\ A(K) = 4\pi r^2 \quad \text{(Radius } r\text{)} \end{cases}$$

(b) Zylinderfläche Z
$$\begin{cases} \begin{bmatrix} x \\ y \\ z \end{bmatrix} = \begin{bmatrix} r\cos\varphi \\ r\sin\varphi \\ \zeta \end{bmatrix}, & \varphi \in [0,2\pi], \quad \zeta \in [0,h], \\ A(Z) = 2\pi r(r+h) \quad \text{(Radius } r\text{, Höhe } h\text{)} \end{cases}$$

(c) Kegelfläche C
$$\begin{cases} \begin{bmatrix} x \\ y \\ z \end{bmatrix} = \begin{bmatrix} r\zeta\cos\varphi \\ r\zeta\sin\varphi \\ \zeta h \end{bmatrix}, & \varphi \in [0,2\pi], \quad \zeta \in [0,1], \\ A(C) = \pi r\sqrt{r^2+h^2} \quad \text{(Grundkreisradius } r\text{, Höhe } h\text{)} \end{cases}$$

(d) Torusfläche T
$$\begin{cases} \begin{bmatrix} x \\ y \\ z \end{bmatrix} = \begin{bmatrix} (R+r\cos\delta)\cos\varphi \\ (R+r\cos\delta)\sin\varphi \\ r\sin\delta \end{bmatrix}, & \varphi \in [0,2\pi], \quad \delta \in [0,2\pi], \quad (0 < r < R/2) \\ A(T) = 4\pi^2 r R \quad \text{(Hauptradius } R\text{, Nebenradius } r\text{).} \end{cases}$$

Der folgende Satz zeigt schließlich, dass die wesentlichen Grundgesetze, die man vom Flächeninhalt erwartet, erfüllt sind. Die einfachen Beweise werden dem Leser überlassen.

Satz 2.2:

Es seien F und $\hat{F}$ zwei beliebige Flächen. Dann gilt

(a) *Additivität*: Haben F und $\hat{F}$ höchstens Randpunkte gemeinsam, so folgt

$$A(F \cup \hat{F}) = A(F) + A(\hat{F}) .$$

(b) *Monotonie*: $F \supset \hat{F} \Rightarrow A(F) \geq A(\hat{F})$.

(c) *Bewegungsinvarianz*: Geht F durch Bewegung in F' über, so folgt $A(F) = A(F')$.

(d) *Normierung*: Für das Einheitsquadrat

$$Q = \{\boldsymbol{x} \in \mathbb{R}^3 \mid 0 \leq x \leq 1\,,\ 0 \leq y \leq 1\,,\ z = 0\} \quad \text{gilt } A(Q) = 1.$$

Übung 2.4:

Berechne die in Beispiel 2.3 angegebenen Flächeninhalte $A(K)$, $A(Z)$, $A(C)$, $A(T)$ aus Formel 2.25.

2.2.2 Flächenintegrale erster und zweiter Art

Definition 2.7:

Es sei $F : \boldsymbol{f} : \bar{D} \to \mathbb{R}^3$ ein Flächenstück und

$$G : A \to \mathbb{R} \quad \text{mit } F \subset A \subset \mathbb{R}^3$$

eine stetige Funktion. Dann bezeichnet man

$$\int\limits_F G(\boldsymbol{x}) \mathrm{d}\sigma := \iint\limits_{\bar{D}} G(\boldsymbol{f}(u, v)) |\boldsymbol{f}_u \times \boldsymbol{f}_v|_{(u,v)} \, \mathrm{d}(u, v) \quad (2.27)$$

[9]

als ein *Flächenintegral erster Art*.

Es ist gegen Parametertransformation und Orientierungswechsel invariant. Bei der Schreibweise links in (2.27) wird die symbolische Bezeichnung $\mathrm{d}\sigma = |\boldsymbol{f}_u \times \boldsymbol{f}_v|_{(u,v)} \, \mathrm{d}(u, v)$ verwendet (wie beim Flächeninhalt). Zu Grunde liegende Parameterdarstellungen müssen dabei aus dem Kontext hervorgehen.

Bemerkung: Im Falle der Doppelpunktfreiheit ist die Schreibweise links in (2.27) völlig eindeutig, da ja je zwei zugehörige Parameterdarstellungen entweder äquivalent oder entgegengesetzt orientiert sind.

---

9 Es ist gleichgültig, ob man ein Integralzeichen $\int$ oder zwei $\iint$ schreibt. Beides bedeutet hier dasselbe. Zwei Integralzeichen $\iint$ weisen nur deutlicher auf die Zweidimensionalität der Flächen hin.

Zur Motivation: Es sei $F : \boldsymbol{f} : \bar{D} \to \mathbb{R}^3$ ein doppelpunktfreies *Flächenstück*, welches elektrostatisch geladen ist, und zwar mit der *Ladungsdichte* $G(\boldsymbol{x})$ in jedem Flächenpunkt $\boldsymbol{x}$ (Ladung pro Flächeneinheit). Gefragt ist nach der *Gesamtladung* L auf dem Flächenstück.

$\bar{D}$ sei der Einfachheit wegen als Rechteck vorausgesetzt und — wie bei der Flächeninhaltsmotivation — in kleine Rechtecke $Q_1, \ldots, Q_n$ zerlegt, womit F in »Maschen« $\boldsymbol{f}(Q_i)$ aufgeteilt ist. Der Flächeninhalt einer Masche ist nach Abschnitt 2.2.1, (2.21) ungefähr

$$\Delta\sigma_i := |\boldsymbol{f}_u \times \boldsymbol{f}_v|_{(\boldsymbol{u}_i)} \Delta u_i \Delta v_i$$

($\boldsymbol{u}_i \in Q_i$; $\Delta u_i, \Delta v_i$ Seitenlängen von Q_i; vgl. Abschn. 2.2.1). Folglich trägt diese »Masche« näherungsweise die Ladung

$$\Delta L_i \approx G(\boldsymbol{x}_i)\Delta\sigma_i \,, \quad \boldsymbol{x}_i = \boldsymbol{f}(\boldsymbol{u}_i)\,.$$

Summation über alle $i = 1, \ldots, n$ und anschließender Übergang zum Integral (d.h. Maximum der Maschendurchmesser gegen Null) liefert die *Gesamtladung* L in der Form eines Flächenintegrals 1. Art:

$$L = \int\limits_F G(\boldsymbol{x}) \mathrm{d}\sigma \,. \tag{2.28}$$

Wäre G eine magnetische Dichte, eine Beleuchtungsdichte, eine Energiedichte oder eine andere Flächendichte, so erhielte man analog den Gesamtbetrag der entsprechenden physikalischen Größe auf F.

Auch Flächeninhalte $A(F)$ werden durch Flächenintegrale erster Art ermittelt.

Definition 2.8:

Ist $F : \boldsymbol{f} : \bar{D} \to \mathbb{R}^3$ ein Flächenstück und

$$\boldsymbol{V} : A \to \mathbb{R}^3 \quad \text{mit} \quad F \subset A \subset \mathbb{R}^3$$

ein Vektorfeld, so nennt man

$$\int\limits_F \boldsymbol{V}(\boldsymbol{x}) \cdot \mathrm{d}\boldsymbol{\sigma} := \int\limits_{\bar{D}} \boldsymbol{V}(\boldsymbol{f}(u, v)) \cdot (\boldsymbol{f}_u \times \boldsymbol{f}_v)_{(u,v)} \mathrm{d}(u, v) \tag{2.29}$$

ein *Flächenintegral zweiter Art*.

Dabei wurde die symbolische Bezeichnung

$$\mathrm{d}\boldsymbol{\sigma} := (\boldsymbol{f}_u \times \boldsymbol{f}_v)_{(u,v)} d(u, v)$$

verwendet. Mit dem Normalenvektor

$$\boldsymbol{n} = (\boldsymbol{f}_u \times \boldsymbol{f}_v) / |\boldsymbol{f}_u \times \boldsymbol{f}_v| \quad \text{und} \quad \mathrm{d}\sigma = |\boldsymbol{f}_u \times \boldsymbol{f}_v| \mathrm{d}(u, v)$$

folgt $\mathrm{d}\boldsymbol{\sigma} = \boldsymbol{n}\mathrm{d}\sigma$. Damit schreibt man das Integral auch in der Form

$$\int_F \boldsymbol{V}(\boldsymbol{x}) \cdot \boldsymbol{n}\mathrm{d}\sigma\,. \tag{2.30}$$

Der Integrand in (2.29) rechts ist ein Spatprodukt dreier Vektoren. Man kann daher das Integral auch so beschreiben:

$$\int_F \boldsymbol{V}(\boldsymbol{x}) \cdot \mathrm{d}\boldsymbol{\sigma} := \int_{\bar{D}} \det\big(\boldsymbol{V}\,(\boldsymbol{f}(u,v))\,,\, \boldsymbol{f}_u(u,v),\, \boldsymbol{f}_v(u,v)\big)\,\mathrm{d}(u,v)\,. \tag{2.31}$$

Das Flächenintegral zweiter Art ändert sich nicht, wenn man $\boldsymbol{f}$ durch eine äquivalente Parameterdarstellung ersetzt.

Bei Orientierungswechsel allerdings wechselt das Integral das Vorzeichen, da dies für $\boldsymbol{f}_u \times \boldsymbol{f}_v$ gilt.

Wir nennen nun eine der beiden *Orientierungen* eines gegebenen doppelpunktfreien Flächenstückes F die »positive Orientierung« und die andere die »negative Orientierung«. (Die Auswahl ist dabei willkürlich.) F, versehen mit der negativen Orientierung, bezeichnen wir dann durch $-F$, während F, versehen mit der positiven Orientierung, durch $+F$ oder einfach F symbolisiert wird. Damit folgt

$$\int_{-F} \boldsymbol{V}(\boldsymbol{x}) \cdot \mathrm{d}\boldsymbol{\sigma} = -\int_F \boldsymbol{V}(\boldsymbol{x}) \cdot \mathrm{d}\boldsymbol{\sigma}\,. \tag{2.32}$$

Hierbei werden die Integrale über Parameterdarstellungen berechnet, die die jeweiligen Orientierungen repräsentieren.

Ist F eine Fläche, zusammengesetzt aus den Flächenstücken $F_1, \ldots, F_n$, so definiert man das Flächenintegral erster wie zweiter Art über F durch die Summe

$$\int_F \ldots = \sum_{i=1}^{n} \int_{F_i} \ldots\,. \tag{2.33}$$

Wie beim Flächeninhalt hängt auch hier der Integralwert nicht von der speziell gewählten Zerlegung von F in Flächenstücke ab. Bei Flächenintegralen zweiter Art ist nur darauf zu achten, dass in keinem Punkt ein Orientierungswechsel auftritt, wenn man zu einer anderen Zerlegung oder anderen Parameterdarstellungen übergeht.

Zur Motivation des Flächenintegrals zweiter Art

Wir nehmen an, dass $\boldsymbol{V} : A \to \mathbb{R}^3$ ein (stationäres) Geschwindigkeitsfeld einer strömenden Flüssigkeit ist. F sei ein Flächenstück in $A \subset \mathbb{R}^3$, und wir fragen nach der Flüssigkeitsmenge, die F pro Sekunde durchfließt.

F sei – wie beim Flächeninhalt – in »Maschen« eingeteilt, die näherungsweise Parallelogrammform haben. $\Delta\boldsymbol{\sigma}_i$ sei ein *»Flächenvektor«* eines solchen Parallelogramms ΔF_i, d.h. er steht rechtwinklig auf ΔF_i in Normalenrichtung von F, und $|\Delta\boldsymbol{\sigma}_i|$ ist der Flächeninhalt des Parallelogramms.

Dann ist $|\boldsymbol{V}(\boldsymbol{x}_i)\cdot\Delta\boldsymbol{\sigma}_i|$ (mit einem $\boldsymbol{x}_i \in \Delta F_i$) das Flüssigkeitsvolumen, das (näherungsweise) pro Sekunde durch ΔF_i fließt. Denn pro Sekunde schiebt sich ein Parallelflach durch ΔF_i mit der Höhe $|\boldsymbol{V}(\boldsymbol{x}_i)|\cos\varphi$ (s. Fig. 2.12) und dem Grundflächeninhalt $|\Delta\boldsymbol{\sigma}_i|$, also dem Volumen

$$|\boldsymbol{V}(\boldsymbol{x}_i)|\cdot|\Delta\boldsymbol{\sigma}_i|\cos\varphi = |\boldsymbol{V}(\boldsymbol{x}_i)\cdot\Delta\boldsymbol{\sigma}_i|\,.$$

(Dabei wird in erster Näherung $\boldsymbol{V} = \text{const.}$ auf ΔF_i angenommen.)

Fließt die Flüssigkeit aus der Seite von ΔF_i heraus, in die der Flächenvektor $\Delta\boldsymbol{\sigma}_i$ weist, so ist $\boldsymbol{V}(\boldsymbol{x}_i)\cdot\Delta\boldsymbol{\sigma}_i \geq 0$, andernfalls ≤ 0. Das Vorzeichen von $\boldsymbol{V}(\boldsymbol{x}_i)\cdot\Delta\boldsymbol{\sigma}_i$ gibt also an, in welcher Richtung ΔF_i durchflossen wird.

Summierung von $\Sigma_i \boldsymbol{V}(\boldsymbol{x}_i)\Delta\boldsymbol{\sigma}_i$ und Übergang zu beliebig kleinen Maschenweiten führt zum *Flächenintegral zweiter Art* :

$$U = \int\limits_F \boldsymbol{V}(\boldsymbol{x})\cdot \mathrm{d}\boldsymbol{\sigma}\,. \tag{2.34}$$

$|U|$ gibt also das *Gesamtvolumen* an, das *pro Sekunde die Fläche durchströmt*, wobei die Anteile beider Strömungsrichtungen durch F gegeneinander aufgerechnet sind.

Man nennt U den *Fluss von* $\boldsymbol{V}$ *durch* F.

Das Vorzeichen von U gibt an, an welcher Seite des Flächenstückes mehr herausfließt : Ist $U > 0$, so strömt mehr Flüssigkeit in die Richtung der Normalenvektoren von F, ist $U < 0$, so in die umgekehrte Richtung.

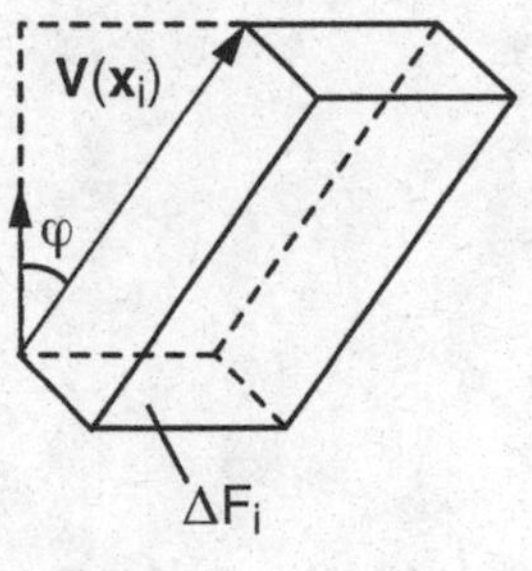

Fig. 2.12: Durchströmung eines »Flächenelementes«

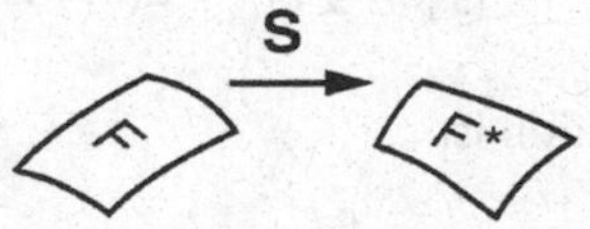

Fig. 2.13: Zur Transformation von Flächenintegralen

Übung 2.5:

Es sei durch $\boldsymbol{f}(u,v) = \left[u,\, v,\, \frac{1}{4}uv\right]^{\mathrm{T}}$, $|u| \leq 1$, $|v| \leq 1$ ein Flächenstück F gegeben. Ferner seien

$$G(\boldsymbol{x}) = 1 + \frac{1}{2}xyz\,,\quad \boldsymbol{V}(\boldsymbol{x}) = \begin{bmatrix} 1+z^4 \\ 1+z^4 \\ 1+x^2y^2 \end{bmatrix},\quad \text{mit } \boldsymbol{x} = \begin{bmatrix} x \\ y \\ z \end{bmatrix}$$

ein Skalar- und ein Vektorfeld auf $\mathbb{R}^3$. Berechne

$$\text{(a)} \int_F G(\boldsymbol{x})\mathrm{d}\sigma\,, \qquad \text{(b)} \int_F \boldsymbol{V}(\boldsymbol{x})\cdot \mathrm{d}\boldsymbol{\sigma}\,.$$

2.2.3 Transformationsformel für Flächenintegrale zweiter Art

Wird ein Flächenstück F auf ein anderes Flächenstück $F^\star$ abgebildet, so stellt sich die Frage, wie zugehörige Flächenintegrale dabei »transformiert« werden. Für Flächenintegrale zweiter Art gibt der folgende Satz eine Antwort.

Satz 2.3:

Es sei $F : \boldsymbol{x} = \boldsymbol{f}(\boldsymbol{u})\,,\ \boldsymbol{u} \in \bar{D}$, ein Flächenstück und $\boldsymbol{V} : F \to \mathbb{R}^3$ ein Vektorfeld auf F. Durch einen Diffeomorphismus $\boldsymbol{S} : F \to F^\star(\boldsymbol{y} = \boldsymbol{S}(\boldsymbol{x}))$ mit $\det \boldsymbol{S}' \neq 0$ wird F in ein Flächenstück $F^\star : \boldsymbol{y} = \boldsymbol{f}^\star(\boldsymbol{u}) := \boldsymbol{S}(\boldsymbol{f}(\boldsymbol{u}))$, $\boldsymbol{u} \in \bar{D}$ transformiert. $\boldsymbol{V}$ verwandeln wir in $\boldsymbol{V}^\star : F^\star \to \mathbb{R}^3$, definiert durch

$$\boldsymbol{V}^\star(\boldsymbol{y}) = \frac{\boldsymbol{S}'(\boldsymbol{x})}{\det \boldsymbol{S}'(\boldsymbol{x})}\boldsymbol{V}(\boldsymbol{x}) \quad \text{mit } \boldsymbol{x} = \boldsymbol{S}^{-1}(\boldsymbol{y})\,. \tag{2.35}$$

Mit der Umkehrabbildung $\boldsymbol{T} = \boldsymbol{S}^{-1} : F^\star \to F\ (\boldsymbol{x} = \boldsymbol{T}(\boldsymbol{y}))$ kann man $\boldsymbol{V}^\star$ auch so schreiben:

$$\boldsymbol{V}^\star = (\det \boldsymbol{T}')(\boldsymbol{T}')^{-1}\boldsymbol{V} \circ \boldsymbol{T}\,. \tag{2.36}$$

Damit gilt die *Transformationsformel für Flächenintegrale zweiter Art*:

$$\int_F \boldsymbol{V}(\boldsymbol{x}) \cdot \mathrm{d}\boldsymbol{\sigma} = \int_{F^\star} \boldsymbol{V}^\star(\boldsymbol{y}) \cdot \mathrm{d}\boldsymbol{\sigma}^\star \tag{2.37}$$

mit $\mathrm{d}\boldsymbol{\sigma}^\star = \left|\boldsymbol{f}_u^\star \times \boldsymbol{f}_v^\star\right|_{(u,v)}\mathrm{d}(u,v)$.

Beweis:

Nach Definition ist

$$\int_F \boldsymbol{V}(\boldsymbol{x}) \cdot \mathrm{d}\boldsymbol{\sigma} = \iint_{\bar{D}} (\boldsymbol{V} \circ \boldsymbol{f}) \cdot (\boldsymbol{f}_u \times \boldsymbol{f}_v)\,^{10}\,\mathrm{d}(u,v) = \int_{\bar{D}} \det(\boldsymbol{V} \circ \boldsymbol{f}, \boldsymbol{f}_u, \boldsymbol{f}_v)\mathrm{d}(u,v)\,.$$

Dabei gilt für die Determinante (mit $\boldsymbol{f} = \boldsymbol{T} \circ \boldsymbol{f}^\star$, $\boldsymbol{f}_u = \boldsymbol{T}'\boldsymbol{f}_u^\star$, usw.):

$$\begin{aligned}\det(\boldsymbol{V} \circ \boldsymbol{f}, \boldsymbol{f}_u \circ \boldsymbol{f}_v) &= \det((\boldsymbol{T}'\,\boldsymbol{T}'^{-1})\boldsymbol{V} \circ \boldsymbol{f}\,, \boldsymbol{T}'\boldsymbol{f}_u^\star\,, \boldsymbol{T}'\boldsymbol{f}_v^\star)\\ &= \det(\boldsymbol{T}'(\boldsymbol{T}'^{-1}\boldsymbol{V} \circ \boldsymbol{f}\,, \boldsymbol{f}_u^\star\,, \boldsymbol{f}_v^\star)) = \det \boldsymbol{T}' \cdot \det(\boldsymbol{T}'^{-1}\boldsymbol{V} \circ \boldsymbol{f}\,, \boldsymbol{f}_u^\star\,, \boldsymbol{f}_v^\star)\\ &= \det((\det \boldsymbol{T}')\boldsymbol{T}'^{-1}\boldsymbol{V} \circ (\boldsymbol{T} \circ \boldsymbol{f}^\star)\,, \boldsymbol{f}_u^\star\,, \boldsymbol{f}_v^\star) = \det(\boldsymbol{V}^\star \circ \boldsymbol{f}^\star, \boldsymbol{f}_u^\star, \boldsymbol{f}_v^\star)\,,\end{aligned}$$

woraus die Behauptung (2.37) folgt. □

10 Die Variablenangabe (u, v) wird der besseren Übersicht wegen weggelassen.

Man kann $\boldsymbol{V}^\star$ aus der nachfolgenden bequemen Formel berechnen:

Folgerung 2.2:

Unter den Voraussetzungen des Satzes 2.3 gilt

$$\boldsymbol{V}^\star(\boldsymbol{y}) = \begin{bmatrix} \det(\boldsymbol{V}\circ\boldsymbol{T}, \boldsymbol{T}_{y_2}, \boldsymbol{T}_{y_3}) \\ \det(\boldsymbol{T}_{y_1}, \boldsymbol{V}\circ\boldsymbol{T}, \boldsymbol{T}_{y_3}) \\ \det(\boldsymbol{T}_{y_1}, \boldsymbol{T}_{y_2}, \boldsymbol{V}\circ\boldsymbol{T}) \end{bmatrix}_{(\boldsymbol{y})}. \tag{2.38}$$

Dabei beschreiben die $\boldsymbol{T}_{y_i}$ $(i = 1,2,3)$ die partiellen Ableitungen von $\boldsymbol{T}$ nach den Komponenten y_1, y_2, y_3 von $\boldsymbol{y}$.

Beweis:

Es gilt

$$\boldsymbol{V}^\star = (\det \boldsymbol{T}')(\boldsymbol{T}')^{-1}\boldsymbol{V}\circ\boldsymbol{T} = \operatorname{adj}(\boldsymbol{T}')\boldsymbol{V}\circ\boldsymbol{T}$$

mit der »Adjunkten« $\operatorname{adj}(\boldsymbol{T}') := (t_{ik})_{3,3}$ von $\boldsymbol{T}'$ (s. Burg/Haf/Wille (Lineare Algebra) [11]). Dabei ist jedes t_{ik} eine zweireihige Determinante, die aus $\det \boldsymbol{T}'$ durch Streichen der k-ten Zeile und i-ten Spalte hervorgeht, sowie durch Multiplikation mit $(-1)^{i+k}$. Es ergibt sich mit $\boldsymbol{V} = [V_1, V_2, V_3]^{\mathrm{T}}$:

$$\boldsymbol{V}^\star = (t_{ik})_{3,3}\boldsymbol{V}\circ\boldsymbol{T} = \begin{bmatrix} \Sigma_k & t_{1k} & V_k\circ\boldsymbol{T} \\ \Sigma_k & t_{2k} & V_k\circ\boldsymbol{T} \\ \Sigma_k & t_{3k} & V_k\circ\boldsymbol{T} \end{bmatrix}. \tag{2.39}$$

Entwickelt man in (2.38) die Determinante der ersten Zeile nach ihrer ersten Spalte $\boldsymbol{V}\circ\boldsymbol{T}$, so erhält man die erste Komponente von (2.39). Für die übrigen Komponenten gilt dies analog. □

3 Integralsätze

»Alles fließt!« sagt Heraklit. Wir wollen diesen allumfassenden Ausspruch des griechischen Philosophen hier nicht ergründen, sondern ihn als Aufforderung verstehen, strömende Flüssigkeiten und Gase mit der Vektoranalysis zu untersuchen.

Dabei dringen wir zum Herzstück der Vektoranalysis vor, den *Integralsätzen von Gauß*, *Stokes und Green*. Man kann sie als Verallgemeinerungen des Hauptsatzes der Differential- und Integralrechnung aus dem »Eindimensionalen« auffassen. Ihre Anwendungen in Strömungslehre, Elektrodynamik und Teilchenphysik sind zahlreich und grundlegend.[1]

3.1 Der Gaußsche Integralsatz

Der Gaußsche Integralsatz ist im Grunde eine Binsenwahrheit. Wir wollen ihn am Beispiel strömender Flüssigkeiten formulieren:

> Die Flüssigkeitsmenge, die durch die Oberfläche eines räumlichen Gebietes herausströmt, ist gleich der Flüssigkeitsmenge, die die Quellen in dem Gebiet hervorbringen.

Oder noch kürzer:

> Es kann nur herausfließen, was die Quellen hergeben.

Nicht nur auf Flüssigkeiten lässt sich dies anwenden, sondern auch auf Gase, auf elektromagnetische Felder und Schwerefelder, ja, auf den Export eines Landes und seine Warenherstellung sowie auf die Herausgabe von Büchern durch die Verlage und deren Produktion durch ihre Autoren.

3.1.1 Ergiebigkeit, Divergenz

Zur Einführung: Wir betrachten eine Flüssigkeit, die ein Gebiet M im dreidimensionalen Raum durchströmt. (Ein *Gebiet* ist eine offene, zusammenhängende Menge). Die Geschwindigkeit der Flüssigkeitsteilchen wird in einem beliebigen Punkt $\boldsymbol{x} \in M$ durch $\boldsymbol{V}(\boldsymbol{x}) \in \mathbb{R}^3$ angegeben, wobei wir der Einfachheit halber annehmen, dass $\boldsymbol{V}(\boldsymbol{x})$ nicht von der Zeit abhängt (»stationäre Strömung«). Das so beschriebene *»Geschwindigkeitsfeld«* $\boldsymbol{V} : M \to \mathbb{R}^3$ wollen wir als stetig differenzierbar voraussetzen.

Im Gebiet M betrachten wir einen gedachten Quader Q, der von der Flüssigkeit durchströmt wird. (Der Quader bewegt sich bzgl. M nicht.) Durch einen Teil der Oberfläche des Quaders strömt Flüssigkeit hinein und durch einen anderen wieder heraus.

---

1 s. auch Burg/Haf/Wille (Partielle Dgln.) [13].

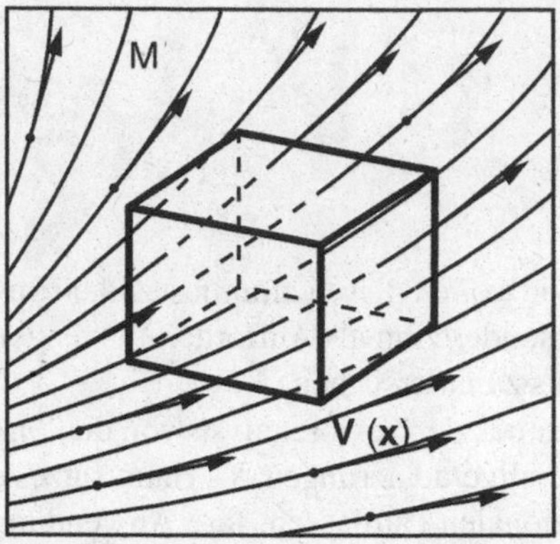

Fig. 3.1: Gedachter Quader in einer Strömung

Wir interessieren uns dabei für den *»Überschuss«*, d.h. für das herausfließende Volumen pro Zeiteinheit minus dem hereinfließenden Volumen pro Zeiteinheit. Wir wollen sozusagen das Flüssigkeitsvolumen bestimmen, welches »netto« in der Zeiteinheit aus Q herausfließt. Dieser Überschuss – kurz *Fluss* genannt – ist nach Abschnitt 2.2.2, (2.34), gleich dem Flächenintegral

$$U = \iint_{\partial Q} \boldsymbol{V}(\boldsymbol{x}) \cdot \mathrm{d}\boldsymbol{\sigma} \,, \tag{3.1}$$

wobei ∂Q die Oberfläche des Quaders ist, zusammengesetzt aus sechs Flächenstücken, den Seiten des Quaders. Die Orientierungen werden dabei so gewählt, dass die Normalenvektoren der Flächenstücke »nach außen weisen«. (D.h. heftet man Pfeile, die die Normalenvektoren darstellen, mit ihren Fußpunkten in den zugehörigen Oberflächenpunkten an, so sind sie in den Außenraum $\mathbb{R}^3 \setminus Q$ gerichtet (wie bei einem Igel!)).

Dividiert man den Überschuss U durch das Volumen $\Delta\tau = \Delta x\, \Delta y\, \Delta z$ des Quaders (wobei Δx, Δy, Δz die Seitenlängen des Quaders sind), so erhält man die *»mittlere Ergiebigkeit«* bzgl. Q:

$$E_Q := \frac{1}{\Delta\tau} \iint_{\partial Q} \boldsymbol{V}(\boldsymbol{x}) \cdot \mathrm{d}\boldsymbol{\sigma} \,. \tag{3.2}$$

Wir *ziehen* nun *den Quader Q auf einen Punkt $\boldsymbol{x}_0$ zusammen.* Das soll heißen: Wir wählen eine beliebige Folge von achsenparallelen Quadern $Q_n \subset M$, die alle ein und denselben Punkt $\boldsymbol{x}_0$ enthalten, wobei die Quaderdurchmesser $|Q_n|$ gegen Null konvergieren.

Der Grenzwert von E_{Q_n}[2] heißt dann die *Ergiebigkeit des Feldes* $\boldsymbol{V}$ *in* $\boldsymbol{x}_0$ oder die *Divergenz von* $\boldsymbol{V}$ *in* $\boldsymbol{x}_0$. Zusammengefasst also:

2 Die Existenz des Grenzwertes wird durch (3.1) gesichert.

Definition 3.1:

Es sei $\boldsymbol{V} : M \to \mathbb{R}^3$ stetig differenzierbar auf der offenen Menge $M \subset \mathbb{R}^3$. Als *Divergenz von* $\boldsymbol{V}$ *in* $\boldsymbol{x}_0 \in M$, abgekürzt div $\boldsymbol{V}(\boldsymbol{x}_0)$, bezeichnet man den Grenzwert

$$\operatorname{div} \boldsymbol{V}(\boldsymbol{x}_0) := \lim_{|Q| \to 0} \frac{1}{\Delta\tau} \iint\limits_{\partial Q} \boldsymbol{V}(\boldsymbol{x}) \cdot \mathrm{d}\boldsymbol{\sigma} \tag{3.3}$$

Mit $Q \subset M$ werden dabei achsenparallele Quader mit $\boldsymbol{x}_0 \in Q$ bezeichnet, mit $|Q|$ ihre Durchmesser und mit $\Delta\tau$ ihre Volumina.

Im Falle div $\boldsymbol{V}(\boldsymbol{x}_0) > 0$ nennt man $\boldsymbol{x}_0$ eine *Quelle* des Feldes $\boldsymbol{V}$, im Falle div $\boldsymbol{V}(\boldsymbol{x}_0) < 0$ *eine Senke* (oder »negative Quelle«).

Glücklicherweise zeigt es sich, dass man die Divergenz leicht ausrechnen kann. Es gilt nämlich

Satz 3.1:

Für ein stetig differenzierbares Vektorfeld $\boldsymbol{V} = [V_1, V_2, V_3]^{\mathrm{T}}$ von M in $\mathbb{R}^3$ (M offen in $\mathbb{R}^3$) berechnet man die Divergenz nach folgender Formel

$$\operatorname{div} \boldsymbol{V} = V_{1,x} + V_{2,y} + V_{3,z} \,. \tag{3.4}$$

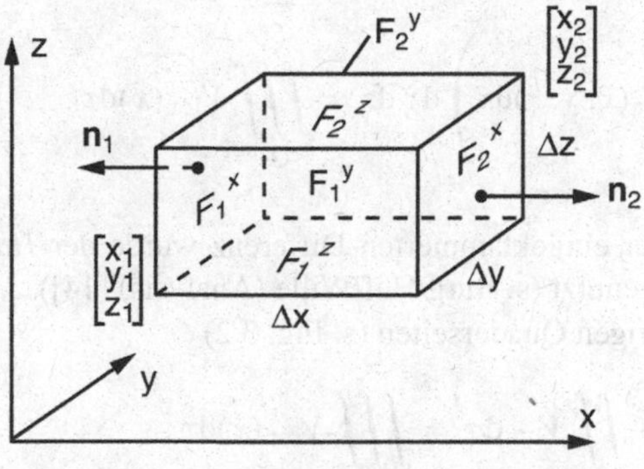

Fig. 3.2: Zur Divergenz

Beweis:

Zunächst berechnen wir explizit den Fluss U nach Formel (3.1).

Wir wählen dazu einen beliebigen Quader Q in M. Mit den Bezeichnungen der Figur 3.2 können wir den Seitenflächen F_1^x, F_2^x des Quaders Q folgende Parameterdarstellung geben. (Es sind die kanonischen, s. Abschn. 2.1.3, Satz 2.1):

$$F_1^x : \boldsymbol{f}(u,v) = \begin{bmatrix} x_1 \\ v \\ u \end{bmatrix}, \quad \begin{cases} y_1 \le v \le y_2\,, \\ z_1 \le u \le z_2\,, \end{cases}$$

$$F_2^x : \boldsymbol{g}(u,v) = \begin{bmatrix} x_2 \\ u \\ v \end{bmatrix}, \quad \begin{cases} y_1 \le u \le y_2\,, \\ z_1 \le v \le z_2\,. \end{cases}$$

Sie sind so gewählt, dass $\boldsymbol{f}_u \times \boldsymbol{f}_v = \begin{bmatrix} -1 \\ 0 \\ 0 \end{bmatrix}$, $\boldsymbol{g}_u \times \boldsymbol{g}_v = \begin{bmatrix} 1 \\ 0 \\ 0 \end{bmatrix}$ wird, dass also die Normalenvektoren nach außen weisen. Damit folgt für die zugehörigen Flächenintegrale:

$$\begin{aligned} \Phi_1 &:= \iint\limits_{F_2^x} \boldsymbol{V} \cdot \mathrm{d}\boldsymbol{\sigma} + \iint\limits_{F_1^x} \boldsymbol{V} \cdot \mathrm{d}\boldsymbol{\sigma} \\ &= \int\limits_{z_1}^{z_2} \int\limits_{y_1}^{y_2} V_1(x_2, u, v)\mathrm{d}u\,\mathrm{d}v - \int\limits_{z_1}^{z_2} \int\limits_{y_1}^{y_2} V_1(x_1, v, u)\mathrm{d}v\,\mathrm{d}u\,. \end{aligned}$$

Im ersten Integral rechts schreiben wir y statt u und z statt v, im zweiten umgekehrt y statt v und z statt u. Man kann damit die Integrale zusammenfassen:

$$\begin{aligned} \Phi_1 &= \int\limits_{z_1}^{z_2} \int\limits_{y_1}^{y_2} \Big(V_1(x_2, y, z) - V_1(x_1, y, z) \Big) \mathrm{d}y\,\mathrm{d}z \\ &= \int\limits_{z_1}^{z_2} \int\limits_{y_1}^{y_2} \left(\int\limits_{x_1}^{x_2} V_{1,x}(x, y, z)\mathrm{d}x \right) \mathrm{d}y\,\mathrm{d}z = \iiint\limits_{Q} V_{1,x}(\boldsymbol{x})\mathrm{d}\tau\,. \end{aligned}$$ [3]

Bei der Umformung der eingeklammerten Differenz wurde der *Hauptsatz der Differential- und Integralrechnung* ausgenutzt (s. Burg/Haf/Wille (Analysis) [14]).

Analog folgt für die übrigen Quaderseiten (s. Fig. 3.2)

$$\Phi_2 := \iint\limits_{F_2^y} \boldsymbol{V} \cdot \mathrm{d}\boldsymbol{\sigma} + \iint\limits_{F_1^y} \boldsymbol{V} \cdot \mathrm{d}\boldsymbol{\sigma} = \iiint\limits_{Q} V_{2,y}(\boldsymbol{x})\mathrm{d}\tau\,,$$

$$\Phi_3 := \iint\limits_{F_2^z} \boldsymbol{V} \cdot \mathrm{d}\boldsymbol{\sigma} + \iint\limits_{F_1^z} \boldsymbol{V} \cdot \mathrm{d}\boldsymbol{\sigma} = \iiint\limits_{Q} V_{3,z}(\boldsymbol{x})\mathrm{d}\tau\,.$$

Das Integral über die gesamte Oberfläche ∂Q des Quaders ist damit gleich $\Phi_1 + \Phi_2 + \Phi_3$, also

3 Bei Raumintegralen (dreidimensional) benutzen wir hier das Symbol $\mathrm{d}\tau$ (statt $\mathrm{d}x$ oder $\mathrm{d}v$, wie in Burg/Haf/Wille (Analysis) [14] allgemein verwendet). $\mathrm{d}\tau$ wird als »Volumenelement« bezeichnet, wobei man symbolisch $\mathrm{d}\tau = \mathrm{d}x\,\mathrm{d}y\,\mathrm{d}z$ schreibt.

$$\iint\limits_{\partial Q} \boldsymbol{V} \cdot \mathrm{d}\boldsymbol{\sigma} = \iiint\limits_{Q} \left(V_{1,x} + V_{2,y} + V_{3,z}\right) \mathrm{d}\tau^{4\,5} \tag{3.5}$$

Damit folgt für die mittlere Ergiebigkeit bzgl. Q:

$$E_Q = \frac{1}{\Delta\tau} \iiint\limits_{Q} \left(V_{1,x} + V_{2,y} + V_{3,z}\right)(\boldsymbol{x}) \mathrm{d}\tau\,, \tag{3.6}$$

mit dem Quadervolumen $\Delta\tau = \Delta x\, \Delta y\, \Delta z$ (s. Fig. 3.2). Wir ziehen jetzt den *Mittelwertsatz der Integralrechnung für Mehrfachintegrale* heran (s. Burg/Haf/Wille (Analysis) [14]). Damit verwandeln wir (3.6) in

$$E_Q = \frac{1}{\Delta\tau} \left(V_{1,x} + V_{2,y} + V_{3,z}\right)(\boldsymbol{x}^\star) \Delta\tau \tag{3.7}$$

mit einem $\boldsymbol{x}^\star \in Q$. Die $\Delta\tau$ kürzen sich hier weg. Ziehen wir Q nun auf seinen Mittelpunkt $\boldsymbol{x}_0$ zusammen, so folgt

$$\operatorname{div} \boldsymbol{V}(\boldsymbol{x}_0) = \lim_{|Q| \to 0} E_Q = \left(V_{1,x} + V_{2,x} + V_{3,x}\right)(\boldsymbol{x})\,. \tag{3.8}$$

Da $\boldsymbol{x}_0$ hier ein beliebiger Punkt aus M sein kann, ist der Satz bewiesen. □

Bemerkung: Der vorstehende Beweis ist im Prinzip ganz einfach: Es wird der Hauptsatz der Differential- und Integralrechnung benutzt, in jeder Achsenrichtung einmal, und dann der Mittelwertsatz für Bereichsintegrale angewendet. Das ist alles!

Quellenfreiheit: Man nennt $\boldsymbol{V}$ genau dann *quellenfrei*, wenn im ganzen Definitionsgebiet von $\boldsymbol{V}$ die Gleichung $\operatorname{div} \boldsymbol{V} = 0$ gilt.

Folgerung 3.1:

(*Rechenregeln für die Divergenz*) Es seien $\boldsymbol{V}$, $\boldsymbol{W}$ Vektorfelder und φ ein Skalarfeld, alle stetig differenzierbar auf $M \subset \mathbb{R}^3$. Dann gilt

$$\operatorname{div}(\boldsymbol{V} + \boldsymbol{W}) = \operatorname{div} \boldsymbol{V} + \operatorname{div} \boldsymbol{W}\,, \quad \operatorname{div}(\lambda \boldsymbol{V}) = \lambda \operatorname{div} \boldsymbol{V} \quad (\lambda \in \mathbb{R}) \tag{3.9}$$

$$\operatorname{div}(\varphi \boldsymbol{V}) = \varphi \operatorname{div} \boldsymbol{V} + \boldsymbol{V} \cdot \operatorname{grad} \varphi \tag{3.10}$$

$$\operatorname{div} \boldsymbol{x} = 3 \quad (\boldsymbol{x} \in \mathbb{R}^3) \tag{3.11}$$

$$\operatorname{div}\left(f(r)\boldsymbol{x}\right) = 3f(r) + \boldsymbol{x} \cdot \operatorname{grad} f(r) \quad (r = |\boldsymbol{x}|\,,\quad f : \mathbb{R} \to \mathbb{R}\,,\ \text{stetig differenzierbar}). \tag{3.12}$$

Wegen (3.9) nennt man div einen *linearen Differentialoperator*. (3.12) beschreibt den Fall eines kugelsymmetrischen Feldes.

4 Die Variablenangabe $(\boldsymbol{x})$ nach den Funktionssymbolen wurde zur besseren Übersicht weggelassen.
5 Es stellt sich später heraus, dass diese Formel schon der Gaußsche Integralsatz für Quader ist.

Übung 3.1:

Beweise die Formeln in Folgerung 3.1.

3.1.2 Der Gaußsche Integralsatz für Bereiche mit stückweise glattem Rand

Es sei $\boldsymbol{V} : M \to \mathbb{R}^3$ wieder ein stetig differenzierbares Vektorfeld auf einer offenen Menge $M \subset \mathbb{R}^3$ und Q ein achsenparalleler Quader in M. Damit gilt insbesondere Formel (3.5) im vorigen Abschnitt. Setzt man darin $\operatorname{div} \boldsymbol{V} = V_{1,x} + V_{2,y} + V_{3,z}$ ein, so erhält man sofort den *Gaußschen Integralsatz für Quader*

$$\iint_{\partial Q} \boldsymbol{V} \cdot \mathrm{d}\boldsymbol{\sigma} = \iiint_{Q} \operatorname{div} \boldsymbol{V} \mathrm{d}\tau \,. \tag{3.13}$$

Aus diesem elementaren Fall leiten wir den Gaußschen Satz für allgemeine Bereiche her. Den einfachen Grundgedanken dabei erläutern wir an folgendem Fall:

Gaußscher Integralsatz für quaderzerlegbare Bereiche

Es sei B eine kompakte Menge im $\mathbb{R}^3$, die sich in endlich viele Quader $Q_1, \ldots, Q_n$ zerlegen lässt, und $\boldsymbol{V} : B \to \mathbb{R}^3$ darauf stetig differenzierbar (s. Fig. 3.3).

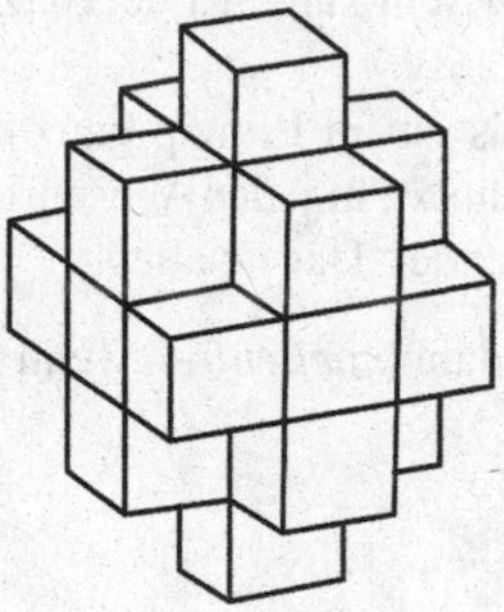

Fig. 3.3: Quaderzerlegbarer Bereich B

Für jeden Quader Q_k schreibe man die Formel des Gaußschen Integralsatzes (3.13) hin und summiere diese Gleichungen über alle $k = 1, \ldots, n$. Es entsteht dann die Formel

$$\iint_{\partial B} \boldsymbol{V} \cdot \mathrm{d}\boldsymbol{\sigma} = \iiint_{B} \operatorname{div} \boldsymbol{V} \mathrm{d}\tau \,, \tag{3.14}$$

denn auf der rechten Seite ist dies unmittelbar klar. Auf der linken Seite gilt dies auch, da sich bei der Summation alle Integrale über Flächenstücke im Inneren von B wegheben. (Denn über sie wird zweimal integriert, wobei die Richtungen der Flächennormalen entgegengesetzt sind.) Die Normalen auf ∂B sind dabei nach außen gerichtet.

Der *Gaußsche Integralsatz* gilt also für *quaderzerlegbare Bereiche B* (s. (3.14)).

Da man aber alle messbaren[6] Mengen M im $\mathbb{R}^3$ — und damit alle physikalisch wichtigen — durch quaderzerlegbare Bereiche beliebig gut approximieren kann, ist zu erwarten, dass man durch Grenzübergang den Gaußschen Satz für diese Mengen M erhält (sofern ∂M eine vernünftige Fläche ist).

Für die Volumenintegrale rechts in (3.14) geht das auch problemlos. Für die Flächenintegrale links ist das jedoch nicht ohne weiteres zu erkennen, da z.B. die Flächenintegrale bei dieser Approximation nicht unbedingt gegen den Flächeninhalt von ∂M konvergieren.

Trotzdem ist der Grundgedanke dieser Approximation in Ordnung. Er führt — über Zusatzüberlegungen — zum Gaußschen Integralsatz für Bereiche mit *»stückweise glattem Rand«*. Dies wird im Folgenden beschrieben.

Definition 3.2:

Eine kompakte Menge $B \subset \mathbb{R}^3$ heißt ein *Bereich mit stückweise glattem Rand*, wenn sie von der Form $B = \bar{B}_0$ (B_0 offen) ist und ∂B eine »Fläche« ist, d.h. sich aus endlich vielen Flächenstücken zusammensetzt (s. Fig. 3.4). Jede Parameterdarstellung $f : \bar{D} \to \mathbb{R}^3$ eines solchen Flächenstückes sei stetig differenzierbar, umkehrbar eindeutig auf $\bar{D}$ und erfülle Rang $f' = 2$ auf ganz $\bar{D}$. D sei dabei ein Gebiet, das von endlich vielen stückweise glatten Kurven berandet wird. Die Normalenvektoren auf ∂B weisen nach außen. ∂B wird die *Oberfläche* des Bereichs genannt.

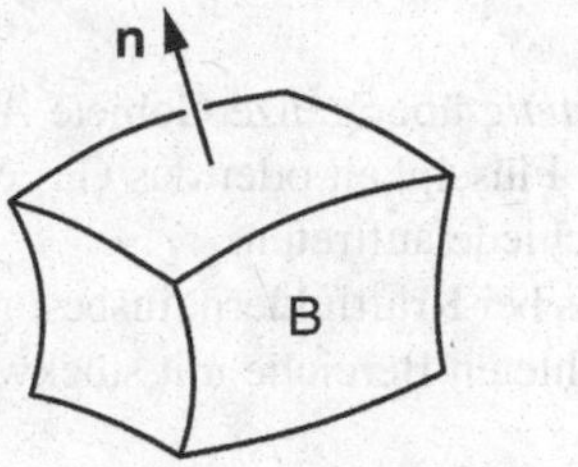

Fig. 3.4: Bereich mit stückweise glattem Rand

Bemerkung:

(a) Quader, Kugeln, Kegel, Prismen, platonische Körper usw., sowie Zusammensetzungen daraus, fallen unter die obige Definition. Dies, wie auch Figur 3.4 machen deutlich, dass praktisch alle Fälle technischer und physikalischer Anwendungen darunter fallen.

(b) B ist *messbar* (d.h. B hat ein wohldefiniertes Volumen, denn der Rand ∂B ist eine Nullmenge; vgl. Burg/Haf/Wille (Analysis) [14]). Damit folgt

6 gemeint ist hier Riemann-messbar (s. Burg/Haf/Wille (Analysis) [14]).

Satz 3.2:
(*Gaußscher Integralsatz*) Ist $\boldsymbol{V} : B \to \mathbb{R}^3$ ein stetig differenzierbares Vektorfeld auf einem Bereich $B \subset \mathbb{R}^3$ mit stückweise glattem Rand, so gilt

$$\iint_{\partial B} \boldsymbol{V} \cdot \mathrm{d}\boldsymbol{\sigma} = \iiint_{B} \operatorname{div} \boldsymbol{V} \mathrm{d}\tau \,. \tag{3.15}$$

Der Beweis wird in Abschnitt 3.1.4 geführt.

Wichtig für den Anwender ist die physikalische Deutung, die im Folgenden noch einmal an Hand von Strömungen gegeben wird.

Physikalische Interpretation des Gaußschen Satzes

Es sei $\boldsymbol{V}$ wieder ein Geschwindigkeitsfeld einer strömenden Flüssigkeit (oder eines Gases). Das Flächenintegral links in (3.15) ergibt den *Überschuss* an Flüssigkeitsvolumen, das aus B pro Zeiteinheit herausströmt (also Herausfließendes minus Hineinfließendes). Rechts in (3.15) steht die »Summe« [7] der Ergiebigkeiten aller Quellen oder Senken (bei Senken »negative Ergiebigkeit«). Somit

Der Überschuss des ausströmenden Flüssigkeitsvolumens gleicht dem, was die Quellen insgesamt liefern.

Punktförmige Quellen, die sich *stetig* über ganze Gebiete A verteilen ($\operatorname{div} \boldsymbol{V}(\boldsymbol{x}) > 0$ in ganz A), kommen z.B. vor, wenn man die Flüssigkeit oder das Gas erwärmt, oder — bei Gasen — wenn Expansionen durch Druckunterschiede auftreten.

Analoge Anwendungen gibt es bei Kraftfeldern, insbesondere elektrischen und magnetischen. Für all dies reichen die betrachteten Bereiche mit stückweise glattem Rand vollständig aus.

Übung 3.2:

Verifiziere die Formel (3.15) des Gaußschen Satzes für die Einheitskugel $B = \{\boldsymbol{x} \in \mathbb{R}^3 \mid |\boldsymbol{x}| \leq 1\}$ und das Vektorfeld $\boldsymbol{V}(\boldsymbol{x}) = |\boldsymbol{x}|^2 \boldsymbol{x}$ auf $\mathbb{R}^3$.

3.1.3 Die Kettenregel der Divergenz

[8] Ein *C^2-Diffeomorphismus* ist eine umkehrbar eindeutige Abbildung $\boldsymbol{T} : M^\star \to M$, wobei $\boldsymbol{T}$ und $\boldsymbol{T}^{-1}$ zweimal stetig differenzierbar sind. Damit beweisen wir

Satz 3.3:
Es sei $\boldsymbol{V} : M \to \mathbb{R}^3$ ($\boldsymbol{v} = \boldsymbol{V}(\boldsymbol{x})$) ein stetig differenzierbares Vektorfeld auf einer offenen Menge $M \subset \mathbb{R}^3$. Durch $\boldsymbol{T} : M^\star \to M$ ($\boldsymbol{x} = \boldsymbol{T}(\boldsymbol{y})$), sei ein C^2-Diffeomorphismus

7 Man denke an approximierende Riemannsche Summen.
8 Kann beim ersten Lesen übersprungen werden.

gegeben. Dann gilt für die Abbildung

$$\boldsymbol{V}^\star = (\det \boldsymbol{T}')(\boldsymbol{T}')^{-1}\boldsymbol{V} \circ \boldsymbol{T}$$ [9]

die *»Kettenregel der Divergenz«*:

$$\operatorname{div}_y \boldsymbol{V}^\star(\boldsymbol{y}) = \det \boldsymbol{T}'(\boldsymbol{y}) \operatorname{div}_x \boldsymbol{V}(\boldsymbol{x}) \circ \boldsymbol{T}(\boldsymbol{y}) \quad \text{mit } \boldsymbol{x} = \boldsymbol{T}(\boldsymbol{y}),$$

oder kürzer geschrieben

$$\operatorname{div}_y \boldsymbol{V}^\star = (\det \boldsymbol{T}')(\operatorname{div}_x \boldsymbol{V}) \circ \boldsymbol{T}. \tag{3.16}$$

(Die Indizes $\boldsymbol{y}$ und $\boldsymbol{x}$ an div markieren die Variablen, nach denen differenziert wird.)

Beweis:
Es seien V_i, $V_i^\star$, x_i, y_i ($i = 1,2,3$) die Komponenten von $\boldsymbol{V}$, $\boldsymbol{V}^\star$, $\boldsymbol{x}$ und $\boldsymbol{y}$. Wir legen die explizite Darstellung von $\boldsymbol{V}^\star$ in Abschnitt 2.2.3, Folgerung 2.2, (2.38), zu Grunde und berechnen damit

$$V^\star_{1,y_1} = \frac{\partial}{\partial y_1}\det\left(\boldsymbol{V}\circ\boldsymbol{T}, \boldsymbol{T}_{y_2}, \boldsymbol{T}_{y_3}\right) \overset{10}{=} \det\left(\frac{\partial}{\partial y_1}\boldsymbol{V}\circ\boldsymbol{T}, \boldsymbol{T}_{y_2}, \boldsymbol{T}_{y_3}\right) + D_{21} + D_{31}$$

mit $D_{21} := \det\left(\boldsymbol{V}\circ\boldsymbol{T}, \boldsymbol{T}_{y_2 y_1}, \boldsymbol{T}_{y_3}\right)$, $D_{31} := \det\left(\boldsymbol{V}\circ\boldsymbol{T}, \boldsymbol{T}_{y_2}, \boldsymbol{T}_{y_3 y_1}\right)$.

Entsprechend werden $V^\star_{2,y_2}$ und $V^\star_{3,y_3}$ gebildet. Bei der Summation der $V^\star_{i,y_i}$ heben sich alle D_{ik} weg. Mit $\frac{\partial}{\partial y_i}\boldsymbol{V}\circ\boldsymbol{T}(\boldsymbol{y}) = \boldsymbol{V}'(\boldsymbol{x})\boldsymbol{T}_{y_i}(\boldsymbol{y})$, $\boldsymbol{x} = \boldsymbol{T}(\boldsymbol{y})$, (nach üblicher Kettenregel), folgt damit

$$\begin{aligned}\operatorname{div}_y \boldsymbol{V}^\star &= V^\star_{1,y_1} + V^\star_{2,y_2} + V^\star_{3,y_3} \\ &= \det\left(\boldsymbol{V}'\boldsymbol{T}_{y_1}, \boldsymbol{T}_{y_2}, \boldsymbol{T}_{y_3}\right) + \det\left(\boldsymbol{T}_{y_1}, \boldsymbol{V}'\boldsymbol{T}_{y_2}, \boldsymbol{T}_{y_3}\right) + \det\left(\boldsymbol{T}_{y_1}, \boldsymbol{T}_{y_2}, \boldsymbol{V}'\boldsymbol{T}_{y_3}\right),\end{aligned} \tag{3.17}$$

wobei Variablenangaben $(\boldsymbol{x})$ nach $\boldsymbol{V}'$ und $(\boldsymbol{y})$ nach $\boldsymbol{T}_{y_i}$ weggelassen sind. Setzt man im folgenden Hilfssatz nun $A = \boldsymbol{T}'$ und $B = \boldsymbol{V}'$, so folgt (3.16). □

Hilfssatz 3.1:
Für je zwei reelle $n \times n$-Matrizen $A = (\boldsymbol{a}_1, \ldots, \boldsymbol{a}_n)$ und $B = (b_{ik})_{n,n}$ gilt die Formel

$$\sum_{k=1}^{n} \det\left(\boldsymbol{a}_1, \ldots, \boldsymbol{a}_{k-1}, B\boldsymbol{a}_k, \boldsymbol{a}_{k+1}, \ldots, \boldsymbol{a}_n\right) = (\det A)\sum_{i=1}^{n} b_{ii} \tag{3.18}$$

---

9 $\boldsymbol{V}^\star$ ist uns bei der Transformation von Flächenintegralen schon begegnet, s. Abschn. 2.2.3.

10 Zur Erinnerung sei die Ableitungsregel für Determinanten erwähnt: $\det'(\boldsymbol{u}, \boldsymbol{v}, \boldsymbol{w}) = \det(\boldsymbol{u}', \boldsymbol{v}, \boldsymbol{w}) + \det(\boldsymbol{u}, \boldsymbol{v}', \boldsymbol{w}) + \det(\boldsymbol{u}, \boldsymbol{v}, \boldsymbol{w}')$.

Beweis:

Im Falle $\sum\limits_{i=1}^{n} b_{ii} \neq 0$ dividiert man die linke Seite von (3.18) durch die Summe und nennt den Quotienten $f(\boldsymbol{a}_1, \dots, \boldsymbol{a}_n)$. Die Funktion f ist zweifellos in jeder Variablen $\boldsymbol{a}_i$ linear, ferner alternierend (Vertauschung zweier Variabler ändert das Vorzeichen), und es gilt $f(\boldsymbol{e}_1, \dots, \boldsymbol{e}_n) = 1$ ($\boldsymbol{e}_i$ Koordinaten-Einheitsvektoren). Nach dem Eindeutigkeitssatz für Determinanten (s. Burg/-Haf/Wille (Lineare Algebra) [11]) ist damit $f(\boldsymbol{a}_1, \dots, \boldsymbol{a}_n) = \det A$, d.h. es gilt (3.18). Den Fall $\sum\limits_{i=1}^{n} b_{ii} = 0$ gewinnt man durch Grenzübergang. □

3.1.4 Beweis des Gaußschen Integralsatzes für Bereiche mit stückweise glattem Rand

[11] Wir wollen eine Menge $B \subset \mathbb{R}^3$ einen *Gaußschen Bereich* nennen, wenn für jedes stetig differenzierbare Vektorfeld $\boldsymbol{V}$ auf B der Gaußsche Integralsatz gilt, d.h.

$$\iint\limits_{\partial B} \boldsymbol{V}(\boldsymbol{x}) \cdot \mathrm{d}\boldsymbol{\sigma} = \iiint\limits_{B} \operatorname{div} \boldsymbol{V}(\boldsymbol{x}) \mathrm{d}\tau \,. \tag{3.19}$$

Dabei ist ∂B eine Fläche mit nach außen weisenden Normalen.

Bisher wissen wir nur, dass achsenparallele Quader Gaußsche Bereiche sind. Von ihnen gehen wir aus. Durch Verformen und Zusammensetzen gelangt man zu allgemeinen Gaußschen Bereichen. Der folgende Satz erlaubt weitreichende Verformungen.

Satz 3.4:

(*Transformation Gaußscher Bereiche*) Ist $B^\star$ ein Gaußscher Bereich und $\boldsymbol{T} : B^\star \to B$ ein C^2-Diffeomorphismus[12] mit $\det \boldsymbol{T}' > 0$, so ist auch der Bildbereich B ein Gaußscher Bereich.

Beweis:

(i) Es sei $\boldsymbol{V} : B \to \mathbb{R}^3$ ein beliebiges stetig differenzierbares Vektorfeld. Mit der Transformationsformel für Flächenintegrale (Abschn. 2.2.3, (2.37)) gilt

$$\iint\limits_{\partial B} \boldsymbol{V} \cdot \mathrm{d}\boldsymbol{\sigma} = \iint\limits_{\partial B^\star} \boldsymbol{V}^\star \cdot \mathrm{d}\boldsymbol{\sigma}^\star \overset{(a)}{=} \iiint\limits_{B^\star} \operatorname{div} \boldsymbol{V}^\star \mathrm{d}\tau^\star \text{ [13]} \quad \text{mit } \boldsymbol{V}^\star = \det \boldsymbol{T}'(\boldsymbol{T}')^{-1} \boldsymbol{V} \circ \boldsymbol{T} \,. \tag{3.20}$$

Aus der Tatsache, dass die *Normalenvektoren* von ∂B *nach außen weisen*, folgt das gleiche für $\partial B^\star$ (wir beweisen dies später in (ii)). Die Gleichung (a) gilt, da $B^\star$ als Gaußscher Bereich vorausgesetzt ist.

Durch Anwendung der Kettenregel für die Divergenz (Abschn. 3.1.3) und dann der Trans-

---

11 Der anwendungsorientierte Leser kann diesen Abschnitt überschlagen.

12 $\boldsymbol{T}$ umkehrbar eindeutig; $\boldsymbol{T}$, $\boldsymbol{T}^{-1}$ zweimal stetig differenzierbar.

13 $\mathrm{d}\tau^\star$ ist das Volumenelement in $B^\star$.

formationsformel für Bereichsintegrale [14] folgt

$$\iiint_{B^\star} \operatorname{div} \boldsymbol{V}^\star \mathrm{d}\tau^\star = \iiint_{B^\star} (\operatorname{div} \boldsymbol{V}) \circ \boldsymbol{T} \underbrace{(\det \boldsymbol{T}')\mathrm{d}\tau^\star}_{\mathrm{d}\tau} = \iiint_{B} \operatorname{div} \boldsymbol{V} \mathrm{d}\tau$$

und damit

$$\iint_{\partial B} \boldsymbol{V} \cdot \mathrm{d}\boldsymbol{\sigma} = \iiint_{B} \operatorname{div} \boldsymbol{V} \mathrm{d}\tau\,.$$

B ist also ein Gaußscher Bereich.

(ii) *Nachtrag*: Es bleibt zu beweisen, dass die Normalenvektoren auf $\partial B^\star$ nach außen weisen, wobei vorausgesetzt ist, dass dies für ∂B gilt.
Man sieht das so ein: Ist $\boldsymbol{f}^\star$ Parameterdarstellung eines Flächenstückes von $\partial B^\star$, so $\boldsymbol{f} = \boldsymbol{T} \circ \boldsymbol{f}^\star$ entsprechend von ∂B. Wir betrachten $\boldsymbol{f}_u = \boldsymbol{T}'\boldsymbol{f}_u^\star$, $\boldsymbol{f}_v = \boldsymbol{T}'\boldsymbol{f}_v^\star$ in einem Punkt $\boldsymbol{x}_0 = \boldsymbol{T}(\boldsymbol{x}_0^\star)$ von ∂B. Mit einem kleinen Vektor $\Delta\boldsymbol{x}^\star = \boldsymbol{x}^\star - \boldsymbol{x}_0^\star$ ($\boldsymbol{x}^\star \in \mathring{B}^\star$), der von $\boldsymbol{x}_0^\star$ aus in $\mathring{B}^\star$ hineinragt (in umgekehrter Normalenrichtung), weist auch $\Delta\boldsymbol{x} = \boldsymbol{T}'\Delta\boldsymbol{x}^\star \approx \boldsymbol{T}(\boldsymbol{x}^\star) - \boldsymbol{T}(\boldsymbol{x}_0^\star)$ von $\boldsymbol{x}_0$ aus in $\mathring{B}$ [15] hinein. Es gilt daher $(\boldsymbol{f}_u \times \boldsymbol{f}_v) \cdot \Delta\boldsymbol{x} < 0$, weil $\boldsymbol{f}_u \times \boldsymbol{f}_v$ nach außen weist. Damit folgt

$$\begin{aligned} 0 > (\boldsymbol{f}_u \times \boldsymbol{f}_v) \cdot \Delta\boldsymbol{x} &= \det(\boldsymbol{f}_u, \boldsymbol{f}_v, \Delta\boldsymbol{x}) = \det(\boldsymbol{T}'\boldsymbol{f}_u^\star, \boldsymbol{T}'\boldsymbol{f}_v^\star, \boldsymbol{T}'\Delta\boldsymbol{x}^\star) \\ &= (\det \boldsymbol{T}') \det(\boldsymbol{f}_u^\star, \boldsymbol{f}_v^\star, \Delta\boldsymbol{x}^\star) = (\det \boldsymbol{T}')(\boldsymbol{f}_u^\star \times \boldsymbol{f}_v^\star) \cdot \Delta\boldsymbol{x}^\star\,. \end{aligned} \tag{3.21}$$

Wegen $\det \boldsymbol{T}' > 0$ gilt also $(\boldsymbol{f}_u^\star \times \boldsymbol{f}_v^\star) \cdot \Delta\boldsymbol{x}^\star < 0$, d.h. $\boldsymbol{f}_u^\star \times \boldsymbol{f}_v^\star$ weist nach außen, folglich auch der zugehörige Normalenvektor $\boldsymbol{n}^\star = \boldsymbol{f}_u^\star \times \boldsymbol{f}_v^\star / |\boldsymbol{f}_u^\star \times \boldsymbol{f}_v^\star|$. □

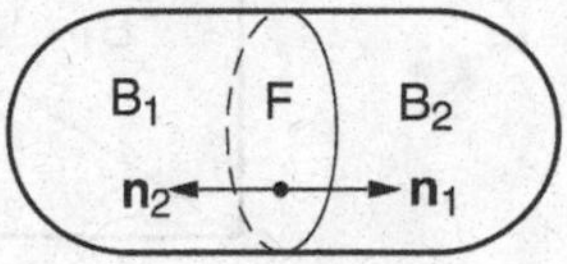

Fig. 3.5: Zusammensetzen Gaußscher Bereiche

Ferner gilt die einfache

Folgerung 3.2:

Setzt man zwei Gaußsche Bereiche B_1, B_2 zu einem Bereich $B = B_1 \cup B_2$ zusammen, wobei $B_1 \cap B_2$ ein Flächenstück F aus $\partial B_1 \cap \partial B_2$ ist, so ist auch B ein Gaußscher Bereich, (s. Fig. 3.5).

14 s. Burg/Haf/Wille (Analysis) [14].

15 $\mathring{B}$ ist das Innere von B.

Beweis:

Die Aussage folgt aus der Tatsache, dass sich bei der Summation der Formeln des Gaußschen Satzes für B_1 und B_2 die Flächenintegrale über F herausheben. □

Satz 3.4 und Folgerung 3.2 liefern nun alles Wünschenswerte!

Zunächst: Durch Bewegungen ($\boldsymbol{T}(\boldsymbol{x}) = A\boldsymbol{x} + \boldsymbol{b}$, A orthogonal, $\det A = 1$) oder allgemeiner affine Verzerrungen ($\boldsymbol{T}(\boldsymbol{x}) = A\boldsymbol{x} + \boldsymbol{b}$, $\det A > 0$) gehen Gaußsche Bereiche in Gaußsche Bereiche über.

Ferner betrachten wir die folgenden wichtigen Beispiele.

Beispiel 3.1:

(a) In der Figur 3.6 sei F ein Graph einer zweimal stetig differenzierbaren Funktion $z = g(x, y) > 0$. Der Quader Q wird durch

$$\boldsymbol{T}(x, y, z) = \left[x, y, \frac{1}{h} g(x, y)\right]^{\mathrm{T}}$$

auf den Bereich B, der unterhalb von F in Q liegt, gestaucht. B ist also Gaußscher Bereich. Ist g nur *einmal stetig differenzierbar*, erhalten wir das gleiche Ergebnis, indem wir g durch eine Folge (g_n) approximieren ($g_n \to g$, $g_n' \to g'$ gleichmäßig, g_n stetig differenzierbar).[16]

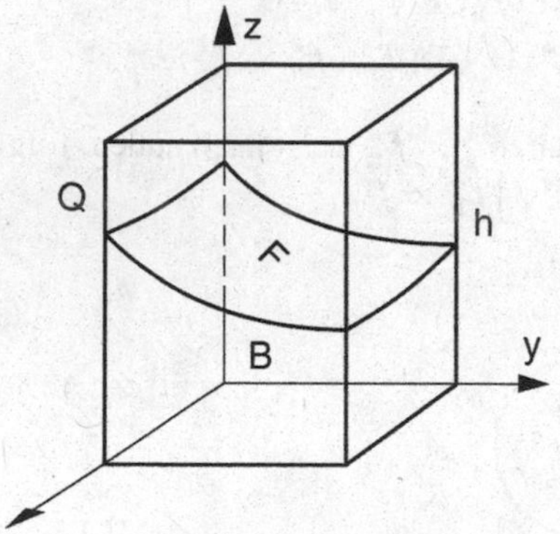

Fig. 3.6: Stauchung von Q auf B

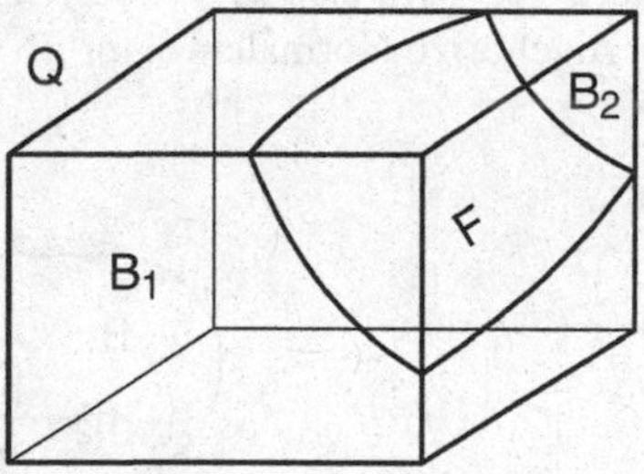

Fig. 3.7: Zerlegung von Q in zwei Bereiche durch das Flächenstück F

(b) *Zerlegt* ein »nahezu ebenes« Flächenstück F einen *Quader Q in zwei zusammenhängende Bereiche* B_1, B_2 (s. Fig. 3.7), so ist jeder dieser Bereiche ein *Gaußscher Bereich*. »Nahezu eben« soll bedeuten, dass F als Graph einer stetig differenzierbaren Funktion $z = g(x, y)$ aufgefasst werden kann (wobei x, y, z auch die Rollen tauschen können), und $\partial Q \cap F$ eine stückweise glatte Kurve ist. — Begründung:

Man wähle eine (feine) Quaderzerlegung von Q und entferne zunächst alle Teilquader, die

16 s. auch [1], S. 365 – 366.

die »Randkurve« $\partial Q \cap F$ schneiden. Jeden weiteren Teilquader Q_k, der F schneidet, verlängere man zu einer »Säule«, indem man alle darüber- und darunterliegenden Quader »anklebt«.[17] Der unter F liegende Teil der Säule ist nach (a) ein Gaußscher Bereich. Diese Bereiche und alle restlichen Quader, die in B_1 liegen, bilden zusammen einen Gaußschen Bereich, der gleich B_1 ohne die $\partial Q \cap F$ schneidenden Teilquader ist. Grenzübergang (beliebige Verfeinerung) ergibt, dass B_1 Gaußscher Bereich ist (B_2 analog).

Damit setzten wir den strahlenden Schlusspunkt:

Beweis des Satzes 3.2 (Gaußscher Integralsatz für Bereiche mit stückweise glattem Rand). Man bettet B in einen Quader Q ein: $B \subset Q$, zerlegt diesen in endlich viele Teilquader und betrachtet die Teilquader, die B schneiden. Sie seien $Q_1, \ldots, Q_n$ genannt.

Zunächst nehmen wir alle Quader Q_k weg, die Kanten[18] von B schneiden.

Die übrigen Q_k liegen entweder ganz oder teilweise in B. Von jedem Teilquader Q_k der letzteren Art können wir annehmen, dass er von ∂B in zwei zusammenhängende Teile zerlegt wird. (Denn $\partial B \cap Q_k$ ist bei genügend feiner Quaderzerlegung nahezu eben. Eine geringfügige Vergrößerung von Q_k in den Außenraum von B hinein tut evtl. das Übrige). Jeder dieser Teile ist daher ein Gaußscher Bereich (s. Beisp. 3.1(b)).

Damit ist die Vereinigung aller $Q_k \cap B \neq \emptyset$, die keine Kantenstücke von B enthalten, ein Gaußscher Bereich. Die $Q_k \cap B$, die Kantenstücke von B enthalten, liefern bei Flächen- oder Raumintegralen aber beliebig kleine Anteile, wenn die Quaderzerlegung genügend fein ist. Grenzübergang (d.h. maximale Kantenlänge der Teilquader gegen Null) ergibt dann die Gültigkeit des Gaußschen Satzes für B. □

Folgerung 3.3:

Der Gaußsche Integralsatz gilt für alle Polyeder. (Ein »Polyeder« ist eine kompakte Menge $M \subset \mathbb{R}^3$ mit $M = \bar{M}_0$ (M_0 offen), die von endlich vielen Ebenenstücken berandet wird.)

3.1.5 Gaußscher und Greenscher Integralsatz in der Ebene

Aus dem Gaußschen Integralsatz im $\mathbb{R}^3$ gewinnt man den Gaußschen Integralsatz im $\mathbb{R}^2$ durch geeignete Reduzierung um eine Koordinate. Dies geschieht auf folgende Weise:

Es sei D ein beschränktes, einfach zusammenhängendes Gebiet im $\mathbb{R}^2$, welches von einer geschlossenen, stückweise glatten Kurve $K : \boldsymbol{x} = \boldsymbol{\gamma}(t)$, $a \leq t \leq b$, berandet ist.

Dabei soll D »links von der Kurve liegen«. (D.h. der Normalenvektor $\boldsymbol{N}_{\boldsymbol{\gamma}}(t)$ weist, von $\boldsymbol{x} = \boldsymbol{\gamma}(t)$ aus gesehen, in D hinein.) Man sagt auch: »*D wird von der Kurve positiv umlaufen*«.

Auf $\bar{D}$ sei ein stetig differenzierbares Vektorfeld $\boldsymbol{V}$ gegeben:

$$\boldsymbol{V} = \begin{bmatrix} V_1 \\ V_2 \end{bmatrix} : \bar{D} \to \mathbb{R}^2 .$$

17 »darüber« und »darunter« bzgl. einer senkrechten z-Achse.

18 dies sind die Ränder der Flächenstücke, aus denen sich ∂B zusammensetzt.

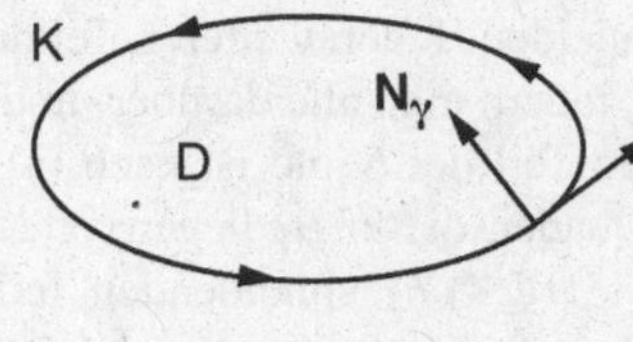

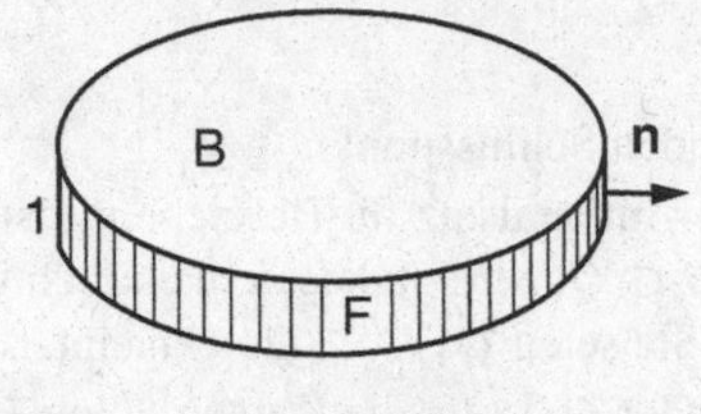

Fig. 3.8: Bereich B

Wir bilden nun aus $\bar{D}$ den räumlichen Bereich

$$B = \bar{D} \times [0,1] = \left\{ \begin{bmatrix} x \\ y \\ z \end{bmatrix} \;\middle|\; \begin{bmatrix} x \\ y \end{bmatrix} \in \bar{D}\,,\quad z \in [0,1] \right\},$$

d.h. $\bar{D}$ wird in eine »Scheibe der Dicke 1« verwandelt, wobei »Boden« und »Deckel« der Scheibe die Form von $\bar{D}$ haben, (s. Fig. 3.8). Ferner erweitern wir $\boldsymbol{V}$ um die Komponente $V_3 = 0$:

$$\tilde{\boldsymbol{V}} : \begin{bmatrix} V_1 \\ V_2 \\ 0 \end{bmatrix} : B \to \mathbb{R}^3 \tag{3.22}$$

und wenden den Gaußschen Integralsatz an:

$$\iint_{\partial B} \tilde{\boldsymbol{V}} \cdot \mathrm{d}\boldsymbol{\sigma} = \iiint_B \operatorname{div} \tilde{\boldsymbol{V}} \cdot \mathrm{d}\tau\,. \tag{3.23}$$

Beim Flächenintegral links heben sich die Anteile bzgl. Boden und Deckel weg, da die zugehörigen Normalenvektoren entgegengesetzt sind, aber sonst alles gleich ist (insbesondere $\tilde{\boldsymbol{V}}(x, y, 0) = \tilde{\boldsymbol{V}}(x, y, 1)$). Bezeichnet $F = K \times [0,1]$ die »Mantelfläche« der Scheibe (in Fig. 3.8 schraffiert), so folgt aus (3.23)

$$\iint_F \tilde{\boldsymbol{V}} \cdot \mathrm{d}\boldsymbol{\sigma} = \iiint_B \operatorname{div} \tilde{\boldsymbol{V}} \cdot \mathrm{d}\tau\,. \tag{3.24}$$

F hat die Parameterdarstellung $\boldsymbol{f}(t, z) = [\gamma_1(t), \gamma_2(t), z]^{\mathrm{T}}$ mit $a \le t \le b$, $0 \le z \le 1$, woraus man die Flächennormale $\boldsymbol{n} = [\dot{\gamma}_2, -\dot{\gamma}_1, 0]^{\mathrm{T}}$ berechnet. (Sie weist nach außen). Damit wird

$d\boldsymbol{\sigma} = \boldsymbol{n} dt\, dz$, also gilt für die linke Seite von (3.24)

$$\iint_F \tilde{\boldsymbol{V}}(\boldsymbol{\gamma}(t)) \cdot \boldsymbol{n}(t) dt\, dz = \int_0^1 \int_a^b \Big[V_1(\boldsymbol{\gamma}(t))\dot{\gamma}_2(t) - V_2(\boldsymbol{\gamma}(t))\dot{\gamma}_1(t)\Big] dt dz \,.$$

Die äußere Integration $\int_0^1 \ldots dz$ kann dabei gestrichen werden, da der Integrand nicht von z abhängt. Setzt man ferner $\operatorname{div} \tilde{\boldsymbol{V}} = V_{1,x} + V_{2,y}$ in die rechte Seite ein, so folgt nach Ausrechnung des Integrals:

Satz 3.5:

(*Gaußscher Integralsatz in der Ebene*) Es sei $\boldsymbol{V} = \begin{bmatrix} V_1 \\ V_2 \end{bmatrix} : \bar{D} \to \mathbb{R}^2$ ein stetig differenzierbares Vektorfeld, wobei das einfach zusammenhängende Gebiet D durch die stückweise glatte Kurve $K : \boldsymbol{\gamma} = \begin{bmatrix} \gamma_1 \\ \gamma_2 \end{bmatrix} : [a, b] \to \mathbb{R}^2$ berandet wird, die D positiv umläuft. Damit gilt

$$\int_a^b \Big[V_1(\boldsymbol{\gamma}(t))\dot{\gamma}_2(t) - V_2(\boldsymbol{\gamma}(t))\dot{\gamma}_1(t)\Big] dt = \iint_{\bar{D}} \Big[V_{1,x}(x, y) + V_{2,y}(x, y)\Big] d(x, y) \,. \quad (3.25)$$

Mit

$$\operatorname{div} \boldsymbol{V} := V_{1,x} + V_{2,y} \quad (3.26)$$

(analog zum $\mathbb{R}^3$) und den Symbolen $dx = \dot{\gamma}_1(t) dt$, $dy = \dot{\gamma}_2(t) dt$ beschreibt man (3.25) auch in der prägnanten Form

$$\int_K \Big(V_1 dy - V_2 dx\Big) = \iint_{\bar{D}} \operatorname{div} \boldsymbol{V} d(x, y) \,. \quad (3.27)$$

[19]

Nimmt man folgende Umbenennung vor:

$$W_1 = V_2 \,, \quad W_2 = -V_1 \,, \quad \boldsymbol{W} = \begin{bmatrix} W_1 \\ W_2 \end{bmatrix} \,.$$

so folgt:

Greenscher Integralsatz in der Ebene

$$\int_K \Big(W_1 dx + W_2 dy\Big) = \iint_{\bar{D}} \Big(W_{2,x} - W_{1,y}\Big) d(x, y) \quad (3.28)$$

[20]

19 Das Kurvenintegral links heißt *Fluss* von $\boldsymbol{V}$ durch K (s. Abschn. 3.1.1).

Bemerkung: Beide Integralsätze, (3.27) und (3.28) gelten auch für Gebiete G, die sich in endlich viele einfach zusammenhängende Gebiete D_k zerlegen lassen, wobei die D_k stückweise glatt berandet sind.

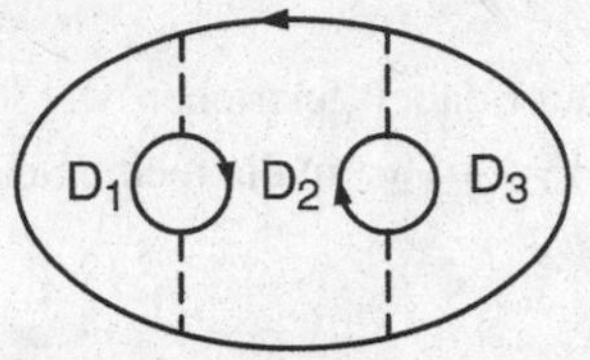

Fig. 3.9: Integrationsbereich, nicht einfach zusammenhängend

Dabei ist links über den gesamten Rand von G zu integrieren, wobei die Orientierungen der Randkurven von den Randkurven auf ∂D_k erzeugt werden, (s. Fig. 3.9). Das heißt G liegt stets »links« von den Randkurven auf ∂G.

Übung 3.3:

Verifiziere den Gaußschen Integralsatz der Ebene für die Einheitskreisscheibe D und $V_1(x, y) = x^2 - 5xy + 3y$, $V_2(x, y) = 6xy^2 - x$.

3.1.6 Der Gaußsche Integralsatz für Skalarfelder

Es sei $\varphi : B \to \mathbb{R}$ ein stetig differenzierbares Skalarfeld auf einem Gaußschen Bereich $B \subset \mathbb{R}^3$. Mit einem beliebigen Vektor $\boldsymbol{a} \in \mathbb{R}^3$ bilden wir das Vektorfeld $\boldsymbol{V} = \varphi\boldsymbol{a}$ auf B und schreiben dafür den Gaußschen Integralsatz hin.

$$\iint\limits_{\partial B} \varphi(\boldsymbol{x})\boldsymbol{a} \cdot \mathrm{d}\boldsymbol{\sigma} = \iiint\limits_{B} \operatorname{div}\left(\varphi(\boldsymbol{x})\boldsymbol{a}\right)\mathrm{d}\tau\,. \tag{3.29}$$

Mit $\boldsymbol{a} = [a_1, a_2, a_3]^{\mathrm{T}}$ errechnet man

$$\operatorname{div}(\varphi\boldsymbol{a}) = a_1\varphi_x + a_2\varphi_y + a_3\varphi_z = \boldsymbol{a} \cdot \operatorname{grad}\varphi\,,$$

also folgt aus (3.29):

$$\boldsymbol{a} \cdot \iint\limits_{\partial B} \varphi(\boldsymbol{x})\,\mathrm{d}\boldsymbol{\sigma} = \boldsymbol{a} \cdot \iiint\limits_{B} \operatorname{grad}\varphi(\boldsymbol{x})\mathrm{d}\tau \tag{3.30}$$

mit $\mathrm{d}\boldsymbol{\sigma} = \boldsymbol{n}\,\mathrm{d}\sigma$, wobei $\boldsymbol{n}$ die nach außen weisende Normale auf ∂B bezeichnet. Die Integrale werden komponentenweise gebildet. Da (3.30) für alle $\boldsymbol{a} \in \mathbb{R}^3$ gilt, erhält man:

20 Das Kurvenintegral links heißt *Zirkulation* von $\boldsymbol{V}$ längs K (s. Abschn. 3.2.2).

Gaußscher Integralsatz für Skalarfelder

$$\iint_{\partial B} \varphi(\boldsymbol{x})\, \mathrm{d}\boldsymbol{\sigma} = \iiint_{B} \operatorname{grad} \varphi(\boldsymbol{x}) \mathrm{d}\tau \tag{3.31}$$

Bemerkung: Setzt sich ∂B aus den Flächenstücken $F_i : \boldsymbol{f}^{(i)} : \bar{D}_i \to \mathbb{R}^3$ zusammen, so lautet die Formel explizit:

$$\sum_i \iint_{F_i} \varphi\big(\boldsymbol{f}^{(i)}(u,v)\big)\big(\boldsymbol{f}_u^{(i)} \times \boldsymbol{f}_v^{(i)}\big)(u,v)\, \mathrm{d}(u,v) = \begin{bmatrix} \iiint \varphi_x(\boldsymbol{x})\mathrm{d}\tau \\ \iiint \varphi_y(\boldsymbol{x})\mathrm{d}\tau \\ \iiint \varphi_z(\boldsymbol{x})\mathrm{d}\tau \end{bmatrix}.$$

Alle Volumenintegrale $\iiint$ werden dabei über B genommen.

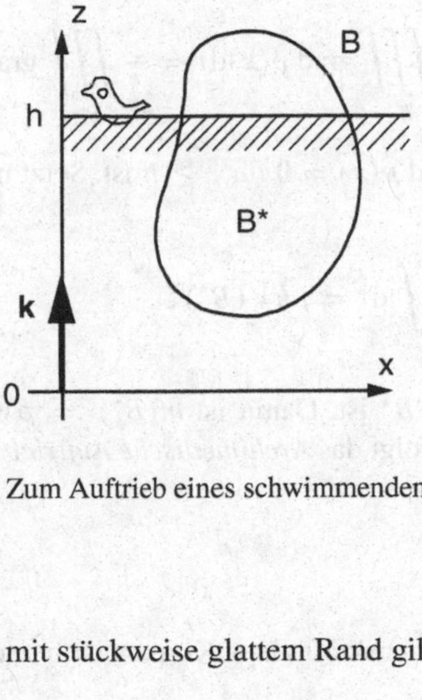

Fig. 3.10: Zum Auftrieb eines schwimmenden Körpers

Folgerung 3.4:

Für jeden Bereich $B \subset \mathbb{R}^3$ mit stückweise glattem Rand gilt

$$\iint_{\partial B} \mathrm{d}\boldsymbol{\sigma} = \boldsymbol{0}.$$

Beweis:

Dies folgt unmittelbar aus (3.31) mit $\varphi(\boldsymbol{x}) \equiv 1$.

Beispiel 3.2:

(*Auftrieb eines schwimmenden Körpers*) Ein physikalischer Körper, der den Raumbereich $B \subset \mathbb{R}^3$ ausfüllt, schwimme in einer Flüssigkeit mit dem spezifischen Gewicht ρ. Dabei befindet sich der Teil $B^\star$ von B unter der Flüssigkeitsoberfläche, der Rest darüber, (s. Fig. 3.10). (B und $B^\star$

werden als Gaußsche Bereiche angesehen.) Der Druck der Flüssigkeit wird beschrieben durch die skalare Funktion

$$p(\boldsymbol{x}) = \begin{cases} p_0 & \text{für } z \geq h\,, \\ p_0 + \rho \cdot (h - z) & \text{für } z \leq h\,, \end{cases} \quad \text{mit } \boldsymbol{x} = \begin{bmatrix} x \\ y \\ z \end{bmatrix},$$

wobei p_0 der (Luft-)druck über der Oberfläche ist und h die Höhe der Oberfläche auf der senkrechten z-Achse, (s. Fig. 3.10). Der *Auftrieb* $\boldsymbol{A}$ des Körpers ist die durch den Druck erzeugte Kraft

$$\boldsymbol{A} = -\iint\limits_{\partial B} p(\boldsymbol{x})\,\mathrm{d}\boldsymbol{\sigma}\,,$$

wie die Physik lehrt. (Das Minuszeichen rührt daher, dass der Druck der nach außen gerichteten Flächennormalen entgegenwirkt.) Es folgt nach (3.31):

$$\boldsymbol{A} = -\iint\limits_{\partial B} p(\boldsymbol{x})\,\mathrm{d}\boldsymbol{\sigma} = -\iiint\limits_{B} \operatorname{grad} p(\boldsymbol{x})\mathrm{d}\tau = -\iiint\limits_{B^\star} \operatorname{grad} p(\boldsymbol{x})\mathrm{d}\tau\,.$$

Die letzte Gleichung gilt, da $\operatorname{grad} p(\boldsymbol{x}) = \boldsymbol{0}$ für $z \geq h$ ist. Setzt man den Ausdruck für $p(\boldsymbol{x})$ ein, so folgt mit $[0,0,1]^{\mathrm{T}} =: \boldsymbol{k}$

$$\boldsymbol{A} = \iiint\limits_{B^\star} \rho \boldsymbol{k}\mathrm{d}\tau = \rho \boldsymbol{k} \iiint\limits_{B^\star} \mathrm{d}\tau = \rho \boldsymbol{k} V(B^\star)\,,$$

wobei $V(B^\star)$ das Volumen von $B^\star$ ist. Damit ist $m(B^\star) := \rho V(B^\star)$ das Gewicht der von $B^\star$ verdrängten Flüssigkeit, und es folgt das *Archimedische Auftriebsgesetz*

$$\boldsymbol{A} = m(B^\star)\boldsymbol{k}\,,$$

d.h.:

Die nach oben gerichtete Auftriebskraft eines Körpers ist betragsmäßig gleich dem Gewicht der verdrängten Flüssigkeit.

Übungen

Übung 3.4*

Wie tief taucht eine kugelförmige Boje mit dem Radius $r > 0$ ins Wasser? Dabei sei ρ das spezifische Gewicht des Wassers und $V(= \frac{4}{3}\pi r^3)$ das Volumen der Kugel, $G > 0$ das Gewicht der Kugel und $\frac{G}{V} < \rho$.

Übung 3.5:

Verifiziere (3.31) für die Einheitskugel B und $\varphi(\boldsymbol{x}) = |\boldsymbol{x}|^2$.

3.2 Der Stokessche Integralsatz

Der Stokessche Satz lässt sich gut anhand strömender Flüssigkeiten oder Gase erläutern. Er lautet, umgangssprachlich ausgedrückt:

Die Umströmung einer Fläche (Zirkulation genannt) resultiert aus den Wirbeln in den Punkten der Fläche.

Er wird im Folgenden physikalisch erläutert und mathematisch exakt gefasst.

3.2.1 Einfache Flächenstücke

Die Flächenstücke, mit denen wir im Folgenden arbeiten, sollen *stückweise glatt berandet* sein und zunächst auch *einfach zusammenhängend*. Dies ist so erklärt:

Definition 3.3:

Ein Flächenstück F heißt *stückweise glatt berandet*, wenn es durch eine Parameterdarstellung $f : \bar{D} \to \mathbb{R}^3$ beschrieben werden kann mit folgenden Eigenschaften:

(a) D ist ein Gebiet[21] im $\mathbb{R}^2$, das von endlich vielen geschlossenen Jordankurven berandet ist, die stückweise glatt und »positiv orientiert« sind (d.h. D liegt »links« von den Kurven, vgl. Abschn. 3.1.5).

(b) $f : \bar{D} \to \mathbb{R}^3$ *ist eineindeutig, und es gilt* Rang $f' = 2$ *auf ganz* $\bar{D}$.

(c) *Der* Rand $\partial F := f(\partial D)$ *des Flächenstückes besteht somit aus endlich vielen geschlossenen Jordankurven, die entsprechend den Urbildkurven auf* ∂D *orientiert* sind.
Flächenintegrale über F und Kurvenintegrale über ∂F beziehen sich im Folgenden stets auf die beschriebene Parameterdarstellung und Orientierung.

(d) F heißt zusätzlich *einfach zusammenhängend*, wenn dies für D gilt. Das bedeutet, dass D, wie auch F, nur von einer geschlossenen Jordankurve berandet ist.

(e) Ein Flächenstück nennen wir kurz *einfach*, wenn es *stückweise glatt berandet* und *einfach zusammenhängend* ist.

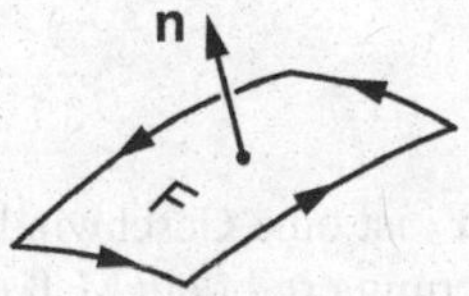

Fig. 3.11: Einfaches Flächenstück

21 D.h. offen und zusammenhängend.

3.2.2 Zirkulation, Wirbelstärke, Rotation

Am Beispiel strömender Flüssigkeiten (oder Gase) werden im Folgenden Begriffe, Zusammenhänge und schließlich der Stokessche Satz entwickelt.[22]

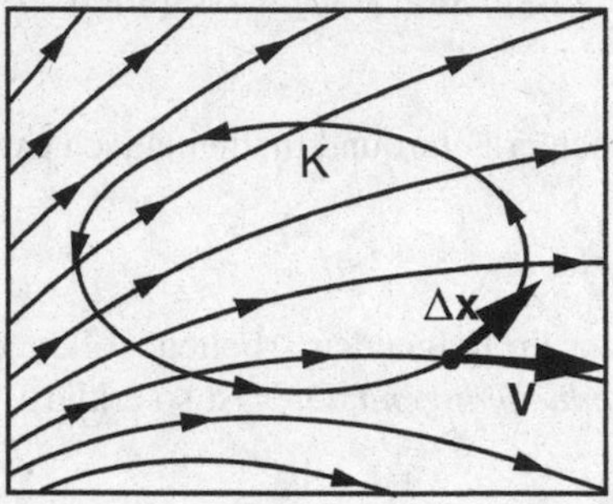

Fig. 3.12: Zur Zirkulation

Es sei $V : M \to \mathbb{R}^3$ das Geschwindigkeitsfeld einer strömenden Flüssigkeit in der offenen Menge $M \subset \mathbb{R}^3$. V sei stetig differenzierbar.

Zirkulation

In M betrachten wir eine geschlossene orientierte Jordankurve K, die wir als stückweise glatt voraussetzen. Das Kurvenintegral

$$Z = \oint_K V(x) \cdot \mathrm{d}x \tag{3.32}$$

nennt man die *Zirkulation* von V längs der Kurve K (oder »bzgl. K«). Dies wird durch approximierende Riemannsche Summen

$$\sum_i V(x_i) \cdot \Delta x_i \tag{3.33}$$

motiviert. Jeder Summand $V(x_i) \cdot \Delta x_i$ ist eine Geschwindigkeitskomponente in der Durchlaufungsrichtung der Kurve. Die Summierung ergibt ein Maß dafür, wie stark die Kurve umströmt wird, d.h. wie stark die Flüssigkeit längs der Kurve »zirkuliert«.

22 Der Leser, der hauptsächlich an mathematischer Systematik und Beweisökonomie interessiert ist (ohne physikalische Motivation) kann gleich mit Satz 3.7 im Abschnitt 3.2.4 fortfahren.

Wirbelstärke

In unserer Strömung mit dem Geschwindigkeitsfeld $V : M \to \mathbb{R}^3$ betrachten wir ein *einfaches* Flächenstück F[23] und berechnen die Zirkulation entlang der Randkurve ∂F:

$$Z = \oint_{\partial F} V(x) \cdot \mathrm{d}x\,.\ ^{24} \tag{3.34}$$

Wir dividieren nun Z durch den *Flächeninhalt* $\sigma(F)$ des Flächenstückes und erhalten die *mittlere Wirbelstärke* von V bzgl. F:

$$\frac{1}{\sigma(F)} \oint_{\partial F} V(x) \cdot \mathrm{d}x\,.$$

Um zur Wirbelstärke in einem Punkt $x_0 \in F$ zu gelangen, liegt es nun nahe, F *»auf den Punkt* x_0 *zusammenzuziehen«*. Dabei nehmen wir F als eben an, und die Flächennormale n als unveränderlich:

Definition 3.4:

Es sei $V : M \to \mathbb{R}^3$ ($M \subset \mathbb{R}^3$ offen) stetig differenzierbar und x_0 ein Punkt aus M. Der Grenzwert

$$W_n(x_0) := \lim_{\substack{|F| \to 0 \\ x_0 \in F}} \frac{1}{\sigma(F)} \oint_{\partial F} V(x) \cdot \mathrm{d}x \tag{3.35}$$

heißt die *Wirbelstärke* von V in x_0. Dabei werden mit F ebene einfache Flächenstücke mit $x_0 \in F$ bezeichnet, die alle die gleiche Normale n haben. [25] $|F|$ symbolisiert den Durchmesser von F und $\sigma(F)$ seinen Flächeninhalt.

Die *Existenz* des Grenzwertes ergibt sich leicht mit dem Greenschen Satz der Ebene. Wir können nämlich o.B.d.A. annehmen, dass F parallel zur x-y-Ebene liegt,[26] parametrisiert durch x und y selbst, wobei die *Randkurve* ∂F das Flächenstück *positiv umläuft*. Mit den Komponentendarstellungen

$$\partial F : k(t) = \begin{bmatrix} k_1(t) \\ k_2(t) \\ z_0 \end{bmatrix}, \quad a \le t \le b \quad \text{und} \quad V = \begin{bmatrix} V_1 \\ V_2 \\ V_3 \end{bmatrix}$$

23 d.h. F ist stückweise glatt berandet und einfach zusammenhängend (s. Abschn. 3.2.1).

24 Die Orientierung von ∂F wird von der positiven Umlaufung des Parameterbereiches induziert, s. Abschn. 3.2.1

25 Die Orientierung der Randkurve ∂F steht mit dem Normalenvektor n im Einklang; d.h.: Sieht man auf das Flächenstück F in Richtung der Normalen n, so wird F auf ∂F »im Uhrzeigersinn« umlaufen.

26 Andernfalls wird zunächst eine entsprechende Drehung des Koordinatensystems vorgenommen.

erhält man

$$\oint_{\partial F} \boldsymbol{V}(\boldsymbol{x}) \cdot \mathrm{d}\boldsymbol{x} = \int_a^b \boldsymbol{V}(\boldsymbol{k}) \cdot \dot{\boldsymbol{k}} \mathrm{d}t^{27} = \int_a^b \Big(V_1(\boldsymbol{k}) \cdot \dot{k}_1 + V_2(\boldsymbol{k}) \cdot \dot{k}_2 \Big) \mathrm{d}t$$

$$= \oint_{\partial F} \Big(V_1 \mathrm{d}x + V_2 \mathrm{d}y \Big) \overset{\substack{\text{Green} \\ \downarrow}}{=} \iint_F \Big(V_{2,x} - V_{1,y} \Big)(\boldsymbol{x}) \mathrm{d}(x,y) \text{ mit } \boldsymbol{x} = \begin{bmatrix} x \\ y \\ z_0 \end{bmatrix} \tag{3.36}$$

$$= \sigma(F) \Big(V_{2,x} - V_{1,y} \Big)(\boldsymbol{x}^\star) .$$

Die letzte Gleichung folgt nach dem Mittelwertsatz der Integralrechnung mit einem geeigneten $\boldsymbol{x}^\star \in F$. Division durch $\sigma(F)$ und Zusammenziehung von F auf einen Punkt $\boldsymbol{x}_0$ liefert die *Wirbelstärke* $W_{\boldsymbol{n}}(\boldsymbol{x}_0)$ und damit gleichzeitig die Existenz des Grenzwertes (3.35):

$$W_{\boldsymbol{n}}(\boldsymbol{x}_0) = \Big(V_{2,x} - V_{1,y} \Big)(\boldsymbol{x}_0) \text{ mit } \boldsymbol{n} = \begin{bmatrix} 0 \\ 0 \\ 1 \end{bmatrix} . \tag{3.37}$$

Berechnung der Wirbelstärke

Wir betrachten den allgemeineren Fall, dass das ebene Flächenstück schräg im Raum liegt, und zwar so, wie es die Figur 3.13 zeigt.

F wird dabei als kleines Dreieck $[A, B, C]$ gewählt, das mit dem Punkt D einen Tetraeder mit den Seiten F, F_x, F_y, F_z bildet, wobei die Seiten F_x, F_y, F_z rechtwinklig zur x-, y-, bzw. z-Achse liegen. (Da die Existenz des Grenzwertes $W_{\boldsymbol{n}}(\boldsymbol{x}_0)$, (3.35), gesichert ist, ist die Form von F beliebig wählbar.)

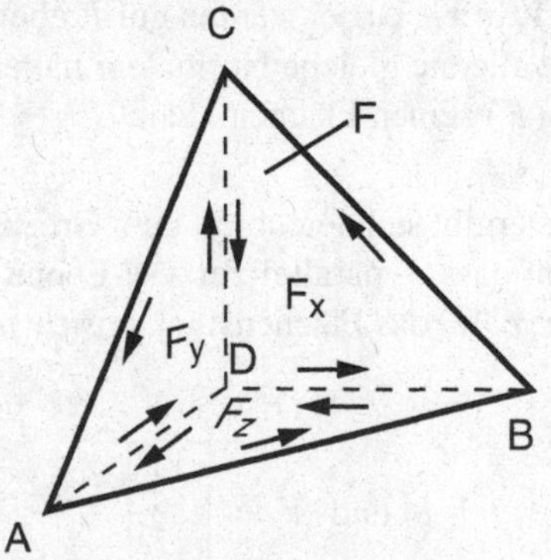

Fig. 3.13: Zur Wirbelstärke und Rotation

Der Normalenvektor $\boldsymbol{n}$ von F habe drei positive Komponenten. F liege im Definitionsbereich

27 Variablenangabe (t) nach $\boldsymbol{k}$, $\dot{\boldsymbol{k}}$ usw. weggelassen.

$M \subset \mathbb{R}^3$ (M offen) des stetig differenzierbaren Vektorfeldes $\boldsymbol{V} : M \to \mathbb{R}^3$. Mit den skizzierten Umlaufungen der Flächenstücke des Tetraeders (s. Fig. 3.13) folgt für die entsprechenden Kurvenintegrale

$$\oint_{\partial F} \boldsymbol{V} \cdot \mathrm{d}\boldsymbol{x} = \oint_{\partial F_x} \boldsymbol{V} \cdot \mathrm{d}\boldsymbol{x} + \oint_{\partial F_y} \boldsymbol{V} \cdot \mathrm{d}\boldsymbol{x} + \oint_{\partial F_z} \boldsymbol{V} \cdot \mathrm{d}\boldsymbol{x}\,, \tag{3.38}$$

da sich die Integralanteile über die Kanten $[A, D]$, $[B, D]$, $[C, D]$ wegheben. F_z liegt parallel zur x-y-Ebene, also folgt aus (3.36)

$$\oint_{\partial F_z} \boldsymbol{V} \cdot \mathrm{d}\boldsymbol{x} = \sigma(F_z) r_3 \quad \text{mit} \quad r_3 = \Big(V_{2,x} - V_{1,y}\Big)(\boldsymbol{x}_3)\,, \quad (\boldsymbol{x}_3 \in F_z)$$

und analog

$$\begin{aligned} \oint_{\partial F_y} \boldsymbol{V} \cdot \mathrm{d}\boldsymbol{x} &= \sigma(F_y) r_2 \ \text{ mit } r_2 = \Big(V_{1,z} - V_{3,x}\Big)(\boldsymbol{x}_2)\,, \ (\boldsymbol{x}_2 \in F_y)\,, \\ \oint_{\partial F_x} \boldsymbol{V} \cdot \mathrm{d}\boldsymbol{x} &= \sigma(F_x) r_1 \ \text{ mit } r_1 = \Big(V_{3,y} - V_{2,z}\Big)(\boldsymbol{x}_1)\,, \ (\boldsymbol{x}_1 \in F_x)\,. \end{aligned} \tag{3.39}$$

Addition und anschließende Division durch $\sigma(F)$ liefern nach (3.38):

$$\frac{1}{\sigma(F)} \oint_{\partial F} \boldsymbol{V} \cdot \mathrm{d}\boldsymbol{x} = \frac{\sigma(F_x)}{\sigma(F)} r_1 + \frac{\sigma(F_y)}{\sigma(F)} r_2 + \frac{\sigma(F_z)}{\sigma(F)} r_3\,. \tag{3.40}$$

Es gilt aber

$$\begin{aligned} \sigma(F_x) &= \sigma(F)\cos\alpha\,, \\ \sigma(F_y) &= \sigma(F)\cos\beta\,, \quad \text{mit } \boldsymbol{n} = \begin{bmatrix} \cos\alpha \\ \cos\beta \\ \cos\gamma \end{bmatrix}, \\ \sigma(F_z) &= \sigma(F)\cos\gamma\,, \end{aligned} \tag{3.41}$$

wobei α, β, γ die Winkel zwischen der Flächennormalen $\boldsymbol{n}$ und den positiven Koordinatenachsen sind.

In (3.40) denkt man sich $\cos\alpha$, $\cos\beta$, $\cos\gamma$ für die Flächenquotienten $\sigma(F_x)/\sigma(F)$ usw. eingesetzt. Dann zieht man F auf einen Punkt $\boldsymbol{x}_0$ zusammen, wobei $\boldsymbol{n}$ konstant bleibt. Die Größen r_1, r_2, r_3 gehen dabei in die Komponenten des Vektors

$$\operatorname{rot} \boldsymbol{V} = \begin{bmatrix} V_{3,y} - V_{2,z} \\ V_{1,z} - V_{3,x} \\ V_{2,x} - V_{1,y} \end{bmatrix} \tag{3.42}$$

[28] (= *Rotation von* $\boldsymbol{V}$)

28 Der Vektor rot $\boldsymbol{V}$ ist uns schon in Abschn. 1.6.4 begegnet.

an der Stelle $\boldsymbol{x}_0$ über, also die rechte Seite von (3.40) in das Produkt $\boldsymbol{n} \cdot \operatorname{rot} \boldsymbol{V}(\boldsymbol{x}_0)$. (Sind einige Komponenten von $\boldsymbol{n}$ negativ bzw. Null, so gewinnt man das gleiche Ergebnis durch Umorientierung bzw. Grenzübergang.) Wir haben damit gezeigt:

Satz 3.6:

(*Berechnung der Wirbelstärke*) Für ein stetig differenzierbares Vektorfeld $\boldsymbol{V} : M \to \mathbb{R}^3$ ($M \subset \mathbb{R}^3$ offen) ist die Wirbelstärke in $\boldsymbol{x}_0 \in M$ gleich

$$W_{\boldsymbol{n}}(\boldsymbol{x}_0) = \lim_{\substack{|F| \to 0 \\ x_0 \in F}} \frac{1}{\sigma(F)} \oint_{\partial F} \boldsymbol{V} \cdot \mathrm{d}\boldsymbol{x} = \boldsymbol{n} \cdot \operatorname{rot} \boldsymbol{V}(\boldsymbol{x}_0) \tag{3.43}$$

($\boldsymbol{n}$ ist hierbei der konstante Normalenvektor aller Flächenstücke F.)

Man nennt rot $\boldsymbol{V}$ das *Wirbelfeld* zu $\boldsymbol{V}$.

Bemerkung:

(a) Die Formel (3.43), angewandt auf Strömungen mit Geschwindigkeitsfeld $\boldsymbol{V}$, macht folgendes klar: $\operatorname{rot} \boldsymbol{V}(\boldsymbol{x}_0)$ gibt die Richtung der *Rotationsachse* für lokale Wirbel um $\boldsymbol{x}_0$ an. Denn $W_{\boldsymbol{n}}(\boldsymbol{x}_0)$ ist am größten, wenn $\boldsymbol{n}$ in Richtung von $\operatorname{rot} \boldsymbol{V}(\boldsymbol{x}_0)$ liegt, d.h. die lokalen Zirkulationen um $\boldsymbol{x}_0$ verlaufen dann um kleine ebene Flächenstücke F herum, die rechtwinklig zu $\operatorname{rot} \boldsymbol{V}(\boldsymbol{x}_0)$ liegen. F ($\perp \operatorname{rot} \boldsymbol{V}(\boldsymbol{x}_0)$) kennzeichnet dann also die Hauptrotationsebene.

(b) Die drei Formeln (3.39) und Figur 3.13 liefern eine physikalische Deutung der Komponenten von rot $\boldsymbol{V}$, und zwar durch Zirkulationen längs ∂F_z, ∂F_y, ∂F_x.

Die Rotationsbildung rot $\boldsymbol{V}$ ist eine Art Differentiation von $\boldsymbol{V}$. Es gelten dafür die folgenden

Rechenregeln für die Rotation

Für stetig differenzierbare Vektorfelder $\boldsymbol{A}$, $\boldsymbol{B}$ von $M \subset \mathbb{R}^3$ in $\mathbb{R}^3$ und $\lambda \in \mathbb{R}$ gilt

$$\left.\begin{array}{ll} \text{(a)} & \operatorname{rot}(\boldsymbol{A} + \boldsymbol{B}) = \operatorname{rot} \boldsymbol{A} + \operatorname{rot} \boldsymbol{B} \\ \text{(b)} & \operatorname{rot}(\lambda \boldsymbol{A}) = \lambda \operatorname{rot} \boldsymbol{A} \end{array}\right\} \textit{Linearität}$$

(c) $\operatorname{rot} \boldsymbol{x} = \boldsymbol{0}$.

Weitere Regeln über Produkte und Kombinationen mit div, grad usw. sind im späteren Abschnitt 3.3.2 zusammengestellt.

Übungen

Übung 3.6*

Berechne rot $\boldsymbol{V}$ von folgenden Vektorfeldern:

$$\text{(a)}\ \boldsymbol{V}(x, y, z) = \begin{bmatrix} xyz \\ y^2 + z^2 \\ \mathrm{e}^{x+y+z} \end{bmatrix}, \quad \text{(b)}\ \boldsymbol{V}(x, y, z) = \begin{bmatrix} x \\ 0 \\ 0 \end{bmatrix}.$$

Übung 3.7:

Beweise Formel (3.43) noch einmal auf anderem Wege, und zwar aus (3.37) durch einen Wechsel des Koordinatensystems: $\boldsymbol{x} = Q\boldsymbol{\xi}$. Dabei ist $Q = [\boldsymbol{q}_1, \boldsymbol{q}_2, \boldsymbol{q}_3]$ eine Drehmatrix, sie erfüllt also $Q^{-1} = Q^{\mathrm{T}}$ und $\boldsymbol{q}_1 \times \boldsymbol{q}_2 = \boldsymbol{q}_3$.

Hinweis: $\boldsymbol{V}(\boldsymbol{x})$ wird in $\tilde{\boldsymbol{V}}(\boldsymbol{\xi}) = Q^{-1}\boldsymbol{V}(Q\boldsymbol{\xi})$ transformiert. Hierzu ermittle man $\tilde{V}_{2,\xi_1} - \tilde{V}_{1,\xi_2} = \ldots$ (mit $\boldsymbol{\xi} = [\xi_1, \xi_2, \xi_3]^{\mathrm{T}}$) und zeige, dass sich die rechte Seite von (3.43) ergibt. Gleichung (3.37) liefert dann Formel (3.43).

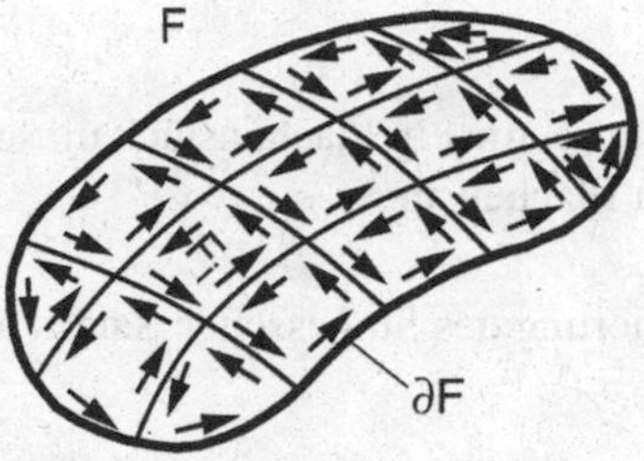

Fig. 3.14: Zum Stokesschen Integralsatz

3.2.3 Idee des Stokesschen Integralsatzes

In einer Strömung mit dem Geschwindigkeitsfeld $\boldsymbol{V} : M \to \mathbb{R}^3$ ($M \subset \mathbb{R}^3$ offen) denken wir uns ein einfaches Flächenstück $F \subset M$ eingebettet. Es soll die Zirkulation um das Flächenstück aus den Wirbelstärken auf F berechnet werden. Dazu zerlegt man F in endlich viele »Maschen« F_i (s. Fig. 3.14), und erhält damit für die Zirkulation um F:

$$\oint_{\partial F} \boldsymbol{V}(\boldsymbol{x}) \cdot \mathrm{d}\boldsymbol{x} = \sum_i \oint_{\partial F_i} \boldsymbol{V}(\boldsymbol{x}) \cdot \mathrm{d}\boldsymbol{x}\,. \tag{3.44}$$

Denn in der rechten Summe heben sich alle Anteile an Kurvenintegralen weg, die »innen liegen«, d.h. nicht zu ∂F gehören (s. Fig. 3.14).

Sind die »Maschen« klein genug, so ist nach Satz 3.6 im vorigen Abschnitt jeder Summand der rechten Seite von (3.44) ungefähr gleich

$$\boldsymbol{n}_i \cdot \operatorname{rot} \boldsymbol{V}(\boldsymbol{x}_i)\sigma(F_i)\,,$$

mit einem $\boldsymbol{x}_i \in F_i$ und dem Normalenvektor $\boldsymbol{n}_i$ in $\boldsymbol{x}_i$. Somit folgt

$$\oint_{\partial F} \boldsymbol{V}(\boldsymbol{x}) \cdot \mathrm{d}\boldsymbol{x} \approx \sum_i \operatorname{rot} \boldsymbol{V}(\boldsymbol{x}_i) \cdot \boldsymbol{n}_i\sigma(F_i)\,. \tag{3.45}$$

Durch Verfeinerung der Maschenzerlegung geht die rechte Seite von (3.45) schließlich in das Integral $\iint_F \operatorname{rot} \boldsymbol{V}(\boldsymbol{x}) \cdot \mathrm{d}\boldsymbol{\sigma}$ über. Man vermutet daher

$$\oint_{\partial F} \boldsymbol{V}(\boldsymbol{x}) \cdot \mathrm{d}\boldsymbol{x} = \iint_F \operatorname{rot} \boldsymbol{V}(\boldsymbol{x}) \cdot \mathrm{d}\boldsymbol{\sigma} \,. \tag{3.46}$$

Dies ist der *Stokessche Integralsatz.*[29] Seine Richtigkeit wird im Folgenden exakt nachgewiesen.

Für Techniker und Naturwissenschaftler ist die vorstehende heuristische Herleitung und physikalische Deutung des Stokesschen Integralsatzes wichtiger als der nachfolgende exakte Beweis. Denn nach den obigen Überlegungen kann man den *Stokesschen Satz* anhand von Strömungen so interpretieren:

Die Zirkulation entlang einer Kurve, die ein Flächenstück umschließt, ist gleich dem Integral über alle Wirbelstärken auf dem Flächenstück.

Nun zur mathematischen Formulierung des Stokesschen Satzes und zu seinem Beweis!

3.2.4 Stokesscher Integralsatz im dreidimensionalen Raum

Satz 3.7:

(*Stokesscher Integralsatz im* $\mathbb{R}^3$) Es sei $\boldsymbol{V} : M \to \mathbb{R}^3$ ($M \subset \mathbb{R}^3$ offen) ein stetig differenzierbares Vektorfeld und F ein stückweise glatt berandetes Flächenstück[30] in M. Dann gilt:

$$\oint_{\partial F} \boldsymbol{V}(\boldsymbol{x}) \cdot \mathrm{d}\boldsymbol{x} = \iint_F \operatorname{rot} \boldsymbol{V}(\boldsymbol{x}) \cdot \mathrm{d}\boldsymbol{\sigma} \tag{3.47}$$

Beweis:

Zunächst setzen wir F als einfach voraus, d.h. F wird von nur einer geschlossenen Jordankurve berandet. $\boldsymbol{x} = \boldsymbol{f}(u, v)$, $\boldsymbol{u} = \begin{bmatrix} u \\ v \end{bmatrix} \in \bar{D}$, sei die zugehörige Parameterdarstellung von F. Die Randkurve $\partial D : \boldsymbol{\gamma} : [a, b] \to \mathbb{R}^2$ wird durch

$$\boldsymbol{k}(t) = \boldsymbol{f}(\boldsymbol{\gamma}(t)) \,, \quad a \le t \le b \,,$$

in die Randkurve von ∂F transformiert.

Der Beweis beruht nun darauf, das Flächenstück F (nebst Integralen) auf den Parameterbereich $\bar{D}$ zu transformieren, dort den ebenen Greenschen Satz anzuwenden und dann zurück zu

29 Sir George Gabriel Stokes (1819 – 1903), irischer Mathematiker und Physiker.

30 vgl. Abschn. 3.2.1.

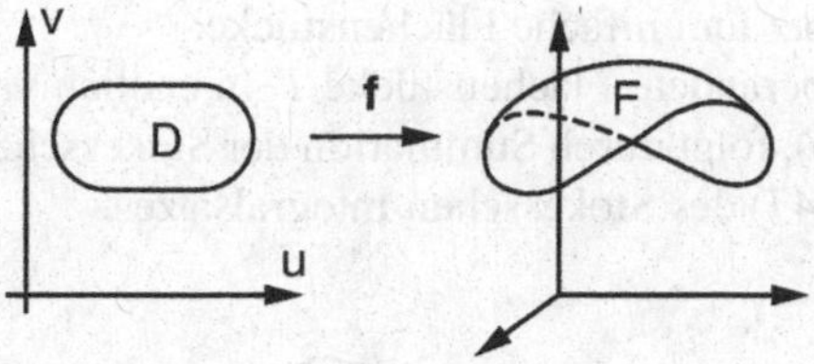

Fig. 3.15: Zur Parameterdarstellung von F

transformieren. Wir führen dies durch:

$$\oint\limits_{\partial F} \boldsymbol{V}(\boldsymbol{x}) \cdot \mathrm{d}\boldsymbol{x} = \int\limits_a^b \boldsymbol{V}(\boldsymbol{k}(t)) \cdot \dot{\boldsymbol{k}}(t)\mathrm{d}t = \int\limits_a^b \boldsymbol{V}(\boldsymbol{k}(t))^{\mathrm{T}} \dot{\boldsymbol{k}}(t)\mathrm{d}t$$ [31]

$$= \int\limits_a^b \boldsymbol{V}(\boldsymbol{f} \circ \boldsymbol{\gamma}(t))^{\mathrm{T}} \boldsymbol{f}'(\boldsymbol{\gamma}(t))\dot{\boldsymbol{\gamma}}(t)\mathrm{d}t$$

$$= \int\limits_a^b \boldsymbol{V}^{\mathrm{T}}[\boldsymbol{f}_u, \boldsymbol{f}_v] \begin{bmatrix} \dot{\gamma}_1 \\ \dot{\gamma}_2 \end{bmatrix} \mathrm{d}t$$

Abkürzungen dabei:
$$\boldsymbol{V} := \boldsymbol{V}(\boldsymbol{f} \circ \boldsymbol{\gamma}(t)),$$
$$\boldsymbol{f}_u := \boldsymbol{f}_u(\boldsymbol{\gamma}(t)), \quad \boldsymbol{f}_v := \boldsymbol{f}_v(\boldsymbol{\gamma}(t))$$
$$\begin{bmatrix} \dot{\gamma}_1 \\ \dot{\gamma}_2 \end{bmatrix} := \dot{\boldsymbol{\gamma}}(t), \quad [\boldsymbol{f}_u, \boldsymbol{f}_v] = \boldsymbol{f}'.$$

$$= \int\limits_a^b (\boldsymbol{V}^{\mathrm{T}} \boldsymbol{f}_u \dot{\gamma}_1 + \boldsymbol{V}^{\mathrm{T}} \boldsymbol{f}_v \dot{\gamma}_2)\mathrm{d}t = \int\limits_a^b \left[(\boldsymbol{V}^{\mathrm{T}} \boldsymbol{f}_u)\mathrm{d}u + (\boldsymbol{V}^{\mathrm{T}} \boldsymbol{f}_v)\mathrm{d}v \right] \quad \left\{ \begin{array}{l} \text{mit den Symbolen} \\ \mathrm{d}u = \dot{\gamma}_1 \mathrm{d}t\,, \ \mathrm{d}v = \dot{\gamma}_2 \mathrm{d}t \end{array} \right.$$

$$= \iint\limits_{\tilde{D}} \left[(\boldsymbol{V}^{\mathrm{T}} \boldsymbol{f}_v)_u - (\boldsymbol{V}^{\mathrm{T}} \boldsymbol{f}_u)_v \right] \mathrm{d}(u, v)$$ { nach dem ebenen *Greenschen Satz*; ab hier $\boldsymbol{V} := \boldsymbol{V}(\boldsymbol{f}(u, v))$

$$= \iint\limits_{\tilde{D}} \left[(\boldsymbol{V}' \boldsymbol{f}_u)^{\mathrm{T}} \boldsymbol{f}_v + \boldsymbol{V}^{\mathrm{T}} \boldsymbol{f}_{uv} - (\boldsymbol{V}' \boldsymbol{f}_v)^{\mathrm{T}} \boldsymbol{f}_u - \boldsymbol{V}^{\mathrm{T}} \boldsymbol{f}_{vu} \right] \mathrm{d}(u, v)$$ { nach der Produktregel der Differentiation

$$= \iint\limits_{\tilde{D}} \left[\boldsymbol{f}_u^{\mathrm{T}} \boldsymbol{V}'^{\mathrm{T}} \boldsymbol{f}_v - \boldsymbol{f}_v^{\mathrm{T}} \boldsymbol{V}'^{\mathrm{T}} \boldsymbol{f}_u \right] \mathrm{d}(u, v),$$ hier einsetzen! $\boldsymbol{f}_u^{\mathrm{T}} \boldsymbol{V}'^{\mathrm{T}} \boldsymbol{f}_v = \boldsymbol{f}_v^{\mathrm{T}} \boldsymbol{V}' \boldsymbol{f}_u$

$$= \iint\limits_{\tilde{D}} \left[\boldsymbol{f}_v^{\mathrm{T}} (\boldsymbol{V}' - \boldsymbol{V}'^{\mathrm{T}}) \boldsymbol{f}_u \right] \mathrm{d}(u, v) \ \text{ mit } \ (\boldsymbol{V}' - \boldsymbol{V}'^{\mathrm{T}}) \boldsymbol{f}_u = \operatorname{rot} \boldsymbol{V} \times \boldsymbol{f}_u \ \text{ folgt}$$

$$= \iint\limits_{\tilde{D}} \underbrace{\boldsymbol{f}_v \cdot (\operatorname{rot} \boldsymbol{V} \times \boldsymbol{f}_u)}_{\text{Spatprodukt}} \mathrm{d}(u, v) = \iint\limits_{\tilde{D}} \operatorname{rot} \boldsymbol{V} \cdot (\boldsymbol{f}_u \times \boldsymbol{f}_v) \mathrm{d}(u, v)$$

$$= \iint\limits_F \operatorname{rot} \boldsymbol{V}(\boldsymbol{x}) \cdot \mathrm{d}\boldsymbol{\sigma}\,.$$

Damit gilt der Stokessche Satz für einfache Flächenstücke.

Da man stückweise glatt berandete Flächenstücke F in endlich viele einfache Flächenstücke F_i zerlegen kann (s. Fig. 3.16), folgt durch Summation der Stokesschen Integralformeln bzgl. der F_i die allgemeine Formel (3.47) des Stokesschen Integralsatzes. □

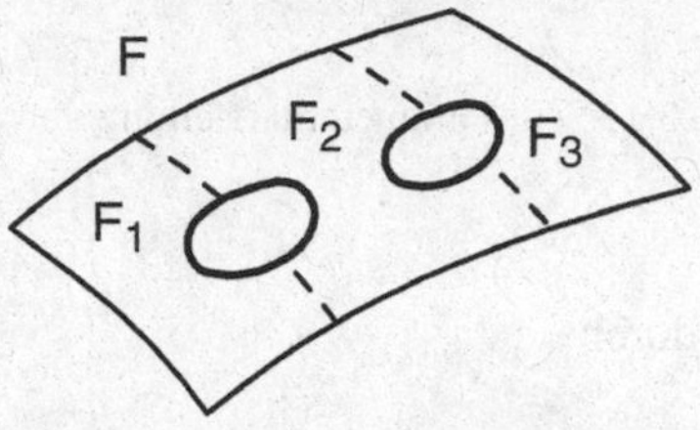

Fig. 3.16: Zerlegung in einfache Flächenstücke

Bemerkung:

(a) Aus dem Stokesschen Satz folgt auf einfache Weise wiederum die Formel für die *Wirbelstärke* (Abschn. 3.2.2, (3.43)), denn es gilt:

$$\begin{aligned} W_{\boldsymbol{n}}(\boldsymbol{x}_0) &= \lim_{|F|\to 0} \frac{\int_{\partial F} \boldsymbol{V} \cdot \mathrm{d}\boldsymbol{x}}{\sigma(F)} = \lim_{|F|\to 0} \frac{\iint_F \operatorname{rot} \boldsymbol{V} \cdot \boldsymbol{n} \mathrm{d}\sigma}{\sigma(F)} \\ &= \lim_{|F|\to 0} \operatorname{rot} \boldsymbol{V}(\boldsymbol{x}^\star) \cdot \boldsymbol{n} = \boldsymbol{n} \cdot \operatorname{rot} \boldsymbol{V}(\boldsymbol{x}_0), \quad (\boldsymbol{x}^\star \in F), \end{aligned} \tag{3.48}$$

wobei $\boldsymbol{x}_0 \in F$, F eben, $\boldsymbol{n}$ gemeinsamer Normalenvektor aller F. (In der vorletzten Gleichung wurde der Mittelwertsatz der Integralrechnung verwendet.)

(b) Der Leser, der nun an mathematischer Systematik und ökonomischer Beweisführung interessiert ist, kann auf die Abschnitte 3.2.2 und 3.2.3 verzichten. Er kommt mit dem vorliegenden Abschnitt (und Abschnitt 3.2.1) vollkommen aus, da Satz 3.7 nebst Beweis alles Wesentliche enthält.

Wir haben in den vorangehenden Abschnitten trotzdem den längeren Weg über physikalische Motivation beschritten, um Anwendungsbezüge und anschauliche Vorstellungen zu vermitteln.

Folgerung 3.5:

Es sei $\boldsymbol{V} : M \to \mathbb{R}^3$ stetig differenzierbar ($M \subset \mathbb{R}^3$ offen) und B ein stückweise glatt berandeter Bereich in M. Dann gilt

$$\iint_{\partial B} \operatorname{rot} \boldsymbol{V} \cdot \mathrm{d}\boldsymbol{\sigma} = 0 .$$

Man drückt dies kurz so aus: *Der Wirbelfluss durch eine geschlossene Fläche ist Null.*

31 Denn es gilt $\boldsymbol{a} \cdot \boldsymbol{b} = \boldsymbol{a}^{\mathrm{T}} \boldsymbol{b}$ für alle $\boldsymbol{a}, \boldsymbol{b} \in \mathbb{R}^n$.

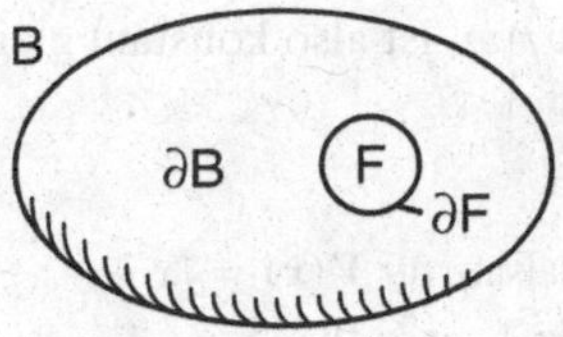

Fig. 3.17: Zu Folgerung 3.5

Beweis:

Aus ∂B schneide man ein kleines, einfaches Flächenstück F heraus (s. Fig. 3.17). Für die verbleibende Fläche $\partial B / F$ ist nach dem Stokesschen Satz

$$\iint\limits_{\partial B/F} \operatorname{rot} \boldsymbol{V} \cdot \mathrm{d}\boldsymbol{\sigma} = \oint\limits_{\partial F} \boldsymbol{V} \cdot \mathrm{d}\boldsymbol{x} .$$

Zieht man F auf einen Punkt zusammen, so hat man Folgerung 3.5. □

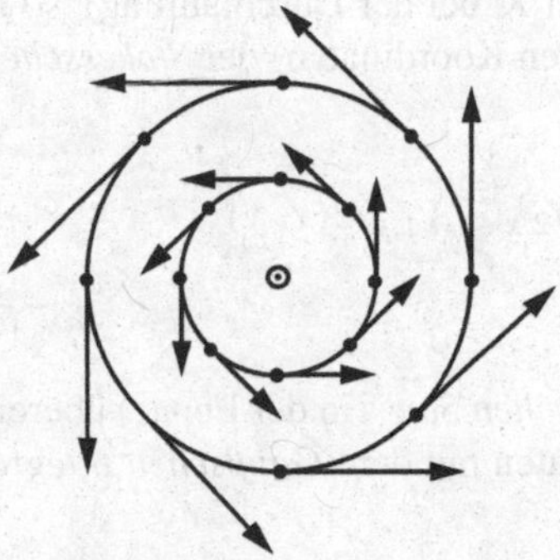

Fig. 3.18: Feld konstanter Wirbelstärke

Beispiel 3.3:

(*Konstantes Wirbelfeld*) Das Vektorfeld

$$\boldsymbol{V}(\boldsymbol{x}) = \frac{1}{2} \boldsymbol{w} \times \boldsymbol{x} , \quad (\boldsymbol{x} \in \mathbb{R}^3)$$

kann in einer Ebene E senkrecht zu $\boldsymbol{w} \neq \boldsymbol{0}$ wie in Figur 3.18 skizziert werden. Es folgt $\operatorname{rot} \boldsymbol{V} = \boldsymbol{w}$ (konstantes Wirbelfeld). Für jedes einfache Flächenstück F in der Ebene E gilt nach dem Stokesschen Satz

$$\int\limits_{\partial F} \boldsymbol{V} \cdot \mathrm{d}\boldsymbol{x} = \iint\limits_{F} \boldsymbol{w} \cdot \mathrm{d}\boldsymbol{\sigma} = \boldsymbol{w} \cdot \iint\limits_{F} \mathrm{d}\boldsymbol{\sigma} = |\boldsymbol{w}| \sigma(F) .$$

Die Wirbelstärke $W_{\boldsymbol{n}}(\boldsymbol{x}_0)$ mit $\boldsymbol{n} = \boldsymbol{w}/|\boldsymbol{w}|$ ist also konstant gleich $|\boldsymbol{w}|$.

Übung 3.8*

Verifiziere den Stokesschen Integralsatz für $\boldsymbol{V}(\boldsymbol{x}) = [x + y,\ -x^2zy,\ z + xy]^{\mathrm{T}}$ und die »obere Hemisphäre« $H = \{\boldsymbol{x} \in \mathbb{R}^3 \mid |\boldsymbol{x}| = 1\ ,\ z \geq 0\}$.

3.2.5 Zirkulation und Stokesscher Satz in der Ebene

[32] Für ein ebenes Vektorfeld $\boldsymbol{V} : G \to \mathbb{R}^2$ $(G \subset \mathbb{R}^2)$ mit $\boldsymbol{V} = [V_1, V_2]^{\mathrm{T}}$ wird die *Zirkulation* Z entlang einer stückweise glatten, geschlossenen Jordankurve $K : \boldsymbol{x} = \boldsymbol{\gamma}(t) \subset G$ $(a \leq t \leq b)$ analog zum $\mathbb{R}^3$ definiert:

$$\textit{Zirkulation:} \quad Z = \oint_K \boldsymbol{V}(\boldsymbol{x}) \cdot \mathrm{d}\boldsymbol{x} = \oint_K \big(V_1 \mathrm{d}x + V_2 \mathrm{d}y\big) := \int_a^b \boldsymbol{V}(\boldsymbol{\gamma}(t)) \cdot \dot{\boldsymbol{\gamma}}(t)\mathrm{d}t\,. \tag{3.49}$$

Umläuft K dabei ein einfach zusammenhängendes Gebiet $D \subset \mathbb{R}^2$ im positiven Sinne (d.h. $K = \partial D$, und D liegt stets »links« von K bei der Durchlaufung), so folgt aus dem Stokesschen Satz im $\mathbb{R}^3$ (durch Nullsetzen der dritten Koordinaten) der *Stokessche Satz in der Ebene*.

$$\oint_K (V_1 \mathrm{d}x + V_2 \mathrm{d}y) := \iint_D (V_{2,x} - V_{1,y})\mathrm{d}(x, y)\,. \tag{3.50}$$

Dies stimmt aber mit dem *Greenschen Satz* (in der Ebene) überein (s. Abschn. 3.1.5 (3.28)), und nach Umbenennung der Koordinaten mit dem *Gaußschen Integralsatz* im $\mathbb{R}^2$. Das heißt:

In der Ebene sind die Integralsätze von Gauß, Green und Stokes identisch.

Komplexe Schreibweise

Man kann den $\mathbb{R}^2$ mit der komplexen Ebene $\mathbb{C}$ identifizieren und Vektorfelder durch komplexwertige stetige Funktionen beschreiben: $w = f(z)\ ,\ z \in G \subset \mathbb{C}$. Auch Kurven lassen sich komplex darstellen: $K : z = g(t)$, $a \leq t \leq b$. Das komplexe Kurvenintegral über K wird dann durch

$$I = \oint_K f(z) \cdot \mathrm{d}z := \int_a^b f\big(\underbrace{g(t)}_{z}\big)\dot{g}(t)\mathrm{d}t \quad (g \text{ glatt})$$

32 Kann beim ersten Lesen überschlagen werden.

beschrieben, was mit den Zerlegungen $f = f_1 + \mathrm{i}\, f_2$, $g = g_1 + \mathrm{i}\, g_2$ in Real- und Imaginärteile folgendes ergibt

$$
\begin{aligned}
I &= \int_a^b (f_1 \dot{g}_1 - f_2 \dot{g}_2)\mathrm{d}t + \mathrm{i} \int_a^b (f_1 \dot{g}_2 + f_2 \dot{g}_1)\mathrm{d}t \;^{33} \\
&:= \underbrace{\int_K \big(f_1 \mathrm{d}x - f_2 \mathrm{d}y\big)}_{a} + \mathrm{i} \underbrace{\int_K \big(f_1 \mathrm{d}y + f_2 \mathrm{d}x\big)}_{b} .
\end{aligned}
\tag{3.51}
$$

Der *Realteil a* ist also zu deuten als *Fluss* des Vektorfeldes $\boldsymbol{F} = [f_2, f_1]^{\mathrm{T}}$ durch K (s. Abschn. 3.1.5, Fußnote zu (3.27)), und der *Imaginärteil* in (3.51) als *Zirkulation* von $\boldsymbol{F}$ längs K (K als geschlossen vorausgesetzt).

Beispiel 3.4:

Es sei $f(z) = \frac{1}{z}$ ($z \in \mathbb{C}$, $z \neq 0$) und $K : z = r\,\mathrm{e}^{\mathrm{i}t}$ ($0 \leq t \leq \pi$; $r > 0$) eine Kreislinie um 0, »positiv« umlaufen. Damit errechnet man das Kurvenintegral

$$
\oint_K f(z)\mathrm{d}z = \oint_K \frac{1}{z}\mathrm{d}z = \int_0^{2\pi} \frac{1}{r\,\mathrm{e}^{\mathrm{i}t}} r\,\mathrm{e}^{\mathrm{i}t} \cdot \mathrm{i}\,\mathrm{d}t = 2\pi\,\mathrm{i} .
$$

Die Funktion $h(z) = \frac{T}{2\pi} \cdot \frac{1}{z}$ ergibt also $\oint_K h(z)\mathrm{d}z = \mathrm{i}\,T$.

Mit $z = x + \mathrm{i}\,y$ ist aber $1/z = \bar{z}/|z|^2 = (x - \mathrm{i}\,y)/(x^2 + y^2)$. Somit folgt: Das Vektorfeld

$$
\boldsymbol{F}(x, y) = \frac{T}{2\pi(x^2 + y^2)} \begin{bmatrix} -y \\ x \end{bmatrix} \quad \text{auf } \mathbb{R}^2 \setminus \{\boldsymbol{0}\}
$$

hat längs positiv umlaufender Kreise um $\boldsymbol{0}$ die Zirkulation T. Man erkennt, dass die Berechnung einer Zirkulation über die komplexe Schreibweise sehr bequem sein kann (vgl. Beisp. 1.22 in Abschn. 1.6.6). Man sagt übrigens, $\boldsymbol{F}$ hat bei $\boldsymbol{0}$ einen *»punktförmigen Wirbel«*.

3.3 Weitere Differential- und Integralformeln im $\mathbb{R}^3$

In diesem und im folgenden Abschnitt pflücken wir die Früchte der vorangegangenen Arbeit wie reife Trauben. Die Flexibilität, Kraft und Anwendbarkeit der Vektoranalysis wird deutlich.

---

33 Hier Kurzschreibweise: f_k statt $f_k(g(t))$, $\dot{g}_k$ statt $\dot{g}_k(t)$.

3.3.1 Nabla-Operator

Der symbolische Vektor

$$\nabla := \begin{bmatrix} \dfrac{\partial}{\partial x} \\ \dfrac{\partial}{\partial y} \\ \dfrac{\partial}{\partial z} \end{bmatrix} = \boldsymbol{i}\frac{\partial}{\partial x} + \boldsymbol{j}\frac{\partial}{\partial y} + \boldsymbol{k}\frac{\partial}{\partial z} \tag{3.52}$$

wird *Nabla-Operator* [34] genannt. Man rechnet mit ihm formal wie mit jedem Vektor des $\mathbb{R}^3$, wobei z.B. $\frac{\partial}{\partial x}\varphi$ als formales Produkt aus $\frac{\partial}{\partial x}$ und φ aufgefasst wird, usw. Der Leser prüft damit für stetig differenzierbare Vektorfelder $\boldsymbol{V}$ und Skalarfelder φ sofort folgendes nach:

$$\begin{aligned} \operatorname{grad}\varphi &= \nabla\varphi\,, \\ \operatorname{div}\boldsymbol{V} &= \nabla\cdot\boldsymbol{V}\,, \\ \operatorname{rot}\boldsymbol{V} &= \nabla\times\boldsymbol{V}\,. \end{aligned} \tag{3.53}$$

∇ ist ein *linearer Operator*, d.h. es gilt für alle stetig differenzierbaren Vektorfelder $\boldsymbol{A}$, $\boldsymbol{B}$ und Skalarfelder φ, ψ auf ihren gemeinsamen Definitionsbereichen

$$\left.\begin{aligned} \nabla(\lambda\varphi + \mu\psi) &= \lambda\nabla\varphi \quad + \mu\nabla\psi\,, \\ \nabla\cdot(\lambda\boldsymbol{A} + \mu\boldsymbol{B}) &= \lambda\nabla\cdot\boldsymbol{A} \;\, + \mu\nabla\cdot\boldsymbol{B}\,, \\ \nabla\times(\lambda\boldsymbol{A} + \mu\boldsymbol{B}) &= \lambda\nabla\times\boldsymbol{A} + \mu\nabla\times\boldsymbol{B}\,, \end{aligned}\right\} \quad \lambda,\mu\in\mathbb{R}\,. \tag{3.54}$$

Ist φ zweimal stetig differenzierbar, so erhält man

$$(\nabla\cdot\nabla)\varphi =: \Delta\varphi = \varphi_{xx} + \varphi_{yy} + \varphi_{zz}\,, \quad \text{kurz } \nabla^2 = \Delta \tag{3.55}$$

$$\Delta = \frac{\partial^2}{\partial x^2} + \frac{\partial^2}{\partial y^2} + \frac{\partial^2}{\partial z^2}$$

heißt dabei der *Laplace-Operator*.[35] Er kann auch auf Vektorfelder $\boldsymbol{A} = [A_1, A_2, A_3]^{\mathrm{T}}$ angewandt werden:

$$\Delta\boldsymbol{A} = \left[\Delta A_1,\ \Delta A_2,\ \Delta A_3\right]^{\mathrm{T}}.$$

3.3.2 Formeln über Zusammensetzungen mit grad, div und rot

Im Folgenden bezeichnen $\boldsymbol{A}, \boldsymbol{B} : M \to \mathbb{R}^3$ Vektorfelder und φ, ψ, η Skalarfelder auf der offenen Menge $M \subset \mathbb{R}^3$. Sie seien alle so oft stetig differenzierbar, wie es die folgenden Formeln fordern. Es gilt damit:

---

34 Der Ausdruck »Nabla« stammt von einem hebräischen Saiteninstrument, das etwa die Form $\triangledown$ hat.

35 Nach Pierre-Simon (Marquis de) Laplace (1749 – 1827), französischer Mathematiker und Astronom.

Doppelte Anwendung der Differentialoperatoren grad, div, rot:

(a) $\operatorname{div}\operatorname{rot}\boldsymbol{A} = 0$ (*Jedes Wirbelfeld ist quellenfrei!*)

(b) $\operatorname{rot}\operatorname{grad}\varphi = \mathbf{0}$ (*Jedes Gradientenfeld ist wirbelfrei!*)

(c) $\operatorname{div}\operatorname{grad}\varphi = \Delta\varphi$ (kurz: $\operatorname{div}\operatorname{grad} = \Delta$)

(d) $\operatorname{grad}\operatorname{div}\boldsymbol{A} = \Delta\boldsymbol{A} + \operatorname{rot}\operatorname{rot}\boldsymbol{A}$ oder umgestellt:

(d_1) $\operatorname{rot}\operatorname{rot}\boldsymbol{A} = \operatorname{grad}\operatorname{div}\boldsymbol{A} - \Delta\boldsymbol{A}$.

Anwendungen der Differentialoperatoren auf Produkte:

(e) $\operatorname{grad}(\varphi\psi) = \varphi\operatorname{grad}\psi + \psi\operatorname{grad}\varphi$

(e_1) $\operatorname{grad}(\varphi\psi\eta) = \varphi\psi\operatorname{grad}\eta + \psi\eta\operatorname{grad}\varphi + \eta\varphi\operatorname{grad}\psi$

(f) $\operatorname{div}(\varphi\boldsymbol{A}) = \varphi\operatorname{div}\boldsymbol{A} + \boldsymbol{A}\cdot\operatorname{grad}\varphi$

(g) $\operatorname{rot}(\varphi\boldsymbol{A}) = \varphi\operatorname{rot}\boldsymbol{A} + \operatorname{grad}\varphi\times\boldsymbol{A}$

(h) $\operatorname{grad}(\boldsymbol{A}\cdot\boldsymbol{B}) = \boldsymbol{A}\times\operatorname{rot}\boldsymbol{B} + \boldsymbol{B}\times\operatorname{rot}\boldsymbol{A} + \boldsymbol{A}'\boldsymbol{B} + \boldsymbol{B}'\boldsymbol{A}$

(i) $\operatorname{div}(\boldsymbol{A}\times\boldsymbol{B}) = \boldsymbol{B}\cdot\operatorname{rot}\boldsymbol{A} - \boldsymbol{A}\cdot\operatorname{rot}\boldsymbol{B}$

(j) $\operatorname{rot}(\boldsymbol{A}\times\boldsymbol{B}) = \boldsymbol{A}\operatorname{div}\boldsymbol{B} - \boldsymbol{B}\operatorname{div}\boldsymbol{A} + \boldsymbol{A}'\boldsymbol{B} - \boldsymbol{B}'\boldsymbol{A}$.

Gelegentlich schreibt man in (h) und (j) auch: $\boldsymbol{A}'\boldsymbol{B} = (\boldsymbol{B}\cdot\nabla)\boldsymbol{A}$.

Die gleichen Formeln in ∇-Schreibweise:

(a′) $\nabla\cdot(\nabla\times\boldsymbol{A}) = 0$

(b′) $\nabla\times(\nabla\varphi) = \mathbf{0}$

(c′) $(\nabla\cdot\nabla)\varphi = \Delta\varphi$

(d′) $\nabla(\nabla\cdot\boldsymbol{A}) = \Delta\boldsymbol{A} + \nabla\times(\nabla\times\boldsymbol{A})$

(e′) $\nabla(\varphi\psi) = \varphi\nabla\psi + \psi\nabla\varphi$

(f′) $\nabla\cdot(\varphi\boldsymbol{A}) = \varphi\nabla\cdot\boldsymbol{A} + \boldsymbol{A}\cdot\nabla\varphi$

(g′) $\nabla\times(\varphi\boldsymbol{A}) = \varphi\nabla\times\boldsymbol{A} + (\nabla\varphi)\times\boldsymbol{A}$

(h′) $\nabla(\boldsymbol{A}\cdot\boldsymbol{B}) = \boldsymbol{A}\times(\nabla\times\boldsymbol{B}) + \boldsymbol{B}\times(\nabla\times\boldsymbol{A}) + (\boldsymbol{B}\cdot\nabla)\boldsymbol{A} + (\boldsymbol{A}\cdot\nabla)\boldsymbol{B}$

(i′) $\nabla\cdot(\boldsymbol{A}\times\boldsymbol{B}) = \boldsymbol{B}\cdot(\nabla\times\boldsymbol{A}) - \boldsymbol{A}\cdot(\nabla\times\boldsymbol{B})$

(j′) $\nabla\times(\boldsymbol{A}\times\boldsymbol{B}) = \boldsymbol{A}(\nabla\cdot\boldsymbol{B}) - \boldsymbol{B}(\nabla\cdot\boldsymbol{A}) + (\boldsymbol{B}\cdot\nabla)\boldsymbol{A} - (\boldsymbol{A}\cdot\nabla)\boldsymbol{B}$.

Übung 3.9*

Man rechne nach, dass die angegebenen Formeln (a) bis (j) richtig sind.

3.3.3 Gaußscher und Stokesscher Satz in div-, grad-, rot-, und Nabla-Form

Im Folgenden sind, wie bisher, das Vektorfeld $\boldsymbol{V} : M \to \mathbb{R}^3$ und das Skalarfeld $\varphi : M \to \mathbb{R}^3$ stetig differenzierbar auf einer offenen Menge $M \subset \mathbb{R}^3$. Der Bereich $B \subset M$ wie auch die Fläche $F \subset M$ sind stückweise glatt berandet. Voilà! — Damit lassen sich Gaußscher und Stokesscher Satz in folgenden Varianten schreiben:

Satz 3.8:
(*Gaußscher Integralsatz in* div-, grad-, *und* rot-*Form*)

$$\iint_{\partial B} \boldsymbol{V}(\boldsymbol{x}) \cdot \mathrm{d}\boldsymbol{\sigma} = \iiint_B \operatorname{div} \boldsymbol{V}(\boldsymbol{x}) \mathrm{d}\tau\,, \tag{3.56}$$

$$\iint_{\partial B} \varphi(\boldsymbol{x})\, \mathrm{d}\boldsymbol{\sigma} = \iiint_B \operatorname{grad} \varphi(\boldsymbol{x}) \mathrm{d}\tau\,, \tag{3.57}$$

$$\iint_{\partial B} \mathrm{d}\boldsymbol{\sigma} \times \boldsymbol{V}(\boldsymbol{x}) = \iiint_B \operatorname{rot} \boldsymbol{V}(\boldsymbol{x}) \mathrm{d}\tau\,. \tag{3.58}$$

Beweis:
(3.56) ist der ursprüngliche Gaußsche Satz und (3.57) wurde schon in Abschnitt 3.1.6 hergeleitet.

In der dritten Gleichung bedeutet $\iint_{\partial B} \mathrm{d}\boldsymbol{\sigma} \times \boldsymbol{V}(\boldsymbol{x}) := \iint_{\partial B} \boldsymbol{n}(\boldsymbol{x}) \times \boldsymbol{V}(\boldsymbol{x}) \mathrm{d}\sigma$, mit der äußeren Normalen $\boldsymbol{n}(\boldsymbol{x})$ in $\boldsymbol{x} \in \partial B$. Hier wird also die symbolische Gleichung $\mathrm{d}\boldsymbol{\sigma} = \boldsymbol{n}(\boldsymbol{x})\mathrm{d}\sigma$ verwendet, wie bisher. Zum Beweis der *Rotationsform* (3.58) des Gaußschen Satzes wendet man (3.56) auf $\tilde{\boldsymbol{V}} = \boldsymbol{a} \times \boldsymbol{V}$ mit beliebiger Konstanten $\boldsymbol{a} \in \mathbb{R}^3$ an. Aus Formel (i) im vorigen Abschnitt ergibt sich

$$\operatorname{div}(\boldsymbol{a} \times \boldsymbol{V}) = -\boldsymbol{a} \cdot \operatorname{rot} \boldsymbol{V} \overset{(3.56)}{\Longrightarrow} \iint_{\partial B} (\boldsymbol{a} \times \boldsymbol{V}) \cdot \boldsymbol{n} \mathrm{d}\sigma = -\boldsymbol{a} \cdot \iiint_B \operatorname{rot} \boldsymbol{V} \mathrm{d}\tau\,.$$

Die linke Seite der letzten Gleichung kann aber als $\boldsymbol{a} \cdot \iint_{\partial B} (\boldsymbol{V} \times \boldsymbol{n}) \cdot \mathrm{d}\sigma$ geschrieben werden, also folgt

$$\boldsymbol{a} \cdot \iint_{\partial B} (\boldsymbol{n} \times \boldsymbol{V}) \mathrm{d}\sigma = \boldsymbol{a} \cdot \iiint_B \operatorname{rot} \boldsymbol{V} \mathrm{d}\tau\,. \tag{3.59}$$

Da diese Gleichung für *jedes* $\boldsymbol{a} \in \mathbb{R}^3$ gilt (insbesondere für $\boldsymbol{a} = \boldsymbol{i}, \boldsymbol{j}, \boldsymbol{k}$) kann man $\boldsymbol{a}$ »herauskürzen«, und es bleibt Gleichung (3.58) übrig. □

Satz 3.8 liefert die folgende *Merkregel*:

Raumintegrale über div ..., grad ... oder rot ... lassen sich in *Flächenintegrale* umwandeln.

Satz 3.9:
(*Stokesscher Integralsatz in* rot-, grad-, *und* ∇*-Form*)

$$\int_{\partial F} \boldsymbol{V}(\boldsymbol{x}) \cdot \mathrm{d}\boldsymbol{x} = \iint_F \operatorname{rot} \boldsymbol{V}(\boldsymbol{x}) \cdot \mathrm{d}\boldsymbol{\sigma}\,, \tag{3.60}$$

$$\int_{\partial F} \varphi(\boldsymbol{x})\mathrm{d}\boldsymbol{x} = \iint_F \mathrm{d}\boldsymbol{\sigma} \times \operatorname{grad} \varphi(\boldsymbol{x})\,, \tag{3.61}$$

$$\int_{\partial F} \mathrm{d}\boldsymbol{x} \times \boldsymbol{V}(\boldsymbol{x}) = \iint_F (\mathrm{d}\boldsymbol{\sigma} \times \nabla) \times \boldsymbol{V}(\boldsymbol{x})\,. \tag{3.62}$$

Dabei wird in naheliegender Weise mit

$$\mathrm{d}\boldsymbol{\sigma} = \boldsymbol{n}(\boldsymbol{x})\mathrm{d}\sigma \quad \text{und} \quad \mathrm{d}\boldsymbol{x} = \boldsymbol{T}(\boldsymbol{x})\mathrm{d}s$$

gearbeitet ($\boldsymbol{n}$ Flächennormale, $\boldsymbol{T}$ Tangenteneinheitsvektor an ∂F).[36]

Beweis:
(3.60) ist der eigentliche Stokessche Satz. (3.61) ergibt sich leicht durch Anwendung der Formel (3.60) auf $\boldsymbol{V} = \boldsymbol{a}\varphi$ (unter Ausnutzung der Regel $(\boldsymbol{u} \times \boldsymbol{v}) \cdot \boldsymbol{w} = \boldsymbol{u} \cdot (\boldsymbol{v} \times \boldsymbol{w})$ für das Spatprodukt).

Zum Nachweis von (3.62) wird der Stokessche Satz (3.60) auf $\tilde{\boldsymbol{V}} = \boldsymbol{a} \times \boldsymbol{V}$ angewendet ($\boldsymbol{a} \in \mathbb{R}^3$). Es gilt also

$$\int_{\partial F} (\boldsymbol{a} \times \boldsymbol{V}) \cdot \mathrm{d}\boldsymbol{x} = \iint_F \operatorname{rot}(\boldsymbol{a} \times \boldsymbol{V}) \cdot \mathrm{d}\boldsymbol{\sigma}\,. \tag{3.63}$$

Links ergibt sich:

$$\int_{\partial F} (\boldsymbol{a} \times \boldsymbol{V}) \cdot \mathrm{d}\boldsymbol{x} = \boldsymbol{a} \cdot \int_{\partial F} \boldsymbol{V} \times \mathrm{d}\boldsymbol{x} = -\boldsymbol{a} \cdot \int_{\partial F} \mathrm{d}\boldsymbol{x} \times \boldsymbol{V}\,.$$

Die rechte Seite von (3.63) wandelt man um in

$$\begin{aligned} \iint_F [\nabla \times (\boldsymbol{a} \times \boldsymbol{V})] \cdot \boldsymbol{n}\mathrm{d}\sigma &= \iint_F \boldsymbol{n} \cdot [\nabla \times (\boldsymbol{a} \times \boldsymbol{V})]\mathrm{d}\sigma = \iint_F (\boldsymbol{n} \times \nabla) \cdot (\boldsymbol{a} \times \boldsymbol{V})\mathrm{d}\sigma \\ &= -\iint_F (\boldsymbol{n} \times \nabla) \cdot (\boldsymbol{V} \times \boldsymbol{a})\mathrm{d}\sigma = -\iint_F \big[(\boldsymbol{n} \times \nabla) \times \boldsymbol{V}\big] \cdot \boldsymbol{a}\mathrm{d}\sigma \\ &= -\boldsymbol{a} \cdot \iint_F (\mathrm{d}\boldsymbol{\sigma} \times \nabla) \times \boldsymbol{V}\,. \end{aligned}$$

Einsetzen in (3.63) nebst $\boldsymbol{a} = \boldsymbol{i}$, $\boldsymbol{j}$ und $\boldsymbol{k}$ liefert (3.62). □

36 Zur Orientierung: In Randpunkten der Fläche weist $\boldsymbol{n} \times \boldsymbol{T}$ lokal in Richtung der Fläche (längs der Tangentialebene).

Beide Sätze, d.h. alle sechs Formeln lassen sich einheitlich zusammenfassen zu folgender *Merkregel*:[37]

Gaußscher Satz:
$$\int\limits_{\partial B} \mathrm{d}\boldsymbol{\sigma} \star = \int\limits_{B} \mathrm{d}\tau\, \nabla \star , \tag{3.64}$$

Stokesscher Satz:
$$\int\limits_{\partial F} \mathrm{d}\boldsymbol{x} \star = \int\limits_{F} (\mathrm{d}\boldsymbol{\sigma} \times \nabla) \star . \tag{3.65}$$

Dabei darf $\star$ in jeder Gleichung wahlweise durch folgende Ausdrücke ersetzt werden:

$$\cdot \boldsymbol{V}(\boldsymbol{x}) , \quad \varphi(\boldsymbol{x}) , \quad \times \boldsymbol{V}(\boldsymbol{x}) \tag{3.66}$$

3.3.4 Eine Anwendung auf partielle Differentialgleichungen

Die Sätze von Gauß und Stokes erweisen sich bei der Herleitung von partiellen Differentialgleichungen als unentbehrliches Hilfsmittel. Daneben sind aber grundlegende Kenntnisse über physikalische Zusammenhänge nötig[38].

Um einen Einblick in die Vorgehensweise bereits im Kontext dieses Bandes zu vermitteln, zeigen wir dies anhand der Maxwellschen Gleichungen. Diese Gleichungen stehen im Zentrum der Elektrodynamik. Sie lauten

$$\begin{cases} \nabla \times \boldsymbol{E}(\boldsymbol{x}, t) = -\mu \dfrac{\partial}{\partial t} \boldsymbol{H}(\boldsymbol{x}, t) \\ \nabla \times \boldsymbol{H}(\boldsymbol{x}, t) = \varepsilon \dfrac{\partial}{\partial t} \boldsymbol{E}(\boldsymbol{x}, t) + \sigma \boldsymbol{E}(\boldsymbol{x}, t) \end{cases} \quad \boldsymbol{x} \in \mathbb{R}^3 , \ t \in [0, \infty) \tag{3.67}$$

mit den positiven Konstanten ε (Dielektrizität), μ (Permeabilität) und σ (elektrische Leitfähigkeit) und stellen ein lineares *System* von partiellen Differentialgleichungen 1-ter Ordnung für die elektrische Feldstärke $\boldsymbol{E}(\boldsymbol{x}, t)$ und die magnetische Feldstärke $\boldsymbol{H}(\boldsymbol{x}, t)$ dar.

Wir leiten die erste der beiden Gleichungen aus (3.67) her.

Ein Zusammenhang zwischen dem elektrischen und dem magnetischen Feld wird durch das Induktionsgesetz hergestellt. Sei F ein glatt berandetes Flächenstück (siehe Abschn. 3.2.1) mit der positiv orientierten Randkurve C. Das Induktionsgesetz besagt dann, dass die Zirkulation des elektrischen Feldes längs C bis auf das Vorzeichen mit der Ableitung des Induktionsflusses durch F übereinstimmt:

$$\oint\limits_{C} \boldsymbol{E}(\boldsymbol{x}, t) \mathrm{d}\boldsymbol{x} = -\frac{\mathrm{d}}{\mathrm{d}t} \int\limits_{F} \mu \boldsymbol{H}(\boldsymbol{x}, t) \mathrm{d}\boldsymbol{\sigma}. \tag{3.68}$$

Wir setzen $\boldsymbol{E}$ und $\boldsymbol{H}$ als stetig differenzierbar voraus. Dann lässt sich das rechte Integral in (3.68)

37 Nach [29], S. 226 und S. 238.

38 Diesem Anliegen wenden wir uns ausführlich im Band Funktionalanalysis und Partielle Differentialgleichungen [13] zu.

zu

$$-\int_F \mu \frac{\partial}{\partial t} \boldsymbol{H}(\boldsymbol{x},t)\mathrm{d}\sigma$$

umformen (warum?). Auf die linke Seite der Gleichung (3.68) wenden wir nun den *Satz von Stokes* in ∇-Schreibweise an. Es ergibt sich

$$\int_F \nabla \times \boldsymbol{E}(\boldsymbol{x},t)\mathrm{d}\sigma.$$

Damit folgt aus (3.68) die Gleichung

$$\int_F \left\{ \nabla \times \boldsymbol{E}(\boldsymbol{x},t) + \mu \frac{\partial}{\partial t} \boldsymbol{H}(\boldsymbol{x},t) \right\} \mathrm{d}\sigma = 0 \tag{3.69}$$

für *jedes* glatt berandete Flächenstück F, das im Definitionsbereich von $\boldsymbol{E}$ und $\boldsymbol{H}$ liegt, so dass der Integrand von (3.69) überall verschwindet. Begründung: Angenommen es gelte $\nabla \times \boldsymbol{E}(\boldsymbol{x},t) + \mu \frac{\partial}{\partial t} \boldsymbol{H}(\boldsymbol{x},t) \neq 0$ für ein $(\boldsymbol{x},t)$ aus dem Definitionsbereich von $\boldsymbol{E}$ und $\boldsymbol{H}$. Folglich ist der Integrand aufgrund der stetigen Differenzierbarkeit der Funktionen $\boldsymbol{E}$ und $\boldsymbol{H}$ bei festem t in einer hinreichend kleinen Kugel $K_\varepsilon(\boldsymbol{x})$ um den Punkt $\boldsymbol{x}$ ungleich Null. Da (3.69) auch für $F = K_\varepsilon(\boldsymbol{x})$ gilt und in $\nabla \times \boldsymbol{E}(\boldsymbol{x},t) + \mu \frac{\partial}{\partial t} \boldsymbol{H}(\boldsymbol{x},t)$ aufgrund der Stetigkeit kein Vorzeichenwechsel in $K_\varepsilon(\boldsymbol{x})$ stattfinden kann, führt unsere Annahme zu einem Widerspruch. Damit erhalten wir die erste Maxwellsche Gleichung

$$\nabla \times \boldsymbol{E}(\boldsymbol{x},t) = -\mu \frac{\partial}{\partial t} \boldsymbol{H}(\boldsymbol{x},t).$$

Die zweite Gleichung lässt sich ganz entsprechend herleiten.

3.3.5 Partielle Integration

Aus der eindimensionalen Analysis ist die Formel

$$\int_a^b u'(x)\, v(x)\mathrm{d}x = \Big[u(x)\, v(x)\Big]_a^b - \int_a^b u(x)\, v'(x)\mathrm{d}x$$

der *partiellen Integration* bekannt. Man gewinnt sie aus $(uv)' = u'v + uv'$ durch Integration.

Im $\mathbb{R}^3$ besitzt die Formel mehrere Gegenstücke. Man erhält sie, indem man die Differentialoperatoren div, grad und rot auf Produkte von Feldern anwendet und dann den *Gaußschen Satz* in einer seiner Varianten des vorigen Abschnittes (Satz 3.8) heranzieht. Wir führen dies im Folgenden aus, wobei die Produktformeln (e), (f), (g), (i) aus Abschnitt 3.3.2 verwendet werden. Die in den Formeln vorkommenden Felder sind dabei auf ihrem gemeinsamen Definitionsbereich stetig differenzierbar (wen wundert's?).

(i) Aus $\operatorname{grad}(\varphi\psi) = \varphi \operatorname{grad}\psi + \psi \operatorname{grad}\varphi$ folgt mit (3.57)

$$\iint\limits_{\partial B} \varphi\psi \cdot \mathrm{d}\boldsymbol{\sigma} = \iiint\limits_{B} (\varphi \operatorname{grad}\psi + \psi \operatorname{grad}\varphi)\mathrm{d}\tau\,. \tag{3.70}$$

(ii) Aus $\operatorname{div}(\varphi \boldsymbol{A}) = \varphi \operatorname{div}\boldsymbol{A} + \boldsymbol{A}\cdot\operatorname{grad}\varphi$ ergibt sich

$$\iint\limits_{\partial B} \varphi\boldsymbol{A} \cdot \mathrm{d}\boldsymbol{\sigma} = \iiint\limits_{B} (\varphi \operatorname{div}\boldsymbol{A} + \boldsymbol{A}\cdot\operatorname{grad}\varphi)\mathrm{d}\tau\,. \tag{3.71}$$

(iii) Die Formel $\operatorname{div}(\boldsymbol{A}\times\boldsymbol{V}) = \boldsymbol{V}\cdot\operatorname{rot}\boldsymbol{A} - \boldsymbol{A}\cdot\operatorname{rot}\boldsymbol{V}$ liefert

$$\iint\limits_{\partial B} (\boldsymbol{A}\times\boldsymbol{V}) \cdot \mathrm{d}\boldsymbol{\sigma} = \iiint\limits_{B} (\boldsymbol{V}\cdot\operatorname{rot}\boldsymbol{A} - \boldsymbol{A}\operatorname{rot}\boldsymbol{V})\mathrm{d}\tau\,. \tag{3.72}$$

(iv) Mit $\operatorname{rot}(\varphi\boldsymbol{A}) = \varphi\operatorname{rot}\boldsymbol{A} + \operatorname{grad}\varphi\times\boldsymbol{A}$ folgt über (3.58)

$$\iint\limits_{\partial B} \mathrm{d}\boldsymbol{\sigma}\times\varphi\boldsymbol{A} = \iiint\limits_{B} (\varphi\operatorname{rot}\boldsymbol{A} + \operatorname{grad}\varphi\times\boldsymbol{A})\mathrm{d}\tau\,. \tag{3.73}$$

Übung 3.10*

Leite aus den Formeln (h) und (j) in Abschnitt 3.3.2 auf entsprechende Weise wie oben Integralformeln her.

3.3.6 Die beiden Greenschen Integralformeln

Aus der Formel für $\operatorname{div}(\varphi\boldsymbol{A})$ (Abschn. 3.3.2, (f)) gewinnt man im Falle $\boldsymbol{A} = \operatorname{grad}\psi$ die Gleichung

$$\operatorname{div}(\varphi\operatorname{grad}\psi) = \varphi\Delta\psi + \operatorname{grad}\varphi\cdot\operatorname{grad}\psi\,. \tag{3.74}$$

Hierbei wurde $\Delta\psi = \operatorname{div}\operatorname{grad}\psi$ gesetzt. Wendet man nun den Gaußschen Integralsatz an, so folgt

$$\iint\limits_{\partial B} \varphi\operatorname{grad}\psi\cdot\mathrm{d}\boldsymbol{\sigma} = \iiint\limits_{B} \big(\varphi\Delta\psi + \operatorname{grad}\varphi\cdot\operatorname{grad}\psi\big)\mathrm{d}\tau\,. \tag{3.75}$$

B ist dabei ein stückweise glatt berandeter Bereich im $\mathbb{R}^3$, wie üblich. Auf der linken Seite von (3.75) ersetzen wir $\mathrm{d}\boldsymbol{\sigma}$ durch $\boldsymbol{n}\mathrm{d}\sigma$ (mit dem nach außen weisenden Normalenvektor $\boldsymbol{n}$ auf ∂B). Erinnern wir uns noch an die *Richtungsableitung*

$$\frac{\partial\psi}{\partial\boldsymbol{n}} = \boldsymbol{n}\cdot\operatorname{grad}\psi\,, \quad \text{(s. Burg/Haf/Wille (Analysis) [14]),} \tag{3.76}$$

so erhält Gleichung (3.75) folgende Form:

Erste Greensche Integralformel [39]

$$\iint\limits_{\partial B} \varphi \frac{\partial \psi}{\partial \boldsymbol{n}} \mathrm{d}\sigma = \iiint\limits_{B} (\varphi \Delta \psi + \operatorname{grad} \varphi \cdot \operatorname{grad} \psi) \mathrm{d}\tau \tag{3.77}$$

Den Integranden rechts kann man natürlich auch durch die linke Seite von (3.74), $\operatorname{div}(\varphi \operatorname{grad} \psi)$ ersetzen.

Vertauscht man φ mit ψ in (3.77) und subtrahiert die so gewonnene Formel von (3.77), so gelangt man zu folgendem:

Zweite Greensche Integralformel

$$\iint\limits_{\partial B} \left(\varphi \frac{\partial \psi}{\partial \boldsymbol{n}} - \psi \frac{\partial \varphi}{\partial \boldsymbol{n}} \right) \mathrm{d}\sigma = \iiint\limits_{B} (\varphi \Delta \psi - \psi \Delta \varphi) \mathrm{d}\tau \,. \tag{3.78}$$

φ und ψ sind in den Formeln dieses Abschnittes stets so oft stetig differenzierbar vorausgesetzt, wie es die Formeln verlangen.

Im Spezialfall $\psi(\boldsymbol{x}) = 1$ gewinnen wir aus (3.78) noch die interessante Formel

$$\iint\limits_{\partial B} \frac{\partial \varphi}{\partial \boldsymbol{n}} \mathrm{d}\sigma = \iiint\limits_{B} \Delta \varphi \, \mathrm{d}\tau \,. \tag{3.79}$$

Sie zeigt, dass Raumintegrale über Laplacesche Differentialausdrücke $\Delta\varphi$ in Flächenintegrale verwandelt werden können.

Bemerkung: Die Greenschen Formeln sind bedeutungsvoll für Eindeutigkeitsbeweise bei gewissen partiellen Differentialgleichungen der mathematischen Physik. Im nächsten Abschnitt 3.4 werden wichtige Beispiele dazu gegeben.

3.3.7 Krummlinige orthogonale Koordinaten

Orthogonale Koordinatentransformationen

Eine *Koordinatentransformation* im $\mathbb{R}^3$ wird folgendermaßen beschrieben:

$$\boldsymbol{x} = \boldsymbol{T}(\boldsymbol{u}) \,, \quad \boldsymbol{u} \in D \quad \text{mit } \boldsymbol{x} = \begin{bmatrix} x_1 \\ x_2 \\ x_3 \end{bmatrix}^{40} , \quad \boldsymbol{T} = \begin{bmatrix} T_1 \\ T_2 \\ T_3 \end{bmatrix} , \quad \boldsymbol{u} = \begin{bmatrix} u_1 \\ u_2 \\ u_3 \end{bmatrix} . \tag{3.80}$$

$\boldsymbol{T} : D \to G$ bildet dabei den Bereich $D \subset \mathbb{R}^3$ *auf* den Bereich $G \subset \mathbb{R}^3$ ab. $\boldsymbol{T}$ sei so oft stetig differenzierbar, wie es die folgenden Formeln jeweils verlangen. Überdies sei $\boldsymbol{T}$ umkehrbar eindeutig und es gelte überall in D:

$$\det \boldsymbol{T}' > 0 \quad \text{und} \quad \boldsymbol{T}_{u_i} \cdot \boldsymbol{T}_{u_k} = 0 \quad \text{für } i \neq k \,.$$ [41]

39 George Green (1793 – 1841), englischer Mathematiker und Physiker.

40 Wir schreiben wahlweise x_1, x_2, x_3 oder x, y, z für die Koordinaten. x_1, x_2, x_3 werden gerne bei theoretischen Erörterungen benutzt, x, y, z dagegen in Beispielen.

Letzteres heißt, dass die Spalten von $\boldsymbol{T}'$ paarweise rechtwinklig zueinander stehen. Aus diesem Grunde spricht man von einer (krummlinigen) *orthogonalen Koordinatentransformation* $\boldsymbol{T}$. x_1, x_2, x_3 sind dabei die »alten« (kartesischen) Koordinaten und u_1, u_2, u_3 die »neuen« (krummlinigen) Koordinaten.

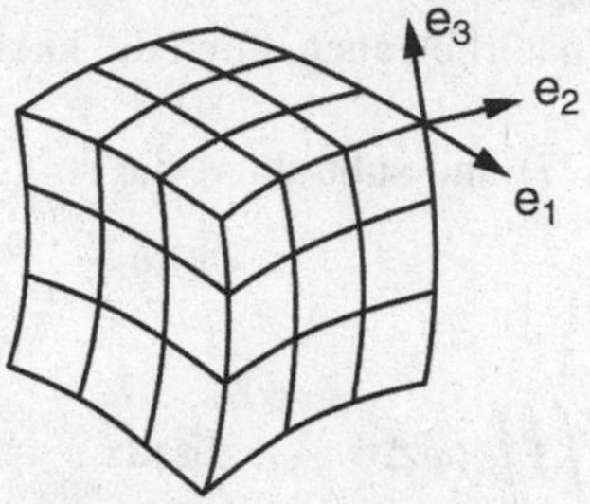

Fig. 3.19: Krummlinige orthogonale Koordinaten (mit Koordinatenlinien)

Die Kurven, die durch

$$\left.\begin{aligned} \boldsymbol{x} &= \boldsymbol{T}(t, u_2, u_3) \\ \boldsymbol{x} &= \boldsymbol{T}(u_1, t, u_3) \\ \boldsymbol{x} &= \boldsymbol{T}(u_1, u_2, t) \end{aligned}\right\}, \quad t \text{ variabel,} \tag{3.81}$$

beschrieben werden, heißen *Koordinatenlinien*. Betrachten wir z.B. die erste Gleichung $\boldsymbol{x} = \boldsymbol{T}(t, u_2, u_3)$, so werden dabei u_2, u_3 beliebig, aber fest gewählt, während t variiert (wobei $[t, u_2, u_3]^{\mathrm{T}} \in D$ ist). Analoges gilt für die zweite und dritte Gleichung in (3.81). Es handelt sich also um drei Scharen von Kurven.

Durch jeden Punkt $\boldsymbol{x} = \boldsymbol{T}(u_1, u_2, u_3)$ verlaufen genau drei Kurven, aus jeder der drei Scharen in (3.81) eine. Sie kreuzen sich in $\boldsymbol{x}$ paarweise rechtwinklig, d.h. ihre Tangentenvektoren $\boldsymbol{T}_{u_1}$, $\boldsymbol{T}_{u_2}$, $\boldsymbol{T}_{u_3}$ stehen dort paarweise senkrecht aufeinander. Damit bilden die Vektoren

$$\boldsymbol{e}_1 = \frac{\boldsymbol{T}_{u_1}}{g_1}, \quad \boldsymbol{e}_2 = \frac{\boldsymbol{T}_{u_2}}{g_2}, \quad \boldsymbol{e}_3 = \frac{\boldsymbol{T}_{u_3}}{g_3}, \quad \text{mit} \quad g_i := |\boldsymbol{T}_{u_i}|, \quad (i = 1,2,3) \tag{3.82}$$

für jedes $\boldsymbol{u} \in D$ ein *orthogonales Rechtssystem* (d.h. $\boldsymbol{e}_i \cdot \boldsymbol{e}_k = \delta_{ik}$, $\det(\boldsymbol{e}_1, \boldsymbol{e}_2, \boldsymbol{e}_3) = 1$). Man nennt $(\boldsymbol{e}_1, \boldsymbol{e}_2, \boldsymbol{e}_3)$ auch ein (Rechts-)*Dreibein* längs der Koordinatenlinien.

Die wichtigsten Beispiele für krummlinige orthogonale Koordinaten sind Zylinder- und Kugelkoordinaten.

Beispiel 3.5:
(*Zylinderkoordinaten*) (s. Fig. 3.20(a)):

$$\begin{aligned} x &= r\cos\varphi\,, \\ y &= r\sin\varphi\,, \quad (r \geq 0\,,\ 0 \leq \varphi < 2\pi\,,\ z \in \mathbb{R})\,. \\ z &= z \end{aligned} \tag{3.83}$$

41 $\boldsymbol{T}_{u_i} = \partial\boldsymbol{T}/\partial u_i$ usw.

Für r = konstant > 0 beschreiben die Gleichungen jeweils einen Zylinder, dessen Achse die z-Achse ist. Daher der Name (s. Fig. 3.20(b))!

Wir schreiben im Folgenden $\boldsymbol{e}_r, \boldsymbol{e}_\varphi, \boldsymbol{e}_z$ statt $\boldsymbol{e}_1, \boldsymbol{e}_2, \boldsymbol{e}_3$. Damit folgt im Falle $r > 0$:

$$\begin{aligned} g_1 &= 1 \\ g_2 &= r\,, \\ g_3 &= 1 \end{aligned} \quad \boldsymbol{e}_r = \begin{bmatrix} \cos\varphi \\ \sin\varphi \\ 0 \end{bmatrix}, \quad \boldsymbol{e}_\varphi = \begin{bmatrix} -\sin\varphi \\ \cos\varphi \\ 0 \end{bmatrix}, \quad \boldsymbol{e}_z = \begin{bmatrix} 0 \\ 0 \\ 1 \end{bmatrix}. \tag{3.84}$$

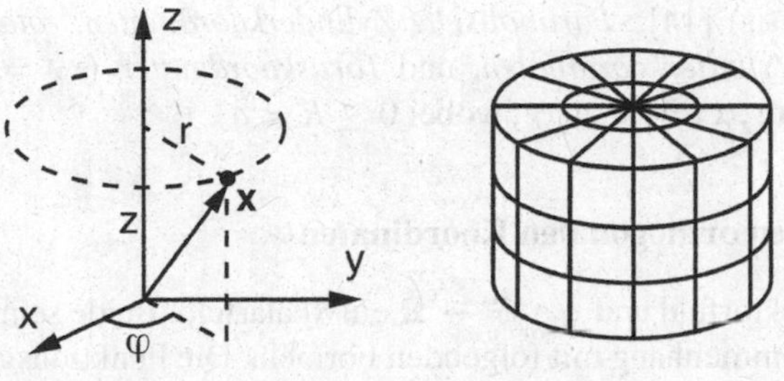

Fig. 3.20: (a) Zylinderkoordinaten r, φ, z; (b) Koordinatenlinien dazu

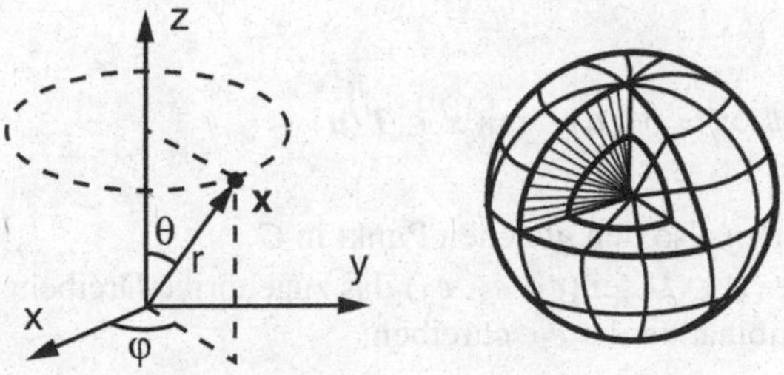

Fig. 3.21: (a) Kugelkoordinaten r, Θ, φ; (b) Koordinatenlinien dazu

Beispiel 3.6:
(*Kugelkoordinaten*) (auch »sphärische« oder »räumliche Polarkoordinaten« genannt), siehe Figur 3.21(a).

$$\begin{aligned} x &= r\sin\Theta\,\cos\varphi \\ y &= r\sin\Theta\,\sin\varphi \qquad (r \geq 0\,,\; 0 \leq \Theta \leq \pi\,,\; 0 \leq \varphi < 2\pi)\,. \\ z &= r\cos\Theta \end{aligned} \tag{3.85}$$

Für r = konstant > 0 wird jeweils eine Kugeloberfläche um $\mathbf{0}$ beschrieben. Die Durchstoßpunkte der z-Achse können dabei als »Nord-« und »Südpol« angesehen werden. φ beschreibt die »geographische Länge« und Θ die »Breite« ($\Theta = \mathbf{0}$: Nordpol, $\Theta = \pi/2$: Äquator, $\Theta = \pi$: Südpol).

Die Koordinatenlinien sind also die Längen- und Breitenkreise, sowie die Geraden durch **0**, siehe Figur 3.21(b).

Es folgt im Falle $r > 0$, $0 < \Theta < \pi$, wobei wir $\boldsymbol{e}_r, \boldsymbol{e}_\Theta, \boldsymbol{e}_\varphi$ statt $\boldsymbol{e}_1, \boldsymbol{e}_2, \boldsymbol{e}_3$ schreiben:

$$\begin{matrix} g_1 = 1 \\ g_2 = r \\ g_3 = r\sin\Theta \end{matrix} \quad , \quad \boldsymbol{e}_r = \begin{bmatrix} \sin\Theta\cos\varphi \\ \sin\Theta\sin\varphi \\ \cos\Theta \end{bmatrix}, \quad \boldsymbol{e}_\Theta = \begin{bmatrix} \cos\Theta\cos\varphi \\ \cos\Theta\sin\varphi \\ -\sin\Theta \end{bmatrix}, \quad \boldsymbol{e}_\varphi = \begin{bmatrix} -\sin\varphi \\ \cos\varphi \\ 0 \end{bmatrix}. \tag{3.86}$$

Weitere technisch und physikalisch nützliche *orthogonale Koordinaten* sind folgende (vgl. Burg/Haf/Wille (Analysis) [14]): *Parabolische Zylinderkoordinaten, rotationsparabolische Koordinaten, elliptische Zylinderkoordinaten,* und *Toruskoordinaten* ($x_1 = (a - R\cos\Theta)\cos\varphi$, $x_2 = (a - R\cos\Theta)\sin\varphi$, $x_3 = R\sin\Theta$, wobei $0 \le R < a$).

Felder in krummlinigen orthogonalen Koordinaten

$\boldsymbol{V} : G \to \mathbb{R}^3$ sei ein Vektorfeld und $\psi : G \to \mathbb{R}$ ein Skalarfeld. Beide seinen genügend oft stetig differenzierbar im Zusammenhang mit folgenden Formeln. Die Funktionsgleichungen $\boldsymbol{y} = \boldsymbol{V}(\boldsymbol{x})$ und $\lambda = \psi(\boldsymbol{x})$ werden durch $\boldsymbol{x} = \boldsymbol{T}(\boldsymbol{u})$ transformiert in

$$\boldsymbol{y} = \boldsymbol{V}(\boldsymbol{T}(\boldsymbol{u})) =: \tilde{\boldsymbol{V}}(\boldsymbol{u}), \quad \lambda = \psi(\boldsymbol{T}(\boldsymbol{u})) = \tilde{\psi}(\boldsymbol{u}), \tag{3.87}$$

kurz

$$\boldsymbol{V}(\boldsymbol{x}) = \tilde{\boldsymbol{V}}(\boldsymbol{u}), \quad \psi(\boldsymbol{x}) = \tilde{\psi}(\boldsymbol{u}) \quad \text{mit } \boldsymbol{x} \in \boldsymbol{T}(\boldsymbol{u}). \tag{3.88}$$

$\boldsymbol{V}(\boldsymbol{x})$ und $\tilde{\boldsymbol{V}}(\boldsymbol{u})$ bezeichnen also den gleichen Punkt in G.

Für beliebig gewähltes $\boldsymbol{u} \in D$ sei $(\boldsymbol{e}_1, \boldsymbol{e}_2, \boldsymbol{e}_3)$ das zugehörige Dreibein (s. (3.82)). Damit lässt sich $\tilde{\boldsymbol{V}}(\boldsymbol{u})$ als Linearkombination der $\boldsymbol{e}_i$ schreiben:

$$\tilde{\boldsymbol{V}} = V^1\boldsymbol{e}_1 + V^2\boldsymbol{e}_2 + V^3\boldsymbol{e}_3 \;{}^{42} \quad \text{mit } V^i = \tilde{\boldsymbol{V}} \cdot \boldsymbol{e}_i. \tag{3.89}$$

Der Übersicht wegen wird hier die Variable $\boldsymbol{u}$ weggelassen. Die rechte Gleichung folgt durch Multiplikation der linken Gleichung mit $\boldsymbol{e}_i$. Die V^i sind von $\boldsymbol{u} \in D$ abhängige reelle Funktionen. Wir nennen V^1, V^2, V^3 die *Koordinaten von* $\boldsymbol{V}$ *entlang der Koordinatenlinien* (bzgl. $\boldsymbol{T}$).

Da sowohl die V^i wie auch die $\boldsymbol{e}_i$ von $\boldsymbol{u} = [u_1, u_2, u_3]^{\mathrm{T}}$ abhängen, erhält man die partielle Ableitung von $\tilde{\boldsymbol{V}}$ nach u_i durch die Produktdifferentiation:

$$\tilde{\boldsymbol{V}} = \sum_{i=1}^{3} V^i\boldsymbol{e}_i \Rightarrow \frac{\partial}{\partial_{u_k}}\tilde{\boldsymbol{V}} = \sum_{i=1}^{3}\left(V^i_{u_k}\boldsymbol{e}_i + V^i\boldsymbol{e}_{i,u_k}\right). \tag{3.90}$$

---

42 In V^i ist i ein (oberer) Index. Es ist hier also keine Potenzierung gemeint.

Beispiel 3.7:
Für $\boldsymbol{V}(\boldsymbol{x}) = [z^2, 0, 0]^{\mathrm{T}}$ errechne man die Koordinaten entlang der Kugelkoordinaten-Linien. Wir bezeichnen sie mit V^r, V^Θ, V^φ statt V^1, V^2, V^3. Es gilt mit (3.85), (3.86):

$$\begin{aligned}
V^r &= \tilde{\boldsymbol{V}} \cdot \boldsymbol{e}_r = z^2 \sin\Theta \cos\varphi = r^2 \cos^2\Theta \sin\Theta \cos\varphi \\
V^\Theta &= \tilde{\boldsymbol{V}} \cdot \boldsymbol{e}_\Theta = z^2 \cos\Theta \cos\varphi = r^2 \cos^3\Theta \cos\varphi \\
V^\varphi &= \tilde{\boldsymbol{V}} \cdot \boldsymbol{e}_\varphi = -z^2 \sin\varphi \quad = -r^2 \cos^2\Theta \sin\varphi \,.
\end{aligned}$$

Übung 3.11*

(a) Für das Vektorfeld $\boldsymbol{V}(\boldsymbol{x}) = [y, -z, 1]^{\mathrm{T}}$ berechne man die Koordinaten V^r, V^φ, V^z entlang der Zylinderkoordinaten-Linien (vgl. Beisp. 3.5).

(b) Berechne die partiellen Ableitungen nach r, φ und z für die Vektoren $\boldsymbol{e}_r, \boldsymbol{e}_\varphi, \boldsymbol{e}_z$ bei Zylinderkoordinaten (s. (3.84)), also $\partial \boldsymbol{e}_r / \partial r$, $\partial \boldsymbol{e}_r / \partial \varphi$ usw.

(c) Entsprechend wie (b) für Kugelkoordinaten.

3.3.8 Die Differentialoperatoren grad, div, rot, Δ in krummlinigen orthogonalen Koordinaten

Mit den Bezeichnungen des vorigen Abschnittes folgt

Satz 3.10:
Es gilt

(a) $$\operatorname{grad} \psi(\boldsymbol{x}) = \frac{\boldsymbol{e}_1}{g_1} \frac{\partial \tilde{\psi}}{\partial u_1} + \frac{\boldsymbol{e}_2}{g_2} \frac{\partial \tilde{\psi}}{\partial u_2} + \frac{\boldsymbol{e}_3}{g_3} \frac{\partial \tilde{\psi}}{\partial u_3} \quad (3.91)$$ [43]

und damit symbolisch:

(b) $$\nabla = \frac{\boldsymbol{e}_1}{g_1} \frac{\partial}{\partial u_1} + \frac{\boldsymbol{e}_2}{g_2} \frac{\partial}{\partial u_2} + \frac{\boldsymbol{e}_3}{g_3} \frac{\partial}{\partial u_3} \,. \quad (3.92)$$

Ferner:

(c) $$\operatorname{div} \boldsymbol{V}(\boldsymbol{x}) = \frac{1}{g_1 g_2 g_3} \left[\frac{\partial}{\partial u_1}(g_2 g_3 V^1) + \frac{\partial}{\partial u_2}(g_3 g_1 V^2) + \frac{\partial}{\partial u_3}(g_1 g_2 V^3) \right] . \quad (3.93)$$ [44]

(d) $$\operatorname{rot} \boldsymbol{V}(\boldsymbol{x}) = \frac{1}{g_1 g_2 g_3} \begin{vmatrix} g_1 \boldsymbol{e}_1 & g_2 \boldsymbol{e}_2 & g_3 \boldsymbol{e}_3 \\ \partial/\partial u_1 & \partial/\partial u_2 & \partial/\partial u_3 \\ g_1 V^1 & g_2 V^2 & g_3 V^3 \end{vmatrix} . \quad (3.94)$$

(e) $$\Delta \psi(\boldsymbol{x}) = \frac{1}{g_1 g_2 g_3} \sum_{i=1}^{3} \frac{\partial}{\partial u_i} \left(\frac{g_1 g_2 g_3}{g_i^2} \frac{\partial \tilde{\psi}}{\partial u_i} \right) . \quad (3.95)$$

Auf der linken Seite beziehen sich alle Differentialoperatoren auf $\boldsymbol{x}$. Die rechten Seiten in (a), (c), (d), (e) hängen von $\boldsymbol{u}$ ab. Setzt man links $\boldsymbol{x} = \boldsymbol{T}(\boldsymbol{u})$ ein, so hängen auch die linken von $\boldsymbol{u}$ ab.

Beweis:

Zu (a), (b): Zu zeigen ist $\operatorname{grad}\psi \cdot \boldsymbol{e}_i = \dfrac{1}{g_i}\dfrac{\partial\tilde{\psi}}{\partial u_i}$, wie das Durchmultiplizieren von (a) mit $\boldsymbol{e}_i$ verdeutlicht. Mit

$$\boldsymbol{x} = \boldsymbol{T}(\boldsymbol{u}), \qquad \frac{\partial x_k}{\partial u_i} = T_{k,u_i}$$

ergibt sich dies so:

$$\operatorname{grad}\psi \cdot \boldsymbol{e}_i = \operatorname{grad}\psi \cdot \frac{\boldsymbol{T}_{u_i}}{g_i} = \frac{1}{g_i}\sum_{k=1}^{3}\frac{\partial\psi}{\partial x_k}\frac{\partial x_k}{\partial u_i} = \frac{1}{g_i}\frac{\partial\tilde{\psi}}{\partial u_i}. \tag{3.96}$$

Zu (c):[45] Gleichung (a), angewandt auf $u_1 = \varphi(\boldsymbol{x}) =: \left(T^{-1}\right)_1(\boldsymbol{x})$ liefert zunächst

$$\nabla u_1 = \frac{\boldsymbol{e}_1}{g_1} \Rightarrow \boldsymbol{e}_1 = g_1 \nabla u_1, \quad \text{allgemein: } \boldsymbol{e}_i = g_i \nabla u_i.$$

Damit kann man die Formeln über Zusammensetzungen mit ∇ ausnutzen (s. Abschn. 3.3.2, (a′) bis (j′)). Zum Beweis von (c) hat man mit dieser Methode

$$\operatorname{div}\boldsymbol{V} = \nabla\cdot\boldsymbol{V} = \nabla\cdot\sum_{i=1}^{3}V^i\boldsymbol{e}_i = \sum_{i=1}^{3}\nabla\cdot\left(V^i\boldsymbol{e}_i\right).$$ [46]

zu ermitteln. Zur Bearbeitung von $\nabla\cdot\left(V^1\boldsymbol{e}_1\right)$ setzt man dabei zunächst

$$\boldsymbol{e}_1 = \boldsymbol{e}_2\times\boldsymbol{e}_3 = g_2g_3\nabla u_2\times\nabla u_3$$

ein. Es folgt mit (f′), Abschnitt 3.3.2:

$$\begin{aligned}\nabla\cdot\left(V^1\boldsymbol{e}_1\right) &= \nabla\cdot\left(g_2g_3V^1\nabla u_2\times\nabla u_3\right)\\ &= g_2g_3V^1\underbrace{\nabla\cdot(\nabla u_2\times\nabla u_3)}_{=0} + \underbrace{(\nabla u_2\times\nabla u_3)}_{\boldsymbol{e}_1/(g_2g_3)}\cdot\nabla\left(g_1g_3V^1\right).\end{aligned}$$

---

43 $\psi(\boldsymbol{x}) = \tilde{\psi}(\boldsymbol{u})$, $(\boldsymbol{x} = \boldsymbol{T}(\boldsymbol{u}))$.

44 $\boldsymbol{V}(\boldsymbol{x}) = \sum_{i=1}^{3} V^i(\boldsymbol{u})\boldsymbol{e}_i(\boldsymbol{u})$. (In V^i ist i ein oberer Index.)

45 Die Divergenzformel (c) folgt auch als Spezialfall aus der »Kettenregel der Divergenz«, Abschn. 3.1.3.

46 ∇ bezieht sich stets auf $\boldsymbol{x}$! Man hat sich also in $\nabla\cdot\left(\tilde{V}_1(\boldsymbol{u})\boldsymbol{e}_i(\boldsymbol{u})\right)$ zunächst $\boldsymbol{u} = \boldsymbol{T}^{-1}(\boldsymbol{x})$ eingesetzt zu denken, worauf dann ∇ auf $\boldsymbol{x}$ wirkt: $\nabla = \left[\partial/\partial x_1,\ \partial/\partial x_2,\ \partial/\partial x_3\right]^{\mathrm{T}}$.

Wir beachten: Nach Abschnitt 3.3.2 folgt:

$$\nabla \cdot (\nabla u_2 \times \nabla u_3) = \nabla u_3 \cdot \underbrace{(\nabla \times \nabla u_2)}_{0} - \nabla u_2 \cdot \underbrace{(\nabla \times \nabla u_3)}_{0} = 0\,.$$

also

$$\nabla(V^1 \boldsymbol{e}_1) = \frac{1}{g_2 g_3} \boldsymbol{e}_1 \cdot \nabla(g_2 g_3 V^1) = \frac{1}{g_1 g_2 g_3} \frac{\partial}{\partial u_1}(g_2 g_3 V^1)\,.$$

letzteres nach (3.96). Entsprechendes folgt für $\nabla \cdot (V^2 \boldsymbol{e}_2)$ und $\nabla \cdot (V^3 \boldsymbol{e}_3)$, woraus sich (c) ergibt.

Zu (d): Nach dem gleichen Prinzip wie oben wird rot $\boldsymbol{V}$ umgeformt:

$$\begin{aligned}
\operatorname{rot} \boldsymbol{V} &= \nabla \times \boldsymbol{V} = \nabla \times \sum_{i=1}^{3} V^i \boldsymbol{e}_i = \sum_i \nabla \times (V^i \boldsymbol{e}_i) = \sum_i \nabla \times (g_i V^i \nabla u_i) \\
&= \sum_i \left[g_i V^i \nabla \times (\nabla u_i) - \nabla u_i \times \nabla(g_i V^i) \right] \quad \text{(nach (g'), Abschn. 3.3.2)} \\
&= \sum_i \nabla(g_i V^i) \times \nabla u_i = \sum_i \left[\sum_k \frac{\boldsymbol{e}_k}{g_k} (g_i V^i)_{u_k} \right] \times \frac{\boldsymbol{e}_i}{g_i} \quad \text{(nach (a))}.
\end{aligned}$$

Ausmultiplizieren der rechten Seite liefert 6 Glieder (da $\boldsymbol{e}_i \times \boldsymbol{e}_i = \boldsymbol{0}$). Es sind die gleichen 6 Glieder, die durch Auswerten der Determinante in Formel (d) entstehen (mit Sarrusscher Regel). Damit ist (d) bewiesen.

Zu (e): Es gilt

$$\Delta = \nabla \cdot \nabla = \nabla \cdot \left[\sum_i \boldsymbol{e}_i \left(\frac{1}{g_i} \right) \left(\frac{\partial}{\partial \boldsymbol{u}_i} \right) \right]$$

nach (b). Man wende nun die Divergenzformel (c) an, wobei V^i durch $(1/g_i)(\partial/\partial \boldsymbol{u}_i)$ ersetzt wird. Damit folgt (e). □

Wir wenden Satz 3.10 nun auf Zylinder- und Kugelkoordinaten an:

Beispiel 3.8:

Für *Zylinderkoordinaten* r, φ, z mit dem zugehörigen Dreibein $(\boldsymbol{e}_r, \boldsymbol{e}_\varphi, \boldsymbol{e}_z)$ (s. (3.84)) gelten für die Felder $\psi(\boldsymbol{x}) = \tilde{\psi}(r, \varphi, z)$ und $\boldsymbol{V}(\boldsymbol{x}) = V^r \boldsymbol{e}_r + V^\varphi \boldsymbol{e}_\varphi + V^z \boldsymbol{e}_z$ die folgenden Formeln:

$$\operatorname{grad} \psi(\boldsymbol{x}) = \frac{\partial \tilde{\psi}}{\partial r} \boldsymbol{e}_r + \frac{1}{r} \frac{\partial \tilde{\psi}}{\partial \varphi} \boldsymbol{e}_\varphi + \frac{\partial \tilde{\psi}}{\partial z} \boldsymbol{e}_z \tag{3.97}$$

$$\operatorname{div} \boldsymbol{V}(\boldsymbol{x}) = \frac{1}{r} \frac{\partial}{\partial r}(r V^r) + \frac{1}{r} \frac{\partial V^\varphi}{\partial \varphi} + \frac{\partial V^z}{\partial z} \tag{3.98}$$

$$\operatorname{rot} \boldsymbol{V}(\boldsymbol{x}) = \frac{1}{r} \begin{vmatrix} \boldsymbol{e}_r & r\boldsymbol{e}_\varphi & \boldsymbol{e}_z \\ \partial/\partial r & \partial/\partial\varphi & \partial/\partial z \\ V^r & rV^\varphi & V^z \end{vmatrix}$$

$$= \left(\frac{1}{r}\frac{\partial V^z}{\partial\varphi} - \frac{\partial V^\varphi}{\partial z}\right)\boldsymbol{e}_r + \left(\frac{\partial V^r}{\partial z} - \frac{\partial V^z}{\partial r}\right)\boldsymbol{e}_\varphi$$

$$+ \frac{1}{r}\left(\frac{\partial(rV^\varphi)}{\partial r} - \frac{\partial V^r}{\partial\varphi}\right)\boldsymbol{e}_z \tag{3.99}$$

$$\Delta\psi(\boldsymbol{x}) = \frac{1}{r}\frac{\partial}{\partial r}\left(r\frac{\partial\tilde{\psi}}{\partial r}\right) + \frac{1}{r^2}\frac{\partial^2\tilde{\psi}}{\partial\varphi^2} + \frac{\partial^2\tilde{\psi}}{\partial z^2}. \tag{3.100}$$

Beispiel 3.9:

Für *Kugelkoordinaten* r, Θ, φ mit dem Dreibein $(\boldsymbol{e}_r, \boldsymbol{e}_\Theta, \boldsymbol{e}_\varphi)$ (s. (3.86)) erhält man für die Felder

$$\psi(\boldsymbol{x}) = \tilde{\psi}(r, \Theta, \varphi) \quad \text{und} \quad \boldsymbol{V}(\boldsymbol{x}) = V^r\boldsymbol{e}_r + V^r\boldsymbol{e}_\Theta + V^\varphi\boldsymbol{e}_\varphi$$

folgendes:

$$\operatorname{grad}\psi(\boldsymbol{x}) = \frac{\partial\tilde{\psi}}{\partial r}\boldsymbol{e}_r + \frac{1}{r}\frac{\partial\tilde{\psi}}{\partial\Theta}\boldsymbol{e}_\Theta + \frac{1}{r\sin\Theta}\frac{\partial\tilde{\psi}}{\partial\varphi}\boldsymbol{e}_\varphi \tag{3.101}$$

$$\operatorname{div}\boldsymbol{V}(\boldsymbol{x}) = \frac{1}{r^2}\frac{\partial}{\partial r}\left(r^2V^r\right) + \frac{1}{r\sin\Theta}\left[\frac{\partial}{\partial\Theta}\left(\sin\Theta V^\Theta\right) + \frac{\partial V^\varphi}{\partial\varphi}\right] \tag{3.102}$$

$$\operatorname{rot}\boldsymbol{V}(\boldsymbol{x}) = \frac{1}{r^2\sin\Theta}\begin{vmatrix} \boldsymbol{e}_r & r\boldsymbol{e}_\Theta & r\sin\Theta\,\boldsymbol{e}_\varphi \\ \partial/\partial r & \partial/\partial\Theta & \partial/\partial\varphi \\ V^r & rV^\Theta & r\sin\Theta\,V^\varphi \end{vmatrix}$$

$$= \frac{1}{r\sin\Theta}\left(\frac{\partial(\sin\Theta V^\varphi)}{\partial\Theta} - \frac{\partial V^\Theta}{\partial\varphi}\right)\boldsymbol{e}_r + \frac{1}{r}\left(\frac{1}{\sin\Theta}\frac{\partial V^r}{\partial\varphi} - \frac{\partial(rV^\varphi)}{\partial r}\right)\boldsymbol{e}_\Theta$$

$$+ \frac{1}{r}\left(\frac{\partial(rV^\Theta)}{\partial r} - \frac{\partial V^r}{\partial\Theta}\right)\boldsymbol{e}_\varphi \tag{3.103}$$

$$\Delta\psi = \frac{1}{r^2}\frac{\partial}{\partial r}\left(r^2\frac{\partial\tilde{\psi}}{\partial r}\right) + \frac{1}{r^2\sin\Theta}\frac{\partial}{\partial\Theta}\left(\sin\Theta\frac{\partial\tilde{\psi}}{\partial\Theta}\right) + \frac{1}{r^2\sin^2\Theta}\frac{\partial^2\tilde{\psi}}{\partial\varphi^2}. \tag{3.104}$$

Übungen

Übung 3.12*

Man wende die Operatoren grad und Δ in Zylinder- und Kugelkoordinaten auf folgende Skalarfelder an:

(a) $\psi(\boldsymbol{x}) = xyz$, (b) $\Phi(\boldsymbol{x}) = \boldsymbol{a}\cdot\boldsymbol{x}$ $(\boldsymbol{a} \neq \boldsymbol{0})$, (c) $\alpha(\boldsymbol{x}) = |\boldsymbol{x}|$ $(\neq 0)$.

Übung 3.13*

Bestimme grad div $\boldsymbol{e}_r$ und rot $\boldsymbol{e}_\Theta$ in Kugelkoordinaten ($(\boldsymbol{e}_r, \boldsymbol{e}_\Theta, \boldsymbol{e}_\varphi)$ zugehöriges Dreibein).

Übung 3.14:

Wende rot und div in Zylinder- und Kugelkoordinaten auf folgende Vektorfelder an:

$$\text{(a)}\ \boldsymbol{V}(\boldsymbol{x}) = [yz, x^2, 1]^{\mathrm{T}}\,, \quad \text{(b)}\ \boldsymbol{W}(\boldsymbol{x}) = \boldsymbol{w} \times \boldsymbol{x} \quad (\boldsymbol{w} \neq \boldsymbol{0})\,. \tag{3.105}$$

Hinweis: Schreibe die Felder zunächst in die jeweiligen Koordinaten um!

Übung 3.15*

Berechne grad, div, rot und Δ in folgenden Koordinaten:

(a) elliptische Zylinderkoordinaten:
$$\left\{\begin{array}{l} x = c\cosh u \,\cos v \\ y = c\sinh u \,\sin v \\ z = z \end{array}\right\} \quad \begin{array}{l} c = \text{konst.} > 0 \\ u, z \in \mathbb{R} \\ v \in [0, 2\pi) \end{array}$$

(b) rotationsparabolische Koordinaten:
$$\left\{\begin{array}{l} x = uv\cos\varphi \\ y = uv\sin\varphi \\ z = (u^2 - v^2)/2 \end{array}\right\} \quad \begin{array}{l} u, v \in \mathbb{R} \\ \varphi \in [0, 2\pi) \end{array}.$$

3.4 Wirbelfreiheit, Quellfreiheit, Potentiale

Nun kommt »Butter bei die Fische«.

3.4.1 Wirbelfreiheit: rot $\boldsymbol{V} = \boldsymbol{0}$, skalare Potentiale

Schon in Abschnitt 1.6.4, Folgerung 1.3, wurde folgendes gezeigt:

Ein stetig differenzierbares Vektorfeld $\boldsymbol{V} : G \to \mathbb{R}^3$ auf einem einfach zusammenhängenden Gebiet $G \subset \mathbb{R}^3$ besitzt genau dann ein (skalares) Potential $\varphi : G \to \mathbb{R}$, wenn rot $\boldsymbol{V} = \boldsymbol{0}$ ist.

In Kurzform

$$\operatorname{rot} \boldsymbol{V} = \boldsymbol{0} \Leftrightarrow \exists \varphi : \boldsymbol{V} = \operatorname{grad} \varphi \;[47] \tag{3.106}$$

Gilt $\boldsymbol{V} = \operatorname{grad}\varphi$, so heißt $\boldsymbol{V}$ ein *Potentialfeld* (auch *Gradientenfeld* oder *konservatives Feld* genannt). Man sagt ferner, $\boldsymbol{V}$ ist *wirbelfrei*, wenn rot $\boldsymbol{V} = \boldsymbol{0}$ gilt.

Damit lautet die obige Aussage kurz (bezogen auf einfach zusammenhängende Gebiete[48]):

47 $\exists$ = es existiert ein.

48 Darunter fallen Quader, Kugeln, ja, alle konvexen Gebiete, wobei diese sogar »blasenartige« Löcher enthalten können.

Ein wirbelfreies Vektorfeld ist ein Potentialfeld, und umgekehrt.

Die Potentiale φ von $\boldsymbol{V}$ ergeben sich explizit aus

$$\varphi(\boldsymbol{x}) = \int_{\boldsymbol{x}_0}^{\boldsymbol{x}} \boldsymbol{V}(\boldsymbol{\xi}) \cdot \mathrm{d}\boldsymbol{\xi} + c \quad (c \in \mathbb{R} \text{ konstant}), \tag{3.107}$$

wobei $\boldsymbol{x}_0$ beliebig, aber fest in G gewählt ist, und die Integration auf einer beliebigen stückweise glatten Kurve von $\boldsymbol{x}_0$ bis $\boldsymbol{x}$ ausgeführt wird. Am besten nimmt man Strecken oder Streckenzüge (Abschn. 1.6.3).

Bemerkung: Die obige Aussage (3.106) folgt auch aus dem Stokesschen Integralsatz. Wir skizzieren den Beweis kurz: Es sei $\operatorname{rot} \boldsymbol{V} = \boldsymbol{0}$. Wir betrachten nun einen beliebigen geschlossenen Streckenzug S in G. Man kann ihn in G auf einen Punkt zusammenziehen (da G einfach zusammenhängt), und zwar o.B.d.A. auf einer triangulierten Fläche, wie es die Figur 3.22 zeigt.

(Man trianguliere das Urbilddreieck R der Zusammenziehung $\boldsymbol{h} : R \to G$ fein genug und übertrage die Triangulierung in den Bildbereich von h. Es entsteht F.) S ist also gleich dem Rand dieser Fläche F, und mit dem Stokesschen Satz gilt

$$\oint_S \boldsymbol{V} \cdot \mathrm{d}\boldsymbol{x} = \iint_F \operatorname{rot} \boldsymbol{V} \cdot \mathrm{d}\boldsymbol{\sigma} = 0\,. \tag{3.108}$$

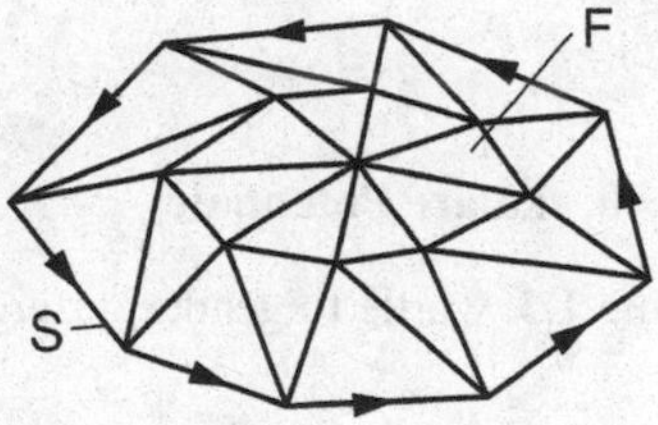

Fig. 3.22: Die Fläche F »überspannt« die Kurve S

Die Kurvenintegrale von $\boldsymbol{V}$ verschwinden also über jedem geschlossenen Streckenzug in G, durch Grenzübergang damit über beliebige geschlossene, stückweise glatte Wege, woraus die Wegunabhängigkeit bzgl. $\boldsymbol{V}$ in G folgt und nach dem Kurvenhauptsatz (Abschn. 1.6.3) die Existenz eines Potentials φ von $\boldsymbol{V}$.

Die umgekehrte Schlussrichtung ($\boldsymbol{V} = \operatorname{grad} \varphi \Rightarrow \operatorname{rot} \boldsymbol{V} = \boldsymbol{0}$) ist wegen $\operatorname{rot} \operatorname{grad} \varphi = \boldsymbol{0}$ trivial.

Übung 3.16*

Berechne das Potential φ von $\boldsymbol{V}(\boldsymbol{x}) = \boldsymbol{x}$ auf $\mathbb{R}^3$.

3.4.2 Laplace-Gleichung, harmonische Funktionen

In Physik und Technik treten oft Vektorfelder $\boldsymbol{V} : G \to \mathbb{R}^3$ auf, die *wirbelfrei und quellfrei* sind, also

$$\operatorname{rot} \boldsymbol{V} = \boldsymbol{0} \quad \text{und} \quad \operatorname{div} \boldsymbol{V} = 0 \tag{3.109}$$

auf G erfüllen. Wir wollen G als einfach zusammenhängendes Gebiet annehmen. Dann existiert ein *Potential* $\varphi : G \to \mathbb{R}$ mit $\boldsymbol{V} = \operatorname{grad} \varphi$. Aus $\operatorname{div} \boldsymbol{V} = 0$ folgt damit $\operatorname{div} \operatorname{grad} \varphi = 0$, d.h.

$$\Delta\varphi = 0 \quad \text{auf } G. \tag{3.110}$$

Diese Differentialgleichung ist die *Laplace-Gleichung* (oder *Potentialgleichung*). Ein zweimal stetig differenzierbares Skalarfeld $\varphi : G \to \mathbb{R}$, welches $\Delta\varphi = 0$ auf $G \subset \mathbb{R}^3$ erfüllt, heißt eine *harmonische Funktion* [49] auf G.

Bemerkung: Wirbel- und quellfreie Vektorfelder kommen als Geschwindigkeitsfelder im Rahmen der Hydrodynamik häufig vor, ja, auch in der Aerodynamik. Zur Berechnung der Strömungen um verschiedene Körper (Zylinder, Rohre, Tragflächen usw.) sind daher harmonische Funktionen unentbehrlich. (Auf zweidimensionale Strömungen wird in Burg/Haf/Wille (Funktionentheorie) [10] eingegangen.)

Für Eindeutigkeitsbeweise verwenden wir folgenden Satz (s. Burg/Haf/Wille (Partielle Dgln.) [13]):

Satz 3.11:

(*Maximumprinzip*) Eine nichtkonstante harmonische Funktion auf $G \subset \mathbb{R}^3$ nimmt in keinem inneren Punkt von G ihr Maximum oder Minimum an.

Dirichletsches Randwertproblem

Gesucht ist eine Funktion $\varphi : G \to \mathbb{R}$, die auf dem beschränkten Gebiet $G \subset \mathbb{R}^3$ zweimal stetig differenzierbar ist und stetig auf ganz $\bar{G}$, und die folgendes erfüllt:

$$\Delta\varphi = 0 \quad \text{in } G, \quad \varphi(\boldsymbol{x}) = g(\boldsymbol{x}) \quad \text{auf } \partial G \tag{3.111}$$

$g : \partial G \to \mathbb{R}$ ist dabei eine gegebene stetige Funktion. Die rechte Bedingung in (3.111) heißt *Dirichletsche*[50] *Randbedingung*.

Folgerung 3.6:

Das Dirichletsche Randwertproblem hat höchstens eine Lösung φ.

Beweis:

Sind φ, ψ zwei Lösungen von (3.111), so folgt für die Differenz $\Phi = \varphi - \psi$ ebenfalls $\Delta\Phi = 0$, aber $\Phi(\boldsymbol{x}) = 0$ für alle $\boldsymbol{x} \in \partial G$. Da Φ nach Satz 3.11 ihr Maximum und ihr Minimum auf dem Rande ∂G annimmt, folgt $\Phi(\boldsymbol{x}) = 0$ auf ganz G, also $\varphi = \psi$. □

49 auch *Potentialfunktion* genannt.

50 Peter Gustav Lejeune Dirichlet (1805–1859), deutscher Mathematiker.

Der Beweis der Lösungsexistenz und die Lösungsberechnung für (3.111) ist schwierig. Wir verweisen daher auf Burg/Haf/Wille (Partielle Dgln.) [13].

Auf Kugeln lassen sich aber die Lösungen des *Dirichlet-Problems* formelmäßig angeben. Es gilt für die Kugel $K_r \subset \mathbb{R}^3$ mit Radius $r > 0$ um $\mathbf{0}$

Satz 3.12:
(*Poissonsche*[51] *Integralformel*)

$$\begin{aligned} \Delta\varphi &= 0 \text{ in } K_r \\ \varphi_{|\partial K_r} &= g \ (g \text{ stetig}) \end{aligned} \iff \varphi(\boldsymbol{x}) = \frac{r^2 - \boldsymbol{x}^2}{4\pi r} \iint\limits_{\partial K_r} \frac{g(\boldsymbol{y})}{|\boldsymbol{x} - \boldsymbol{y}|^3} \mathrm{d}\sigma_{\boldsymbol{y}} \ ^{52}. \qquad (3.112)$$

Die Formel lässt sich durch Rechnung verifizieren. (Diese ist allerdings kompliziert. Wir verweisen daher auf den entsprechenden Beweis in Burg/Haf/Wille (Partielle Dgln.) [13])

In der Strömungsmechanik treten neben dem Dirichlet-Problem häufig folgende Aufgaben auf:

Neumannsches[53]*Randwertproblem*

$$\Delta\varphi = 0 \quad \text{auf } G, \quad \frac{\partial\varphi}{\partial \boldsymbol{n}}(\boldsymbol{x}) = g(\boldsymbol{x}) \quad \text{auf } \partial G \qquad (3.113)$$

Gemischtes Randwertproblem

$$\Delta\varphi = 0 \text{ auf } G, \quad \frac{\partial\varphi}{\partial \boldsymbol{n}}(\boldsymbol{x}) + h(\boldsymbol{x})\varphi(\boldsymbol{x}) = g(\boldsymbol{x}) \text{ auf } \partial G \ (h \geq 0 \text{ und } h(\boldsymbol{x}) > 0 \text{ für einige } \boldsymbol{x} \in \partial G) \qquad (3.114)$$

φ wird dabei zweimal stetig differenzierbar auf $\bar{G}$ vorausgesetzt. g und h sind gegebene stetige Funktionen, $\frac{\partial\varphi}{\partial \boldsymbol{n}}$ bezeichnet die Ableitung nach der äußeren Normalen auf $\partial G \neq \emptyset$. G sei offen und $\bar{G}$ ein stückweise glatt berandeter Bereich.

Folgerung 3.7:
(*Zur Eindeutigkeit*)

(a) Je zwei Lösungen der Neumannschen Randwertaufgabe unterscheiden sich nur um eine additive Konstante.

(b) Das gemischte Randwertproblem hat höchstens eine Lösung.

51 Siméon-Denis Poisson (1781 – 1840), französischer Physiker und Mathematiker.
52 $\mathrm{d}\sigma_{\boldsymbol{y}}$ bedeutet, dass sich die Integration auf $\boldsymbol{y}$ bezieht.
53 Carl Gottfried Neumann (1832 – 1925), deutscher Mathematiker

Beweis:
Zu (b) Für die Differenz $\Phi = \varphi - \psi$ zweier beliebiger Lösungen von (3.114) gilt $\Delta\Phi = 0$ in G und $\partial\Phi/\partial\boldsymbol{n} + h\Phi = 0$ auf ∂G. Mit der ersten Greenschen Formel (Abschn. 3.3.6), in der beide Funktionen gleich Φ gesetzt werden, folgt dann

$$\iiint\limits_G (\operatorname{grad}\Phi)^2 \mathrm{d}\tau = \iint\limits_{\partial G} \Phi \frac{\partial\Phi}{\partial\boldsymbol{n}} \mathrm{d}\sigma = -\iint\limits_{\partial G} h\Phi^2 \mathrm{d}\sigma \leq 0 \tag{3.115}$$
$$\Rightarrow \operatorname{grad}\Phi = 0 \Rightarrow \Phi = \varphi - \psi = \text{konstant.}$$

Damit auf ∂G : $\frac{\partial\Phi}{\partial\boldsymbol{n}} = 0$, wegen $\frac{\partial\phi}{\partial\boldsymbol{n}} + h\Phi = 0$ also $\Phi = 0$, d.h. $\varphi = \psi$.
Zu (a) Die Schlusskette (3.115) wird mit $h = 0$ durchgeführt. Es folgt wie dort $\varphi - \psi =$ konstant für zwei Lösungen φ, ψ von (3.113). □

Die *Lösungsberechnung* der Probleme (Dirichlet, Neumann, gemischt) wird heutzutage mit der *Methode der finiten Elemente* oder mit *Differenzenverfahren* auf Computern erfolgreich durchgeführt. Analytische Behandlungen (z.B. mit »*Greenscher Funktion*«) sind in spezielleren Fällen auch möglich (s. Burg/Haf/Wille (Partielle Dgln.) [13]).

Übung 3.17*
Löse $\Delta\varphi = 0$ mit dem Produktansatz $\varphi(x, y, z) = X(x) \cdot Y(y) \cdot Z(z) \neq 0$ (Lösungen evtl. komplex.)

3.4.3 Poissongleichung

Die *Poissongleichung* in

skalarer Form: $\Delta\varphi = f$ oder Vektorform: $\Delta\boldsymbol{A} = \boldsymbol{B}$ (3.116)

spielt in der Gasdynamik, in der Theorie zäher Flüssigkeiten und in der Elektrodynamik (Wellenausbreitung) eine wichtige Rolle. Wir untersuchen in diesem Zusammenhang das folgende

Randwertproblem

$$\Delta\varphi = f \quad \text{auf} \quad G, \quad \varphi(\boldsymbol{x}) = g(\boldsymbol{x}) \ \text{auf} \ \partial G \neq \emptyset \tag{3.117}$$

($G \subset \mathbb{R}^3$ Gebiet; f, g gegebene stetige Funktionen; $\varphi : \bar{G} \to \mathbb{R}$ gesucht, wobei φ zweimal stetig differenzierbar in G und stetig auf $\bar{G}$ sein soll.)

Wie in Folgerung 3.6 im vorigen Abschnitt beweist man, dass das Randwertproblem höchstens eine Lösung hat.

Ferner kann man das Problem (3.117) in die folgenden zwei Randwertprobleme aufspalten:

$$\Delta\varphi_1 = f \ \text{auf} \ G, \quad \varphi_{1/\partial G} = 0, \tag{3.118}$$
$$\Delta\varphi_2 = 0 \ \text{auf} \ G, \quad \varphi_{2/\partial G} = g. \tag{3.119}$$

Sind φ_1, φ_2 Lösungen dieser Probleme, so löst $\varphi = \varphi_1 + \varphi_2$ das ursprüngliche Randwertproblem (3.117).

Das zweite Problem, (3.119), ist das Dirichletsche Randwertproblem, welches im vorigen Abschnitt behandelt wurde. Wir konzentrieren uns daher auf (3.118), die »Poisson-Gleichung nebst homogenen Randbedingungen«.

Für numerische Lösungsmethoden mit »finiten Elementen«, Differenzenverfahren, Reihen, Splines usw. wird auf die Literatur verwiesen (z.B. [66]). Analytische Methoden findet der Leser in Burg/Haf/Wille (Partielle Dgln.) [13]. Hier sollen nur die Spezialfälle $G = K_r$ (Kugel) und $G = \mathbb{R}^3$ (Ganzraumproblem) notiert werden.

Satz 3.13:

Das Randwertproblem (3.118) hat für $G = K_r$ (Kugel) die eindeutig bestimmte Lösung

$$\varphi_1(\boldsymbol{x}) = -\frac{1}{4\pi} \iiint\limits_{K_r} \left[\frac{f(\boldsymbol{y})}{|\boldsymbol{x}-\boldsymbol{y}|} - \frac{r\, f(\boldsymbol{y})}{|\boldsymbol{y}|\, |\boldsymbol{x} - r^2\, \boldsymbol{y}/\boldsymbol{y}^2|} \right] \mathrm{d}\tau_{\boldsymbol{y}} \,. \quad (3.120)$$ [54]

Beweis:

Durch Verifikation von $\Delta\varphi_1 = f$, $\varphi_{1/\partial G} = 0$ (ausführlich in Burg/Haf/Wille (Partielle Dgln.) [13]).

Lässt man r gegen ∞ streben, so ergibt sich

Satz 3.14:

Gelöst werden soll das *Ganzraumproblem*

$$\Delta\varphi = f \text{ auf } \mathbb{R}^3, \quad \max_{|\boldsymbol{x}|=r} \left|\varphi(\boldsymbol{x})\right| \to 0 \text{ für } r \to \infty \quad (3.121)$$

Die zweimal stetig differenzierbare Funktion $\varphi : \mathbb{R}^3 \to \mathbb{R}$ ist dabei gesucht und die stetige Funktion $f : \mathbb{R}^3 \to \mathbb{R}$ vorgegeben. Sie erfülle $f(\boldsymbol{x}) = \mathcal{O}(1/|\boldsymbol{x}|^{2+\varepsilon})$ $(\varepsilon > 0)$ für $|\boldsymbol{x}| \to \infty$. [55] Es folgt: Die eindeutig bestimmte Lösung φ lautet

$$\varphi(\boldsymbol{x}) = -\frac{1}{4\pi} \iiint\limits_{\mathbb{R}^3} \frac{f(\boldsymbol{y})}{|\boldsymbol{x}-\boldsymbol{y}|} \mathrm{d}\tau_{\boldsymbol{y}} \,. \quad (3.122)$$

Zum *Beweis*: Die Konvergenz des Integrals ergibt sich aus $f(\boldsymbol{x}) = \mathcal{O}(1/|\boldsymbol{x}|^{2+\varepsilon})$. Die Eindeutigkeit ergibt sich ähnlich wie in Folgerung 3.6 im vorigen Abschnitt mit dem Maximumprinzip harmonischer Funktionen. Im Übrigen geht (3.122) aus (3.120) durch $r \to \infty$ hervor.

54 $\mathrm{d}\tau_{\boldsymbol{y}}$ markiert, dass sich die Integration auf $\boldsymbol{y}$ bezieht.

55 $\Phi(\boldsymbol{x}) = \mathcal{O}(h(|\boldsymbol{x}|))$ für $|\boldsymbol{x}| \to \infty$ bedeutet $|\Phi(\boldsymbol{x})| \le c \cdot h(|\boldsymbol{x}|)$ für $|\boldsymbol{x}| \ge R$ (c, R positive Konstanten). Also: $\Phi(\boldsymbol{x}) = \mathcal{O}\left(\frac{1}{|\boldsymbol{x}|^{2+\varepsilon}}\right) \Leftrightarrow |\Phi(\boldsymbol{x})| \le \frac{c}{|\boldsymbol{x}|^{2+\varepsilon}}$ für $|\boldsymbol{x}| \ge R$.

Bemerkung: Ein analoger Satz gilt für die *Poisson-Gleichung in Vektorform* $\Delta \boldsymbol{A} = \boldsymbol{B}$ auf $\mathbb{R}^3$. Falls $\boldsymbol{B} = \mathcal{O}(1/|\boldsymbol{x}|^{2+\varepsilon})$ $(\varepsilon > 0)$ und $\max_{|\boldsymbol{x}|=r} |\boldsymbol{A}(\boldsymbol{x})| \to 0$ für $r \to \infty$ gilt, lautet die eindeutig bestimmte Lösung

$$\boldsymbol{A}(\boldsymbol{x}) = -\frac{1}{4\pi} \iiint\limits_{\mathbb{R}^3} \frac{\boldsymbol{B}(\boldsymbol{y})}{|\boldsymbol{x}-\boldsymbol{y}|} \mathrm{d}\tau_{\boldsymbol{y}} \,. \tag{3.123}$$

Übung 3.18*

Führe den Eindeutigkeitsbeweis für Satz 3.14 durch.

3.4.4 Quellfreiheit: div $\boldsymbol{W} = 0$, Vektorpotentiale

Gilt

$$\boldsymbol{W} = \operatorname{rot} \boldsymbol{A} \,.$$ [56]

so nennt man das Feld $\boldsymbol{A}$ ein *Vektorpotential* von $\boldsymbol{W}$. $\boldsymbol{W}$ heißt ein *Wirbelfeld* (bzgl. $\boldsymbol{A}$).

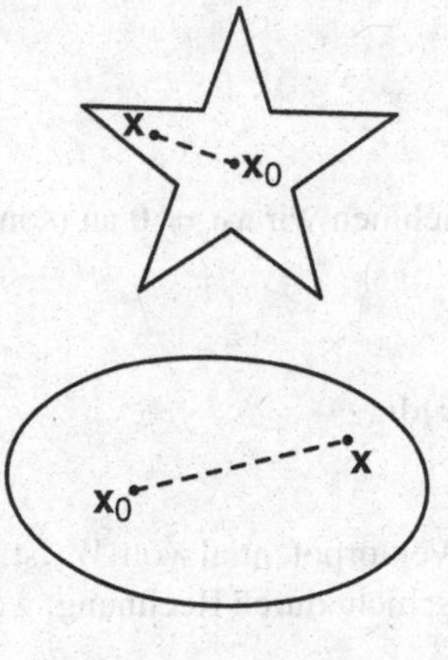

Fig. 3.23: Sternförmige Gebiete

Wir fragen uns: Unter welchen Voraussetzungen besitzt ein gegebenes Vektorfeld $\boldsymbol{W}$ ein Vektorpotential?

Notwendig ist jedenfalls

$$\operatorname{div} \boldsymbol{W} = 0 \,, \quad \text{d.h. } \boldsymbol{W} \text{ ist } \textit{quellfrei},$$

wegen $\operatorname{div} \operatorname{rot} \boldsymbol{A} = 0$. Wir zeigen, dass dies auch hinreichend ist, jedenfalls in sogenannten *sternförmigen Gebieten*.

56 Alle Felder $\boldsymbol{V}$, $\boldsymbol{A}$, φ usw. in diesem Abschnitt haben gleichen Definitionsbereich $M \subset \mathbb{R}^3$ (M offen) und sind darin so oft stetig differenzierbar, wie es die zugehörigen Formeln verlangen.

Dabei heißt ein Gebiet G im $\mathbb{R}^n$ *sternförmig*, wenn es einen Punkt $\boldsymbol{x}_0$ darin gibt, der mit jedem anderen Punkt $\boldsymbol{x} \in G$ gradlinig in G verbunden werden kann. $\boldsymbol{x}_0$ heißt ein *Zentrum* von G (s. Fig. 3.23). Z.B. sind alle konvexen offenen Mengen sternförmig (obwohl sie, landläufig betrachtet, nicht so aussehen).

Satz 3.15:

(a) Ein stetig differenzierbares Vektorfeld $\boldsymbol{W}$ auf einem sternförmigen Gebiet $G \subset \mathbb{R}^3$ hat genau dann ein Vektorpotential $\boldsymbol{A}$, wenn $\operatorname{div} \boldsymbol{W} = 0$ gilt. Kurz:

$$\operatorname{div} \boldsymbol{W} = 0 \Longleftrightarrow \exists\, \boldsymbol{A} : \boldsymbol{W} = \operatorname{rot} \boldsymbol{A} \tag{3.124}$$

Folgende Formel gibt ein Vektorpotential von $\boldsymbol{W}$ an, wobei $\boldsymbol{x}_0$ ein Zentrum von G ist:

$$\boldsymbol{A}(\boldsymbol{x}) := \int_0^1 t\boldsymbol{W}\Big(\boldsymbol{x}_0 + t(\boldsymbol{x} - \boldsymbol{x}_0)\Big) \times \Big(\boldsymbol{x} - \boldsymbol{x}_o\Big)\mathrm{d}t \tag{3.125}$$

(b) Zwei Vektorpotentiale von $\boldsymbol{W}$ unterscheiden sich nur durch ein Gradientenfeld. Genauer: Ist $\boldsymbol{A}$ ein Vektorpotential von $\boldsymbol{W}$, so ist die Menge aller Vektorpotentiale von $\boldsymbol{W}$ gegeben durch

$$\boldsymbol{A} + \operatorname{grad} \varphi\,. \tag{3.126}$$

Beweis:

(a) Es sei $\operatorname{div} \boldsymbol{W} = 0$. O.B.d.A. nehmen wir $\boldsymbol{x}_0 = \boldsymbol{0}$ an (sonst vorher Nullpunktverschiebung). Formel (3.125) lautet damit

$$\boldsymbol{A}(\boldsymbol{x}) = \int_0^1 t\big(\boldsymbol{W}(t\boldsymbol{x}) \times \boldsymbol{x}\big)\mathrm{d}t\,. \tag{3.127}$$

Zu zeigen ist, dass dies ein Vektorpotential von $\boldsymbol{W}$ ist, d.h. dass rot, angewandt auf das Integral, $\boldsymbol{W}(\boldsymbol{x})$ liefert. Das geschieht durch Rechnung, wobei Formel (j) aus Abschnitt 3.3.2 verwendet wird:

$$\begin{aligned}
\operatorname{rot} \int_0^1 t\big(\boldsymbol{W}(t\boldsymbol{x}) \times \boldsymbol{x}\big)\mathrm{d}t \overset{57}{=} &\int_0^1 t \operatorname{rot}\big(\boldsymbol{W}(t\boldsymbol{x}) \times \boldsymbol{x}\big)\mathrm{d}t \\
\overset{(j)}{=} &\int_0^1 t\Big[\boldsymbol{W}(t\boldsymbol{x}) \underbrace{\operatorname{div} \boldsymbol{x}}_{3} + t\boldsymbol{W}'(t\boldsymbol{x})\boldsymbol{x} - \boldsymbol{W}(t\boldsymbol{x})\Big]\mathrm{d}t \\
= &\int_0^1 \Big(2t\boldsymbol{W}(t\boldsymbol{x}) + t^2 \frac{\mathrm{d}}{\mathrm{d}t}\boldsymbol{W}(\boldsymbol{x}t)\Big)\mathrm{d}t = \int_0^1 \frac{\mathrm{d}}{\mathrm{d}t}\Big(t^2\boldsymbol{W}(t\boldsymbol{x})\Big)\mathrm{d}t = \Big[t^2\boldsymbol{W}(t\boldsymbol{x})\Big]_0^1 \\
= &\,\boldsymbol{W}(\boldsymbol{x})\,.
\end{aligned}$$

(b) Es sei $\boldsymbol{A}$ ein gegebenes Vektorpotential von $\boldsymbol{W}$, z.B. das in (3.125). Dann ist auch $\boldsymbol{A}+\operatorname{grad}\varphi$ ein Vektorpotential von $\boldsymbol{W}$, wegen $\operatorname{rot}\operatorname{grad}\varphi = 0$.

Ist umgekehrt $\boldsymbol{A}_0$ ein beliebiges Vektorpotential von $\boldsymbol{W}$, so gilt mit einem vorgegebenen Vektorpotential $\boldsymbol{A}$:

$$\operatorname{rot}(\boldsymbol{A}_0 - \boldsymbol{A}) = \operatorname{rot}\boldsymbol{A}_0 - \operatorname{rot}\boldsymbol{A} = \boldsymbol{0}\,.$$

Nach Abschnitt 3.4.1 existiert damit ein φ mit $\boldsymbol{A}_0 - \boldsymbol{A} = \operatorname{grad}\varphi$, also $\boldsymbol{A}_0 = \boldsymbol{A} + \operatorname{grad}\varphi$. □

□

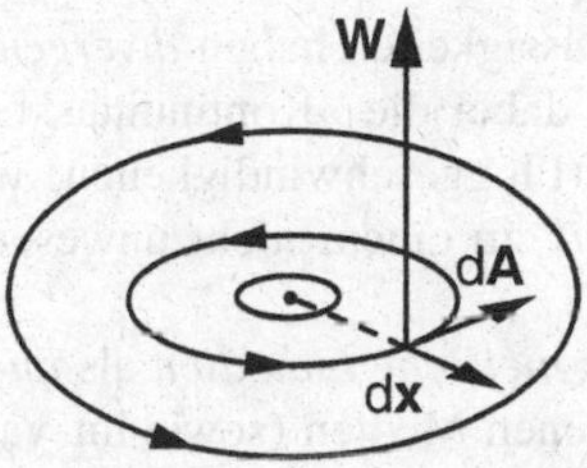

Fig. 3.24: Zur Konstruktion eines Vektorpotentials $\boldsymbol{A}$

Bemerkung: Wie kommt man auf die Formel (3.125) für $\boldsymbol{A}(\boldsymbol{x})$, oder im Falle $\boldsymbol{x}_0 = \boldsymbol{0}$ auf (3.127)?

Wir wissen folgendes: Ist $\boldsymbol{W}$ konstant, so beschreibt

$$\boldsymbol{A}(\boldsymbol{x}) = \frac{1}{2}\boldsymbol{W} \times \boldsymbol{x}$$

ein Vektorpotential von $\boldsymbol{W}$ (vgl. Beisp. 3.3, Abschn. 3.2.3). So liegt es nahe, bei nicht konstantem $\boldsymbol{W}$ den infinitesimalen Ansatz

$$\mathrm{d}\boldsymbol{A} = \alpha \boldsymbol{W} \times \mathrm{d}\boldsymbol{x}$$

zu versuchen, wobei α ein noch zu bestimmender Skalar ist (vgl. Fig.3.24). Integration auf der Strecke S_x von $\boldsymbol{x}_0 = \boldsymbol{0}$ bis $\boldsymbol{x}$ liefert dann

$$\boldsymbol{A}(\boldsymbol{x}) = \int\limits_{S_x} \alpha(\boldsymbol{\xi})\boldsymbol{W}(\boldsymbol{\xi}) \times \mathrm{d}\boldsymbol{\xi} = \int\limits_0^1 \alpha(t\boldsymbol{x})\boldsymbol{W}(t\boldsymbol{x}) \times \boldsymbol{x}\,\mathrm{d}t\,.$$

Man wendet nun rot auf das rechte Integral an, mit dem Ziel, $\boldsymbol{W}(\boldsymbol{x})$ herauszubekommen. Hierbei hat man α frei zur Verfügung. Durch Anwendung von rot auf den Integranden rechts und Probieren findet man heraus, dass $\alpha(t\boldsymbol{x}) = t$ alles erfüllt.

57 rot bezieht sich auf $\boldsymbol{x}$.

Physikalisch ausgedrückt lautet der bewiesene Satz für *sternförmige Gebiete* folgendermaßen:

(a) *Jedes quellfreie Vektorfeld ist ein Wirbelfeld, und umgekehrt.*

(b) ist eine Art Eindeutigkeitsaussage, nämlich: *Das Vektorpotential eines quellfreien Feldes ist bis auf ein additives Gradientenfeld eindeutig bestimmt.*

Bemerkung: Ist ein Gebiet $G \subset \mathbb{R}^3$ im $\mathbb{R}^3$ nicht sternförmig, jedoch Vereinigung endlich vieler sternförmiger Gebiete $G_1, \ldots, G_n$, so kann man in jedem G_i ein Vektorpotential $\boldsymbol{A}_i$ zu $\boldsymbol{W} : G \to \mathbb{R}^3$ (mit $\operatorname{div} \boldsymbol{W} = 0$) finden. Durch Addition von Gradientenfeldern kann man in den Schnittmengen $G_i \cap G_j$ zu einheitlichen Vektorpotentialen kommen. So lässt sich durch Fortsetzung über $G_1 \to G_2 \to \ldots \to G_n$ in praktischen Fällen meistens ein Vektorpotential auf ganz G finden.

Anwendungen: Inkompressible Flüssigkeiten haben *divergenzfreie Geschwindigkeitsfelder* $\boldsymbol{W}$. (Die Gleichung $\operatorname{div} \boldsymbol{W} = 0$ heißt dabei die »Kontinuitätsbedingung«.) Selbst Luft, bei niedrigen Ausströmgeschwindigkeiten (Fluggeschwindigkeiten) wird als inkompressibel angenommen. Folglich lebt die *Aerodynamik* zu einem nicht unwesentlichen Teil von divergenzfreien Feldern.
In der Elektrodynamik wird die *magnetische Induktion* als *quellfrei* angenommen, und bei Wellenausbreitung in ruhenden homogenen Medien (sowie im Vakuum) auch die *magnetische* und (an ladungsfreien Stellen) die *elektrische Feldstärke*. Daraus werden (im Rahmen der Maxwellschen Theorie) weitreichende Schlüsse gezogen.

Auf Quadern lassen sich Vektorpotentiale einfacher als in Formel (3.125) ermitteln, wie die folgende Übung zeigt:

Übung 3.19:

Es sei $\boldsymbol{W} : Q \to \mathbb{R}^3$ ein stetig differenzierbares Vektorfeld auf einem offenen Quader $Q \subset \mathbb{R}^3$. Es gelte $\operatorname{div} \boldsymbol{W} = 0$ auf Q. $\boldsymbol{x}_0 = [x_0, y_0, z_0]^{\mathrm{T}}$ sei ein beliebiger Punkt aus Q. Zeige, dass durch folgende Formel ein Vektorpotential von $\boldsymbol{W} = [W_1, W_2, W_3]^{\mathrm{T}}$ gegeben ist:

$$\boldsymbol{A}(x, y, z) = \begin{bmatrix} 0 \\ \int_{x_0}^{x} W_3(\xi, y, z)\mathrm{d}\xi \\ -\int_{x_0}^{x} W_2(\xi, y, z)\mathrm{d}\xi + \int_{y_0}^{y} W_1(x_0, \eta, z)\mathrm{d}\eta \end{bmatrix}. \tag{3.128}$$

Anmerkung: Wie kommt man darauf? – Da es ein Vektorpotential $\boldsymbol{A}_0$ zu $\boldsymbol{W}$ gibt (Satz 3.14), gibt es auch ein Vektorpotential $\boldsymbol{A} = [A_1, A_2, A_3]^{\mathrm{T}}$ mit $A_1 = 0$. Denn man kann φ so wählen, dass diese Bedingung für $\boldsymbol{A} = \boldsymbol{A}_0 + \operatorname{grad} \varphi$ erfüllt ist. Bei genauem hinschauen hat man noch einige weitere Freiheiten für φ. Die kann man so nutzen, dass $A_2(x_0, y, z) \equiv 0$ und $A_3(x_0, y_0, z) \equiv 0$ wird. Damit lässt sich $\operatorname{rot} \boldsymbol{A} = \boldsymbol{W}$(d.h. $A_{3,y} - A_{2,z} = W_1$, $A_{3,x} = -W_2$, $A_{2,x} = W_3$ leicht integrieren, wobei man mit den letzten beiden Gleichungen beginnt. Man erhält (3.128).

3.4.5 Quellfreie Vektorpotentiale

Mit B wird im vorliegenden Abschnitt stets ein *sternförmiger, stückweise glatt berandeter Bereich* im $\mathbb{R}^3$ bezeichnet, auf dem das *Dirichlet-Problem stets lösbar* ist. B nennen wir kurz »gutartig«.

Wir wissen, dass jedes quellfreie Vektorfeld $\boldsymbol{W} : B \to \mathbb{R}^3$ — also ein Feld mit $\operatorname{div} \boldsymbol{W} = 0$ — ein Vektorpotential $\boldsymbol{A}$ besitzt, d.h.

$$\boldsymbol{W} = \operatorname{rot} \boldsymbol{A} \tag{3.129}$$

(s. Abschn. 3.4.4). Dabei ist $\boldsymbol{A}$ nur bis auf Summanden der Form $\operatorname{grad} \varphi$ bestimmt. Man kann nun φ so wählen, dass $\operatorname{div} \boldsymbol{A} = 0$ wird, dass also $\boldsymbol{A}$ auch quellfrei wird. Insbesondere in der Elektrodynamik wird davon vielfach Gebrauch gemacht. Es gilt also

Satz 3.16:

Jedes quellfreie Vektorfeld $\boldsymbol{W} : B \to \mathbb{R}^3$ auf einem »gutartigen« Bereich B besitzt ein quellfreies Vektorpotential.

Beweis:

Ist $\boldsymbol{A}_0$ ein gegebenes Vektorpotential von $\boldsymbol{W}$ (z.B. dasjenige aus Satz 3.15 im vorigen Abschnitt), so bilden wir

$$\boldsymbol{A} = \boldsymbol{A}_0 + \operatorname{grad} \varphi \quad \text{und fordern} \quad 0 = \operatorname{div} \boldsymbol{A} = \operatorname{div} \boldsymbol{A}_0 + \Delta\varphi\,,$$

d.h.

$$\Delta\varphi = -\operatorname{div} \boldsymbol{A}_0 \quad \text{auf } B\,.$$

Diese Differentialgleichung hat mindestens eine Lösung φ auf B. Damit ist $\boldsymbol{A}$ quellfrei: $\operatorname{div} \boldsymbol{A} = 0$, und es gilt $\boldsymbol{W} = \operatorname{rot} \boldsymbol{A}$. □

Ein entsprechender Satz gilt, wenn $\boldsymbol{W}$ auf dem ganzen Raum $\mathbb{R}^3$ definiert ist. Allerdings muss über das »Verschwinden im Unendlichen« eine Voraussetzung gemacht werden. Dann kann man ein quellfreies Vektorpotential sogar formelmäßig angeben.

Satz 3.17:

Es sei $\boldsymbol{W} : \mathbb{R}^3 \to \mathbb{R}^3$ ein quellfreies Vektorfeld, welches

$$\boldsymbol{W}(\boldsymbol{x}) = \mathcal{O}\left(\frac{1}{|\boldsymbol{x}|^{2+\varepsilon}}\right) \quad (\varepsilon > 0) \quad \text{und} \quad \boldsymbol{W}'(\boldsymbol{x}) = \mathcal{O}\left(\frac{1}{|\boldsymbol{x}|^{3+\varepsilon}}\right) \quad \text{für} \quad |\boldsymbol{x}| \to \infty$$

erfüllt. Dann beschreibt folgende Formel ein quellfreies Vektorpotential von $\boldsymbol{W}$ auf $\mathbb{R}^3$:

$$\boldsymbol{A}(\boldsymbol{x}) = \iiint\limits_{\mathbb{R}^3} \frac{\operatorname{rot} \boldsymbol{W}(\boldsymbol{y})}{|\boldsymbol{x} - \boldsymbol{y}|} \mathrm{d}\tau_y \tag{3.130}$$

Beweis:
Es gilt div $\boldsymbol{A} = 0$ wie man durch Vertauschen von div mit den Integralzeichen sofort sieht. Formel (3.123) in Abschnitt 3.4.3 nebst zugehöriger Bemerkung lehrt, dass

$$\Delta \boldsymbol{A} = -\operatorname{rot} \boldsymbol{W}$$

gilt. Verwendet man die Formel $\Delta \boldsymbol{A} = \operatorname{grad}\operatorname{div} \boldsymbol{A} - \operatorname{rot}\operatorname{rot} \boldsymbol{A}$ und berücksichtigt div $\boldsymbol{A} = 0$ so folgt

$$\begin{aligned} \operatorname{rot}\operatorname{rot} \boldsymbol{A} = \operatorname{rot} \boldsymbol{W} &\Rightarrow \operatorname{rot}(\boldsymbol{W} - \operatorname{rot} \boldsymbol{A}) = 0 \\ &\Rightarrow \boldsymbol{W} - \operatorname{rot} \boldsymbol{A} = \operatorname{grad} \varphi \end{aligned} \tag{3.131}$$

nach Abschnitt 3.4.1. Die rechte Gleichung liefert

$$\operatorname{grad} \varphi(\boldsymbol{x}) = \mathcal{O}\left(\frac{1}{|\boldsymbol{x}|^2}\right) \quad \text{für} \quad |\boldsymbol{x}| \to \infty \quad \text{und} \quad \Delta\varphi = 0 ,$$

letzteres durch Anwenden von div auf die Gleichung.

Daraus folgt durch Integration

$$\varphi(\boldsymbol{x}) = \int_0^1 \operatorname{grad} \varphi(t\boldsymbol{x}) \cdot \boldsymbol{x} \mathrm{d}t + c ,$$

wobei wir $c = 0$ wählen. Folglich gilt $\varphi(\boldsymbol{x}) = \mathcal{O}\left(\frac{1}{|\boldsymbol{x}|^2}\right)$. Anwendung der ersten Greenschen Formel ergibt

$$\iiint_{K_r} (\operatorname{grad} \varphi)^2 \mathrm{d}\tau = \iint_{\partial K_r} \varphi \frac{\partial \varphi}{\partial \boldsymbol{n}} \mathrm{d}\sigma \;^{58} \to 0 \quad \text{für} \quad R \to \infty ,$$

also grad $\varphi = 0$. (3.131) liefert damit $\boldsymbol{W} = \operatorname{rot} \boldsymbol{A}$, was zu beweisen war. □

3.4.6 Helmholtzscher Zerlegungssatz

Ein gegebenes Vektorfeld $\boldsymbol{V} : B \to \mathbb{R}^3$ soll in einen wirbelfreien Anteil $\boldsymbol{V}_1$ und einen quellfreien Anteil $\boldsymbol{V}_2$ zerlegt werden:

$$\boldsymbol{V} = \boldsymbol{V}_1 + \boldsymbol{V}_2 . \tag{3.132}$$

Dabei kann man auf »gutartigen« Bereichen [59] $\boldsymbol{V}_1 = \operatorname{grad} \varphi$ und $\boldsymbol{V}_2 = \operatorname{rot} \boldsymbol{A}$ schreiben. Wir beweisen also folgenden Satz:

---

58 $\frac{\partial \varphi}{\partial \boldsymbol{n}} = \boldsymbol{n} \cdot \operatorname{grad} \varphi$.
59 s. Beginn des vorangehenden Abschnittes.

Satz 3.18:
(*Helmholtzscher*[60] *Zerlegungssatz auf kompakten Bereichen*) Jedes stetig differenzierbare Vektorfeld $\boldsymbol{V}$ auf einem »gutartigen« Bereich B lässt sich als Summe eines wirbelfreien und eines quellfreien Vektorfeldes schreiben. D.h. es gilt

$$\boldsymbol{V} = \operatorname{grad} \varphi + \operatorname{rot} \boldsymbol{A}\,. \tag{3.133}$$

mit einem Skalarfeld φ und einem Vektorfeld $\boldsymbol{A}$ auf B.
Zusatz: $\boldsymbol{A}$ kann dabei quellfrei gewählt werden: $\operatorname{div} \boldsymbol{A} = 0$.

Beweis:
Gibt es eine Zerlegung der Form (3.133), so ergibt die Divergenzbildung in (3.133)

$$\operatorname{div} \boldsymbol{V} = \Delta\varphi\,, \tag{3.134}$$

und damit eine Differentialgleichung für φ.

Wir drehen den Spieß jetzt um, d.h. wir gehen von einer Lösung φ der Gleichung (3.134) aus. (Sie existiert, da B gutartig). (3.134) lässt sich wegen $\Delta = \operatorname{div} \operatorname{grad}$ umschreiben in

$$\operatorname{div}(\boldsymbol{V} - \operatorname{grad} \varphi) = 0\,.$$

Nach Satz 3.16 im vorigen Abschnitt gibt es damit ein (quellfreies) Vektorfeld $\boldsymbol{A}$ mit

$$\boldsymbol{V} - \operatorname{grad} \varphi = \operatorname{rot} \boldsymbol{A}\,.$$

womit der Satz bewiesen ist. □

Schließlich gilt auf ganz $\mathbb{R}^3$ ein entsprechender Zerlegungssatz. Dabei ist es recht befriedigend, dass man die auftretenden Potentiale φ und $\boldsymbol{A}$ durch explizite Formeln angeben kann.

Satz 3.19:
(*Helmholtzscher Zerlegungssatz auf* $\mathbb{R}^3$) Es sei $\boldsymbol{V} : \mathbb{R}^3 \to \mathbb{R}^3$ ein stetig differenzierbares Vektorfeld, das

$$\boldsymbol{V}(\boldsymbol{x}) = \mathcal{O}\left(\frac{1}{|\boldsymbol{x}|^{2+\varepsilon}}\right) (\varepsilon > 0) \quad \text{und} \quad \boldsymbol{V}'(\boldsymbol{x}) = \mathcal{O}\left(\frac{1}{|\boldsymbol{x}|^{3+\varepsilon}}\right) \quad \text{für} \quad |\boldsymbol{x}| \to \infty$$

erfüllt. Dann lässt sich $\boldsymbol{V}$ in folgende Summe zerlegen:

$$\boldsymbol{V} = \operatorname{grad} \varphi + \operatorname{rot} \boldsymbol{A} \tag{3.135}$$

mit

60 Hermann Ludwig Ferdinand von Helmholtz (1821 – 1894), deutscher Physiologe und Physiker.

$$\varphi(\boldsymbol{x}) = -\frac{1}{4\pi} \iiint\limits_{\mathbb{R}^3} \frac{\operatorname{div} \boldsymbol{V}(\boldsymbol{y})}{|\boldsymbol{x} - \boldsymbol{y}|} \mathrm{d}\tau_{\boldsymbol{y}} \,, \tag{3.136}$$

$$\boldsymbol{A}(\boldsymbol{x}) = \frac{1}{4\pi} \iiint\limits_{\mathbb{R}^3} \frac{\operatorname{rot} \boldsymbol{V}(\boldsymbol{x})}{|\boldsymbol{x} - \boldsymbol{y}|} \mathrm{d}\tau_{\boldsymbol{y}} \,. \tag{3.137}$$

Beweis:
Das Skalarfeld φ in (3.136) erfüllt $\Delta\varphi = \operatorname{div} \boldsymbol{V}$ (nach Satz 3.13, Abschn. 3.4.3). Mit $\Delta = \operatorname{div}\operatorname{grad}$ gilt folglich $\operatorname{div}\operatorname{grad}\varphi = \operatorname{div} \boldsymbol{V}$, umgeformt also

$$\operatorname{div}(\boldsymbol{V} - \operatorname{grad}\varphi) = 0 \,.$$

$\boldsymbol{V} - \operatorname{grad}\varphi$ hat somit ein (quellfreies) Vektorpotential $\boldsymbol{A}$, welches nach Satz 3.17 im vorigen Abschnitt die Form

$$\boldsymbol{A}(\boldsymbol{x}) = \frac{1}{4\pi} \iiint\limits_{\mathbb{R}^3} \frac{\operatorname{rot}(\boldsymbol{V} - \operatorname{grad}\varphi)(\boldsymbol{y})}{|\boldsymbol{x} - \boldsymbol{y}|} \mathrm{d}\tau_{\boldsymbol{y}}$$

haben kann. Wegen $\operatorname{rot}\operatorname{grad}\varphi = \boldsymbol{0}$ ist dies gleich (3.137). Das Vektorpotential $\boldsymbol{A}$ von $\boldsymbol{V} - \operatorname{grad}\varphi$ erfüllt die Gleichung $\boldsymbol{V} - \operatorname{grad}\varphi = \operatorname{rot}\boldsymbol{A}$, also (3.135), was zu beweisen war. □

Bemerkung 1: In der Strömungsmechanik sowie in der Elektrodynamik (Maxwellsche Gleichungen) wird mit der obigen Zerlegung viel gearbeitet.

Bemerkung 2: Die in Abschnitt 3 gewonnenen Integralsätze sind für die Behandlung partieller Differentialgleichungen von zentraler Bedeutung. Einige Beispiele haben wir bereits kennengelernt. Zahlreiche weitere Beispiele finden sich z.B. in Burg/Haf/Wille (Partielle Dgln.) [13].

4 Alternierende Differentialformen

Die Theorie der alternierenden Differentialformen gestattet es, die bewiesenen Integralsätze auf den $\mathbb{R}^n$ zu übertragen und sie elegant zu vereinheitlichen. Gipfelpunkt ist der allgemeine *Stokes-sche Satz*, der formelmäßig folgende knappe Gestalt besitzt:

$$\int_{\partial F} \omega = \int_F \mathrm{d}\omega \,.$$

Beim ersten Lesen des Buches mag das vorliegende Kapitel überschlagen werden. Da die Ansprüche an die Ingenieurmathematik jedoch immer mehr steigen, sollte der Ingenieur auch von diesem Teil der Vektoranalysis des »Höherdimensionalen« wissen. Die Darstellung ist knapp und übersichtlich gehalten, insbesondere in Abschnitt 4.2.

4.1 Alternierende Differentialformen im $\mathbb{R}^3$

Die Idee der alternierenden Differentialformen wird in diesem Abschnitt am Beispiel des $\mathbb{R}^3$ entwickelt. Sie tritt hier besonders klar hervor, da der $\mathbb{R}^3$ anschaulich ist, und wir uns auf unser Wissen aus dem vorangehenden Kapitel stützen können. So wird alles einfach, durchsichtig und — faszinierend!

4.1.1 Integralsätze in Komponentenschreibweise

Ausgangspunkt sind die Integralsätze von Gauß und Stokes, die wir zunächst explizit in Komponenten hinschreiben.

Man betrachtet dazu ein stetig differenzierbares Vektorfeld

$$\boldsymbol{V} : B \to \mathbb{R}^3 \,, \; \boldsymbol{V} = \begin{bmatrix} V_1 \\ V_2 \\ V_3 \end{bmatrix}$$

auf einem stückweise glatt berandeten Bereich $B \subset \mathbb{R}^3$. Der Gaußsche Integralsatz lautet damit

$$\int_{\partial B} \boldsymbol{V}(\boldsymbol{x}) \cdot \mathrm{d}\boldsymbol{\sigma} = \int_B \operatorname{div} \boldsymbol{V}(\boldsymbol{x}) \mathrm{d}\tau \,. \tag{4.1}$$ [1]

Der Rand ∂B setzt sich nach Definition 3.2 (Abschn. 3.1.2) aus endlich vielen Flächenstücken

1 Wir schreiben in diesem Abschnitt 4 einfache Integralzeichen $\int$ statt doppelter $\int\int$ oder dreifacher $\int\int\int$. Das dient der späteren Systematik.

F_i zusammen, beschrieben durch

$$F_i : \boldsymbol{f}^i : D_i \to \mathbb{R}^3\,, \quad \text{explizit} \begin{cases} x = f_1^i(u,v) \\ y = f_2^i(u,v) \\ z = f_3^i(u,v) \end{cases} . \; [2] \tag{4.2}$$

Mit den Funktionaldeterminanten

$$\frac{\partial(x,y)}{\partial(u,v)} = \begin{vmatrix} f_{1,u}^i & f_{1,v}^i \\ f_{2,u}^i & f_{2,v}^i \end{vmatrix}, \quad \frac{\partial(y,z)}{\partial(u,v)} = \begin{vmatrix} f_{2,u}^i & f_{2,v}^i \\ f_{3,u}^i & f_{3,v}^i \end{vmatrix}, \quad \frac{\partial(z,x)}{\partial(u,v)} = \begin{vmatrix} f_{3,u}^i & f_{3,v}^i \\ f_{1,u}^i & f_{1,v}^i \end{vmatrix} \; [3]$$

gilt

$$\boldsymbol{f}_u^i \times \boldsymbol{f}_v^i = \left[\frac{\partial(y,z)}{\partial(u,v)}, \frac{\partial(z,x)}{\partial(u,v)}, \frac{\partial(x,y)}{\partial(u,v)} \right]^{\mathrm{T}} . \tag{4.3}$$

Das Flächenintegral links in (4.1) ist damit

$$\begin{aligned} \int\limits_{\partial B} \boldsymbol{V}(\boldsymbol{x}) \cdot \mathrm{d}\boldsymbol{\sigma} &= \sum_i \int\limits_{F_i} \boldsymbol{V}(\boldsymbol{x}) \cdot \left(\boldsymbol{f}_u^i \times \boldsymbol{f}_v^i \right) \mathrm{d}(u,v) \quad (\text{mit } \boldsymbol{x} = \boldsymbol{f}^i(u,v)) \\ &= \sum_i \int\limits_{F_i} \left(V_1(\boldsymbol{x}) \frac{\partial(y,z)}{\partial(u,v)} + V_2(\boldsymbol{x}) \frac{\partial(z,x)}{\partial(u,v)} + V_3(\boldsymbol{x}) \frac{\partial(x,y)}{\partial(u,v)} \right) \mathrm{d}(u,v)\,, \end{aligned} \tag{4.4}$$

wobei man noch $\sum\limits_i \int_{F_i}$ durch $\int_{\partial B}$ ersetzt. Für die letzte Zeile wählt man eine kürzere symbolische Notation. Man schreibt:

$$\int\limits_{\partial B} \boldsymbol{V}(\boldsymbol{x}) \cdot \mathrm{d}\boldsymbol{\sigma} =: \int\limits_{\partial B} \Big(V_1 d(y,z) + V_2 \mathrm{d}(z,x) + V_3 \mathrm{d}(x,y) \Big) . \; [4] \tag{4.5}$$

Merkregel: Man verwendet hier »symbolische Gleichungen« der Art

$$\frac{\partial(x,y)}{\partial(u,v)} \mathrm{d}(u,v) = \mathrm{d}(x,y)\,. \tag{4.6}$$

Sie lassen sich leicht einprägen! – Um von (4.5) zur berechenbaren Gestalt (4.4) zu gelangen, hat man also den Integranden mit $\frac{\mathrm{d}(u,v)}{\mathrm{d}(u,v)}$ »formal« zu multiplizieren, $\mathrm{d}(u,v)$ auszuklammern und einige d in ∂ zu verwandeln.

Der Gaußsche Satz (4.1) erhält somit folgende Gestalt:

2 i ist hier ein »oberer« Index.

3 Die Variablenangaben (u, v) werden hier, wie auch gelegentlich später, zur besseren Übersicht weggelassen.

4 Auch hier ist kurz V_1 statt $V_1(\boldsymbol{x})$ geschrieben, usw.

Gaußscher Integralsatz in Komponentenschreibweise

$$\int_{\partial B} \Big(V_1 \mathrm{d}(y,z) + V_2 \mathrm{d}(z,x) + V_3 \mathrm{d}(x,y)\Big) = \int_B \big(V_{1,x} + V_{2,y} + V_{3,z}\big)\mathrm{d}(x,y,z) \tag{4.7}$$

Ganz entsprechend notiert man den Stokesschen Satz. Dabei ist $\boldsymbol{V} : M \to \mathbb{R}^3$ ($M \subset \mathbb{R}^3$ offen) ein stetig differenzierbares Vektorfeld und F ein stückweise glatt berandetes Flächenstück in M (s. Satz 3.7, Abschn. 3.2.4).

Stokesscher Integralsatz in Komponentenschreibweise

$$\int_{\partial F} \Big(V_1 \mathrm{d}x + V_2 \mathrm{d}y + V_3 \mathrm{d}z\Big) = \int_F \Big[\big(V_{3,y} - V_{2,z}\big)\mathrm{d}(y,z) + \big(V_{1,z} - V_{3,x}\big)\mathrm{d}(z,x) + \big(V_{2,x} - V_{1,y}\big)\mathrm{d}(x,y) \tag{4.8}$$

Um das Kurvenintegral $\int_{\partial F} \ldots$ in eine berechenbare Form zu bekommen, hat man den Integranden »formal durch $\frac{\mathrm{d}t}{\mathrm{d}t}$ zu erweitern« (wie schon in Abschn. 3.1.5 beschrieben).

4.1.2 Differentialformen und totale Differentiale

Die Ausdrücke, die im Gaußschen und im Stokesschen Satz auftreten, nennt man *alternierende Differentialformen.* [5] Dabei legen wir die Komponentenschreibweisen in (4.7) und (4.8) zu Grunde. Hierdurch angeregt, vereinbart man folgendes:

Definition 4.1:

Sind $a, b, c : M \to \mathbb{R}$ beliebige stetige Funktionen auf einer offenen Menge $M \subset \mathbb{R}^3$, so führt man folgende Bezeichnungen ein:

alternierende Differentialform im $\mathbb{R}^3$

0-ten Grades:	$\omega_0 := a$
1-ten Grades:	$\omega_1 := a\,\mathrm{d}x + b\,\mathrm{d}y + c\,\mathrm{d}z$
2-ten Grades:	$\omega_2 := a\,\mathrm{d}(y,z) + b\,\mathrm{d}(z,x) + c\,\mathrm{d}(x,y)$
3-ten Grades:	$\omega_3 := a\,\mathrm{d}(x,y,z)$
p-ten Grades, $p > 3$:	$\omega_p := 0$

Hierbei sind die Ausdrücke $\mathrm{d}x, \ldots, \mathrm{d}(y,z), \ldots, \mathrm{d}(x,y,z)$ reellwertige Funktionen auf $\mathbb{R}^3$. Mit den Variablenbezeichnungen $\boldsymbol{r}, \boldsymbol{s}, \boldsymbol{t} \in \mathbb{R}^3$ werden sie durch folgende Gleichungen definiert:

$$\begin{bmatrix} \mathrm{d}x \\ \mathrm{d}y \\ \mathrm{d}z \end{bmatrix} = \boldsymbol{r}\,, \quad \begin{bmatrix} \mathrm{d}(y,z) \\ \mathrm{d}(z,x) \\ \mathrm{d}(x,y) \end{bmatrix} = \boldsymbol{r} \times \boldsymbol{s}\,, \quad \mathrm{d}(x,y,z) = \det(\boldsymbol{r}, \boldsymbol{s}, \boldsymbol{t})\,. \tag{4.9}$$

5 Wir sagen auch kurz »Differentialform«, da hier keine anderen als alternierende vorkommen.

Der Übersicht wegen sind die Variablenbezeichnungen bei $\mathrm{d}x, \ldots, \mathrm{d}(x, y, z)$ weggelassen. Ausführlich wäre hier zu schreiben:

$$\mathrm{d}x(\boldsymbol{r}), \ldots, \mathrm{d}(y, z)(\boldsymbol{r}, \boldsymbol{s}), \ldots, \mathrm{d}(x, y, z)(\boldsymbol{r}, \boldsymbol{s}, \boldsymbol{t}) .$$

Bemerkung: Die Definition von $\mathrm{d}(y, z), \mathrm{d}(z, x), \mathrm{d}(x, y)$ wird motiviert durch die Verwandtschaft mit

$$\frac{\partial(y, z)}{\partial(u, v)}, \quad \frac{\partial(z, x)}{\partial(u, v)}, \quad \frac{\partial(x, y)}{\partial(u, v)}$$

bei beliebigen Flächenstücken. Man sieht, dass die mittlere Gleichung in (4.9) der Gleichung (4.3) nachempfunden ist. Analoges gilt für $\mathrm{d}x, \ldots$ — orientiert an $\mathrm{d}x/\mathrm{d}t$ — und $\mathrm{d}(x, y, z)$, verwandt mit $\frac{\partial(x,y,z)}{\partial(u,v,w)}$. —

Spezielle alternierende Differentialformen sind die sogenannten »totalen Differentiale« [6].

Definition 4.2:

Sind $f, g, h, h_k : M \to \mathbb{R}$ ($M \subset \mathbb{R}^3$) stetig differenzierbare Funktionen, so definiert man auf folgende Weise:

Totale Differentiale im $\mathbb{R}^3$

Grad 1:
$$\mathrm{d}f = \frac{\mathrm{d}f}{\mathrm{d}x}\mathrm{d}x + \frac{\mathrm{d}f}{\mathrm{d}y}\mathrm{d}y + \frac{\mathrm{d}f}{\mathrm{d}z}\mathrm{d}z \tag{4.10}$$

Grad 2:
$$\mathrm{d}(f, g) = \frac{\partial(f, g)}{\partial(y, z)}\mathrm{d}(y, z) + \frac{\mathrm{d}(f, g)}{\mathrm{d}(z, x)}\mathrm{d}(z, x) + \frac{\partial(f, g)}{\partial(x, y)}\mathrm{d}(x, y) \tag{4.11}$$

Grad 3:
$$\mathrm{d}(f, g, h) = \frac{\partial(f, g, h)}{\partial(x, y, z)}\mathrm{d}(x, y, z) \tag{4.12}$$

Grad $p > 3$:
$$\mathrm{d}(h_1, h_2, h_3, \ldots, h_p) = 0 \tag{4.13}$$

Das totale Differential ersten Grades in (4.10) ist schon aus Burg/Haf/Wille (Analysis) [14], bekannt.

Bemerkung: Dividiert man beim totalen Differential ersten Grades $\mathrm{d}f$, $\mathrm{d}x$, $\mathrm{d}y$, $\mathrm{d}z$ formal durch $\mathrm{d}t$, so entsteht eine geläufige Formel der Analysis. (Spezialfall der Kettenregel.) Dividiert man entsprechend (4.11) durch $\partial(u, v)$ und verwandelt alle d in ∂, so entsteht wieder eine bekannte Formel. In (4.12) schließlich kann man analog durch $\partial(u, v, w)$ formal dividieren und d durch ∂ ersetzen.

Diese Zusammenhänge bilden die Motivation für die Definition der *totalen Differentiale*. Bei expliziten Funktionsausdrücken $f(\boldsymbol{x}), g(\boldsymbol{x}), \ldots$ schreibt man auch $\mathrm{d}f = \mathrm{d}f(\boldsymbol{x})$, $\mathrm{d}(f, g) = \mathrm{d}(f(\boldsymbol{x}), g(\boldsymbol{x}))$ usw., oder noch ausführlicher $\mathrm{d}f = \mathrm{d}f(x, y, z), \ldots$ usw.

6 auch *vollständige Differentiale* genannt.

Insbesondere kann man x, y, z selbst als Funktion auf $M \subset \mathbb{R}^3$ auffassen ($f(x, y, z) = x$, $g(x, y, z) = y$ usw. Setzt man dies in die totalen Differentiale ein, so erhält man aus (4.10) die Identität $\mathrm{d}x = \mathrm{d}x$, aus (4.11) $\mathrm{d}(x, y) = \mathrm{d}(x, y)$ usw. Ferner kann man $\mathrm{d}(x, x) = 0$, $\mathrm{d}(y, x) = -\mathrm{d}(x, y)$ und Ähnliches berechnen. Man gewinnt also aus (4.11), (4.12) die

Folgerung 4.1:

(a) Alternierungsregel: Vertauscht man in einer Differentialform

$$\mathrm{d}(f, g) \quad \text{oder} \quad \mathrm{d}(f, g, h)$$

zwei der Funktionen f, g, h, so ändert sich das Vorzeichen, sonst aber nichts. Beispiele dazu:

$$\mathrm{d}(g, f) = -\mathrm{d}(f, g)\,, \quad \mathrm{d}(y, x) = -\mathrm{d}(x, y)\,, \quad \mathrm{d}(h, g, f) = -\mathrm{d}(f, g, h) \tag{4.14}$$

(b) Es gilt $\mathrm{d}(\ldots) = 0$, wenn in der Klammer zwei gleiche Funktionen auftreten, z.B.

$$\mathrm{d}(f, f) = 0\,, \quad \mathrm{d}(x, x) = 0\,, \quad \mathrm{d}(f, f, h) = 0\,. \tag{4.15}$$

Bemerkung: Die Regel (b) ist eine unmittelbare Folge der Alternierungsregel (a), denn es gilt $\mathrm{d}(f, f) = -\mathrm{d}(f, f)$ durch Vertauschen von f mit f, also $\mathrm{d}(f, f) = 0$, usw.

4.1.3 Rechenregeln für Differentialformen

Nach Definition 4.1 sind (alternierende) Differentialformen Funktionen von $\boldsymbol{x} \in M$ und $\boldsymbol{r}$, $\boldsymbol{s}$, $\boldsymbol{t} \in \mathbb{R}^3$, da a, b, c von $\boldsymbol{x}$ abhängen und die $\mathrm{d}(\ldots)$ von $\boldsymbol{r}, \boldsymbol{s}, \boldsymbol{t}$. Ausführlich werden die Differentialformen also so geschrieben:

$$\omega_0(\boldsymbol{x})\,, \quad \omega_1(\boldsymbol{x}, \boldsymbol{r})\,, \quad \omega_2(\boldsymbol{x}, \boldsymbol{r}, \boldsymbol{s})\,, \quad \omega_3(\boldsymbol{x}, \boldsymbol{r}, \boldsymbol{s}, \boldsymbol{t})\,.$$

Damit ist klar, wie Differentialformen gleichen Grades zu addieren, subtrahieren und mit reellen Zahlen zu multiplizieren sind. Mit den stetigen reellen Funktionen a_1, a_2, b_1, b_2, c_1, c_2 auf M gilt also:

Addition von Differentialformen:

Grad 1: $$\left[a_1\mathrm{d}x + b_1\mathrm{d}y + c_1\mathrm{d}z\right] + \left[a_2\mathrm{d}x + b_2\mathrm{d}y + c_2\mathrm{d}z\right] = (a_1 + a_2)\mathrm{d}x + (b_1 + b_2)\mathrm{d}y + (c_1 + c_2)\mathrm{d}z\,,$$

Grad 2: $$\sum_{i=1}^{2}\left[a_i\mathrm{d}(y, z) + b_i\mathrm{d}(z, x) + c_i\mathrm{d}(x, y)\right] = (a_1 + a_2)\mathrm{d}(y, z) + (b_1 + b_2)\mathrm{d}(z, x) + (c_1 + c_2)\mathrm{d}(x, y)\,,$$

Grad 3: $$a_1\mathrm{d}(x, y, z) + a_2\mathrm{d}(x, y, z) = (a_1 + a_2)\mathrm{d}(x, y, z)\,.$$

Die *Subtraktion* verläuft entsprechend.

Die *Multiplikation mit reellen Zahlen* λ oder *Funktionen* $f : M \to \mathbb{R}$ erfolgt durch einfaches »Durchmultiplizieren« der Summenausdrücke für die Differentialformen (was sonst?).

Nun kommt etwas Neues, nämlich die Multiplikation von Differentialformen, beschrieben durch $\omega_1 \wedge \omega_2$.[7] Es handelt sich hier um einfache Zusammenfassungen wie $\mathrm{d}x \wedge \mathrm{d}y = \mathrm{d}(x, y)$. Man verlangt nur noch zusätzlich, dass *»Klammerausdrücke ausmultipliziert«* werden dürfen. So gelangt man zur

Definition 4.3:

(*Multiplikation von Differentialformen*) (alternierendes Produkt): $\omega_1 \wedge \omega_2$:

(a) Man definiert

$$\mathrm{d}(A) \wedge \mathrm{d}(B) = \mathrm{d}(A, B)\,, \tag{4.16}$$

wobei A, B Platzhalter für Kombinationen aus x, y, z sind, also z.B.

$$\mathrm{d}x \wedge \mathrm{d}y = \mathrm{d}(x, y)\,, \qquad \mathrm{d}x \wedge \mathrm{d}x = \mathrm{d}(x, x) = 0\,,$$
$$\mathrm{d}x \wedge \mathrm{d}(y, z) = \mathrm{d}(x, y, z)\,, \qquad \mathrm{d}(x, y) \wedge \mathrm{d}z = \mathrm{d}(x, y, z)\,.$$

(b) Es wird die Gültigkeit des *Distributivgesetzes* vereinbart:

$$\omega_1 \wedge \big(\omega_2 + \omega_3\big) = \omega_1 \wedge \omega_2 + \omega_1 \wedge \omega_3$$

und

$$\big(\omega_1 + \omega_2\big) \wedge \omega_3 = \omega_1 \wedge \omega_3 + \omega_2 \wedge \omega_3$$

für beliebige Differentialformen $\omega_1, \omega_2, \omega_3$ zu $M \subset \mathbb{R}^3$.

(c) Ist ω_0 vom nullten Grad, so ist $\omega_0 \wedge \omega_1 = \omega_0 \cdot \omega_1$. Hierbei ist $\wedge$ also die »übliche« Multiplikation.

Beispiel 4.1:

Mit

$$\omega_1 = \big(a_1\mathrm{d}x + b_1\mathrm{d}y + c_1\mathrm{d}z\big)\,, \quad \omega_2 = \big(a_2\mathrm{d}(y, z) + b_2\mathrm{d}(z, x) + c_2\mathrm{d}(x, y)\big)$$

folgt für $\omega_1 \wedge \omega_2$ durch »Ausmultiplizieren«, ferner Weglassen der Glieder mit $\mathrm{d}(x, x, y) = 0$, $\mathrm{d}(y, y, z) = 0$ usw., sowie Verwendung von $\mathrm{d}(x, y, z) = \mathrm{d}(y, z, x) = \mathrm{d}(z, x, y)$:

$$\omega_1 \wedge \omega_2 = \big(a_1a_2 + b_1b_2 + c_1c_2\big)\mathrm{d}(x, y, z)\,.$$

Der Leser überprüft leicht folgende *Regeln*:

---

7 Das Symbol $\wedge$ ist hier das »Malzeichen«. Man kann $\wedge$ auch weglassen, also $\omega_1\omega_2$ statt $\omega_1 \wedge \omega_2$ schreiben, wenn Irrtümer ausgeschlossen sind.

Folgerung 4.2:

(a) Für beliebige Differentialformen ω_1, ω_2, ω_3 gilt (neben dem schon postulierten Distributivgesetz) das

$$\textit{Assoziativgesetz:} \quad \omega_1 \wedge (\omega_2 \wedge \omega_3) = (\omega_1 \wedge \omega_2) \wedge \omega_3 \,. \tag{4.17}$$

Auf Grund dieses Gesetzes lässt man Klammern bei Produkten auch weg.

(b) Hat ω_1 den Grad p und ω_2 den Grad q, so gilt die

$$\textit{Vertauschungsregel:} \quad \omega_1 \wedge \omega_2 = (-1)^{pq} \omega_2 \wedge \omega_1 \tag{4.18}$$

(c) Für stetig differenzierbare reellwertige Funktionen f, g, h auf M gilt Regel (4.16) ebenfalls, also z.B.

$$\mathrm{d}f \wedge \mathrm{d}g = \mathrm{d}(f, g)\,, \qquad \mathrm{d}f \wedge \mathrm{d}(g, h) = \mathrm{d}(f, g, h)\,, \tag{4.19}$$

$$\mathrm{d}f \wedge \mathrm{d}g \wedge \mathrm{d}h = \mathrm{d}(f, g, h)\,, \qquad \mathrm{d}x \wedge \mathrm{d}y \wedge \mathrm{d}z = \mathrm{d}(x, y, z)\,. \tag{4.20}$$

Schließlich

Definition 4.4:

(*Differentiation von Differentialformen*) Die Differentialformen nullten bis dritten Grades

$$\begin{aligned} \omega_0 &= a\,, \\ \omega_1 &= a\,\mathrm{d}x + b\,\mathrm{d}y + c\,\mathrm{d}z\,, \\ \omega_2 &= a\,\mathrm{d}(y, z) + b\,\mathrm{d}(z, x) + c\,\mathrm{d}(x, y)\,, \\ \omega_3 &= a\,\mathrm{d}(x, y, z) \end{aligned} \tag{4.21}$$

werden folgendermaßen differenziert (a, b, c stetig differenzierbar vorausgesetzt):

$$\begin{aligned} &\text{Grad 0:} \quad \mathrm{d}a = a_x \mathrm{d}x + a_y \mathrm{d}y + a_z \mathrm{d}z \\ &\text{Grad 1:} \quad \mathrm{d}\omega_1 = \mathrm{d}a \wedge \mathrm{d}x + \mathrm{d}b \wedge \mathrm{d}y + \mathrm{d}c \wedge \mathrm{d}z \\ &\text{Grad 2:} \quad \mathrm{d}\omega_2 = \mathrm{d}a \wedge \mathrm{d}(y, z) + \mathrm{d}b \wedge \mathrm{d}(z, x) + \mathrm{d}c \wedge \mathrm{d}(x, y) \\ &\text{Grad 3:} \quad \mathrm{d}\omega_3 = \mathrm{d}a \wedge \mathrm{d}(x, y, z) = 0\,, \end{aligned} \tag{4.22}$$

Es werden aus den Koeffizienten a, b, c also die totalen Differentiale $\mathrm{d}a$, $\mathrm{d}b$, $\mathrm{d}c$ gebildet und diese mit den zugehörenden $\mathrm{d}x$, $\mathrm{d}(x, y)$ usw. multipliziert. Dies ist sicherlich eine »natürlich« anmutende Definition.

Für Differentialformen ω vom Grad $p > 3$ setzt man $\mathrm{d}\omega = 0$.
Der Grad erhöht sich beim Differenzieren also um 1.

Folgerung 4.3:

(*Differentiationsregeln für Differentialformen ω, ω_1, ω_2 mit genügend oft stetig differenzierbaren Koeffizienten*)

(a) *Linearität*:

$$\mathrm{d}\big(\lambda\omega_1 + \mu\omega_2\big) = \lambda \mathrm{d}\omega_1 + \mu \mathrm{d}\omega_2\,, \quad (\lambda, \mu \in \mathbb{R})\,. \tag{4.23}$$

(b) *Produktregel*:

$$\mathrm{d}\big(\omega_1 \wedge \omega_2\big) = (-1)^p \omega_1 \wedge \mathrm{d}\omega_2 + \mathrm{d}\omega_1 \wedge \omega_2\,. \tag{4.24}$$

Hierbei ist p der Grad von ω_1.

(c)
$$\mathrm{d}(\mathrm{d}\omega) = 0 \tag{4.25}$$

Insbesondere gilt für jedes totale Differential ω_0 die Gleichung $\mathrm{d}\omega_0 = 0$.

Die Beweise (durch Rechnung) werden dem Leser zur Übung überlassen.

Wir kehren noch einmal zur Definition 4.4 zurück und führen die Differentiationen in (4.22) explizit aus. Das heißt $\mathrm{d}a$, $\mathrm{d}b$, $\mathrm{d}c$ werden ausführlich geschrieben (wie $\mathrm{d}a$ beim Grad 0), und die »Klammerausdrücke ausmultipliziert«. Es folgt aus (4.22)

Grad 0: $\mathrm{d}\,a = a_x \mathrm{d}x + a_y \mathrm{d}y + a_z \mathrm{d}z$

Grad 1: $\mathrm{d}\omega_1 = \big(c_y - b_z\big)\mathrm{d}(y, z) + \big(a_z - c_x\big)\mathrm{d}(z, x) + \big(b_x - a_y\big)\mathrm{d}(x, y)$

Grad 2: $\mathrm{d}\omega_2 = \big(a_x + b_y + c_z\big)\mathrm{d}(x, y, z)$

Grad 3: $\mathrm{d}\omega_3 = 0$

Mit dem Vektorfeld $\boldsymbol{V} = [a, b, c]^{\mathrm{T}}$ erhält man daraus

$$\mathrm{d}a = \operatorname{grad} a \cdot \mathrm{d}\boldsymbol{x} \qquad \text{mit } \mathrm{d}\boldsymbol{x} = [\mathrm{d}x, \mathrm{d}y, \mathrm{d}z]^{\mathrm{T}} \tag{4.26}$$

$$\mathrm{d}\omega_1 = \operatorname{rot} \boldsymbol{V} \cdot \mathrm{d}\boldsymbol{\sigma} \qquad \text{mit } \mathrm{d}\boldsymbol{\sigma} = [\mathrm{d}(y, z), \mathrm{d}(z, x), \mathrm{d}(x, y)]^{\mathrm{T}} \tag{4.27}$$

$$\mathrm{d}\omega_2 = \operatorname{div} \boldsymbol{V} \mathrm{d}\tau \qquad \text{mit } \mathrm{d}\tau = \mathrm{d}(x, y, z)\,. \tag{4.28}$$

Na, das ist aber mal eine Überraschung!

4.1.4 Integration von Differentialformen, Integralsätze

Es seien ω_1, ω_2, ω_3 die Differentialformen 1., 2. und 3. Grades aus Definition 4.1. Man kann damit (wie wir es schon getan haben) die folgenden Integrale bilden:

$$I_1 = \int_K \omega_1 = \int_K (a\,\mathrm{d}x + b\,\mathrm{d}y + c\,\mathrm{d}z) \tag{4.29}$$

$$I_2 = \int_F \omega_2 = \int_F \big[a\,\mathrm{d}(y, z) + b\,\mathrm{d}(z, x) + c\,\mathrm{d}(x, y)\big] \tag{4.30}$$

$$I_3 = \int_B \omega_3 = \int_B a \, \mathrm{d}(x, y, z) \,. \tag{4.31}$$

Dabei ist K eine orientierte Kurve, F ein orientiertes Flächenstück und B ein stückweise glatt berandeter Bereich in $M \subset \mathbb{R}^3$. I_1 ist also ein Kurvenintegral $\int_K \boldsymbol{V}(\boldsymbol{x}) \cdot \mathrm{d}\boldsymbol{x}$ mit $\boldsymbol{V} = [a, b, c]^\mathrm{T}$, I_2 ist ein Flächenintegral zweiter Art (s. Abschn. 4.1.1, (4.5) und (4.4)) und I_3 ein Bereichsintegral (Raumintegral) (s. Burg/Haf/Wille (Analysis) [14]). In diesem Buch haben wir meistens $\mathrm{d}\tau$ für $\mathrm{d}(x, y, z)$ geschrieben.

Damit erhält der *Gaußsche Integralsatz* die Form

$$\int_{\partial B} \omega_2 = \int_B \mathrm{d}\omega_2 \tag{4.32}$$

und der *Stokessche Integralsatz* entsprechend:

$$\int_{\partial F} \omega_1 = \int_F \mathrm{d}\omega_1 \,. \tag{4.33}$$

Formal ist also ∂ von seinem Platz unter dem Integral vor das Differential ω_i transportiert worden (und in d verwandelt).

Schreibt man zur Vollständigkeit für eine Differentialform nullten Grades $\omega_0 = a$ das »Integral«

$$\int_{(\boldsymbol{p},\boldsymbol{q})} \omega_0 := \omega_0(\boldsymbol{q}) - \omega_0(\boldsymbol{p}) \quad (\boldsymbol{p}, \boldsymbol{q} \in M \subset \mathbb{R}^3) \,,$$

so erhält die bekannte Formel $a(\boldsymbol{q}) - a(\boldsymbol{p}) = \int_K \operatorname{grad} a(\boldsymbol{x}) \cdot \mathrm{d}\boldsymbol{x}$ (K orientierte Kurve) die Form

$$\int_{\partial K} \omega_0 = \int_K \mathrm{d}\omega_0 \,, \tag{4.34}$$

wobei $\partial K = (\boldsymbol{p}, \boldsymbol{q})$ das Paar aus Anfangs- und Endpunkt der Kurve K ist.

In allen Fällen erhalten wir also einen Integralsatz der Form

$$\int_{\partial A} \omega = \int_A \mathrm{d}\omega \,. \tag{4.35}$$

Dies lässt sich ganz analog auf den $\mathbb{R}^n$ mit beliebigem natürlichen n verallgemeinern. Die Formel (4.35) heißt dann der *allgemeine Stokessche Integralsatz*.

Bemerkung: Setzt man $\boldsymbol{V} = [a, b, c]^{\mathrm{T}}$, so lassen sich die Integrale I_1, I_2, I_3 in (4.29), (4.30), (4.31) durch folgende *Riemannsche Summen* approximieren:

$$I_1 \approx \sum_i \boldsymbol{V}(\boldsymbol{x}_i) \cdot \Delta \boldsymbol{r}_i\,, \quad I_2 \approx \sum_i \boldsymbol{V}(\boldsymbol{x}_i) \cdot (\Delta \boldsymbol{r}_i \times \Delta \boldsymbol{s}_i)\,,$$

$$I_3 \approx \sum_i a(\boldsymbol{x}_i) \det(\Delta \boldsymbol{r}_i, \Delta \boldsymbol{s}_i, \Delta \boldsymbol{t}_i) \quad (\det(\ldots) > 0)\,,$$

wobei die (kleinen) Vektoren $\Delta \boldsymbol{r}_i$, $\Delta \boldsymbol{s}_i$, $\Delta \boldsymbol{t}_i$ längs der Koordinaten-Kurven in K, F bzw. B liegen und deren Teilungen widerspiegeln (K ist seine eigene Koordinatenkurve). Hier geht die Definition der Differentiale $\mathrm{d}x, \ldots, \mathrm{d}(x, y), \ldots, \mathrm{d}(x, y, z)$ direkt ein (vgl. Def. 4.1, Abschn. 4.2.1).

4.2 Alternierende Differentialformen im $\mathbb{R}^n$

Wir verallgemeinern nun die alternierenden Differentialformen auf beliebige Dimensionen n. Dadurch wird alles noch geschlossener und systematischer. Ziel und leuchtender Höhepunkt ist dabei der *allgemeine Stokessche Satz*.

4.2.1 Definition, Rechenregeln

Definition 4.5:

Es sei M eine offene Menge im $\mathbb{R}^n$. Dann nennt man

$$\omega = \sum_{1 \le k_1 < k_2 < \ldots < k_p \le n} a_{k_1, k_2, \ldots, k_p} \mathrm{d}(x_{k_1}, \ldots, x_{k_p}) \quad (1 \le p \le n) \tag{4.36}$$

eine *alternierende Differentialform p-ten Grades bzgl. M*. [8] Summiert wird über alle »monotonen« p-Tupel $(k_1, k_2, \ldots, k_p)$ aus der Menge $\{1, \ldots, n\}$. »Monoton« heißt hier $k_1 < k_2 < \ldots < k_p$, d.h. die $k_1, \ldots, k_n$ sind der Größe nach geordnet. Die übrigen Bezeichnungen bedeuten folgendes:

Die $a_{k_1, k_2, \ldots, k_p}$ sind stetige reellwertige Funktionen auf M; sie werden die *Koeffizienten* der Differentialform ω genannt.

Die $\mathrm{d}(x_{k_1}, \ldots, x_{k_p})$ beschreiben Funktionen von p Variablen $\boldsymbol{r}_1, \ldots, \boldsymbol{r}_p \in \mathbb{R}^n$. Mit der Koordinatendarstellung $\boldsymbol{r}_i = [r_{i1}, r_{i2}, \ldots, r_{in}]^{\mathrm{T}}$ $(i = 1, \ldots, p)$ ist

$$\mathrm{d}(x_{k_1}, \ldots, x_{k_p})(\boldsymbol{r}_1, \ldots, \boldsymbol{r}_p) := \begin{vmatrix} r_{1k_1} & r_{1k_2} & \cdots & r_{1k_p} \\ r_{2k_1} & r_{2k_2} & \cdots & r_{2k_p} \\ \vdots & \vdots & & \vdots \\ r_{pk_1} & r_{pk_2} & \cdots & r_{pk_p} \end{vmatrix}\,. \tag{4.37}$$

Wir ergänzen: Differentialformen vom *Grade Null* sind identisch mit reellwertigen Funktionen auf M, und Differentialformen ω vom Grade $p > n$ werden $\omega = 0$ gesetzt.

8 Das Wort »alternierend« lassen wir oft fort, da hier keine anderen Differentialformen vorkommen.

Man macht sich leicht klar, dass sich Definition 4.1 für den $\mathbb{R}^3$ hier unterordnet.

Da die alternierenden Differentialformen ω reellwertige Funktionen sind (mit den Variablen $\boldsymbol{x} \in M, \boldsymbol{r}_1, \ldots, \boldsymbol{r}_p \in \mathbb{R}^n$), ist automatisch klar, was Summen, Differenzen und Produkte mit Zahlen oder reellwertigen Funktionen dabei bedeuten.

Totale Differentiale sind — analog zum $\mathbb{R}^3$ — durch

$$\mathrm{d}(f_1, f_2, \ldots, f_p) = \sum_{k_1<k_2<\ldots<k_p} \frac{\partial(f_1, f_2, \ldots, f_p)}{\partial(x_{k_1}, x_{k_2}, \ldots, x_{k_p})} \mathrm{d}(x_{k_1}, x_{k_2}, \ldots, x_{k_p}) \tag{4.38}$$

erklärt, wobei die $f_i : M \to \mathbb{R}$ stetig differenzierbare Funktionen sind.

Es folgt daraus wieder die *Alternierungsregel*:

Vertauschung zweier Funktionen f_i, f_k ändert in $\mathrm{d}(f_1, \ldots, f_p)$ das Vorzeichen, aber sonst nichts.

Produkte, sowie die *Differentiation* von Differentialformen

$$\omega = \sum_{k_1<\ldots<k_p} a_{k_1,\ldots,k_p} \mathrm{d}(x_{k_1}, \ldots, x_{k_p}), \tag{4.39}$$

$$\tilde{\omega} = \sum_{j_1<\ldots<j_q} b_{j_1,\ldots,j_q} \mathrm{d}(x_{j_1}, \ldots, x_{j_q}) \tag{4.40}$$

definiert man ebenfalls wie im $\mathbb{R}^3$:

Produkt:

$$\omega \wedge \tilde{\omega} := \sum_{\substack{k_1<\ldots<k_p \\ j_1<\ldots<j_q}} a_{k_1,\ldots,k_p} b_{j_1,\ldots,j_q} \mathrm{d}(x_{k_1}, \ldots, x_{k_p}, x_{j_1}, \ldots, x_{j_q}) \tag{4.41}$$

Ableitung:

$$\mathrm{d}\omega = \sum_{k_1<\ldots<k_p} \mathrm{d}\, a_{k_1,\ldots,k_p} \wedge \mathrm{d}\,(x_{k_1} \ldots x_{k_p}). \tag{4.42}$$

Hierbei sind die Koeffizienten $a_{k_1,\ldots,k_p}$ natürlich stetig differenzierbar, und es gilt für stetig differenzierbare Funktionen $a : M \to \mathbb{R}$ — wie bekannt —

$$\mathrm{d}a = \sum_{i=1}^{n} \frac{\partial a}{\partial x_i} \mathrm{d}x_i. \tag{4.43}$$

Die *Rechenregeln* für das Produkt und die Differentiation in den Folgerungen 4.1 und 4.2 sowie (4.16) (Abschn. 4.1.3) gelten hier unverändert.

4.2.2 Integrale über p-dimensionalen Flächen

Ein *p-dimensionales* (orientiertes) *Flächenstück* F im $\mathbb{R}^n$ ist durch eine stetig differenzierbare Abbildung $\boldsymbol{f} : \bar{D} \to \mathbb{R}^n$ gegeben, wobei D ein messbares Gebiet[9] im $\mathbb{R}^p$ ist, und wobei die Funktionalmatrix $\boldsymbol{f}'$ überall den Rang p hat ($p \le n$). Man schreibt kurz:

$$F : \boldsymbol{x} = \boldsymbol{f}(\boldsymbol{u}), \ \boldsymbol{u} \in \bar{D}.$$

Der Bildbereich $\boldsymbol{f}(\bar{D})$ ist das eigentliche Flächenstück F. Die Gleichung $\boldsymbol{x} = \boldsymbol{f}(\boldsymbol{u})$ beschreibt eine Parameterdarstellung von F. Äquivalente Parameterdarstellungen $\boldsymbol{g}$ erhält man durch Transformationen $\boldsymbol{u} = \boldsymbol{\varphi}(\boldsymbol{v})$, $\boldsymbol{v} \in \bar{D}^\star$:

$$\boldsymbol{x} = \boldsymbol{f}(\boldsymbol{\varphi}(\boldsymbol{v})) =: \boldsymbol{g}(\boldsymbol{v}),$$

wobei $\boldsymbol{\varphi}$ stetig differenzierbar und umkehrbar eindeutig ist und überdies $\det \boldsymbol{\varphi}' > 0$ in $\bar{D}^\star$ erfüllt.

Die Menge aller Parameterdarstellungen, die zu einer Parameterdarstellung $\boldsymbol{f}$ äquivalent ist (genannt *Äquivalenzklasse*) heißt eine *Orientierung* von F.

Die Menge $\partial F := \boldsymbol{f}(\partial D)$ nennt man den *Rand* des Flächenstückes F.

Als *p-dimensionale Fläche* F bezeichnen wir eine Menge von p-dimensionalen Flächenstücken $F_1, \ldots, F_m$, die sich paarweise höchstens in Randpunkten schneiden. Symbolisch:

$$F = F_1 + F_2 + \ldots + F_m.$$

Oft ist der Rand ∂F eines Flächenstückes eine solche Fläche.

Es sei

$$\omega = \sum_{k_1 < \ldots < k_p} a_{k_1,\ldots,k_p} \mathrm{d}(x_{k_1}, \ldots, x_{k_p}) \quad (1 \le p \le n) \tag{4.44}$$

eine beliebige alternierende Differentialform bzgl. einer Menge $M \subset \mathbb{R}^n$, die F umfasst. Dann definiert man das *Integral von ω über F* durch

$$\int_F \omega := \sum_{k_1 < \ldots < k_p} \int_{\bar{D}} a_{k_1,\ldots,k_p}\big(\boldsymbol{f}(\boldsymbol{u})\big) \frac{\partial(f_{k_1}, \ldots, f_{k_p})}{\partial(u_1, \ldots, u_p)} \mathrm{d}(u_1, \ldots, u_p). \tag{4.45}$$

Das Integral bleibt unverändert, wenn man zu einer äquivalenten Parameterdarstellung übergeht.

Für Flächen $F = F_1 + F_2 + \ldots + F_m$ (F_i Flächenstücke) definiert man selbstverständlich

$$\int_F \omega := \int_{F_1} \omega + \int_{F_2} \omega + \ldots + \int_{F_m} \omega.$$

9 Gebiet: Offen und zusammenhängend. »Messbar« bedeutet, dass $\bar{D}$ einen wohlbestimmten (Raum-)Inhalt hat (im Riemannschen Sinne).

4.2.3 Transformationsformel für Integrale

Ist durch

$$x = T(\xi) \quad (T : M^\star \to M\,, \quad M^\star \subset \mathbb{R}^m)$$

eine zweimal stetig differenzierbare Abbildung $T = [T_1, \ldots, T_n]^{\mathrm{T}}$ gegeben (*Transformation* genannt), so kann man ω aus (4.44) in folgender Weise transformieren

$$\omega^\star(\xi) := \omega\big(T(\xi)\big) := \sum_{k_1<\ldots<k_p} a_{k_1,\ldots,k_p}\big(T(\xi)\big)\mathrm{d}(T_{k_1}, \ldots, T_{k_p})\,. \tag{4.46}$$

Für Differentialformen ω_0 vom nullten Grad reduziert sich dies auf $\omega_0^\star(\xi) := \omega_0(T(\xi))$.

Folgerung 4.4:

Für beliebige Differentialformen $\omega, \tilde{\omega}$ bzgl. $M \subset \mathbb{R}^n$ gilt

$$(\lambda\omega + \mu\tilde{\omega})(T\xi) = \lambda\omega(T\xi) + \mu\tilde{\omega}(T\xi) \quad (\lambda, \mu \in \mathbb{R}) \;\text{[10]} \tag{4.47}$$

$$(\omega \wedge \tilde{\omega})(T\xi) = \omega(T\xi) \wedge \tilde{\omega}(T\xi) \tag{4.48}$$

$$\mathrm{d}_\xi\omega(T\xi) = (\mathrm{d}_x\omega)(T\xi) \tag{4.49}$$

Bei (4.49) sind natürlich die notwendigen Differenzierbarkeitsvoraussetzungen für ω erfüllt. T wird als zweimal stetig differenzierbar vorausgesetzt.

Die Indizes ξ und x in (4.49) zeigen an, dass die Differentiation links bzgl. ξ und rechts bzgl. x zu verstehen ist. — Damit folgt

Satz 4.1:

Für die Differentialformen ω und $\omega^\star$ in (4.44), (4.46) gilt die *Transformationsformel für Integrale*:

$$\int\limits_F \omega = \int\limits_{F^\star} \omega^\star\,. \tag{4.50}$$

Dabei sind F und $F^\star$ Flächenstücke, die durch $F = T(F^\star)$ zusammenhängen. T überträgt auch die zugehörigen Parameterdarstellungen $f = T \circ f^\star$.

Die *Beweise* der Folgerung 4.4 und des Satzes 4.1 lassen sich durch etwas längere, aber geradlinige Rechnungen durchführen (s. z.B. [22], [35]).

Bemerkung: Für Differentialformen vom Grad $p = 1$ läuft (4.50) auf die normale Substitutionsregel für Integrale bei einer Veränderlichen hinaus. Im Falle $p = 2$, $n = 3$ ist (4.50) die »Transformationsformel für Flächenintegrale 2. Art« aus Abschnitt 2.2.3. Für $p = n \geq 2$ beschreibt

10 Man schreibt hier einfach $T\xi = T(\xi)$.

(4.50) die bekannte Transformationsformel für Bereichsintegrale (s. Burg/Haf/Wille (Analysis) [14]). Satz 4.1 enthält also schon eine recht umfassende Formel, deren Formulierung überdies von bestechender Eleganz ist.

4.2.4 Der allgemeine Stokessche Satz

Der allgemeine Stokessche Satz umfasst die Integralsätze von Gauß und Stokes im $\mathbb{R}^3$ als Spezialfälle. Er wird für *stückweise glatt berandete Flächenstücke* formuliert.

Wir nennen ein p-dimensionales Flächenstück

$$F : \boldsymbol{x} = \boldsymbol{f}(\boldsymbol{u}), \quad \boldsymbol{u} \in \bar{D} \subset \mathbb{R}^p, \quad (p \geq 2)$$

im $\mathbb{R}^n$ *stückweise glatt berandet*, wenn folgendes gilt:

(a) Der Rand ∂D ist eine Fläche, zusammengesetzt aus $(p-1)$-dimensionalen Flächenstücken

$$H_i : \boldsymbol{u} = \boldsymbol{h}_i(\boldsymbol{v}), \quad \text{somit:} \quad \partial D = H_1 + H_2 + \ldots + H_m .$$

Dabei sind die h_i eineindeutig, und die »äußere Normale« [11] $\boldsymbol{n}(\boldsymbol{v})$ auf H_i erfüllt $\det(\boldsymbol{n}, \boldsymbol{h}_i') > 0$. (Dies legt die *Orientierung* der H_i so fest, wie wir es aus dem $\mathbb{R}^3$ gewöhnt sind.) Die Ränder der H_i sind ebenfalls Flächen, und zwar $(p-2)$-dimensionale. [12]

(b) Durch $\boldsymbol{f}$ wird nun alles auf F übertragen, also es gilt

$$\partial F = F_1 + \ldots + F_m , \quad \text{mit} \quad F_i = \boldsymbol{f}(\boldsymbol{h}_i) \ (\text{Parameterdarstellung } \boldsymbol{f}_i = \boldsymbol{f} \circ \boldsymbol{h}_i) .$$

Damit gilt

Satz 4.2:

(*Allgemeiner Stokesscher Integralsatz*) Ist F ein stückweise glatt berandetes Flächenstück (p-dimensional) im $\mathbb{R}^n$ und ω eine beliebige alternierende Differentialform p-ten Grades bzgl. $M \supset F$, so gilt

$$\int_{\partial F} \omega = \int_F \mathrm{d}\omega . \tag{4.51}$$

Der *Beweis* kann analog zu den Beweisen des Gaußschen und Stokesschen Satzes im $\mathbb{R}^3$ geführt werden: Zunächst behandelt man den Fall $p = n$ (*allgemeiner Gaußscher Integralsatz*) entsprechend dem Beweis in Abschnitt 3.1.2 und 3.1.4. Im Falle $p < n$ dient der Beweis des Stokesschen Satzes in Abschnitt 3.2.4 als Muster, d.h. schlagwortartig: Transformation in den $\mathbb{R}^p$ — Anwendung des Gaußschen Satzes im $\mathbb{R}^p$ — Rücktransformation in den $\mathbb{R}^n$. (Gut lesbar ausgeführte Beweise findet der Leser in [22], [35]).

---

11 D.h. $\boldsymbol{n}(\boldsymbol{v})$ steht in $\boldsymbol{x} = \boldsymbol{h}_i(\boldsymbol{v})$ rechtwinklig auf den Spaltenvektoren von $\boldsymbol{h}_i'$, und eine von $\boldsymbol{x}$ ausgehende (kurze) Strecke in Richtung von $\boldsymbol{n}(\boldsymbol{v})$ liegt außerhalb von D.

12 Im Falle $p = 2$ ist H_i eine Kurve und der Rand ∂H_i das Paar der Endpunkte.

Wir sehen: Durch die Theorie der alternierenden Differentialformen lassen sich die klassischen Integralsätze von Gauß, Stokes und Green auf beliebige Dimensionen übertragen und elegant herleiten. Der Gipfelpunkt ist die kurze Formel (4.51) des allgemeinen Stokesschen Satzes.

Fürwahr: *Die Schönheit und Allgemeinheit dieser Formel sucht ihresgleichen!*

5 Kartesische Tensoren

Neben Skalaren und Vektoren gibt es weitere physikalische Größen, die — mathematisch gesehen — *lineare Abbildungen* sind. Da jede lineare Abbildung des dreidimensionalen Raumes in sich als (3,3)-Matrix dargestellt werden kann (bzgl. eines fest gewählten kartesischen Koordinatensystems), kann man diese physikalischen Größen durch Systeme von 9 Skalaren — den Elementen der Matrix — repräsentieren. Man nennt solche Größen *Tensoren zweiter Stufe*.

Auch Systeme mit $3^3, 3^4, \ldots$ Skalaren kommen vor. Sie repräsentieren *Tensoren 3., 4., ... Stufe*. Vektoren sind in diesem Zusammenhang Tensoren erster Stufe und Skalare Tensoren nullter Stufe.

Im vorliegenden Kapitel wird eine kurze Einführung in die Theorie der kartesischen[1] Tensoren gegeben. Sie sind für Ingenieure z.B. bei Problemen der Kontinuumsmechanik und der Elektrodynamik wichtig.

5.1 Tensoralgebra

In diesem Abschnitt werden die Rechenregeln der Addition, Multiplikation, Verjüngung usw. erläutert. Doch beginnen wir mit einem typischen Beispiel, und zwar aus der Elastizitätstheorie:

5.1.1 Motivation: Spannungstensor

Wir beginnen mit einem Gedankenexperiment:

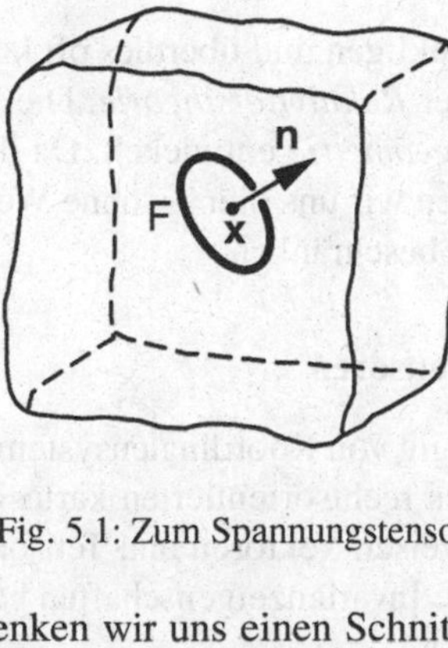

Fig. 5.1: Zum Spannungstensor

In einem elastischen Körper denken wir uns einen Schnitt entlang eines kleinen ebenen Flächenstückes F angebracht. (Man denke sich etwa eine sehr dünne Schicht längs F herausgeschnitten.) F sei der Flächennormalenvektor $\boldsymbol{n}$ (mit $|\boldsymbol{n}| = 1$) zugeordnet, (s. Fig. 5.1).

1 Nach René Descartes (1596 – 1650), der das nach ihm benannte »kartesische« (rechtwinklige) Koordinatensystem eingeführt hat. Mit Tensoren hatte er natürlich nichts zu tun. Sein Problem war eher die schwedische Königin, die ihn morgens immer um 5 Uhr aus dem Bett warf, um mit ihm zu reiten oder Wissenschaft zu betreiben. Wenn er nicht andauernd »cogito ergo sum« gerufen hätte, hätte er überhaupt nicht mehr gewusst, wo ihm der Kopf steht.

Um den Körper im Gleichgewicht zu halten, muss man eine Spannung $\boldsymbol{s}_F$(= Kraft/Flächeninhalt) an F angreifen lassen. Wir betrachten die Spannung in Richtung von $\boldsymbol{n}$. (Wegen »actio = reactio« tritt eine gleich große Spannung in entgegengesetzter Richtung auf!)

Wir ziehen nun F auf einen Punkt $\boldsymbol{x}$ zusammen, unter Beibehaltung von $\boldsymbol{n}$. Dabei darf man annehmen, dass $\boldsymbol{s}_F$ gegen einen Vektor $\boldsymbol{s}(\boldsymbol{x})$ konvergiert. Dies entspricht jedenfalls den physikalischen Modellvorstellungen. Dabei stellt sich, ebenfalls aus physikalischen Gründen heraus, dass

$$\boldsymbol{s}(\boldsymbol{x}) = \boldsymbol{T}(\boldsymbol{x})(\boldsymbol{n}) \quad (5.1)$$

[2]

ist, mit einer *linearen Abbildung* $\boldsymbol{T}(\boldsymbol{x}) : \mathbb{R}^3 \to \mathbb{R}^3$. Liegt eine Orthonormalbasis $B = [\boldsymbol{b}_1, \boldsymbol{b}_2, \boldsymbol{b}_3]$ zu Grunde und damit ein kartesisches Koordinatensystem, so kann man $\boldsymbol{T}(\boldsymbol{x})$ bezüglich dieser Basis bekanntlich durch eine Matrix darstellen.

$$\boldsymbol{T}(\boldsymbol{x}) \quad \text{entspricht} \quad [t_{ik}(\boldsymbol{x})]_B \quad (i, k = 1,2,3)\,. \quad (5.2)$$

[3]

$\boldsymbol{T}(\boldsymbol{x})$ ist eine physikalische Größe, repräsentiert durch die 9 Zahlen t_{ik}. Bezüglich einer anderen Basis B' wird $\boldsymbol{T}(\boldsymbol{x})$ natürlich durch andere 9 Zahlen t'_{ik} dargestellt.

Die physikalische Größe $\boldsymbol{T}(\boldsymbol{x})$ heißt ein *Tensor zweiter Stufe*, hier *Spannungstensor* genannt. Kehren wir noch einmal zu (5.1) zurück. Der Spannungstensor $\boldsymbol{T}(\boldsymbol{x})$ wird hier durch eine symmetrische Matrix $T_B = [t_{ik}]_B$ beschrieben, mehr noch, sie ist positiv definit (d.h. $\boldsymbol{y}^{\mathrm{T}} T_B \boldsymbol{y} > 0$ für alle $\boldsymbol{y} \neq \boldsymbol{0}$). Daraus folgt (s. Abschn. 5.1.5), dass die Vektoren $\boldsymbol{\eta} = \sum_{i=1}^{3} \eta_i \boldsymbol{b}_i$ mit $\boldsymbol{\eta}^{\mathrm{T}} T_B \boldsymbol{\eta} = 1$ die Oberfläche eines Ellipsoiden bilden. Man nennt dies das *Spannungsellipsoid*. Auf diese Weise wird Gleichung (5.1) anschaulich und physikalisch griffig.

Bemerkung: Neben der *Elastizitätstheorie* und *Plastizitätstheorie* ist die *Elektrodynamik* ein weites Anwendungsfeld für kartesische Tensoren. Auch in der *Strömungsmechanik* begegnen wir ihnen.

Beliebige Tensoren – in schiefwinkligen und überdies oft krummlinigen Koordinaten — sind ein unverzichtbares Hilfsmittel in der *Relativitätstheorie*. Die mathematischen Hilfsmittel dazu werden im Rahmen der *Differentialgeometrie* entwickelt. Da dies aber das Arbeitsfeld des Ingenieurs praktisch nicht berührt, können wir uns hier — ohne Wesentliches zu verlieren — auf die (einfacheren) kartesischen Tensoren beschränken.

5.1.2 Definition kartesischer Tensoren

Physikalische Gesetze sind unabhängig von Koordinatensystemen, d.h. ihre Formulierungen bleiben unverändert beim Wechsel eines rechtsorientierten kartesischen Koordinatensystems zu einem anderen. Aus diesem Grunde weisen Vektoren und Tensoren, mit denen die physikalischen Größen beschrieben werden, gewisse Invarianzeigenschaften beim Koordinatenwechsel auf. Diese gilt es zu erfassen und zu studieren.

Wir beschreiben daher zunächst den *Koordinatenwechsel* bei rechtwinkligen rechtsorientierten Koordinatensystemen im dreidimensionalen Raum (vgl. Burg/Haf/Wille (Lineare Algebra) [11]).

---

2 $\boldsymbol{n}$ ist die Variable der linearen Abbildung und $\boldsymbol{T}(\boldsymbol{x})$ das Funktionssymbol.

3 Der Index B soll den Bezug zur Basis B verdeutlichen.

Transformation kartesischer Koordinaten durch Drehung

Es seien $(\boldsymbol{b}_1, \boldsymbol{b}_2, \boldsymbol{b}_3)$ und $(\boldsymbol{b}'_1, \boldsymbol{b}'_2, \boldsymbol{b}'_3)$ zwei rechtsorientierte Orthonormalbasen [4] des $\mathbb{R}^3$. Ein beliebiger Vektor $\boldsymbol{x} \in \mathbb{R}^3$ hat bezüglich dieser Basen die Darstellungen

$$\boldsymbol{x} = \xi_1\boldsymbol{b}_1 + \xi_2\boldsymbol{b}_2 + \xi_3\boldsymbol{b}_3\,, \quad \text{mit } \xi_k = \boldsymbol{b}_k \cdot \boldsymbol{x} \tag{5.3}$$

$$\boldsymbol{x} = \xi'_1\boldsymbol{b}'_1 + \xi'_2\boldsymbol{b}'_2 + \xi'_3\boldsymbol{b}'_3\,, \quad \text{mit } \xi'_i = \boldsymbol{b}'_i \cdot \boldsymbol{x}\,. \tag{5.4}$$

Die rechten Gleichungen erhält man aus den linken durch Multiplikation mit $\boldsymbol{b}_k$ bzw. $\boldsymbol{b}'_i$.

ξ_1, ξ_2, ξ_3 sind die *Koordinaten* von $\boldsymbol{x}$ bzgl. der Basis $(\boldsymbol{b}_1, \boldsymbol{b}_2, \boldsymbol{b}_3)$. Das zugehörige kartesische *Koordinatensystem* (System der drei Koordinatenachsen) bezeichnet man kurz mit $0\,\xi_1\xi_2\xi_3$. (Für ξ'_1, ξ'_2, ξ'_3 alles entsprechend.)

Setzt man den Ausdruck für $\boldsymbol{x}$ aus (5.3) in $\xi'_i = \boldsymbol{b}'_i \cdot \boldsymbol{x}$ ein, und setzt man analog den Ausdruck für $\boldsymbol{x}$ aus (5.4) in $\xi_k = \boldsymbol{b}_k \cdot \boldsymbol{x}$ ein, so erhält man die *Koordinatentransformation*

$$\begin{array}{ll|ll}
\xi'_1 = & a_{11}\xi_1 + a_{12}\xi_2 + a_{13}\xi_3 & \xi_1 = & a_{11}\xi'_1 + a_{21}\xi'_2 + a_{31}\xi'_3 \\
\xi'_2 = & a_{21}\xi_1 + a_{22}\xi_2 + a_{23}\xi_3 & \xi_2 = & a_{12}\xi'_1 + a_{22}\xi'_2 + a_{32}\xi'_3 \\
\xi'_3 = & a_{31}\xi_1 + a_{32}\xi_2 + a_{33}\xi_3 & \xi_3 = & a_{13}\xi'_1 + a_{23}\xi'_2 + a_{33}\xi'_3
\end{array}$$

kurz:

$$\xi'_i = \sum_{k=1}^{3} a_{ik}\xi_k \qquad \xi_k = \sum_{i=1}^{3} a_{ik}\xi'_i \tag{5.5}$$

mit

$$a_{ik} = \boldsymbol{b}'^{\mathrm{T}}_i \boldsymbol{b}_k\,. \tag{5.6}$$

Führt man die folgenden Matrizen ein:

$$B = [\boldsymbol{b}_1, \boldsymbol{b}_2, \boldsymbol{b}_3]\,, \quad B' = [\boldsymbol{b}'_1, \boldsymbol{b}'_2, \boldsymbol{b}'_3]\,, \quad \boldsymbol{\xi} = \begin{bmatrix}\xi_1\\ \xi_2\\ \xi_3\end{bmatrix}, \quad \boldsymbol{\xi}' = \begin{bmatrix}\xi'_1\\ \xi'_2\\ \xi'_3\end{bmatrix} \tag{5.7}$$

$$A = [a_{ik}]_{3,3}\,, \tag{5.8}$$

so lauten die obigen Gleichungen kurz

$$\boldsymbol{x} = B\boldsymbol{\xi}\,, \qquad \boldsymbol{\xi} = B^{\mathrm{T}}\boldsymbol{x}\,, \tag{5.3'}$$

$$\boldsymbol{x} = B'\boldsymbol{\xi}'\,, \qquad \boldsymbol{\xi}' = B'^{\mathrm{T}}\boldsymbol{x}\,, \tag{5.4'}$$

$$\boldsymbol{\xi}' = A\boldsymbol{\xi}\,, \qquad \boldsymbol{\xi} = A^{\mathrm{T}}\boldsymbol{\xi}'\,, \tag{5.5'}$$

4 Das Tripel $(\boldsymbol{b}_1, \boldsymbol{b}_2, \boldsymbol{b}_3)$ aus Vektoren des $\mathbb{R}^3$ ist eine *Orthonormalbasis* des $\mathbb{R}^3$, wenn $\boldsymbol{b}_i \cdot \boldsymbol{b}_k = \delta_{ik}$ für alle $i, k \in \{1, 2, 3\}$ erfüllt ist. (Dabei ist $\delta_{ik} = \begin{cases}1 & \text{für } i = k\\ 0 & \text{für } i \neq k\end{cases}$ das *Kroneckersymbol.*) Die Orthonormalbasis heißt *rechtsorientiert*, wenn $\det(\boldsymbol{b}_1, \boldsymbol{b}_2, \boldsymbol{b}_3) = 1$ gilt. (D.h. es gelten »Rechte-Hand-Regel«, »Korkenzieherregel« u.ä., s. Burg/Haf/Wille (Lineare Algebra) [11])

$$A = B'^{\mathrm{T}} B\,. \tag{5.6'}$$

A heißt *Übergangsmatrix* oder *Transformationsmatrix*. Da B und B' orthogonale Matrizen[5] mit Determinante 1 sind, trifft dies auch für $A = B'^{\mathrm{T}} B$ zu:

$$A^{-1} = A^{\mathrm{T}}\,, \quad \det A = 1\,. \tag{5.9}$$

A ist also eine *Drehmatrix*, falls $A \neq E$ (Einheitsmatrix) (vgl. Burg/Haf/Wille (Lineare Algebra) [11]), d.h. sie bewirkt eine Drehung des Koordinatensystems $0\,\xi_1\xi_2\xi_3$ in $0\xi_1'\xi_2'\xi_3'$.

Tensoren zweiter Stufe

Es sei $\boldsymbol{T} : \mathbb{R}^3 \to \mathbb{R}^3$ eine beliebige lineare Abbildung des $\mathbb{R}^3$ in sich. Bekanntlich lässt sich bezüglich eines beliebigen, aber fest gewählten Koordinatensystems $0\,\xi_1\xi_2\xi_3$ mit der Basis $B = [\boldsymbol{b}_1, \boldsymbol{b}_2, \boldsymbol{b}_3]$[6] als Matrix

$$T = \begin{bmatrix} t_{11} & t_{12} & t_{13} \\ t_{21} & t_{22} & t_{23} \\ t_{31} & t_{32} & t_{33} \end{bmatrix}_B \tag{5.10}$$

darstellen. Das heißt die Funktionsgleichung $\boldsymbol{y} = \boldsymbol{T}(\boldsymbol{x})$ wird durch

$$\boldsymbol{\eta} = T\boldsymbol{\xi}\,, \quad \text{in Komponenten: } \eta_i = \sum_{k=1}^{3} t_{ik}\xi_k\,, \tag{5.11}$$

beschrieben, wobei $\boldsymbol{x}$ und $\boldsymbol{y}$ bzgl. $0\,\xi_1\xi_2\xi_3$ folgendermaßen dargestellt sind:

$$\boldsymbol{x} = \sum_{k=1}^{3} \xi_k \boldsymbol{b}_k\,, \quad \boldsymbol{y} = \sum_{i=1}^{3} \eta_i \boldsymbol{b}_i\,; \quad \boldsymbol{\xi} = \begin{bmatrix} \xi_1 \\ \xi_2 \\ \xi_3 \end{bmatrix}_B\,, \quad \boldsymbol{\eta} = \begin{bmatrix} \eta_1 \\ \eta_2 \\ \eta_3 \end{bmatrix}_B\,. \tag{5.12}$$

Der Index B an den Matrizen T, $\boldsymbol{\xi}$, $\boldsymbol{\eta}$ soll den Bezug zu dieser Basis symbolisieren. Wählen wir eine andere Basis B' des $\mathbb{R}^3$, so wird $\boldsymbol{T}$ in entsprechender Weise durch eine zugehörige Matrix $T' = [t'_{ik}]_{B'}$ dargestellt.

Wir betrachten in diesem Zusammenhang nur *rechtsorientierte Orthonormalbasen* $B, B', \ldots$. Damit definieren wir:

Ein Tensor zweiter Stufe ist die Menge der Matrizen $T = [t_{ik}]_B$ zu einer linearen Abbildung $\boldsymbol{T} : \mathbb{R}^3 \to \mathbb{R}^3$, und zwar für alle rechtsorientierten Orthonormalbasen B des $\mathbb{R}^3$.

Jede solche Matrix *repräsentiert* den Tensor (und die lineare Abbildung $\boldsymbol{T}$).

Zweistufige Tensoren und lineare Abbildungen des $\mathbb{R}^3$ in sich sind also *umkehrbar eindeutig* einander zugeordnet.

5 B orthogonal $\Leftrightarrow B^{-1} = B^{\mathrm{T}}$.

6 Die Matrix $B = [\boldsymbol{b}_1, \boldsymbol{b}_2, \boldsymbol{b}_3]$ aus den drei Basisvektoren wird kurz als »Basis« bezeichnet.

Wir wollen nun den Übergang von zwei Matrizen $T = [t_{ik}]_B$ und $T' = [t'_{ik}]_{B'}$ eines Tensors studieren.

Die Funktionsgleichung $\boldsymbol{y} = \boldsymbol{T}(\boldsymbol{x})$ der zu Grunde liegenden linearen Abbildung wird bzgl. B wie auch B' nach (5.11), (5.12), (5.5′) so beschrieben:

$$\boldsymbol{\eta} = T\boldsymbol{\xi}\,, \quad \boldsymbol{\eta}' = T'\boldsymbol{\xi}' \quad \text{mit} \quad \boldsymbol{\xi}' = A\boldsymbol{\xi}\,, \quad \boldsymbol{\eta}' = A\boldsymbol{\eta} \quad (A = B'^{\mathrm{T}}B)\,. \tag{5.13}$$

Einsetzen der Ausdrücke für $\boldsymbol{\xi}'$ und $\boldsymbol{\eta}'$ in die zweite Gleichung liefert $A\boldsymbol{\eta} = T'A\boldsymbol{\xi}$, d.h. $\boldsymbol{\eta} = A^{\mathrm{T}}T'A\boldsymbol{\xi}$ (wegen $A^{-1} = A^{\mathrm{T}}$). Gleichsetzen mit der ersten Gleichung in (5.13) ergibt $T\boldsymbol{\xi} = A^{\mathrm{T}}T'A\boldsymbol{\xi}$ für alle Tripel $\boldsymbol{\xi}$, also $T = A^{\mathrm{T}}T'A$ oder umgeschrieben:

$$T' = ATA^{\mathrm{T}}\,, \quad \text{d.h.} \quad t'_{ik} = \sum_{p,q=1}^{3} a_{ip}a_{kq}t_{pq}\,. \tag{5.14}$$

Zwei Repräsentanten $T = [t_{ik}]_B$ und $T' = [t'_{ik}]_{B'}$ eines Tensors hängen also über (5.14) zusammen, wobei $A = [a_{ik}] = B'^{\mathrm{T}}B$ ist.

Dieses Konzept lässt sich ohne Schwierigkeiten auf Tensoren beliebiger Stufe verallgemeinern.

Tensoren beliebiger Stufe

Ein *Tensor n-ter Stufe* ($n \in \mathbb{N}$) wird bzgl. eines Koordinatensystems $0\,\xi_1\xi_2\xi_3$ mit rechtsorientierter Orthonormalbasis $B = [\boldsymbol{b}_1, \boldsymbol{b}_2, \boldsymbol{b}_3]$ durch 3^n reelle Zahlen

$$t_{ij\ldots k} \quad (\text{mit } n \text{ Indizes } i, j, \ldots, k \in \{1,2,3\})$$

dargestellt. Wir beschreiben das System dieser Zahlen auch durch

$$T = [t_{ij\ldots k}]_B\,.$$

Bezüglich eines anderen Koordinatensystems $0\,\xi'_1\xi'_2\xi'_3$ mit rechtsorientierter Basis B' wird der Tensor durch

$$T' = [t'_{ij\ldots k}]_{B'}$$

dargestellt, wobei sich die $t'_{ij\ldots k}$ durch folgende *Transformationsregel* ergeben:

$$t'_{ij\ldots k} = \sum_{p,q,\ldots,r} a_{ip}a_{jq}\ldots a_{kr}t_{pq\ldots r}\,. \tag{5.15}$$

Hierbei ist $A = [a_{ik}]_{3,3} = B'^{\mathrm{T}}B$ die zugehörige *Übergangsmatrix*.

Ein Tensor n-ter Stufe wird also bzgl. einer bestimmten rechtsorientierten Orthonormalbasis mit 3^n Zahlen beschrieben, und bzgl. einer anderen Basis mit 3^n anderen Zahlen, die mit den erstgenannten durch (5.15) zusammenhängen. Dies führt zu folgender verschärfter Begriffsbildung:

Definition 5.1:
(*Kartesische Tensoren im* $\mathbb{R}^3$)

(a) Ein Schema von reellen Zahlen $t_{ij...k}$ (mit n Indizes $i, j, \dots, k \in \{1, 2, 3\}$), welches wir mit einer rechtsorientierten Orthonormalbasis B des $\mathbb{R}^3$ zu einem Paar verbinden, schreiben wir in der Form

$$T = [t_{ij...k}]_B \,.$$

Ist

$$T' = [t'_{ij...k}]_{B'}$$

ein zweites Paar dieser Art, wobei der Zusammenhang (5.15) besteht, so heißen T und T' *äquivalent.*[7]

(b) Eine Äquivalenzklasse[8] solcher Ausdrücke T heißt ein (*kartesischer*) *Tensor n-ter Stufe.*

Die *Äquivalenzklasse* aller T', die zu T äquivalent sind, bezeichnen wir mit $\boldsymbol{T}$ (in Anlehnung an die Vektorschreibweise). $\boldsymbol{T}$ ist also ein *Tensor*. Man sagt, dass $\boldsymbol{T}$ durch das Schema $T = [t_{ij...k}]_B$ *repräsentiert* oder *dargestellt* wird. Natürlich wird der Tensor $\boldsymbol{T}$ auch durch jedes T' repräsentiert, das zu T äquivalent ist.

Bemerkung: In *vereinfachter Sprechweise* bezeichnet man oft $T = [t_{ij...k}]_B$ selbst als Tensor (»pars pro toto«)[9] ; ja, auch das *Tensorelement* $t_{ij...k}$ wird kurz »Tensor« genannt, wenn dies im Textzusammenhang verständlich ist.

Skalare nennt man *Tensoren nullter Stufe*. Vektoren des $\mathbb{R}^3$ sind *Tensoren erster Stufe*. Darüber hinaus sind die *Tensoren zweiter Stufe* in Naturwissenschaft und Technik die wichtigsten.

Summenkonvention. Sehen wir uns die Gleichungen

$$\boldsymbol{x} = \sum_{k=1}^{3} \xi_k \boldsymbol{b}_k \,, \quad \xi'_i = \sum_{k=1}^{3} a_{ik}\xi_k \,, \quad t'_{ik} = \sum_{p,q=1}^{3} a_{ip}a_{kq}t_{pq}$$

noch einmal an (vgl. (5.3), (5.5), (5.14)), so erkennen wir, dass dabei stets über die Indizes summiert wird, die in dem zu summierenden Ausdruck *doppelt* auftreten. In den ersten beiden Gleichungen tritt k doppelt auf, in $t'_{ik} = \dots$ dagegen p und q. Diese Erscheinung ist in der Tensorrechnung (ja, in der ganzen linearen Algebra) so häufig, dass wir die *Summenzeichen* auch *weglassen* können. Wir vereinbaren daher für das Folgende die

Einsteinsche Summenkonvention: Tritt bei einer indizierten Größe oder einem Produkt solcher Größen ein *Index doppelt* auf, so wird über alle möglichen Werte dieses Index summiert.

7 Dies ist in der Tat eine Äquivalenzrelation.

8 Menge aller T', die zu einem festen T äquivalent sind. (Cantor sagte statt »Äquivalenzklasse« auch »Inbegriff«. Das verdeutlicht, dass durch Äquivalenzklassenbildung neue Begriffe geschaffen werden, hier der Begriff »Tensor«.)

9 Dieses »pars pro toto« (ein Teil für das Ganze) kommt in der Umgangssprache oft vor. Z.B.: Sagt ein Arzt: »Schwester, haben sie dem Blinddarm von Zimmer 13 schon Blut abgenommen?«

In diesem Kapitel nehmen die Indizes dabei stets die Werte 1, 2, 3 an.

Die obigen Gleichungen, nebst (5.15), erhalten damit die prägnante Gestalt

$$\boldsymbol{x} = \xi_k \boldsymbol{b}_k \,, \quad \xi_i' = a_{ik}\xi_k \,, \quad t_{ik}' = a_{ip}a_{kq}t_{pq} \,. \tag{5.16}$$

Transformationsregel: $t'_{ij\ldots k} = a_{ip}a_{jq}\ldots a_{kr}t_{pq\ldots r}\,.$ (5.17)

Allkonvention: Tritt in einem Summanden einer Tensorgleichung ein Index *genau einmal* auf, so gilt die Gleichung für *alle* Werte dieses Index.

Gleichung (5.17) z.B. gilt für alle $i = 1,2,3$, ferner für alle $j = 1, 2, 3$, usw. Das heißt jeder der n Indizes $i, j, \ldots, k$ kann drei Werte annehmen. Folglich repräsentiert (5.17) genau 3^n reelle Gleichungen.

5.1.3 Rechenregeln für Tensoren

Addition, Subtraktion, Multiplikation mit Skalaren

Durch

$$T = [t_{ik\ldots m}]_B \,, \quad S = [s_{ik\ldots m}]_B$$

seien zwei Tensoren n-ter Stufe dargestellt. Damit definiert man die

Addition und *Subtraktion* :	$T + S$	$=$	$[t_{ik\ldots m} + s_{ik\ldots m}]_B$
Multiplikation mit Skalar $\lambda \in \mathbb{R}$:	λT	$=$	$[\lambda t_{ik\ldots m}]_B$
Negativer Tensor von T :	$-T$	$=$	$[-t_{ik\ldots m}]_B$
Man schreibt :	$S - T$	$:=$	$S + (-T)\,.$

Nulltensoren haben nur Nullen als Elemente. Sie werden einheitlich durch **0** bezeichnet.

Die Definitionen sind unabhängig von den Repräsentanten der Tensoren. Denn geht man zu einer anderen Basis B' über, vermöge (5.15), so gilt für die Systeme $t'_{ik\ldots m}$, $s'_{ik\ldots m}$ alles entsprechend.

Die Tensoren gleicher Stufe erfüllen mit den obigen Definitionen alle *Gesetze eines Vektorraumes*:

Assoziativgesetze:	$(T + S) + V$	$=$	$T + (S + V)\,, \quad (\lambda\mu)T = \lambda(\mu T)\,,$
Kommutativgesetz:	$T + S$	$=$	$S + T\,,$
Distributivgesetze:	$\lambda(T + S)$	$=$	$\lambda T + \lambda S\,, \quad (\lambda + \mu)T = \lambda T + \mu T\,,$
sowie:	$T + 0$	$=$	$T\,, \quad T - T = 0\,, \quad 1 \cdot T = T\,.$

Tensorprodukt: Für

$$T = [t_{i\ldots k}]_B \quad \text{vom Grad } n \text{ und} \quad S = [s_{p\ldots q}]_B \quad \text{vom Grad } m$$

ist das *Tensorprodukt* $T S = W = [w_{i\dots kp\dots q}]_B$ definiert durch

$$w_{i\dots kp\dots q} = t_{i\dots k} s_{p\dots q} \,. \tag{5.18}$$

Das Produkt $\boldsymbol{W} = \boldsymbol{T}\ \boldsymbol{S}$ hat den Grad $m + n$.

Beispiel: $[t_{ik}]_B [s_{prq}]_B = [t_{ik} s_{prq}]_B$.

Die Unabhängigkeit von den Repräsentanten ist leicht einzusehen, denn geht man durch Transformation

$$t'_{j\dots m} = a_{ji} \dots a_{mk} t_{i\dots k} \,, \quad s'_{u\dots v} = a_{up} \dots a_{vq} s_{p\dots q}$$

zu anderen Repräsentanten $T' = [t'_{j\dots m}]_{B'}$, $S' = [s'_{u\dots v}]_{B'}$ der Tensoren über (nach Regel (5.15)), so folgt für das neue Produkt-Element

$$w'_{j\dots mu\dots v} = t'_{j\dots m} s'_{u\dots v} = a_{ji} \dots a_{mk} a_{up} \dots a_{vq} w_{i\dots kp\dots q} \,.$$

D.h. $W' = [w'_{j\dots mu\dots v}]_B$ und W sind äquivalent, repräsentieren also den gleichen Tensor, eben den Produkttensor.

Verjüngung: $T = [t_{ij\dots k}]_B$ stelle einen Tensor dar. Setzt man in $t_{ij\dots k}$ zwei Indizes gleich und summiert über diesen gemeinsamen Index, so entsteht ein neuer Tensor T_0. Man nennt ihn eine *Verjüngung*. Zum Beispiel:

$$T = [t_{ijk}]_B \longrightarrow T_0 = [t_{iik}]_B \,.$$ [10]

Bei Verjüngung verringert sich der Grad um 2.

Die Unabhängigkeit von Repräsentanten ist auch hier leicht zu zeigen. Es sei dem Leser überlassen.

Beispiel 5.1:

Es seien

$$\boldsymbol{u} = \begin{bmatrix} u_1 \\ u_2 \\ u_3 \end{bmatrix}_B \,, \quad \boldsymbol{v} = \begin{bmatrix} v_1 \\ v_2 \\ v_3 \end{bmatrix}_B$$

zwei Vektoren, wobei sich die Koordinaten auf die Orthonormalbasis B beziehen. Sie sind Tensoren erster Stufe. Aus ihnen kann man zunächst das *Tensorprodukt* $\boldsymbol{u}\ \boldsymbol{v} = [u_i v_k]_B$ bilden. (Es entspricht der Matrix $\boldsymbol{u}\,\boldsymbol{v}^{\mathrm{T}}$.) Anschließende *Verjüngung* liefert den Tensor nullter Ordnung

$$\sum_{i=1}^{3} u_i v_i = \boldsymbol{u} \cdot \boldsymbol{v} \,,$$

10 Man mache sich klar, dass hier nach der Summenkonvention über i summiert wird. Das allgemeine Element von T_0 lautet also ausführlich $\sum_{i=1}^{3} t_{iik}$.

also das *innere Produkt* von $\boldsymbol{u}$ und $\boldsymbol{v}$. Das innere Produkt ergibt sich so als Spezialfall der Tensorrechnung.

Symmetrie und Antisymmetrie: Ein Tensor $\boldsymbol{T}$ der Stufe 2, mit $T = [t_{ik}]_B$ heißt

symmetrisch, wenn $t_{ik} = t_{ki}$ für alle i, k gilt,
antisymmetrisch, wenn $t_{ik} = -t_{ki}$ für alle i, k gilt.

Diese Eigenschaften sind invariant gegen Transformationen $t'_{pq} = a_{pi}a_{qk}t_{ik}$, wie man mit bloßem Auge sieht.

Beim antisymmetrischen Tensor gilt für die Diagonalelemente $a_{ii} = 0$. Ausführlich geschrieben sehen die Tensoren so aus:

symmetrischer Tensor *antisymmetrischer Tensor*

$$\begin{bmatrix} t_{11} & t_{12} & t_{13} \\ t_{12} & t_{22} & t_{23} \\ t_{13} & t_{23} & t_{33} \end{bmatrix}_B \qquad \begin{bmatrix} 0 & t_{12} & t_{13} \\ -t_{12} & 0 & t_{23} \\ -t_{13} & -t_{23} & 0 \end{bmatrix}_B \tag{5.19}$$

Der symmetrische Tensor ist also durch 6 Zahlen t_{ik} $(i \le k)$ gegeben, der antisymmetrische durch 3 Zahlen: $t_{12},\ t_{13},\ t_{23}$.

Folgerung 5.1:

Jeder Tensor $\boldsymbol{T}$ der Stufe 2 lässt sich in eine Summe aus einem symmetrischen und einem antisymmetrischen Tensor zerlegen, und zwar mit der Darstellung $T = [t_{ik}]_B$ durch

$$t_{ik} = \frac{1}{2}(t_{ik} + t_{ki}) + \frac{1}{2}(t_{ik} - t_{ki})\ . \tag{5.20}$$

Divisionsregel

Satz 5.1:

Wir betrachten eine *Abbildung* der Tensoren $\boldsymbol{S}$ m-ter Stufe in die Menge der Tensoren $\boldsymbol{T}$ n-ter Stufe, die folgendermaßen beschrieben wird

$$t_{i\ldots k} = w_{i\ldots kp\ldots q}s_{p\ldots q}\ ^{11} \quad \text{mit } T = [t_{i\ldots k}]_B \in \boldsymbol{T},\ S = [s_{p\ldots q}]_B \in \boldsymbol{S}. \tag{5.21}$$

Die Zahlen $w_{i\ldots kp\ldots q}$ hängen dabei von B ab, was durch $[w_{i\ldots kp\ldots q}]_B$ verdeutlicht wird.

Damit folgt: Die Schemata $[w_{i\ldots kp\ldots q}]_B$ (für alle B) bilden einen *Tensor* $\boldsymbol{W}$ vom Grade $m + n$.

Bemerkung:

(a) Wir schreiben hier symbolisch $\boldsymbol{T} = \boldsymbol{W}(\boldsymbol{S})$ oder »$\boldsymbol{W} = \boldsymbol{T}/(\boldsymbol{S})$«. Hieraus ist der Ausdruck »Divisionsregel« abgeleitet.

11 Man beachte hierbei die Summenkonvention.

(b) Der Beweis des Satzes ist kindlich einfach: Man hat nur die üblichen Transformationsgleichungen für $\boldsymbol{T}$ und $\boldsymbol{S}$ hinzuschreiben, in (5.21) einzusetzen und bei der Umformung $a_{ji}a_{jk} = \delta_{ik}$ zu beachten. (Letzteres spiegelt $A^{\mathrm{T}}A = E$ wider.)

Beweis:

Es gilt die Formel (5.21) bzgl. B und bzgl. einer anderen Basis B' die entsprechende Gleichung

$$t'_{j\ldots m} = w'_{j\ldots mr\ldots v}s'_{r\ldots v}\,. \tag{5.22}$$

Mit den Transformationsgleichungen

$$t'_{j\ldots m} = a_{j\alpha}\ldots a_{m\beta}t_{\alpha\ldots\beta}\,, \quad s'_{r\ldots v} = a_{rp}\ldots a_{vq}s_{p\ldots q}$$

folgt durch Einsetzen:

$$a_{j\alpha}\ldots a_{m\beta}t_{\alpha\ldots\beta} = w'_{j\ldots mr\ldots v}a_{rp}\ldots a_{vq}s_{p\ldots q}\,.$$

Man multipliziere diese Gleichung mit $a_{ji}\ldots a_{mk}$ und wende die Summenkonvention an. Links ergibt sich wegen $a_{ji}a_{j\alpha} = \delta_{i\alpha}, \ldots, a_{mk}a_{m\beta} = \delta_{k\beta}$ einfach t_{ik}, d.h. es folgt

$$t_{i\ldots k} = a_{ji}\ldots a_{mk}a_{rp}\ldots a_{vq}w'_{j\ldots mr\ldots v}s_{p\ldots q}\,. \tag{5.23}$$

Gleichsetzen mit (5.21) liefert somit

$$w_{i\ldots kp\ldots q}s_{p\ldots q} = \left(a_{ji}\ldots a_{mk}a_{rp}\ldots a_{vq}w'_{j\ldots mr\ldots v}\right)s_{p\ldots q}\,. \tag{5.24}$$

Da dies für alle Tensoren $\boldsymbol{S}$ der Stufe m gilt, kann man hier die $s_{p\ldots q}$ herausstreichen. (Man denke sich z.B. nacheinander die Schemata $S = [s_{p\ldots q}]_B$ eingesetzt, die ein Element $s_{p\ldots q}$ mit dem Wert 1 besitzen, während alle anderen Elemente gleich 0 sind.) Formel (5.24), ohne die $s_{p\ldots q}$, stellt aber gerade das Transformationsgesetz für Tensoren dar, folglich bilden die $W = [w_{i\ldots kp\ldots q}]_B$ einen Tensor $\boldsymbol{W}$. □

5.1.4 Invariante Tensoren

Definition 5.2:

Ein Tensor $\boldsymbol{U}$ heißt *invariant*, wenn er bezüglich aller rechtsorientierten Orthonormalbasen B das gleiche Zahlenschema $[u_{i\ldots k}]$ aufweist.

Genauer: Sind $[u_{i\ldots k}]_B$, $[u'_{i\ldots k}]_{B'}$ zwei Repräsentanten des Tensors $\boldsymbol{T}$, so gilt

$$u_{i\ldots k} = u'_{i\ldots k} \quad \textit{für jede Kombination} \ \ (i, \ldots, k)\,.$$

Deltatensor

Der wichtigste invariante Tensor ist der *Deltatensor*[12] $\boldsymbol{E}$ der Stufe 2, der durch

$$[\delta_{ik}]_B$$

repräsentiert wird mit dem *Kroneckersymbol*

$$\delta_{ik} = \begin{cases} 1 & \text{für } i = k \\ 0 & \text{für } i \neq k \end{cases} .$$

Seine *Invarianz* ist sofort zu sehen: Da der Tensor bzgl. jeder Basis B durch die Einheitsmatrix $E = [\delta_{ik}]_{3,3}$ repräsentiert wird, ist $E = AEA^{\mathrm{T}}$ zu überprüfen, wobei A eine (orthogonale) Übergangsmatrix ist. Sie erfüllt also $AA^{\mathrm{T}} = E$, d.h. $E = AEA^{\mathrm{T}}$ ist richtig.

Bemerkung: Wir können leicht zeigen, dass *jeder invariante Tensor* zweiter Stufe die *Form* $\lambda\boldsymbol{E}$ hat ($\lambda \in \mathbb{R}$), also durch

$$[\lambda\delta_{ik}]_B$$

repräsentiert wird. Denn ist $\boldsymbol{U}$ ein beliebiger invarianter Tensor zweiter Stufe, so bedeutet dies für den einheitlichen Repräsentanten $U = [u_{ik}]$, dass die Matrizen-Gleichung

$$U = AUA^{\mathrm{T}} \tag{5.25}$$

für alle Übergangsmatrizen A gilt (d.h. für alle orthonormalen Matrizen A mit $\det A = 1$). Wählt man für A die Permutationsmatrizen $A = (\boldsymbol{j}, \boldsymbol{k}, \boldsymbol{i})$[13] oder $(\boldsymbol{k}, \boldsymbol{i}, \boldsymbol{j})$, so errechnet man $u_{11} = u_{22} = u_{33} := \lambda$, $u_{12} = u_{23} = u_{31} := \mu$, $u_{13} = u_{21} = u_{32} =: \nu$. Setzt man dann A gleich einer (Eulerschen) Drehmatrix $A = (\boldsymbol{a}, \boldsymbol{b}, \boldsymbol{k})$ mit $\boldsymbol{a} = [c, s, 0]^{\mathrm{T}}$, $\boldsymbol{b} = [-s, c, 0]^{\mathrm{T}}$, $c^2 + s^2 = 1$, so folgt aus (5.25) $\mu = \nu = 0$, also $U = \lambda E$.

Epsilontensor (*Alternierender Tensor*)

Wir betrachten die Permutationen der Zahlen 1, 2, 3. Es gibt $3! = 6$ dieser Permutationen. Dabei heißen

(1,2,3) ,	(2,3,1) ,	(3,1,2)	*gerade* Permutationen,
(1,3,2) ,	(3,2,1) ,	(2,1,3)	*ungerade* Permutationen.[14]

Damit definieren wir das Symbol ε_{ijk} ($i, j, k \in \{1, 2, 3\}$) auf folgende Weise:

$$\varepsilon_{ijk} := \begin{cases} 0, & \text{wenn mindestens zwei Indizes } i, j, k \text{ gleich sind,} \\ 1, & \text{wenn } (i, j, k) \text{ eine gerade Permutation ist,} \\ -1, & \text{wenn } (i, j, k) \text{ eine ungerade Permutation ist.} \end{cases} \tag{5.26}$$

12 auch *Substitutionstensor* genannt.

13 $\boldsymbol{i}, \boldsymbol{j}, \boldsymbol{k}$ sind die üblichen Koordinaten-Einheitsvektoren im $\mathbb{R}^3$.

14 Die *geraden* Permutationen gehen durch eine *gerade* Anzahl von Vertauschungen aus (1,2,3) hervor (auch 0 ist gerade!), und die *ungeraden* Permutationen entsprechend durch eine *ungerade* Anzahl von Vertauschungen.

ε_{ijk} beschreibt einen invarianten Tensor dritter Stufe, denn mit einer beliebigen Übergangsmatrix $A = [a_{ik}]_{3,3}$ errechnet man

$$a_{ir}a_{js}a_{kt}\varepsilon_{rst} = \begin{vmatrix} a_{i1} & a_{i2} & a_{i3} \\ a_{j1} & a_{j2} & a_{j3} \\ a_{k1} & a_{k2} & a_{k3} \end{vmatrix} = \varepsilon_{ijk}\,. \tag{5.27}$$

(Die rechte Gleichung folgt mit Hilfe von $\det A = 1$.) Der so gebildete Tensor $\boldsymbol{V}$, der bzgl. aller Basen B durch $[\varepsilon_{ijk}]_B$ repräsentiert wird, heißt *Epsilontensor* oder *alternierender Tensor*.

Folgerung 5.2:

(*Zusammenhang zwischen Epsilontensor und Deltatensor*) Es gilt

$$\varepsilon_{ijk}\varepsilon_{rsk} = \delta_{ir}\delta_{js} - \delta_{is}\delta_{jr}\,. \tag{5.28}$$

Beweis:

Die rechte Gleichung in (5.27) gilt für jede orthonormale Matrix $A = [a_{ik}]_{3,3}$ mit $\det A = 1$. Folglich gilt die Gleichung auch für die Einheitsmatrix $E = [\delta_{ik}]_{3,3}$, also

$$\varepsilon_{ijk} = \begin{vmatrix} \delta_{i1} & \delta_{i2} & \delta_{i3} \\ \delta_{j1} & \delta_{j2} & \delta_{j3} \\ \delta_{k1} & \delta_{k2} & \delta_{k3} \end{vmatrix} \Longrightarrow \varepsilon_{ijk}\varepsilon_{rst} = \begin{vmatrix} \delta_{ir} & \delta_{is} & \delta_{it} \\ \delta_{jr} & \delta_{js} & \delta_{jt} \\ \delta_{kr} & \delta_{ks} & \delta_{kt} \end{vmatrix}\,. \tag{5.29}$$

Setzt man nun $k = t$, so folgt

$$\varepsilon_{ijk}\varepsilon_{rsk} = \sum_{k=1}^{3} \begin{vmatrix} \delta_{ir} & \delta_{is} & \delta_{ik} \\ \delta_{jr} & \delta_{js} & \delta_{jk} \\ \delta_{kr} & \delta_{ks} & 1 \end{vmatrix}\,. \tag{5.30}$$

Im Falle $r = s$ gilt (5.28) auf triviale Weise. Wir setzen daher $r \neq s$ voraus. Man erkennt dann: In (5.30) sind die Summanden mit $k = r$ und $k = s$ Null. Es bleiben nur die Summanden mit $k \neq r$, $k \neq s$. Dabei lautet die letzte Determinantenzeile 0 0 1, woraus folgt, dass der Wert der Determinante gleich der rechten Seite von (5.28) ist. Damit ist alles bewiesen. □

Folgerung 5.3:

(*Epsilon-Tensor und äußeres Produkt*) Es seien $\boldsymbol{a} = [a_1, a_2, a_3]^{\mathrm{T}}$ und $\boldsymbol{b} = [b_1, b_2, b_3]^{\mathrm{T}}$ zwei Vektoren des $\mathbb{R}^3$. Die Komponenten des äußeren Produktes $\boldsymbol{a} \times \boldsymbol{b}$ werden durch $(\boldsymbol{a} \times \boldsymbol{b})_i$ mit $i = 1, 2, 3$ beschrieben. Damit gilt

$$(\boldsymbol{a} \times \boldsymbol{b})_i = \varepsilon_{ijk}a_j b_k\,. \tag{5.31}$$

Der *Beweis* folgt durch Ausrechnen.

Ersetzt man $\boldsymbol{a}$ durch den Nabla-Operator ∇, so folgt entsprechend

$$(\operatorname{rot} \boldsymbol{V})_i = \varepsilon_{ijk} \frac{\partial V_k}{\partial x_j} \tag{5.32}$$

Ohne Beweis geben wir noch folgendes Resultat an: Jeder *invariante Tensor vierter Stufe* mit dem einheitlichen Repräsentanten $U = [u_{ijkm}]$ lässt sich in folgender Form schreiben (s. [6], S. 214):

$$u_{ijkm} = \lambda \delta_{ij} \delta_{km} + \mu \delta_{ik} \delta_{jm} + \nu \delta_{im} \delta_{jk} \tag{5.33}$$

Übungen

Übung 5.1*

Beweise: $\delta_{ij}\varepsilon_{ijk} = 0, \varepsilon_{ijk}\varepsilon_{rjk} = 2\delta_{ir}, \varepsilon_{ijk}\varepsilon_{ijk} = 6$.

Übung 5.2*

Man zeige, dass durch $\delta_{ij}\delta_{km}$ ein invarianter Tensor 4. Stufe dargestellt wird.

Übung 5.3*

Beweise, dass der einzige invariante Tensor 1. Stufe der Nullvektor ist.

Übung 5.4:

Beweise mit (5.31) und Folgerung 5.2 die (bekannte) Formel

$$\boldsymbol{a} \times (\boldsymbol{b} \times \boldsymbol{c}) = (\boldsymbol{a} \cdot \boldsymbol{c})\boldsymbol{b} - (\boldsymbol{a} \cdot \boldsymbol{b})\boldsymbol{c} \,.$$

5.1.5 Diagonalisierung symmetrischer Tensoren und das Tensorellipsoid

Diagonalisierung

Tensoren zweiter Stufe sind in physikalischen Anwendungen oft *symmetrisch*. Sie lassen sich auf folgende Weise einfach darstellen:

Satz 5.2:

(*Diagonalisierungssatz*) Jeder symmetrische Tensor besitzt einen Repräsentanten der Form

$$S_0 = \begin{bmatrix} \lambda_1 & 0 & 0 \\ 0 & \lambda_2 & 0 \\ 0 & 0 & \lambda_3 \end{bmatrix}_C \tag{5.34}$$

mit reellen $\lambda_1, \lambda_2, \lambda_3$.

Beweis:
Wir gehen aus vom Repräsentanten $S = [s_{ik}]_E$ zur Basis $E = [\boldsymbol{i}, \boldsymbol{j}, \boldsymbol{k}]$ (= Einheitsmatrix). Sind $\lambda_1, \lambda_2, \lambda_3$ die *Eigenwerte*[15] von S (jeder so oft eingeschrieben, wie seine algebraische Vielfachheit angibt), so existiert dazu ein rechtsorientiertes Orthonormalsystem von *Eigenvektoren* $\boldsymbol{c}_1, \boldsymbol{c}_2, \boldsymbol{c}_3$, die (per definitionem) $S\boldsymbol{c}_i = \lambda_i \boldsymbol{c}_i$ erfüllen[16]. Mit der Matrix $C = [\boldsymbol{c}_1, \boldsymbol{c}_2, \boldsymbol{c}_3]$ aus diesen Vektoren folgt damit

$$
\begin{aligned}
C^{\mathrm{T}} S C &= C^{\mathrm{T}}[S\boldsymbol{c}_1, S\boldsymbol{c}_2, S\boldsymbol{c}_3] = C^{\mathrm{T}}[\lambda_1 \boldsymbol{c}_1, \lambda_2 \boldsymbol{c}_2, \lambda_3 \boldsymbol{c}_3] \\
&= [\boldsymbol{c}_i \cdot (\lambda_k \boldsymbol{c}_k)]_{3,3} = [\lambda_k \delta_{ik}]_{3,3} = S_0 \, .
\end{aligned}
$$
[17]

□

Zur *Berechnung*: Die Eigenwerte $\lambda_1, \lambda_2, \lambda_3$ sind die Lösungen der Gleichung

$$\det(S - \lambda E) = 0 \, , \tag{5.35}$$

woraus man sie numerisch berechnen kann (z.B. mit dem Newtonschen Verfahren). Die linke Seite von (5.35) stellt das *charakteristische Polynom* χ_S von S dar. Die explizite Ausrechnung der Determinante in (5.35) ergibt

$$\chi_S(\lambda) = \det(S - \lambda E) = -\lambda^3 + I_1 \lambda^2 - I_2 \lambda + I_3 \tag{5.36}$$

mit

$$
\begin{aligned}
I_1 &= s_{11} + s_{22} + s_{33} \, , \\
I_2 &= \begin{vmatrix} s_{11} & s_{12} \\ s_{12} & s_{22} \end{vmatrix} + \begin{vmatrix} s_{11} & s_{13} \\ s_{13} & s_{33} \end{vmatrix} + \begin{vmatrix} s_{22} & s_{23} \\ s_{23} & s_{33} \end{vmatrix} \, , \\
I_3 &= \det S \, .
\end{aligned}
\tag{5.37}
$$

Nach dem Fundamentalsatz der Algebra[18] kann man $\chi_S(\lambda)$ in der Form

$$\chi_S(\lambda) = -(\lambda - \lambda_1)(\lambda - \lambda_2)(\lambda - \lambda_3) \tag{5.38}$$

darstellen. (Im Falle $\lambda_1 = \lambda_2 \neq \lambda_3$ ist λ_1 ein *zweifacher* Eigenwert, im Falle $\lambda_1 = \lambda_2 = \lambda_3$ ein *dreifacher* Eigenwert, und im Falle $\lambda_1 \neq \lambda_2 \neq \lambda_3 \neq \lambda_1$ sind alle Eigenwerte *einfach*.) Ausmultiplizieren von (5.38) und Vergleich mit (5.36) ergibt

$$I_1 = \lambda_1 + \lambda_2 + \lambda_3 \, , \quad I_2 = \lambda_1 \lambda_2 + \lambda_2 \lambda_3 + \lambda_3 \lambda_1 \, , \quad I_3 = \lambda_1 \lambda_2 \lambda_3 \, . \tag{5.39}$$

Hat man die Eigenwerte berechnet, ermittelt man die $\boldsymbol{c}_i$ aus den linearen Gleichungssystemen $(S - \lambda_i E)\boldsymbol{c}_i = \boldsymbol{0}$. (Die $\boldsymbol{c}_i$ sind nicht eindeutig bestimmt. Man sucht sich ein orthonormales rechtsorientiertes Tripel $\boldsymbol{c}_1, \boldsymbol{c}_2, \boldsymbol{c}_3$ aus den Lösungen heraus.)

15 vgl. Burg/Haf/Wille (Lineare Algebra) [11].
16 Nach Burg/Haf/Wille (Lineare Algebra) [11].
17 Die Indizes $C, E, \ldots$ an den Matrizen $S, S_0, \ldots$ (wie in (5.35)) werden beim Matrizenrechnen einfach ignoriert.
18 siehe z.B. Burg/Haf/Wille (Funktionentheorie) [10]

Folgerung 5.4:

Jeder *Repräsentant* $S = [s_{ik}]_B$ eines symmetrischen Tensors $\boldsymbol{S}$ hat die gleiche Menge $\{\lambda_1, \lambda_2, \lambda_3\}$ von Eigenwerten und die gleichen Koeffizienten I_1, I_2, I_3 des charakteristischen Polynoms χ_S.

Dies folgt unmittelbar aus dem Satz, dass das charakteristische Polynom χ_S gegen Transformationen $S \mapsto ASA^{-1}$ invariant ist: $\chi_S = \chi_{ASA^{-1}}$, (s. Burg/Haf/Wille (Lineare Algebra) [11]).

Man nennt $\lambda_1, \lambda_2, \lambda_3, I_1, I_2, I_3$ deshalb auch *Konstanten* des Tensors $\boldsymbol{S}$, wobei man $\lambda_1, \lambda_2, \lambda_3$ der Größe nach ordnet: $\lambda_1 \leq \lambda_2 \leq \lambda_3$. Die Koeffizienten I_1, I_2, I_3 heißen darüber hinaus die *Hauptkonstanten* von $\boldsymbol{S}$.

Tensorellipsoid

Die meisten symmetrischen Tensoren $\boldsymbol{S}$, die in Physik und Technik auftreten, sind *positiv definit*, d.h. es gilt für einen Repräsentanten $S = [s_{ik}]_B$ die Ungleichung

$$\boldsymbol{x}^{\mathrm{T}} S \boldsymbol{x} > 0 \quad \text{für alle} \quad \boldsymbol{x} = \begin{bmatrix} x_1 \\ x_2 \\ x_3 \end{bmatrix}_{B'} \neq \boldsymbol{0}. \tag{5.40}$$

In Komponenten geschrieben bedeutet dies

$$x_i s_{ik} x_k > 0 \quad \text{falls} \quad x_i x_i \neq 0. \text{ [19]} \tag{5.41}$$

Es folgt, dass (5.40) für *alle* Repräsentanten von $\boldsymbol{S}$ gilt, ja, dass der Wert $\boldsymbol{x}^{\mathrm{T}} S \boldsymbol{x} = c$ selbst konstant gegenüber Transformationen ist, denn mit einer Übergangsmatrix A gilt

$$(A\boldsymbol{x})^{\mathrm{T}}(ASA^{\mathrm{T}})(A\boldsymbol{x}) = \boldsymbol{x}^{\mathrm{T}} \underbrace{A^{\mathrm{T}} A}_{E} S \underbrace{A^{\mathrm{T}} A}_{E} \boldsymbol{x} = \boldsymbol{x}^{\mathrm{T}} S \boldsymbol{x} = c. \tag{5.42}$$

Wir setzen hier speziell $c = 1$ und erhalten

Satz 5.3:

(a) $\boldsymbol{S}$ sei ein symmetrischer, positiv definiter Tensor, repräsentiert durch $S = [s_{ik}]_B$. Dann bilden alle $\boldsymbol{x} = B\boldsymbol{\xi}$, $\left(\boldsymbol{\xi} = [\xi_1, \xi_2, \xi_3]_B^T\right)$ mit

$$\boldsymbol{\xi}^{\mathrm{T}} S \boldsymbol{\xi} = 1, \quad \text{das heißt } s_{ik}\xi_i\xi_k = 1 \text{ [20]} \tag{5.43}$$

die Oberfläche eines Ellipsoiden um $\boldsymbol{0}$. Er ist invariant gegen Transformation $S \mapsto ASA^{\mathrm{T}}$.

(b) Die Eigenwerte $\lambda_1, \lambda_2, \lambda_3$ von S sind positiv. Bezüglich der Basis $C = (\boldsymbol{c}_1, \boldsymbol{c}_2, \boldsymbol{c}_3)$ aus den zugehörigen Eigenvektoren wird das Ellipsoid durch

$$\lambda_1\xi_1^2 + \lambda_2\xi_2^2 + \lambda_3\xi_3^2 = 1 \tag{5.44}$$

19 Beachte die *Summenkonvention*.

20 Beachte die *Summenkonvention*.

beschrieben. Setzt man

$$\lambda_1 = \frac{1}{a^2}, \quad \lambda_2 = \frac{1}{b^2}, \quad \lambda_3 = \frac{1}{c^2},$$

so gewinnt man daraus die Hauptachsenlängen $2a$, $2b$, $2c$ des Ellipsoiden.

Man nennt dieses Ellipsoid das *Tensorellipsoid* von $\boldsymbol{S}$. Es vermittelt eine anschauliche geometrische Vorstellung vom Tensor $\boldsymbol{S}$.
Zum *Beweis* des Satzes ist nur zu sagen, dass die λ_i in der Tat positiv sein müssen, sonst folgte, dass $\boldsymbol{x}^{\mathrm{T}} S_0 \boldsymbol{x}$ mit der Diagonalmatrix $S_0 = \mathrm{diag}(\lambda_1, \lambda_2, \lambda_3)$ auch Werte ≤ 0 annehmen könnte, im Widerspruch zur positiven Definitheit von $\boldsymbol{S}$. (b) ist damit unmittelbar klar, und (a) folgt aus (b).

Übungen

Berechne die Eigenwerte $\lambda_1, \lambda_2, \lambda_3$ und eine zugehörige Eigenvektormatrix $C = [\boldsymbol{c}_1, \boldsymbol{c}_2, \boldsymbol{c}_3]$ für

Übung 5.5*

$$S = \begin{bmatrix} 1 & -1 & 0 \\ -1 & 10 & 3 \\ 0 & 3 & 1 \end{bmatrix}_E .$$

Übung 5.6*

$$S = \begin{bmatrix} 20 & 1 & 2 \\ 1 & 16 & 3 \\ 2 & 3 & 12 \end{bmatrix}_E .$$

Prüfe die Matrizen auf positive Definitheit.

5.2 Tensoranalysis

5.2.1 Differenzierbare Tensorfelder, Fundamentalsatz der Feldtheorie

Es sei M eine offene Teilmenge des $\mathbb{R}^3$. Eine Abbildung $\boldsymbol{F}$ von M in die Menge der Tensoren n-ter Stufe bezeichnen wir als ein *Tensorfeld* oder eine *Tensorfunktion des Ortes* (von n-ter Stufe). Wir beschreiben das Tensorfeld durch

$$\boldsymbol{T} = \boldsymbol{F}(\boldsymbol{x}), \quad \boldsymbol{x} \in M, \tag{5.45}$$

oder mit Hilfe der Repräsentanten $T = [t_{ij\ldots k}]_B$, $F(\boldsymbol{x}) = [f_{ij\ldots k}(\boldsymbol{x})]_B$ durch

$$T = F(\boldsymbol{x}), \quad \text{in Komponenten:} \quad t_{ij\ldots k} = f_{ij\ldots k}(\boldsymbol{x}) \tag{5.46}$$

Sind alle Funktionen $f_{ij\ldots k} : M \to \mathbb{R}$ dabei stetig differenzierbar, so heißt das *Tensorfeld* $\boldsymbol{F}$ *stetig differenzierbar*. Entsprechendes gilt für zweimal, dreimal, …, p-mal stetig differenzierbare Tensoren.

Wir setzen nun $\boldsymbol{F}$ als sooft stetig differenzierbar voraus, wie es die folgenden Formeln jeweils verlangen. Die *Ableitungen* der $t_{ij\ldots k} = f_{ij\ldots k}(\boldsymbol{x})$ nach $\boldsymbol{x} = \xi_i \boldsymbol{b}_i$ [21] $(B = [\boldsymbol{b}_1, \boldsymbol{b}_2, \boldsymbol{b}_3])$ werden folgendermaßen symbolisiert:

$$\frac{\partial t_{ij\ldots k}}{\partial \xi_p} =: t_{ij\ldots k,p}\,, \quad \frac{\partial^2 t_{ij\ldots k}}{\partial \xi_p \partial \xi_q} =: t_{ij\ldots k,pq}\,, \quad \text{usw.} \tag{5.47}$$

Statt $t_{\ldots}$ kann man natürlich auch $f_{\ldots}(\boldsymbol{x})$ schreiben.

Für Tensoren nullter, erster und zweiter Stufe haben wir also folgende Schreibweisen

$$\frac{\partial t}{\partial \xi_p} = t_{,p} \quad \frac{\partial t_i}{\partial \xi_p} = t_{i,p} \quad \frac{\partial t_{ik}}{\partial \xi_p} = t_{ik,p}\,. \tag{5.48}$$

Damit gilt der folgende *Differentiationssatz der Tensorrechnung*, der auch gelegentlich (etwas hochtrabend) als *Fundamentalsatz der Feldtheorie* bezeichnet wird:

Satz 5.4:

Es sei $\boldsymbol{F}$ ein stetig differenzierbares Tensorfeld n-ter Stufe auf einer offenen Menge M des $\mathbb{R}^3$, beschrieben durch

$$t_{ij\ldots k} = f_{ij\ldots k}(\boldsymbol{x})\,, \quad \text{mit} \quad \boldsymbol{x} = \xi_i \boldsymbol{b}_i\,, \quad B = [\boldsymbol{b}_1, \boldsymbol{b}_2, \boldsymbol{b}_3]\,. \tag{5.49}$$

(B beliebige rechtsorientierte Orthonormalbasis des $\mathbb{R}^3$.) Dann bilden die Schemata der partiellen Ableitungen

$$[t_{ij\ldots k,p}]_B \quad (i, j, \ldots, k, p \in \{1,2,3\}) \tag{5.50}$$

einen Tensor $(n+1)$-ter Stufe.

Beweis:

Durch

$$t'_{\alpha\beta\ldots\gamma} = a_{\alpha i} a_{\beta j} \ldots a_{\gamma k} t_{ij\ldots k} \tag{5.51}$$

sei ein weiterer Repräsentant von $\boldsymbol{T} = \boldsymbol{F}(\boldsymbol{x})$ gegeben und zwar zur Basis $B' = [\boldsymbol{b}'_1, \boldsymbol{b}'_2, \boldsymbol{b}'_3]$. Dabei ist $A = [a_{ik}]$ die Übergangsmatrix $A = B'^{\mathrm{T}} B$. Auch $\boldsymbol{x}$ wechselt die Darstellung: $\boldsymbol{x} = \xi'_q \boldsymbol{b}'_q$. Damit erhalten wir die partiellen Ableitungen nach den ξ'_q in der Form

$$\frac{\partial t'_{\alpha\beta\ldots\gamma}}{\partial \xi'_q} = a_{\alpha i} a_{\beta j} \ldots a_{\gamma k} \frac{\partial t_{ij\ldots k}}{\partial \xi_p} \frac{\partial \xi_p}{\partial \xi'_q}\,, \tag{5.52}$$

wobei aus $\xi_p = a_{pq} \xi'_q$ die Ableitung $\partial \xi_p / \partial \xi'_q = a_{pq}$ errechnet wird. Wir setzen dies in (5.52) ein und erhalten

$$t'_{\alpha\beta\ldots\gamma,q} = a_{\alpha i} a_{\beta j} \ldots a_{\gamma k} a_{qp} t_{\alpha\beta\ldots\gamma,p}\,. \tag{5.53}$$

21 Summenkonvention!

Dies ist die Transformationsgleichung eines Tensors $(n+1)$-ter Stufe, d.h. $[t'_{\alpha\beta\ldots\gamma,q}]_{B'}$ und $[t_{ij\ldots k,p}]_B$ sind äquivalent, d.h. die Schemata $[t_{ij\ldots k,p}]_B$ (für alle B) bilden einen Tensor $(n+1)$-ter Stufe. □

Durch Differenzieren ist also aus $\boldsymbol{T} = \boldsymbol{F}(\boldsymbol{x})$ ein neues Tensorfeld entstanden, das man folgendermaßen bezeichnet (na, wie wohl? Richtig:)

$$\boldsymbol{T}' = \boldsymbol{F}'(\boldsymbol{x}) .$$

Diese *Ableitung* wird auch der *Tensorgradient* von $\boldsymbol{T} = \boldsymbol{F}(\boldsymbol{x})$ genannt.

Man kann die Differentiation natürlich auch zweimal, dreimal, ..., usw. ausführen und erhält damit durch Induktion: Durch p Differentiationen eines Tensors $\boldsymbol{T}$ von n-ter Stufe entsteht ein Tensor $\boldsymbol{T}^{(p)}$ von $(n+p)$-ter Stufe. Oder noch kürzer:

Fundamentalsatz der Feldtheorie:
Durch p-malige Differentiation eines Tensors wird dessen Stufe um p erhöht.

Voilá!

5.2.2 Zusammenhang zwischen Tensorgradienten und grad, div, rot, Δ

Tensorgradienten eines Skalarfeldes

Ein stetig differenzierbares Skalarfeld $\varphi : M \to \mathbb{R}$ auf einer offenen Menge $M \subset \mathbb{R}^3$ ist ein Tensorfeld nullter Stufe. Nach dem Differentiationssatz beschreibt damit

$$\frac{\partial \varphi}{\partial x_i} = \varphi_{,i} , \quad (\boldsymbol{x} = x_1\boldsymbol{i} + x_2\boldsymbol{j} + x_3\boldsymbol{k})$$

einen Tensor erster Stufe, also ein Vektorfeld. Wir kennen es bereits in der Form

$$\operatorname{grad} \varphi = \left[\frac{\partial \varphi}{\partial x_1}, \frac{\partial \varphi}{\partial x_2}, \frac{\partial \varphi}{\partial x_3}\right]_E^{\mathrm{T}} . \tag{5.54}$$

Der Differentiationssatz besagt unter anderem, dass $\operatorname{grad} \varphi$ bezüglich einer beliebigen rechtsorientierten Orthonormalbasis $B = [\boldsymbol{b}_1, \boldsymbol{b}_2, \boldsymbol{b}_3]$ auf entsprechende Weise berechnet wird. Es gilt nämlich

$$\operatorname{grad} \varphi = \left[\frac{\partial \varphi}{\partial \xi_1}, \frac{\partial \varphi}{\partial \xi_2}, \frac{\partial \varphi}{\partial \xi_3}\right]_B^{\mathrm{T}} \quad \text{mit} \quad \boldsymbol{x} = \xi_i \boldsymbol{b}_i .$$

Ist φ zweimal stetig differenzierbar, so liefert zweimalige Differentiation von φ einen Tensor zweiter Stufe. Verjüngt man ihn, so ergibt sich das Skalarfeld

$$\varphi_{,ii} = \frac{\partial^2 \varphi}{\partial x_i \partial x_i} = \frac{\partial^2 \varphi}{\partial x_1^2} + \frac{\partial^2 \varphi}{\partial x_2^2} + \frac{\partial^2 \varphi}{\partial x_3^2} = \Delta \varphi .$$

$\Delta \varphi$ ist also ein Tensor nullter Stufe.

Tensorgradient eines Vektorfeldes

Für ein stetig differenzierbares Vektorfeld $\boldsymbol{V} = [V_1, V_2, V_3]^{\mathrm{T}}$ auf einer offenen Menge $M \subset \mathbb{R}^3$ bilden die Ableitungen $\partial V_i / \partial x_j$ einen Tensor zweiter Stufe. Wir zerlegen ihn in einen symmetrischen und einen antisymmetrischen Anteil:

$$\begin{aligned} \frac{\partial V_i}{\partial x_j} = s_{ij} + w_{ij} \quad \text{mit} \quad & s_{ij} = \frac{1}{2}\left(\frac{\partial V_i}{\partial x_j} + \frac{\partial V_j}{\partial x_i}\right) \\ \text{und} \quad & w_{ij} = \frac{1}{2}\left(\frac{\partial V_i}{\partial x_j} - \frac{\partial V_j}{\partial x_i}\right). \end{aligned} \tag{5.55}$$

(a) *Divergenz*: Verjüngung bezüglich $i = j$ liefert

$$\operatorname{div} \boldsymbol{V} = \frac{\partial V_i}{\partial x_i} = s_{ii}\,. \tag{5.56}$$

In die Divergenz geht also nur der symmetrische Anteil ein. $\operatorname{div} \boldsymbol{V}$ ist somit ein Tensor nullter Stufe.

(b) *Rotation*: Mit (5.32) aus Abschnitt 5.1.4 errechnet man für die i-te Komponente von $\operatorname{rot} \boldsymbol{V}$

$$(\operatorname{rot} \boldsymbol{V})_i = \varepsilon_{ijk} \frac{\partial V_k}{\partial x_j} = \underbrace{\varepsilon_{ijk} s_{kj}}_{0} + \varepsilon_{ijk} w_{kj} \tag{5.57}$$

und damit

$$\operatorname{rot} \boldsymbol{V} = 2[w_{32}, w_{13}, w_{21}]^{\mathrm{T}}\,. \tag{5.58}$$

$\operatorname{rot} \boldsymbol{V}$ wird also nur aus dem antisymmetrischen Teil $[w_{ij}]_E$ gebildet. Mehr noch: $\operatorname{rot} \boldsymbol{V}$ *entspricht umkehrbar eindeutig dem antisymmetrischen Tensor* **W**, *dargestellt durch* $[w_{ij}]_E$. Ist nämlich

$$\operatorname{rot} \boldsymbol{V} = [r_1, r_2, r_3]^{\mathrm{T}}\,, \tag{5.59}$$

so kann man die w_{ik} daraus gewinnen:

$$[w_{ik}]_E = \frac{1}{2}\begin{bmatrix} 0 & -r_3 & r_2 \\ r_3 & 0 & -r_1 \\ -r_2 & r_1 & 0 \end{bmatrix}_E . \tag{5.60}$$

Übungen

Übung 5.7*

Zeige: Ein Tensor zweiter Stufe, dargestellt durch $[t_{ik}]_B$, ist genau dann symmetrisch, wenn $\varepsilon_{ijk} t_{ij} = 0$ gilt. (Dies wird, nach Umstellung der Indizes, in (5.57) verwendet.)

Übung 5.8*

Beweise die folgenden Formeln aus Abschnitt 3.3.2 mit der Tensorrechnung

(a) $\operatorname{div}(\boldsymbol{A} \times \boldsymbol{B}) = -\boldsymbol{A} \cdot \operatorname{rot} \boldsymbol{B} + \boldsymbol{B} \cdot \operatorname{rot} \boldsymbol{A}$

(b) $\operatorname{rot}\operatorname{rot} \boldsymbol{A} = \operatorname{grad}\operatorname{div} \boldsymbol{A} - \Delta \boldsymbol{A}$

(c) $\operatorname{rot}(\varphi \boldsymbol{A}) = \varphi \operatorname{rot} \boldsymbol{A} - \boldsymbol{A} \times \operatorname{grad} \varphi$.

5.2.3 Der Gaußsche Satz für Tensorfelder zweiter Stufe

Wir gehen von einem stetig differenzierbaren Tensorfeld $\boldsymbol{F}(\boldsymbol{x})$ zweiter Stufe aus, definiert auf einer offenen Menge $M \subset \mathbb{R}^3$. Dabei betrachten wir einen seiner Repräsentanten:

$$[f_{ik}(\boldsymbol{x})]_B \, . \tag{5.61}$$

Auf *jede Zeile* dieser Matrix wenden wir nun den Gaußschen Satz im $\mathbb{R}^3$ an, bezogen auf einen stückweise glatt berandeten Bereich $G \subset M$, d.h.

$$\iint\limits_{\partial G} (f_{i1}n_1 + f_{i2}n_2 + f_{i3}n_3)\,\mathrm{d}\sigma = \iiint\limits_{G} \left(\frac{\partial f_{i1}}{\partial \xi_1} + \frac{\partial f_{i2}}{\partial \xi_2} + \frac{\partial f_{i3}}{\partial \xi_3}\right) \mathrm{d}\tau \, . \tag{5.62}$$

Dabei ist $\boldsymbol{n} = [n_1, n_2, n_3]^{\mathrm{T}}$ der (ortsabhängige) äußere Normalenvektor auf ∂G und $\boldsymbol{x} = \xi_1 \boldsymbol{b}_1 + \xi_2 \boldsymbol{b}_2 + \xi_3 \boldsymbol{b}_3$, $B = [\boldsymbol{b}_1, \boldsymbol{b}_2, \boldsymbol{b}_3]$.

Mit der konsequenten Tensorschreibweise (Summenkonvention, $\partial f_{ik}/\partial \xi_p = f_{ik,p}$) erhält (5.64) folgende kürzere Gestalt:

Gaußscher Satz für Tensorfelder (*bzgl. des ersten Index*)

$$\iint\limits_{\partial G} f_{ik} n_k \mathrm{d}\sigma = \iiint\limits_{G} f_{ik,k} \mathrm{d}\tau \, . \tag{5.63}$$ [22]

Es wurden nur zulässige Tensoroperationen ausgeführt: Links Multiplikation und Verjüngung, rechts Differentiation und Verjüngung. Folglich ist (5.63) eine Tensorgleichung, d.h. bei Übergang zu einer anderen Basis B' werden beide Seiten der Gleichung in gleicher Weise transformiert. Gleichung (5.63) gilt also in entsprechender Weise für alle Repräsentanten von $\boldsymbol{F}(\boldsymbol{x})$.

Es liegt nahe, alles analog für Spalten von $[f_{ik}(\boldsymbol{x})]$ durchzuführen. Es folgt also entsprechend:

Gaußscher Satz für Tensorfelder (*bzgl. des zweiten Index*)

$$\iint\limits_{\partial G} f_{ik} n_i \mathrm{d}\sigma = \iiint\limits_{G} f_{ik,i} \mathrm{d}\tau \tag{5.64}$$

22 Summenkonvention beachten!

Die Ausdrücke $f_{ik,k}$ bzw. $f_{ik,i}$ in den Formeln (5.63), (5.64) werden *Divergenz von* $\boldsymbol{F}(\boldsymbol{x})$ *bzgl. des ersten Index* bzw. *des zweiten Index* genannt.

Der Gaußsche Satz für Tensorfelder spielt z.B. in der Maxwellschen Theorie des elektromagnetischen Feldes eine wichtige Rolle.

5.2.4 Anwendungen

Drei typische Anwendungsbeispiele aus der Elastizitätstheorie, Strömungslehre und Elektrostatik beschließen diesen Abschnitt. Sie vermitteln einen Eindruck vom vielfältigen Auftreten der Tensoren in Naturwissenschaft und Technik.

Beispiel 5.2:

(*Lineare Elastizitätstheorie*) Es sei durch ε_{ik} der Verzerrungstensor bei kleinen Dehnungen eines elastischen Körpers beschrieben und durch σ_{ik} der dadurch erzeugte Spannungstensor (am gleichen Ort). Es handle sich dabei um einen isotropen homogenen Körper. In der klassischen Elastizitätstheorie wird (in erster Näherung) ein linearer Zusammenhang zwischen beiden Größen angenommen, nämlich

$$\sigma_{ik} = u_{ikpq}\varepsilon_{pq} \,. \tag{5.65}$$

Nach der Divisionsregel in Abschnitt 5.1.3 repräsentieren die u_{ikpq} einen Tensor $\boldsymbol{U}$.

Der Tensor $\boldsymbol{U}$ spiegelt eine Materialeigenschaft wider. Die Isotropie und Homogenität des Körpers bedeutet, dass Materialeigenschaften richtungsunabhängig sind, mathematisch ausgedrückt also, dass $\boldsymbol{U}$ ein invarianter Tensor ist. Nach Abschnitt 5.1.4, (5.33) ist damit

$$\mu_{ikpq} = \lambda\delta_{ik}\delta_{pq} + \mu\delta_{ip}\delta_{kq} + \nu\delta_{iq}\delta_{kp} \,.$$

Einsetzen in (5.65) ergibt

$$\sigma_{ik} = \lambda\varepsilon_{pp}\delta_{ik} + \mu\varepsilon_{ik} + \nu\varepsilon_{ki} \,.$$

Verzerrungstensor und Spannungstensor sind symmetrisch, so dass die letzten beiden Summenglieder zu $(\mu + \nu)\varepsilon_{ik}$ zusammengefasst werden können. Wir verwenden nun die in der Technik üblichen Konstantenbezeichnungen G und m, die mit λ, μ, ν so zusammenhängen:

$$2G = \mu + \nu \,, \quad \lambda = \frac{2G}{m-2} \quad (m > 2) \,.$$

Damit folgt das *Hookesche*[23] *Spannungs-Dehnungsgesetz:*

$$\sigma_{ik} = 2G\left(\frac{\varepsilon_{pp}\delta_{ik}}{m-2} + \varepsilon_{ik}\right)^{24} \tag{5.66}$$

23 Robert Hooke (1635 – 1703), englischer Physiker, Mathematiker und Erfinder.

24 Beachte hierbei die Summenkonvention: $\varepsilon_{pp} = \varepsilon_{11} + \varepsilon_{22} + \varepsilon_{33}$.

Beispiel 5.3:

(*Strömungen zäher Flüssigkeiten*) In einer zähen inkompressiblen Flüssigkeit betrachten wir die Spannung[25] $\boldsymbol{k}(\boldsymbol{n})$ in einem Raumpunkt $\boldsymbol{x}_0$. Sie hängt von dem Richtungsvektor $\boldsymbol{n}$ ab, der als Flächennormalenvektor eines (infinitesimal) kleinen ebenen Flächenstückes durch $\boldsymbol{x}_0$ aufgefasst werden kann. Dann hält $\boldsymbol{k}(\boldsymbol{n})$, multipliziert mit dem Flächeninhalt, die Flüssigkeit dort im Gleichgewicht (zusammen mit $-\boldsymbol{k}(\boldsymbol{n})$ wegen »actio = reactio«).

Für $\boldsymbol{k}(\boldsymbol{n})$ gilt nach den Grundvorstellungen der Kontinuumsmechanik

$$k_i(\boldsymbol{n}) = \sigma_{ij} n_j \,, \quad i = 1,2,3 \tag{5.67}$$

mit dem Spannungstensor $[\sigma_{ij}]_B$ in $\boldsymbol{x}_0$. Hierbei gilt nach dem Ansatz von Navier[26] und Stokes

$$\sigma_{ij} = -p\delta_{ij} + \mu\left(\frac{\partial V_i}{\partial x_j} + \frac{\partial V_j}{\partial x_i}\right), \tag{5.68}$$

wobei p der Flüssigkeitsdruck in $\boldsymbol{x}_0$ ist, ferner $\boldsymbol{V} = [V_1, V_2, V_3]^{\mathrm{T}}$ das Geschwindigkeitsfeld der strömenden Flüssigkeit und μ die »Zähigkeit« der Flüssigkeit, eine Materialkonstante. x_1, x_2, x_3 sind die Koordinaten von $\boldsymbol{x}$ bzgl. einer Basis B.

Aus (5.67) und (5.68) wollen wir nun $\boldsymbol{k}(\boldsymbol{n})$ explizit berechnen und ohne Bezug auf Koordinaten ausdrücken. Es ist also

$$k_i(\boldsymbol{n}) = -pn_i + \mu(V_{i,j} + V_{j,i})n_j \,. \tag{5.69}$$

Dem rechtsstehenden Glied kann man eine andere Form geben, wobei folgendes benutzt wird:

$$\begin{aligned}
(\boldsymbol{n} \times \operatorname{rot} \boldsymbol{V})_i &= \varepsilon_{ijk} n_j (\operatorname{rot} \boldsymbol{V})_k && \text{nach Abschnitt 5.1.4, (5.31)} \\
&= \varepsilon_{ijk} n_j \varepsilon_{kpq} V_{q,p} && \text{nach Abschnitt 5.1.4, (5.32)} \\
&= n_j \varepsilon_{ijk} \varepsilon_{pqk} V_{q,p} && \\
&= n_j (\delta_{ip}\delta_{jq} - \delta_{iq}\delta_{jp}) V_{q,p} && \text{nach Abschnitt 5.1.4, (5.28)} \\
&= n_j (V_{j,i} - V_{i,j}) && \\
&= n_j (V_{i,j} + V_{j,i}) - 2n_j V_{i,j} \,. &&
\end{aligned}$$

Damit erhält (5.69) die Gestalt

$$k_i(\boldsymbol{n}) = -pn_i + 2\mu n_j V_{i,j} + \mu(\boldsymbol{n} \times \operatorname{rot} \boldsymbol{V})_i \,, \tag{5.70}$$

und es folgt für die *Spannung in der Flüssigkeit*:

$$\boldsymbol{k}(\boldsymbol{n}) = -p\boldsymbol{n} + 2\mu(\boldsymbol{n} \cdot \nabla)\boldsymbol{V} + \mu\boldsymbol{n} \times \operatorname{rot} \boldsymbol{V} \,. \tag{5.71}$$

25 Spannung = Kraft pro Flächeneinheit.

26 Claude Louis Marie Henri Navier (1785 – 1836), französischer Mathematiker und Physiker.

Beispiel 5.4:

(*Elektromagnetische Kräfte und Spannungen*) Wir betrachten ein elektrostatisches Feld $\boldsymbol{E}$ in einem isotropen Isolator. Dabei kann es sich um Glas, Kunststoff, Luft oder auch Vakuum handeln. $\boldsymbol{E}$ ist dabei ein stetig differenzierbares Vektorfeld auf einer offenen Menge M, die den Isolator ausfüllt. Im Isolator ist die von $\boldsymbol{E}$ erzeugte Kraftdichte $\boldsymbol{k}$ durch folgende Gleichung gegeben (s. [4]):

$$\boldsymbol{k} = \rho \boldsymbol{E} - \frac{1}{8\pi} \boldsymbol{E}^2 \operatorname{grad} \varepsilon + \frac{1}{8\pi} \operatorname{grad} \left(\boldsymbol{E}^2 \frac{\mathrm{d}\varepsilon}{\mathrm{d}\sigma} \sigma \right) . \tag{5.72}$$

Dabei ist ρ die Ladungsdichte, ε der Dielektrizitäts-Koeffizient und σ die Massendichte. Aus der Sicht der Mathematik sind sie ortsabhängige stetig differenzierbare Skalarfunktionen. Dabei wird die Annahme gemacht, dass ε lediglich von σ abhängt, dass also

$$\varepsilon(\boldsymbol{x}) = f(\sigma(\boldsymbol{x})) , \quad \boldsymbol{x} \in M$$

gilt mit einer stetig differenzierbaren Funktion f. Die Kettenregel liefert damit

$$\operatorname{grad} \varepsilon = f'(\sigma) \operatorname{grad} \sigma . \quad \text{Wir schreiben kurz} \quad \varepsilon' := \frac{\mathrm{d}\varepsilon}{\mathrm{d}\sigma} := f'(\sigma) . \tag{5.73}$$

Ferner gilt mit der »dielektrischen Verschiebung«

$$\boldsymbol{D} := \varepsilon \boldsymbol{E} \quad \text{die Gleichung} \quad \operatorname{div} \boldsymbol{D} = 4\pi\rho . \tag{5.74}$$

Schließlich ist $\boldsymbol{E}$ wirbelfrei: $\operatorname{rot} \boldsymbol{E} = \boldsymbol{0}$.

Auf Grund der Faradayschen[27] und Maxwellschen[28] »Nahwirkungstheorie« wird angenommen, dass sich die Kräfte in elektrischen Feldern ähnlich wie in elastischen Körpern verhalten. Ist G ein Raumteil im Isolator (G stückweise glatt berandet), so nimmt man nach J.C. Maxwell an, dass die durch $\boldsymbol{K} = \iiint_G \boldsymbol{k} \mathrm{d}\tau$ geleistete Kraftwirkung durch Flächenkräfte dargestellt werden kann, die an der Oberfläche ∂G angreifen. Dies führt zu dem Ansatz

$$\boldsymbol{K} = \iiint_G \boldsymbol{k} \mathrm{d}\tau = \iint_{\partial G} \boldsymbol{T}(\boldsymbol{n}) \mathrm{d}\sigma \tag{5.75}$$

mit der Spannungsverteilung $\boldsymbol{T}(\boldsymbol{n})$, die von der Flächennormalen $\boldsymbol{n}$ auf ∂G abhängt. Aus Gleichgewichtsüberlegungen gelangt man, wie in der Elastizitätslehre, dabei zu der Beziehung

$$\boldsymbol{T}(\boldsymbol{n}) = T \boldsymbol{n}$$

mit einer ortsabhängigen Matrix $T = [t_{ik}]_B$, bezogen auf eine Basis

$$B = [\boldsymbol{b}_1, \boldsymbol{b}_2, \boldsymbol{b}_3] .$$

27 Michael Faraday (1791 – 1867), London, Hampton Court Green; Entdecker der elektromagnetischen Induktion (1831).

28 James Clerk Maxwell (1831 – 1879), Aberdeen, London, Cambridge; Begründer der bahnbrechenden »Maxwellschen Theorie« elektromagnetischer Erscheinungen.

Hierbei repräsentiert $T = [t_{ik}]_B$ natürlich einen Tensor, wegen der Unabhängigkeit physikalischer Gesetze vom Koordinatensystem. Damit lautet der Ansatz (5.75) in Tensorschreibweise

$$K_i = \iiint_G k_i \mathrm{d}\tau = \iint_{\partial G} t_{ik} n_k \mathrm{d}\sigma . \tag{5.76}$$

Nach dem *Gaußschen Satz für Tensorfelder* (s. (5.63)), gilt aber

$$\iint_{\partial G} t_{ik} n_k \mathrm{d}\sigma = \iiint_G t_{ik,k} \mathrm{d}\tau , \quad \text{folglich}$$

$$\iiint_G k_i \mathrm{d}\tau = \iiint_G t_{ik,k} \mathrm{d}\tau , \tag{5.77}$$

also

$$k_i = t_{ik,k} \tag{5.78}$$

da $G \subset M$ beliebig ist.[29] Dies gilt stets unter der Maxwellschen Annahme, dass ein Tensor $[t_{ik}]_B$ existiert, der (5.76) erfüllt. Wir gelangen so zu der klar gestellten *mathematischen Aufgabe*:

Gesucht ist ein Tensor $[t_{ik}]_B$, der (5.78) erfüllt!

Zur Lösung dieses Problems notieren wir uns den Ausdruck für $\boldsymbol{k}$ in (5.72) zunächst in Tensorschreibweise, wobei wir gleich $\rho = \operatorname{div} \boldsymbol{D}/4\pi$ (siehe (5.74)) einsetzen.

$$k_i = \frac{1}{8\pi}\left[2D_{k,k}E_i - \varepsilon_{,i} E_k E_k + (E_k E_k \varepsilon' \sigma)_{,i}\right] . \,^{30} \tag{5.79}$$

Mit Blick auf (5.78) schreiben wir uns zunächst Ableitungen von Produkten auf, die mit den Gliedern in (5.79) zusammenhängen:

$$(D_k E_i)_{,k} = D_{k,k} E_i + D_k E_{i,k} \tag{5.80}$$

$$(\varepsilon E_k E_k)_{,i} = \varepsilon_{,i} E_k E_k + \varepsilon \cdot 2 E_k E_{k,i} . \tag{5.81}$$

Das letzte Glied in (5.81) ist gleich $2D_k E_{i,k}$, wegen $D_k = \varepsilon E_k$ und $\operatorname{rot} \boldsymbol{E} = \boldsymbol{0}$, d.h. $E_{i,k} = E_{k,i}$. Löst man nun (5.80) und (5.81) nach den ersten Gliedern der rechten Seiten auf und setzt die gefundenen Ausdrücke dafür in (5.79) ein, so heben sich die Anteile heraus, die von den zweiten Gliedern in (5.80), (5.81) herrühren. Es folgt

$$k_i = \frac{1}{8\pi}\left[2(D_k E_i)_{,k} - E_k E_k (\varepsilon - \varepsilon' \sigma)_{,i}\right] .$$

29 Man kann dies mit dem Mittelwertsatz der Integralrechnung und Zusammenziehung von G auf einen Punkt schnell einsehen.

30 Wir erinnern: $D_{i,i} = \partial D_i / \partial x_i$, $\varepsilon_{,i} = \partial \varepsilon / \partial x_i$ usw. (mit $\boldsymbol{x} = x_i \boldsymbol{b}_i$).

Nun formen wir nur noch ganz formal um: Die Indizes k im zweiten Glied $E_k E_k(\ldots)$ verwandeln wir in p und verlängern das zweite Glied um δ_{ik}, wobei die Formel $x_i = x_k \delta_{ik}$ benutzt wird. Setzen wir noch $D_k = \varepsilon E_k$ ein, so folgt

$$k_i = \frac{1}{8\pi}\left[2\varepsilon E_i E_k - E_p E_p(\varepsilon - \varepsilon'\sigma)\delta_{ik}\right]_{,k} . \tag{5.82}$$

Damit ist eine Lösung gefunden: Ein Tensor, der (5.78) erfüllt, ist gegeben durch

$$t_{ik} = \frac{1}{8\pi}\left[2\varepsilon E_i E_k - E_{pp}(\varepsilon - \varepsilon'\sigma)\delta_{ik}\right] \tag{5.83}$$

Als Matrix geschrieben, hat er die Form

$$T = [t_{ik}]_B = \frac{\varepsilon}{4\pi}\begin{bmatrix} E_1^2 - \lambda & E_1 E_2 & E_1 E_3 \\ E_2 E_1 & E_2^2 - \lambda & E_2 E_3 \\ E_3 E_1 & E_3 E_2 & E_3^2 - \lambda \end{bmatrix} , \tag{5.84}$$

wobei

$$\lambda = \frac{\boldsymbol{E}^2}{2\varepsilon}(\varepsilon - \varepsilon'\sigma) \tag{5.85}$$

ist. $T = [t_{ik}]_B$ heißt der *Maxwellsche Spannungstensor*. Man kann mit ihm die Kraft $\boldsymbol{K}_F$ ausrechnen, mit dem das elektrostatische Feld auf ein beliebiges (messbares) Flächenstück F wirkt, und zwar durch

$$\boldsymbol{K}_F = \iint_F T\boldsymbol{n}\,\mathrm{d}\sigma . \tag{5.86}$$

Bemerkung: In den Beispielen ist alles verwendet worden, was wir vorher über Tensoren entwickelt hatten: Rechengesetze, Divisionsregel, invariante Tensoren, symmetrische Tensoren, Zusammenhänge mit div, grad, rot und der Gaußsche Satz für Tensorfelder. Überdies stammen die Beispiele aus verschiedenen Anwendungsgebieten. Man erkennt, dass die Vektoranalysis und die hier verallgemeinernde Tensoranalysis unverzichtbare Hilfsmittel für Ingenieure und Naturwissenschaftler sind.

Lösungen zu den Übungen

Zu den mit $*$ versehenen Übungen werden Lösungswege skizziert oder Lösungen angegeben.

Zu Kapitel 1

Zu Übung 1.1:

(a) Vergleicht man (1.4) mit der Polarkoordinatentransformation $x = r\cos\varphi$, $y = r\sin\varphi$, so bedeutet dies $r = at$, $t = \varphi$, d.h.: $r = a\varphi$. (Hier wird $\varphi \geq 0$ beliebig gesetzt, also über 2π hinaus fortgesetzt.)

(b) Mit $r^2 = x^2 + y^2$, $\varphi = 2\pi + \arccos\frac{x}{r}$ $(y \geq 0)$ folgt aus $r = a\varphi$:

$$x^2 + y^2 - \left(2\pi a + \arccos x/\sqrt{x^2+y^2}\right)^2 = 0\,, \quad \text{wobei } y \geq 0.$$

Zu Übung 1.3: Auflösung nach y liefert: $y = \pm\sqrt{x^3/(2-x)}$. Setzt man (z.B.) $x = t$ für $y \geq 0$ und $x = -t$ für $y \leq 0$, so folgt eine Parameterdarstellung der Zissoide

$$\left.\begin{array}{lllll} x = & t & , \; y = \sqrt{t^3/(2-t)} & \text{für} & 0 \leq t \leq a \\ x = & -t & , \; y = -\sqrt{t^3/(2+t)} & \text{für} & -a \leq t < 0 \end{array}\right\} (a < 2)$$

(Darstellung in Polarkoordinaten: $r = 2\cos\varphi\tan\varphi$, $|\varphi| < \pi/2$.)

Zu Übung 1.4: *Anleitung* (vgl. Fig. 1.13): Koordinatensystem mit $A = \mathbf{0}$, Berechnung von S und Q für ein t, daraus ergibt sich P.

Zu Übung 1.5: (a) Ja. (b) Nein, da $\dot{x} = \dot{y} = 0$ für $t = 0$. (c) glatt.

Zu Übung 1.6: Verwende aus Burg/Haf/Wille (Analysis) [14]die entsprechende Integralformel.

Zu Übung 1.8: $\dot{x} = R(1-\cos t)$, $\dot{y} = R\sin t$ $\Rightarrow$ Bogenlänge L der Zykloide Z:

$$L = \int_0^{2\pi}\sqrt{\dot{x}^2+\dot{y}^2}\,\mathrm{d}t = \int_0^{2\pi}\sqrt{2R^2(1-\cos t)}\,\mathrm{d}t = \int_0^{2\pi}\sqrt{2R\cdot 2\sin^2\frac{t}{2}}\,\mathrm{d}t = 8R\,.$$

Zu Übung 1.9: Wäre $\boldsymbol{\gamma} \sim \boldsymbol{\gamma}^-$, so müsste $\boldsymbol{\gamma}(\varphi(t)) = \boldsymbol{\gamma}(-t)$ möglich sein, mit $\dot{\varphi} > 0$. Für $-t \in [a,b]$ ergäbe Differentiation dann $\dot{\boldsymbol{\gamma}}(\varphi(t))\cdot\dot{\varphi}(t) = -\dot{\boldsymbol{\gamma}}(t)$, d.h. Richtungsumkehr des Tangentenvektors. Das kann bei Äquivalenz im eineindeutigen Teil nicht sein.

Zu Übung 1.18: Bei Auswertung von $\int\cos(\ln\sigma)\mathrm{d}\sigma$ substituiere man $t = \ln\sigma$.

Zu Übung 1.19: (1.69) $\Rightarrow \xi = \dfrac{a^2-b^2}{a}\cos^3 t$, $\eta = -\dfrac{a^2-b^2}{b}\sin^3 t$. Potenzieren mit 2/3 und Addieren liefert $(a\xi)^{2/3} + (b\eta)^{2/3} - (a^2-b^2)^{2/3} = 0$.

Zu Übung 1.20: $\xi = t + \sin t$, $\eta = -1 + \cos t$.

Zu Übung 1.22:

(a) Die drei Punkte sind die Ecken eines Dreiecks, dessen Mittelsenkrechten sich im Mittelpunkt des »Umkreises« schneiden.

Zu Übung 1.23: Fig. 1.38 $\Rightarrow x = a\cos t,\ y = b\sin t$ (Parameterdarstellung einer Ellipse).

Zu Übung 1.24: Vergleich der Steigungen von (1.101) und $20x + 12y = 24$ nebst der Hyperbelgleichung liefert x_0, y_0 und damit die Lösung.

Zu Übung 1.26: Fig. 1.49 $\Rightarrow\ y = t \Rightarrow y^2 = t^2 = c^2 - r^2 = [(a-y)^2 + x^2] - r^2$
$\Rightarrow y^2 = (a-y)^2 + x^2 - r^2 \Rightarrow x^2 = 2a[y - (a^2 - r^2)/(2a)]$ Parabel.

Zu Übung 1.29: Lichtquelle im Brennpunkt, 4,645 cm vom Scheitelpunkt entfernt.

Zu Übung 1.30: Hyperbel. **1.31**: Parabel. **1.32**: Ellipse.

Zu Übung 1.33: $x = r \cdot \arccos \dfrac{r-y}{c} - \sqrt{c^2 - (r-y)^2}$.

Zu Übung 1.34: Fig. 1.57 $\Rightarrow$ Gerade $g : x\sin(3\alpha) - y\cos(3\alpha) - r\sin\alpha = 0$ (Hessesche Normalform). Mit $t = 2\alpha$ und $r = 3R$ hat die Kardioide die Darstellung

$$x = \frac{r}{3}\big(2\cos(2\alpha) - \cos(4\alpha)\big), \qquad y = \frac{r}{3}\big(2\sin(2\alpha) - \sin(4\alpha)\big).$$

Diese x, y erfüllen die Geradengleichung von g (man benutze das Additionstheorem des Sinus beim Nachweis). g hat also mit der Kardioide einen Punkt $[x_0, y_0]^{\mathrm{T}}$ gemeinsam. Der Tangentialvektor in $[x_0, y_0]^{\mathrm{T}}$ liegt parallel zu g, wie man (wieder mit dem Additionstheorem des Sinus) nachweist.

Zu Übung 1.39: $\boldsymbol{N} = \boldsymbol{B} \times \boldsymbol{T}$ liefert mit (1.178) und (1.182) $(\dot{\boldsymbol{r}} \times \ddot{\boldsymbol{r}}) \times \dot{\boldsymbol{r}} / (|\dot{\boldsymbol{r}}|\,|\dot{\boldsymbol{r}} \times \ddot{\boldsymbol{r}}|)$. Normierung von $(\dot{\boldsymbol{r}} \times \ddot{\boldsymbol{r}}) \times \dot{\boldsymbol{r}}$ auf Länge 1 ergibt (1.193).

Zu Übung 1.47: (1.217) liefert (über achsenparallelem Wege) $\varphi(\boldsymbol{x}) = -gz + c$ mit $\boldsymbol{x} = [x, y, z]^{\mathrm{T}}$, c konstant. Da hieraus $\operatorname{grad}\varphi = \boldsymbol{V}$ folgt, ist $\boldsymbol{V}$ wegunabhängig. Die Äquipotentialflächen sind die »waagerechten« Ebenen, $z =$ konstant.

Zu Kapitel 2

Zu Übung 2.1:

(a) In Figur 2.3 hat $\boldsymbol{x}$ die Koordinaten x, y, z, und $a = \sqrt{x^2 + y^2}$ ist die Projektionslänge von $\boldsymbol{x}$ in der u, v-Ebene. Damit gilt nach dem »Strahlensatz« $|\boldsymbol{u}| : 1 = (|\boldsymbol{u}| - a) : z\ (0 < z < 1)$, also $z|\boldsymbol{u}| = |\boldsymbol{u}| - a$ (auch für $-1 \le z \le 0$), und nach $|\boldsymbol{u}|$ aufgelöst:

$$|\boldsymbol{u}| = \frac{a}{1-z} \Rightarrow |\boldsymbol{u}|^2 = \frac{a^2}{(1-z)^2} = \frac{x^2+y^2}{(1-z)^2} = \frac{1-z^2}{(1-z)^2} = \frac{1+z}{1-z}$$
$$\Rightarrow z = \frac{|\boldsymbol{u}|^2 - 1}{|\boldsymbol{u}|^2 + 1}. \quad \text{Einsetzen in } |\boldsymbol{u}| = \frac{a}{1-z} \text{ ergibt } a = \frac{2|\boldsymbol{u}|}{1+|\boldsymbol{u}|^2}.$$

Wegen $x : a = u : |\boldsymbol{u}|$, $y : a = v : |\boldsymbol{u}|$ (falls $\boldsymbol{u} \neq \boldsymbol{0}$) folgt $x = 2u/(|\boldsymbol{u}|^2 + 1)$, $y = 2v/(|\boldsymbol{u}|^2 + 1)$. — Der Fall $\boldsymbol{u} = \boldsymbol{0}$ liefert dasselbe. Damit ist (2.5) hergeleitet.

(b) Aus der Gleichung für z errechnet man $|\boldsymbol{u}|^2 = \dfrac{1+z}{1-z}$, und daraus $|\boldsymbol{u}|^2 + 1 = \dfrac{2}{1-z}$. Einsetzen in die Gleichung für x und y nebst Auflösung nach u, v liefert die Umkehrformeln (2.6).

Zu Übung 2.3: Aus der Kettenregel folgt $[\boldsymbol{g}_s, \boldsymbol{g}_t] = [\boldsymbol{f}_u, \boldsymbol{f}_v]\boldsymbol{\varphi}'$. Die Komponenten $(\boldsymbol{g}_s \times \boldsymbol{g}_t)_i$ von $\boldsymbol{g}_s \times \boldsymbol{g}_t$ sind die zweireihigen Unterdeterminanten der Matrix $[\boldsymbol{g}_s, \boldsymbol{g}_t]$ (evtl. mit Vorzeichenwechsel). Für $\boldsymbol{f}_u \times \boldsymbol{f}_v$ gilt Entsprechendes. Damit folgt $(\boldsymbol{g}_s \times \boldsymbol{g}_t)_i = (\boldsymbol{f}_u \times \boldsymbol{f}_v)_i \det \boldsymbol{\varphi}'$ $(i = 1,2,3)$ nach dem Determinanten-Multiplikationssatz. Dies liefert (2.19).

Zu Kapitel 3

Zu Übung 3.4:

(i) *Vorproblem*: Eine Kugel vom Radius r schwimmt im Wasser, wobei die Eintauchtiefe gleich t ist $(0 < t < 2r)$. Wie groß ist das Volumen V_t des Teils der Kugel, der sich unter der Wasseroberfläche befindet? — Mit der Formel für das Volumen von Rotationskörpern (Burg/Haf/Wille (Analysis) [14]) berechnet man dies so:

$$V_t = \pi \int_{-r}^{t-r} \left(\sqrt{r^2 - x^2}\right)^2 \mathrm{d}x = \pi \int_{-r}^{t-r} \left(r^2 - x^2\right) \mathrm{d}x = \pi t^2 \left(r - \frac{t}{3}\right).$$

(ii) *Zur Aufgabe*: Nach dem Archimedischen Auftriebsgesetz muss $V_t \rho = G$ sein, also

$$\pi \rho t^2 \left(r - \frac{t}{3}\right) - G = 0, \quad (0 < t < 2r).$$

Die (einzige) Lösung t dieser Gleichung im Intervall $(0, 2r)$ ist die gesuchte Eintauchtiefe. Man kann sie mit der »Cardanischen[31] Formel« für kubische Gleichungen oder — bei Zahlenangaben — mit dem Newtonschen Verfahren gewinnen (dies wird hier nicht ausgeführt).

Zu Übung 3.6: (a) $\operatorname{rot} \boldsymbol{V} = [e^{x+y+z} - 2z,\ xy - e^{x+y+z},\ -xz]^{\mathrm{T}}$, (b) $\operatorname{rot} \boldsymbol{V} = \boldsymbol{0}$.

Zu Übung 3.8: Wir errechnen rot $\boldsymbol{V}$ und notieren dazu die Parameterdarstellungen der oberen Hemisphäre H und seines Randes ∂H

$$\operatorname{rot} \boldsymbol{V}(\boldsymbol{x}) = \begin{bmatrix} x + x^2 y \\ -y \\ -2xyz - 1 \end{bmatrix},$$

$$H : \boldsymbol{f}(\theta, \varphi) = \begin{bmatrix} \sin\theta\cos\varphi \\ \sin\theta\sin\varphi \\ \cos\theta \end{bmatrix}, \quad \partial H : \boldsymbol{\gamma}(t) = \begin{bmatrix} \cos t \\ \sin t \\ 0 \end{bmatrix},$$

wobei: $0 \le \theta \le \pi/2$, $0 \le \varphi \le 2\pi$, $0 \le t \le 2\pi$. Im »Nordpol« $N = [0,0,1]^{\mathrm{T}}$ ist zwar $\boldsymbol{f}_\theta \times \boldsymbol{f}_\varphi = \boldsymbol{0}$, doch schadet dies bei der Integration über H nicht. (Man könnte zunächst eine kleine Scheibe um N aus H herausnehmen und diese dann auf N zusammenziehen.)

Man errechnet einerseits das *Kurvenintegral*

$$\int_{\partial H} \boldsymbol{V} \cdot \mathrm{d}\boldsymbol{x} = \int_0^{2\pi} \boldsymbol{V}(\boldsymbol{\gamma}(t)) \cdot \dot{\boldsymbol{\gamma}}(t) \mathrm{d}t = -\int_0^{2\pi} (\underbrace{\cos t \sin t}_{(1/2)\sin(2t)} + \sin^2 t \mathrm{d}t) \mathrm{d}t = -\pi$$

31 Nach Gerolamo Cardano (1501 – 1576), italienischer Arzt, Philosoph und Mathematiker

und andererseits das *Flächenintegral* mit *Abkürzung*: $s := \sin$, $c := \cos$:

$$\iint_H \operatorname{rot} \boldsymbol{V} \cdot \mathrm{d}\boldsymbol{\sigma} = \int_0^{2\pi} \int_0^{\pi/2} \operatorname{rot} \boldsymbol{V} \cdot (\boldsymbol{f}_\theta \times \boldsymbol{f}_\varphi) \mathrm{d}\theta \mathrm{d}\varphi$$

$$= \int_0^{2\pi} \int_0^{\pi/2} \begin{bmatrix} s\theta c\theta + s^3\theta c^2\varphi s\varphi \\ -s\theta s\varphi \\ -2s^2\theta c\theta c\varphi s\varphi - 1 \end{bmatrix} \cdot \begin{bmatrix} -s^2\theta c\varphi \\ -s^2\theta s\varphi \\ s\theta c\theta \end{bmatrix} \mathrm{d}\theta \mathrm{d}\varphi$$

$$= \int_0^{2\pi} \int_0^{\pi/2} \Big[s^2\theta \underbrace{(s^2\varphi - c^2\varphi)}_{-c(2\varphi)} s^5\theta c^3\varphi s\varphi - 2s^3\theta c^2\theta s\varphi c\varphi - \underbrace{s\theta c\varphi}_{\frac{1}{2}s(2\theta)} \Big] \mathrm{d}\theta \mathrm{d}\varphi = -\pi \,.$$

Hier liefern die ersten drei Summanden bei Integration lediglich 0, wie die Integration allein über φ zeigt. Der letzte Summand $-\sin\theta\cos\theta = -\frac{1}{2}\sin(2\theta)$ ergibt bei Integration $-\pi$. Die Gleichheit des Kurven- und Flächenintegrals verifiziert den Stokesschen Satz.

Zu Übung 3.9: Beweis durch Zurückführung auf Komponenten x_1, x_2, x_3, wobei die Komponenten von $\operatorname{grad}\varphi$ und $\operatorname{rot}\boldsymbol{A}$ durch $(\operatorname{grad}\varphi)_i$, $(\operatorname{rot}\boldsymbol{A})_i$ mit $i = 1, 2, 3$ beschrieben werden. Zum Beispiel (e):

$$\big(\operatorname{grad}(\varphi\psi)\big)_i = \frac{\partial}{\partial x_i}(\varphi\psi) = \varphi\frac{\partial}{\partial x_i}\psi + \psi\frac{\partial}{\partial x_i}\varphi = \varphi(\operatorname{grad}\psi)_i + \psi(\operatorname{grad}\varphi)_i \,.$$

Zu Übung 3.10:

$$\text{(h)} \quad \Rightarrow \iint_{\partial G} \boldsymbol{A} \cdot \boldsymbol{B} \mathrm{d}\boldsymbol{\sigma} = \iiint_G (\boldsymbol{A} \times \operatorname{rot}\boldsymbol{B} + \boldsymbol{B} \times \operatorname{rot}\boldsymbol{A} + \boldsymbol{A}'\boldsymbol{B} + \boldsymbol{B}'\boldsymbol{A}) \mathrm{d}\tau$$

$$\text{(j)} \quad \Rightarrow \iint_{\partial G} \mathrm{d}\boldsymbol{\sigma} \times (\boldsymbol{A} \times \boldsymbol{B}) = \iiint_G (\boldsymbol{A} \operatorname{div}\boldsymbol{B} - \boldsymbol{B} \operatorname{div}\boldsymbol{A} + \boldsymbol{A}'\boldsymbol{B} - \boldsymbol{B}'\boldsymbol{A}) \mathrm{d}\tau \,.$$

Zu Übung 3.11:

(a) $\tilde{\boldsymbol{V}}(r, \varphi, z) = [r \sin\varphi, -z, 1]^{\mathrm{T}}$; $\boldsymbol{e}_r, \boldsymbol{e}_\varphi, \boldsymbol{e}_z$ s. Beisp. 3.5. Damit: $V^r = \tilde{\boldsymbol{V}} \cdot \boldsymbol{e}_r = r \sin\varphi\cos\varphi - z\sin\varphi$, $V^\varphi = \tilde{\boldsymbol{V}} \cdot \boldsymbol{e}_\varphi = r\sin^2\varphi - z\cos\varphi$, $V^z = 1$.

(b) $\partial\boldsymbol{e}_r/\partial\varphi = \boldsymbol{e}_\varphi$, $\partial\boldsymbol{e}_\varphi/\partial\varphi = -\boldsymbol{e}_r$. Alle anderen partiellen Ableitungen von $\boldsymbol{e}_r, \boldsymbol{e}_\varphi, \boldsymbol{e}_z$ nach r, φ, z sind $\boldsymbol{0}$.

(c) $\partial\boldsymbol{e}_r/\partial\varphi = \sin\theta\boldsymbol{e}_\varphi$, $\partial\boldsymbol{e}_\theta/\partial\varphi = \cos\theta\boldsymbol{e}_\varphi$, $\partial\boldsymbol{e}_\varphi/\partial\varphi = -\sin\theta\boldsymbol{e}_r - \cos\theta\boldsymbol{e}_\theta$, $\partial\boldsymbol{e}_r/\partial\theta = \boldsymbol{e}_\theta$, $\partial\boldsymbol{e}_\theta/\partial\theta = -\boldsymbol{e}_r$. Die restlichen Ableitungen sind $\boldsymbol{0}$.

Zu Übung 3.12: Verwende (3.97), (3.100), z.B. (a) $\psi(\boldsymbol{x}) = xyz$ in Zylinder-Koordinaten: $\psi(\boldsymbol{x}) = \tilde{\psi}(r, \varphi, z) = r^2\cos\varphi \cdot \sin\varphi \cdot z$. Aus (3.97) folgt dann $\operatorname{grad}\psi = 2r\cos\varphi\sin\varphi \cdot z\boldsymbol{e}_r + r\cos(2\varphi) \cdot z\boldsymbol{e}_\varphi + r^2\cos\varphi\sin\varphi \cdot \boldsymbol{e}_z$.

Zu Übung 3.13: $\operatorname{grad}\operatorname{div}\boldsymbol{e}_r = [-r^{-2}\cot\theta,\ -r^{-2}/\sin^2\theta,\ 0]^{\mathrm{T}}$, $\operatorname{rot}\boldsymbol{e}_\theta = \frac{1}{r}\boldsymbol{e}_\varphi$.

Zu Übung 3.15: Berechne zuerst $\boldsymbol{e}_i$ und $\boldsymbol{g}_i$ nach (3.82), Abschn. 3.3.7, und dann grad, div, rot, Δ nach Satz 3.10: (3.91) – (3.95).

Zu Übung 3.16: $\varphi(\boldsymbol{x}) = |\boldsymbol{x}|^2/2$.

Zu Übung 3.17: $\Delta\varphi = \varphi_{xx} + \varphi_{yy} + \varphi_{zz} = 0 \Leftrightarrow X''YZ + XY''Z + XYZ'' = 0$ (Variablen (x), (y), (z) der Übersichtlichkeit wegen weggelassen). Division durch $\varphi = XYZ$ liefert $X''/X + Y''/Y + Z''/Z = 0$. Da nur der erste Summand von x abhängt, ist (für festes y und festes z): $X''/X = \lambda_1 =$ konstant. Analog ist $Y''/Y = \lambda_2$, $Z''/Z = \lambda_3$ (λ_2, λ_3 konstant), wobei $\lambda_1 + \lambda_2 + \lambda_3 = 0$ ist (komplexe Werte zugelassen). Die Differentialgleichungen $X'' = \lambda_1 X$, $Y'' = \lambda_2 Y$, $Z'' = \lambda_3 Z$ sind leicht zu lösen. Z.B. hat $X'' = \lambda_1 X$ die allgemeine Lösung

$$X(x) = \begin{cases} a_1\,\mathrm{e}^{\sqrt{\lambda_1}x} + b_1\,\mathrm{e}^{-\sqrt{\lambda_1}x}, & \text{falls } \lambda \neq 0 \ (\sqrt{\lambda_1} \text{ eine speziell gewählte Wurzel}) \\ a_1 + b_1 x, & \text{falls } \lambda_1 = 0. \end{cases}$$

Für $Y(y)$ und $Z(z)$ gilt Entsprechendes. Hieraus setzt man $\varphi = XYZ$ zusammen. Summen und Reihen solcher Lösungen führen zu allgemeinen Lösungen von $\Delta\varphi = 0$.

Zu Übung 3.18: Für die Differenz $\Phi = \varphi - \psi$ zweier Lösungen von (3.121) gilt $\Delta\Phi = 0$ und $\max\limits_{|\boldsymbol{x}|=r} |\Phi(\boldsymbol{x})| \to 0$ für $r \to \infty$. Das Maximumprinzip (Satz 3.10) ergibt $\max\limits_{|\boldsymbol{x}|\le r} |\Phi(\boldsymbol{x})| = \max\limits_{|\boldsymbol{x}|=r} |\Phi(\boldsymbol{x})| \to 0$ für $r \to \infty$, also $\max\limits_{|\boldsymbol{x}|\in\mathbb{R}^3} |\Phi(\boldsymbol{x})| = 0$, d.h. $\Phi = 0$, d.h. $\varphi = \psi$.

Zu Kapitel 5

Zu Übung 5.1: Es ist $\delta_{ij}\varepsilon_{ijk}$ gleich $\sum_{i,j=1}^{3} \delta_{ij}\varepsilon_{ijk} = \sum_{i=1}^{3} \delta_{ii}\varepsilon_{iik} = 0$, da $\varepsilon_{iik} = 0$. Die übrigen Gleichungen folgen leicht aus (5.28).

Zu Übung 5.2: Siehe (5.34), setze $\lambda = 1$, $\mu = \nu = 0$.

Zu Übung 5.3: Jeder nichtverschwindende Vektor $\boldsymbol{x} \in \mathbb{R}$ (Tensor 1. Stufe) kann durch eine geeignete Drehmatrix $\boldsymbol{A}$ in einen anderen transformiert werden: $\boldsymbol{A}\boldsymbol{x} \neq \boldsymbol{x}$. Als Drehachse braucht man nur eine zu $\boldsymbol{x}$ rechtwinklige Achse zu wählen. Somit gilt nur für $\boldsymbol{x} = \boldsymbol{0}$: $\boldsymbol{A}\boldsymbol{x} = \boldsymbol{x}$ für alle $\boldsymbol{A}$.

Zu Übung 5.5: $\lambda_1 = 11, \lambda_2 = 1, \lambda_3 = 0,$

$$C = \begin{bmatrix} -1/\sqrt{110} & 3/\sqrt{10} & 1/\sqrt{11} \\ 10/\sqrt{110} & 0 & 1/\sqrt{11} \\ 3/\sqrt{110} & 1/\sqrt{10} & -3/\sqrt{11} \end{bmatrix}.$$

Zu Übung 5.6: $\lambda_1 \doteq 10{,}2$, $\lambda_2 \doteq 16{,}7$, $\lambda_3 \doteq 21{,}1$,

$$C \doteq \begin{bmatrix} -0{,}137 & -0{,}451 & -0{,}879 \\ -0{,}437 & 0{,}824 & -0{,}355 \\ 0{,}888 & 0{,}337 & -0{,}310 \end{bmatrix}.$$

Zu Übung 5.7: Setze $k = 1$. Es gilt $0 = \varepsilon_{ij1}t_{ij} = t_{23}t_{32}$, d.h. $t_{23} = t_{32}$. Analog folgt für $k = 2$ und $k = 3$: $t_{13} = t_{31}$, $t_{12} = t_{21}$.

Zu Übung 5.8: Es sei erinnert an: $(\boldsymbol{a} \times \boldsymbol{b})_i = \varepsilon_{ijk}a_j b_k$, $(\operatorname{grad}\varphi)_i = \varphi_{,i}$, $(\operatorname{rot} \boldsymbol{V})_i = \varepsilon_{ijk} V_{k,j}$, $\operatorname{div} \boldsymbol{V} = \partial V_i/\partial x_i$. Damit folgt

(a) $\operatorname{div}(\boldsymbol{A} \times \boldsymbol{B}) = \dfrac{\partial}{\partial x_i}\varepsilon_{ijk}A_j B_k = \varepsilon_{ijk}(A_{j,i}B_k + A_j B_{k,i}) = B_k\varepsilon_{kij}A_{j,i} - A_j\varepsilon_{jik}B_{k,i} = \boldsymbol{B}\cdot\operatorname{rot}\boldsymbol{A} - \boldsymbol{A}\cdot\operatorname{rot}\boldsymbol{B}$.

(b) und (c) werden nach der gleichen Methode berechnet.

Symbole

Wir erinnern zunächst an einige Symbole, die in diesem Band verwendet werden und die in dieser oder ähnlicher Form bereits in Burg/Haf/Wille [14], [11] und [12] verwendet wurden.

$x :=$ x ist definitionsgemäß gleich ...
$x \in M$ x ist Element der Menge M, kurz: »x aus M«
$x \notin M$ x ist nicht Element der Menge M
$\{x_1, x_2, \ldots, x_n\}$ Menge der Elemente $x_1, x_2, \ldots, x_n$
$\{x | x$ hat die Eigenschaft $E\}$ Menge aller Elemente x mit der Eigenschaft E
$M \subset N$, $N \supset M$ M ist Teilmenge von N
$M \cup N$ Vereinigungsmenge von M und N
$M \cap N$ Schnittmenge von M und N
$\emptyset$ leere Menge
$\mathbb{N}$ Menge der natürlichen Zahlen
$\mathbb{N}_0$ Menge der natürlichen Zahlen einschließlich 0
$\mathbb{Z}$ Menge der ganzen Zahlen
$\mathbb{R}$ Menge der reellen Zahlen
$\mathbb{R}^+$ Menge der positiven reellen Zahlen
$\mathbb{R}_0^+$ Menge der nichtnegativen reellen Zahlen
$[a, b]$, (a, b), $(a, b]$, $[a, b)$ abgeschlossene, offene, halboffene Intervalle
$[a, \infty)$, (a, ∞), $(-\infty, a]$, $(-\infty, a)$ unbeschränkte Intervalle
$(x_1, \ldots, x_n)$ n-Tupel
$\mathbb{C}$ Menge der komplexen Zahlen
$\operatorname{Re} z$ Realteil von z
$\operatorname{Im} z$ Imaginärteil von z
$\overline{z}$ konjugiert komplexe Zahl zu z
$\arg z$ Argument von z
$\begin{bmatrix} x_1 \\ \vdots \\ x_n \end{bmatrix}$ Spaltenvektor der Dimension n
$\mathbb{R}^n$ Menge aller Spaltenvektoren der Dimension n, (wobei $x_1, \ldots, x_n \in \mathbb{R}$)
$f : A \to B$ Funktion (Abbildung) von A in B
$\overline{D}$ abgeschlossene Hülle von D
$\mathring{D}$, $\operatorname{In}(D)$, D_i Inneres von D
$\text{Äu}(D)$, D_a Äußeres von D
∂D Rand von D

Es folgen die in diesem Band eingeführten Symbole:

grad Abschn. 1.6.1
div Abschn. 3.1.1
rot Abschn. 1.6.4, 3.2.2
∇ (Nabla-Operator) Abschn. 3.1.1
Δ (Laplace-Operator) Abschn. 3.1.1
$[\boldsymbol{r}_0, \boldsymbol{r}_1]$ Abschn. 1.1.1
$K : \boldsymbol{x} = \boldsymbol{k}(t), a \le t \le b$ Abschn. 1.1.2
$\boldsymbol{\gamma}_1 \oplus \boldsymbol{\gamma}_2 \oplus \ldots \oplus \boldsymbol{\gamma}_n$ Abschn. 1.1.2
$K_1 \oplus K_2 \oplus \ldots \oplus K_n$ Abschn. 1.1.2
L_z Abschn. 1.1.5
$L(\gamma)$ (Bogenlänge) Abschn. 1.1.5
$\boldsymbol{T}_\gamma$ Abschn. 1.1.3, 1.2.3
$\boldsymbol{T}$ Abschn. 1.1.5, 1.2.3, 1.5.1
$\boldsymbol{N}_\gamma$ Abschn. 1.2.3
$\boldsymbol{N}$ Abschn. 1.2.3, 1.5.1
$\boldsymbol{B}$ Abschn. 1.5.1
$\boldsymbol{D}$ Abschn. 1.6.2
$\operatorname{arc}(x, y)$ Abschn. 1.2.1
κ (Krümmung) Abschn. 1.1.2, 1.5.1
τ (Torsion) Abschn. 1.5.1
$S(s)$, $C(t)$ (Fresnelsche Integrale) Abschn. 1.4.7
$\boldsymbol{V}$, $\boldsymbol{W}$, ... Abschn. 1.6.1
$\int_K \ldots \mathrm{d}s$ Abschn. 1.6.2
$\int_K \ldots \mathrm{d}x$ Abschn. 1.6.2
$\int_{p_0}^{p_1} \boldsymbol{V}(\boldsymbol{x})\mathrm{d}\boldsymbol{x}$ Abschn. 1.6.3
$\oint_K \ldots \mathrm{d}\boldsymbol{x}$ Abschn. 1.6.3, 3.2.2
$\varphi_x, \varphi_{x_i x_k}, V_{i,x_k}, \ldots$ Abschn. 1.6.4
$[a, b] \times [c, d]$ Abschn. 1.6.4
$\boldsymbol{f}_u, \boldsymbol{f}_v$ Abschn. 2.1.1
$\det \varphi'$ Abschn. 2.1.3
$\int_F G(\boldsymbol{x})\mathrm{d}\sigma = \iint_F G(\boldsymbol{x})\mathrm{d}\sigma$ Abschn. 2.2.2
$\int_F \boldsymbol{V}(\boldsymbol{x}) \cdot \mathrm{d}\boldsymbol{\sigma} = \iint_F \boldsymbol{V}(\boldsymbol{x}) \cdot \mathrm{d}\boldsymbol{\sigma}$ Abschn. 2.2.2
$\mathrm{d}\boldsymbol{\sigma}$ Abschn. 2.2.2
$\int_{\partial B} \boldsymbol{V} \cdot \mathrm{d}\boldsymbol{\sigma} = \iiint_B \operatorname{div} \boldsymbol{V} \mathrm{d}\tau$ Abschn. 3.1.2
$\mathrm{d}\tau = \mathrm{d}x\,\mathrm{d}y\,\mathrm{d}z$ Abschn. 3.1.1
$\int_K (W_1 \mathrm{d}x + W_2 \mathrm{d}y)$ Abschn. 3.1.5
$\iint_{\partial B} (V_1 \mathrm{d}(y, z) + V_2 \mathrm{d}(z, x) + V_3 \mathrm{d}(x, y))$ Abschn. 4.1.1
$\sigma(F)$ (Flächeninhalt) Abschn. 3.2.2
$W_{\boldsymbol{n}}(\boldsymbol{x}_0)$ (Wirbelstärke) Abschn. 3.2.2
$\partial\psi / \partial \boldsymbol{n}$ Abschn. 3.3.6
g_1, g_2, g_3 Abschn. 3.3.7
$\mathcal{O}(h(|\boldsymbol{x}|))$ Abschn. 3.4.3
ω, ω_p Abschn. 4.1.2, 4.2.1
$\mathrm{d}x, \mathrm{d}(x, y), \mathrm{d}(x, y, z)$ Abschn. 4.1.2
$\mathrm{d}(x_1, \ldots, x_p)$ Abschn. 4.2.1
$\mathrm{d}f, \mathrm{d}(f, g), \mathrm{d}(f, g, h)$ Abschn. 4.1.2
$\mathrm{d}(f_1, \ldots, f_p)$ Abschn. 4.2.1
$\omega_1 \wedge \omega_2$ Abschn. 4.1.3, 4.2.1
$\mathrm{d}\omega$ Abschn. 4.1.3, 4.2.1,
$\int_F \omega$ Abschn. 4.1.4, 4.2.2,
$[t_{ik}]_B$ Abschn. 5.1.2
$[t_{ij\ldots k}]_B$ Abschn. 5.1.2
δ_{ik} (Kronecker-Symbol) Abschn. 5.1.2, 5.1.4
ε_{ijk} Abschn. 5.1.4
$t_{,p\ldots q}, t_{ij\ldots k,p\ldots q}$ Abschn. 5.2.1

Literaturverzeichnis

[1] Amann, H.: *Gewöhnliche Differentialgleichungen.* de Gruyter, Berlin, 2 Aufl., 1995.

[2] Aumann, G.: *Höhere Mathematik I – III.* Bibl. Inst., Mannheim, 1970 – 71.

[3] Bartsch, H.: *Taschenbuch Mathematischer Formeln.* Carl Hanser, München, 22 Aufl., 2011.

[4] Becker, R. und Sauter, F.: *Theorie der Elektrizität.* Teubner, Stuttgart, 16 Aufl., 1957.

[5] Böhmer, K.: *Spline-Funktionen, Theorie und Andwendungen.* Teubner, Stuttgart, 1974.

[6] Bourne, D. und Kendall, P.: *Vektoranalysis.* Teubner, Stuttgart, 2 Aufl., 1997.

[7] Brauch, W., Dreyer, H. und Haacke, W.: *Beispiele und Aufgaben zur Ingenieurmathematik.* Teubner, Stuttgart, 1984.

[8] Brauch, W., Dreyer, H. und Haacke, W.: *Mathematik für Ingenieure.* Teubner, Wiesbaden, 11 Aufl., 2006.

[9] Brenner, J.: *Mathematik für Ingenieure und Naturwissenschaftler I – IV.* Aula, Wiesbaden, 4 Aufl., 1989.

[10] Burg, C., Haf, H. und Wille, F.: *Höhere Mathematik für Ingenieure*, Bd. Funktionentheorie. Vieweg+Teubner, Wiesbaden, 1 Aufl., 2004.

[11] Burg, C., Haf, H., Wille, F. und Meister, A.: *Höhere Mathematik für Ingenieure*, Bd. 2. Vieweg+Teubner, Wiesbaden, 6 Aufl., 2008.

[12] Burg, C., Haf, H., Wille, F. und Meister, A.: *Höhere Mathematik für Ingenieure*, Bd. 3. Vieweg+Teubner, Wiesbaden, 5 Aufl., 2009.

[13] Burg, C., Haf, H., Wille, F. und Meister, A.: *Höhere Mathematik für Ingenieure*, Bd. Partielle Differentialgleichungen. Vieweg+Teubner, Wiesbaden, 5 Aufl., 2010.

[14] Burg, C., Haf, H., Wille, F. und Meister, A.: *Höhere Mathematik für Ingenieure*, Bd. 1. Vieweg+Teubner, Wiesbaden, 9 Aufl., 2011.

[15] Courant, R.: *Vorlesungen über Differential und Integralrechnung 1 – 2.* Springer, Berlin, 3 Aufl., 1969.

[16] Dallmann, H. und Elster, K.-H.: *Einführung in die Höhere Mathematik 1 – 3.* Stuttgart, UTB für Wissenschaft, 3 Aufl., 1991.

[17] Doerfling, R.: *Mathematik für Ingenieure und Techniker.* Oldenbourg, München, 11 Aufl., 1982.

[18] Dreszer, J. (Hrsg.): *Mathematik-Handbuch für Technik und Naturwissenschaften.* Harri Deutsch, Zürich, 1975.

[19] Duschek, A.: *Vorlesungen über Höhere Mathematik 1 – 2, 4.* Springer, Wien, 1961 – 65.

[20] Endl, K. und Luh, W.: *Analysis I – III.* Aula, Wiesbaden, 8 Aufl., 1989 – 94.

[21] Engeln-Müllges, G. und Reutter, F.: *Formelsammlung zur numerischen Mathematik mit Standard-FORTRAN-Programmen.* Bibl. Inst., Mannheim, 7 Aufl., 1988.

[22] Erwe, F.: *Differential- und Integralrechnung*, Bd. 2. Bibl. Inst., Mannheim, 1962.

[23] Ewald, G.: *Probleme der geometrischen Analysis.* Bibl. Inst., Mannheim, 1982.

[24] Fetzer, A. und Fränkel, H.: *Mathematik 2*. Springer, Berlin, 5 Aufl., 1999.

[25] Fetzer, A. und Fränkel, H.: *Mathematik 1*. Springer, Berlin, 8 Aufl., 2005.

[26] Finckenstein von, K.: *Grundkurs Mathematik für Ingenieure*. Teubner, Stuttgart, 3 Aufl., 1991.

[27] Fischer, H. und Kaul, H.: *Mathematik für Physiker*, Bd. 1. Vieweg+Teubner, Wiesbaden, 5 Aufl., 2010.

[28] Grosche, G., Ziegler, V., Ziegler, D. und Zeidler, E. (Hrsg.): *Teubner-Taschenbuch der Mathematik*, Bd. 2. Teubner, Wiesbaden, 8 Aufl., 2003.

[29] Großmann, S.: *Mathematischer Einführungskurs für die Physik*. Vieweg+Teubner, Wiesbaden, 10 Aufl., 2012.

[30] Haacke, W., Hirle, M. und Maas, O.: *Mathematik für Bauingenieure*. Teubner, Stuttgart, 2 Aufl., 1980.

[31] Hainzl, J.: *Mathematik für Naturwissenschaftler*. Teubner, Stuttgart, 4 Aufl., 1985.

[32] Heinhold, J., Behringer, F., Gaede, K. und Riedmüller, B.: *Einführung in die Höhere Mathematik 1 – 4*. Hanser, München, 1976.

[33] Henrici, P. und Jeltsch, R.: *Komplexe Analysis für Ingenieure 1*. Birkhäuser, Basel, 3 Aufl., 1998.

[34] Henrici, P. und Jeltsch, R.: *Komplexe Analysis für Ingenieure 2*. Birkhäuser, Basel, 2 Aufl., 1998.

[35] Heuser, H.: *Lehrbuch der Analysis*, Bd. 2. Vieweg+Teubner, Wiesbaden, 14 Aufl., 2008.

[36] Heuser, H.: *Lehrbuch der Analysis*, Bd. 1. Vieweg+Teubner, Wiesbaden, 17 Aufl., 2009.

[37] Jahnke, E., Emde, F. und Lösch, F.: *Tafeln höherer Funktionen*. Teubner, Stuttgart, 7 Aufl., 1966.

[38] Jänich, K.: *Vektoranalysis*. Springer, Berlin, 5 Aufl., 2005.

[39] Jeffrey, A.: *Mathematik für Naturwissenschaftler und Ingenieure 1 – 2*. Verlag Chemie, Weinheim, 1973 – 1980.

[40] Joos, G.: *Lehrbuch der theoretischen Physik*. Aula, Wiesbaden, 15 Aufl., 1998.

[41] Jordan-Engeln, G. und Reutter, F.: *Numerische Mathematik für Ingenieure*. Bibl. Inst., Mannheim, 1984.

[42] Jänich, K.: *Analysis für Physiker und Ingenieure*. Springer, Berlin, 4 Aufl., 2001.

[43] Klingbeil, E.: *Tensorrechnung für Ingenieure*. Springer, Berlin, 2 Aufl., 1995.

[44] Kowalsky, H.-J.: *Vektoranalysis I*, Bd. 1. Springer, Berlin, 1974.

[45] Kowalsky, H.-J.: *Vektoranalysis I*, Bd. 2. Springer, Berlin, 1976.

[46] Kühnlein, T.: *Differentialrechnung II, Anwendungen*. Mentor-Verlag, München, 11 Aufl., 1975.

[47] Kühnlein, T.: *Integralrechnung II, Anwendungen*. Mentor-Verlag, München, 12 Aufl., 1977.

[48] Laugwitz, D.: *Ingenieur-Mathematik I – V*. Bibl. Inst., Mannheim, 1964 – 67.

[49] Leis, R.: *Vorlesungen über partielle Differentialgleichungen zweiter Ordnung*. Bibl. Inst., Mannheim, 1967.

[50] Martensen, E.: *Analysis I – IV*. Spektrum, Heidelberg, 1992 – 1995.

[51] Meinardus, G. und Merz, G.: *Praktische Mathematik I – II*. Bibl. Inst., Mannheim, 1979 – 82.

[52] Meister, A.: *Numerik Linearer Gleichungssysteme*. Vieweg, Wiesbaden, 2 Aufl., 2005.

[53] Morgenstern, D. und Szabó, I.: *Vorlesungen über Theoretische Mechanik*. Springer, Berlin, 1961.

[54] Müller, M.: *Approximationstheorie*. Akad. Verlagsges., Wiesbaden, 1978.

[55] Neunzert, H.: *Mathematik für Physiker und Ingenieure. Analysis 1.* Springer, Berlin, 3 Aufl., 1996.

[56] Neunzert, H.: *Mathematik für Physiker und Ingenieure. Analysis 2.* Springer, Berlin, 3 Aufl., 1998.

[57] Nickel, H., Kettwig, G., Beinhoff, H., Pauli, W., Kreul, H. und Leupold, W.: *Algebra und Geometrie für Ingenieure.* Fachbuchverlag, Leipzig, 17 Aufl., 1991.

[58] Oberschelp, A.: *Aufbau des Zahlensystems.* Vandenhoek u. Ruprecht, Göttingen, 3 Aufl., 1976.

[59] Papula, L.: *Mathematische Formelsammlung für Ingenieure und Naturwissenschaftler.* Vieweg+Teubner, Wiesbaden, 10 Aufl., 2009.

[60] Päsler, M.: *Mathematische Formelsammlung für Ingenieure und Naturwissenschaftler.* Vieweg, Braunschweig, 1984.

[61] Plato, R.: *Numerische Mathematik kompakt.* Vieweg+Teubner, Wiesbaden, 4 Aufl., 2010.

[62] Rothe, R.: *Höhere Mathematik für Mathematiker, Physiker und Ingenieure.* Teubner, Stuttgart, 1960 – 65.

[63] Ryshik, I. und Gradstein, I.: *Summen-, Produkt- und Integraltafeln.* Harri Deutsch, Frankfurt, 5 Aufl., 1981.

[64] Sauer, R.: *Ingenieurmathematik 1 – 2.* Springer, Berlin, 1968 – 69.

[65] Schaefke, F.: *Einführung in die Theorie der speziellen Funktionen der mathematischen Physik.* Springer, Berlin, 1963.

[66] Schwarz, H. und Köckler, N.: *Numerische Mathematik.* Vieweg+Teubner, Wiesbaden, 8 Aufl., 2011.

[67] Smirnow, W.: *Lehrgang der höheren Mathematik I – V.* VEB Dt. Verl. d. Wiss., Berlin, 1971 – 77.

[68] Sonar, T.: *Angewandte Mathematik, Modellbildung und Informatik.* Vieweg, Wiesbaden, 2001.

[69] Stoer, J. und Burlisch, R.: *Numerische Mathematik 2.* Springer, Berlin, 5 Aufl., 2005.

[70] Stoer, J. und Burlisch, R.: *Numerische Mathematik 1.* Springer, Berlin, 10 Aufl., 2007.

[71] Strubecker, K.: *Differentialgeometrie I.* de Gruyter, Berlin, 1964.

[72] Strubecker, K.: *Einführung in die Höhere Mathematik I – IV.* Oldenbourg, München, 1966 – 84.

[73] Teichmann, H.: *Physikalische Anwendungen der Vektor- und Tensorrechnung.* Bibl. Inst., Mannheim, 3 Aufl., 1983.

[74] Wille, F.: *Analysis.* Teubner, Stuttgart, 1976.

[75] Wörle, H. und Rumpf, H.: *Ingenieur-Mathematik in Beispielen I – IV.* Oldenbourg, München, 1992 – 95.

[76] Zeidler, E. (Hrsg.): *Teubner-Taschenbuch der Mathematik. Begr. v. I.N. Bronstein und K.A. Semendjajew. Weitergef. v. G. Grosche, V. Ziegler und D. Ziegler.* Teubner, Wiesbaden, 2 Aufl., 2003.

Stichwortverzeichnis